Google AppSheetで作る アプリサンプルブック

掌田津耶乃 著

本書に掲載されているソースコードは、サポートサイト（http://www.rutles.net/download/533/index.html）からダウンロードすることができます。

AppSheetって、何が作れるの？

……って思った人、いませんか？

ノーコードは、コードを書かずにアプリを作る新しい仕組みです。その代表とも言えるのが「Google AppSheet」です。Googleが提供するこのサービスを使えば、本当に誰でもコードを書くことなく、簡単にアプリを作れます。

とはいえ、ノーコードは万能ではありません。「こういうもの、こういう用途のものならば……」という制限付きの開発ツールであるのは確かです。ですから、まだノーコードの考え方に慣れていない人からすれば、「コードを書かずに、一体どんなものが作れるんだ？」と疑問を抱くのは当然でしょう。

そこで、「例えば、こんなものが作れるんですよ」というアプリのテンプレート集として本書を用意しました。

本書では、最初の入門説明で作る１本と、２章以降のサンプルアプリ31本、計32本の作り方を解説しています。これらにざっと目を通せば、AppSheetが思った以上にいろんなものが作れることに気がつくはずです。

「日記」や「ToDo」といったものは「まぁ、そういうのを作るものだろうな」と思うかも知れませんね。では「割り勘電卓」や「為替レート計算機」は？　あるいは「英日翻訳アプリ」や「OCRリーダー」などはどうです？　「おみくじ」のような遊べるアプリも作れるし、「今日のニュース」や「郵便番号検索」のような使えるアプリだって作れるんですよ！

実用的なものはもちろんですが、あると便利なツール、ちょっと遊べる楽しいアプリ、そんなものまで作れるなんて、想像してなかったでしょう？　でも、作れるんです。アイデア次第で、思った以上にいろんなものが。

どれも作るのに１時間とかからないものばかりですので、気に入ったものがあったら、ぜひ実際に作って動かしてみて下さい。本書で「ノーコードって、実はかなり使えるのかも」ということを実感してもらえたなら、筆者としては望外の喜びです。

2022年11月　掌田津耶乃

Contents

Google AppSheetで作るアプリサンプルブック

Chapter 1

AppSheet超高速入門

ようこそ、AppSheetの世界へ！
AppSheetは誰でも簡単にオリジナルのアプリを開発できるノーコードツールです。
ただし、「誰でも簡単に」といっても最低限の使い方ぐらいは知っておかないといけません。
ここで「アプリを作るための最低限の知識」を身につけておきましょう。

Chapter 1

1.1.

AppSheet開発の手順

AppSheetとは?

「ノーコード」。コードを一切書くことなくアプリを作成する、新しい開発の形。このノーコードの波は「どうせ一時の流行で終わるさ」という技術者の予想を裏切り、着実に浸透しつつあります。「データを管理する簡単なアプリはノーコード、複雑な仕組みが必要となるものはプログラミング」というように次第に棲み分けが進みつつあるようにも見えます。

そんなノーコードの世界で現在、もっとも注目されているのが「Google AppSheet」(以後、AppSheetと略)でしょう。AppSheetはGoogleが提供するGoogleスプレッドシートやExcelなどと連携し、データを読み込みわずか数十秒でアプリを生成します。簡単なデータの管理ならこれで十分なことも多いですし、少し調整が必要なものも数時間かけて細かな修正をすればもう使えるアプリになります。

こんなに簡単なんだから、誰でもみんなもう使っているだろう……と思うのは早計でしょう。簡単すぎて実用にならないのでは、と思う人もいるでしょうし、「これ、どのぐらい複雑なものまで作れるんだろう?」とAppSheetの守備範囲に疑問を抱く人も多いのではないでしょうか。

そこで、AppSheetの基本的な使い方を覚え、どんなものが作れるのか、実際にアプリを作りながら考えていくことにしましょう。

さまざまなアプリの作成例を見ていくうちに、次第に「だいたいこのぐらいのものまでは作れるんだな。これより先はちょっと難しそうだな」ということが体験的にわかってくるはずです。そうなれば、AppSheetへの移行もスムーズに行えるようになることでしょう。

ただし、本書は「AppSheetの入門書」では、ありません。本書は「さまざまなアプリの作成例」を説明するものですので、この本でAppSheetをマスターできるとは考えないでください。本格的にAppSheetを使いこなしたい人は、別途入門書などで学んでください。

※AppSheetを学びたい人のために、「Google AppSheetではじめるノーコード開発入門」(ラトルズ刊)という書籍を上梓しています。初めて使う人はこちらを参考にしてください。

AppSheetをはじめよう

では、AppSheetを使ってみましょう。AppSheetは、Webベースで提供されているノーコードサービスです。アプリを作るには、WebブラウザでAppSheetのサイトにアクセスします。まだAppSheetにサインインしていない場合は、about.appsheet.comにリダイレクトされます。

AppSheetを開始するには、このページにある「Get Started」のボタンをクリックするだけです。これで、サインインするアカウントを選択する画面が現れます。

https://www.appsheet.com

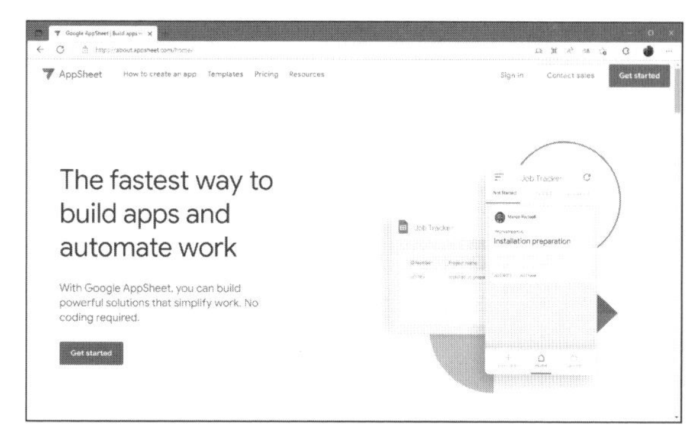

図1-1：AppSheetのサイト。ここで利用を開始する。

AppSheetではGoogleアカウントの他、各種のソーシャルサービスのアカウントを使ってサインインができます。一覧リストの中から使いたいソーシャルサービスを選択し、アカウントを選択してください。

どのソーシャルサービスを使うのがいいか迷っている人は、とりあえずGoogleアカウントを使いましょう。AppSheetを使いたい人はすでにGoogleスプレッドシートなどを利用しているはずで、当然Googleアカウントも持っているでしょうから。

「Sign-in with」のリストから「Google」を選択します。複数のアカウントを持っている場合は使用しているGoogleアカウントのリストが表示されるので、ここから利用するアカウントを選択してください。

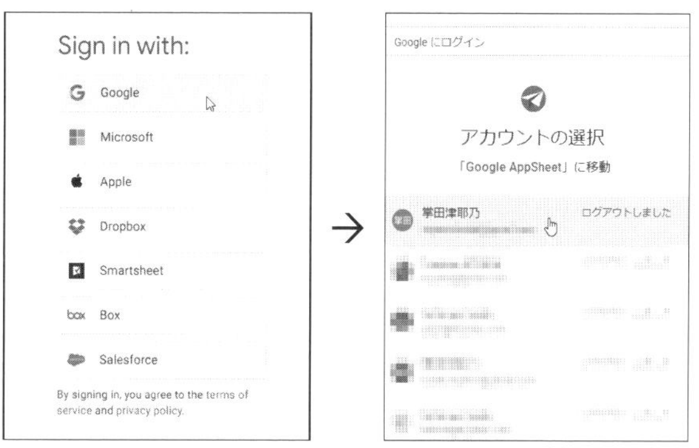

図1-2：「Google」を選択し、使いたいアカウントを選ぶ。

「Google AppSheetがGoogleアカウントへのアクセスをリクエストしています」という表示が現れます。そのまま「許可」ボタンをクリックしてください。

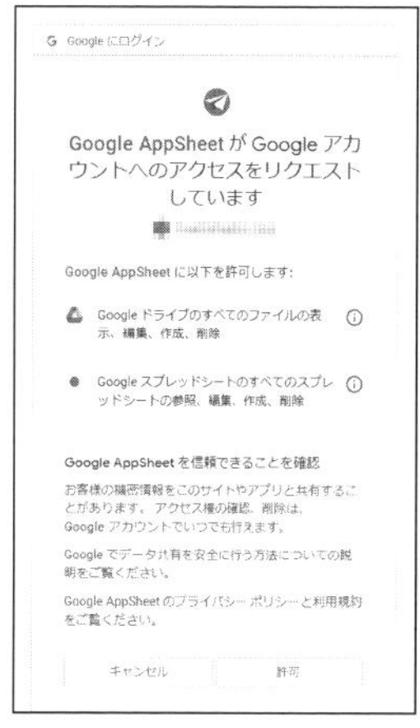

図1-3：アカウントへのアクセスを許可する。

AppSheetにサインインし、利用者情報のアンケートが現れます。これは、必須ではありません。送りたくないなら右上のクローズボタンをクリックすれば閉じることができます。

なお、このあたりの表示は、Webサイトのアップデートにより随時変更されます。全体の流れだけ頭に入れておきましょう。

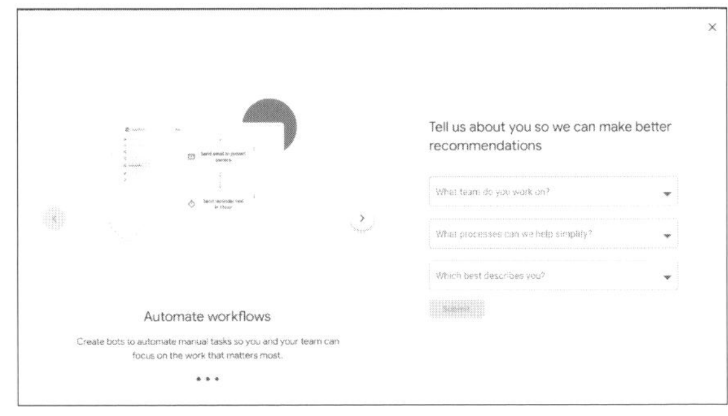

図1-4：アンケート画面が現れる。

AppSheetのMyApps画面

AppSheetの画面が表示されます。デフォルトでは「MyApps - AppSheet」とタイトル表示されたページが現れます。これは「MyApps」ページといって、作成したアプリを管理するためのものです。デフォルトではまだ何もアプリは表示されません。代わりに「Create your first app」というイメージが中央付近に表示されているでしょう。

ページの左側にはボタンといくつかのリンクが表示されています。

「Create」ボタン	新しいアプリを作成するためのボタンです。
Recent	最近使ったアプリを表示します。
Shered with me	自分のアカウントと共有しているアプリを表示します。
Owened by me	自分が作成したアプリを表示します。
Templates	アプリのテンプレート集のページに移動します。

デフォルトでは「Recent」が選択されています。これと「Create」ボタンさえ知っていれば当面は問題なく使えます。

図1-5：MyAppsの画面はアプリの作成や作ったアプリの管理を行う。

Googleスプレッドシートを起動する

では、AppSheetでアプリを作ってみましょう。AppSheetの最大の特徴は「Googleスプレッドシートと連携してアプリを作る」という点です。まず、事前にデータを記述したスプレッドシートファイルがあり、それを元にアプリを生成するのです。したがって、アプリを作成するためにまず最初にやることは「スプレッドシートによるデータの用意」です。

Googleスプレッドシートを起動して新しいファイルを作成しましょう。これはGoogleドライブを使うか、Googleスプレッドシートのサイトで作成をします。

Googleスプレッドシートのサイトを利用する場合は、以下のアドレスにアクセスをします。

https://docs.google.com/sheets

ここがGoogleスプレッドシートのサイトです。作成したスプレッドシートはここに一覧表示されます。新しいスプレッドシートファイルを作るには、「新しいスプレッドシートを作成」にある「空白」をクリックします。

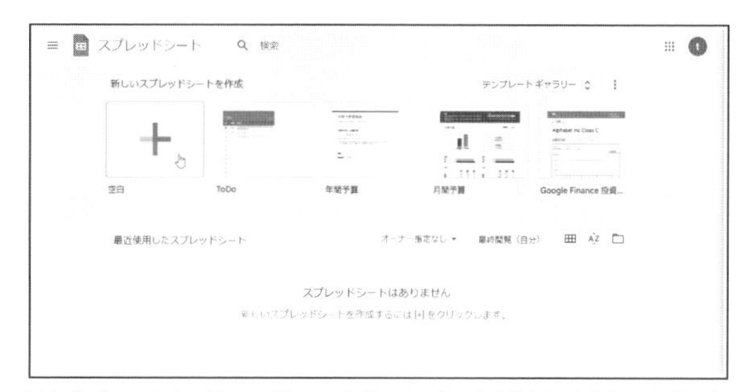

図1-6：Googleスプレッドシートのサイト。「空白」ボタンをクリックすると新しいファイルを作って開く。

Googleドライブからスプレッドシートを作ることもできます。これにはGoogleドライブのサイトにアクセスを行います。Googleドライブは以下のアドレスからアクセスできます。

https://drive.google.com

Googleドライブにアクセスして左上の「新規」ボタンをクリックし、現れるメニューから「Googleスプレッドシート」を選びます。これでGoogleスプレッドシートで新しいファイルが開きます。

図1-7：Googleドライブで「新規」ボタンをクリックしてスプレッドシートを作る。

スプレッドシートについて

新しいスプレッドシートの画面が現れます。上部には「無題のスプレッドシート」とファイル名が表示されていることでしょう。この部分をクリックし、「住所録」と名前を変更しておきます。

Googleスプレッドシートは、Webベースで使えるスプレッドシートです。詳しい使い方などはここでは触れませんので、使ったことのない人は別途学習してください。

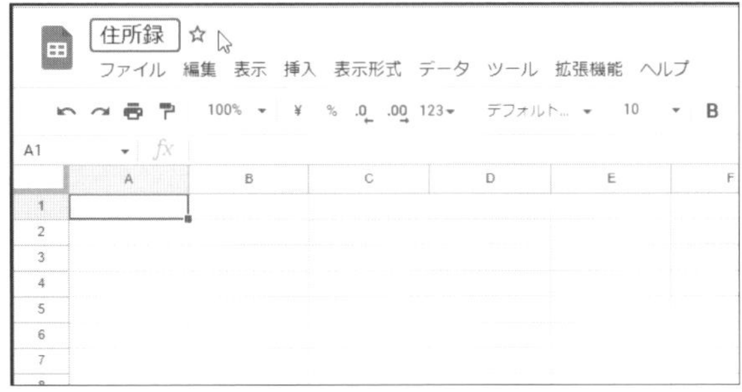

図1-8：スプレッドシーを開き、名前を入力しておく。

AppSheet用のデータを用意する

では、AppSheetで使うためのデータを作成しましょう。AppSheetで利用するデータは、非常にシンプルな形になります。1行目に各データの名前を横一列に記述し、2行目以降にそのデータを下に記述していきます。AppSheetで利用する場合、「必ず最初に列名を記述しておく」ということはよく頭に入れておいてください。

実際に簡単なデータを作ってみましょう。ここではシンプルな住所録のデータを作ってみます。シートの一番上に次のように項目を記述してください。

名前	メール	電話	備考

名前とメールアドレス、電話番号といった基本的な値だけを保管するようにしました。この下に、ダミーデータをいくつか書いておくことにします。

タロー	taro@yamada.kun	090-999-999	高校からの友人
ハナコ	hanako@flower.san	080-888-888	タローの彼女
サチコ	sachiko@happy.chan	070-777-777	会社の同僚
ジロー	jiro@change.da	060-666-666	会社の取引先

これはあくまでサンプルとして使うものなので、内容はどのようなものでもかまいません。各列ごとに値の内容が揃っていれば問題ありません。

	A	B	C	D
1	名前	メール	電話	備考
2	タロー	taro@uamada.kun	090-999-999	高校の友人
3	ハナコ	hanako@flower.san	080-888-888	タローの彼女
4	サチコ	sachiko@happy.chan	070-777-777	会社の同僚
5	ジロー	jiro@change.da	060-666-666	会社の取引先
6				
7				

図1-9：スプレッドシートにダミーデータを記述する。

アプリを作成する

AppSheetに戻ってアプリの作成を行いましょう。「MyApps」の画面に戻り、「Create」ボタンをクリックすると、下にメニューがプルダウンして現れます。その中から「App」内にある「Start with existing data」を選んでください。

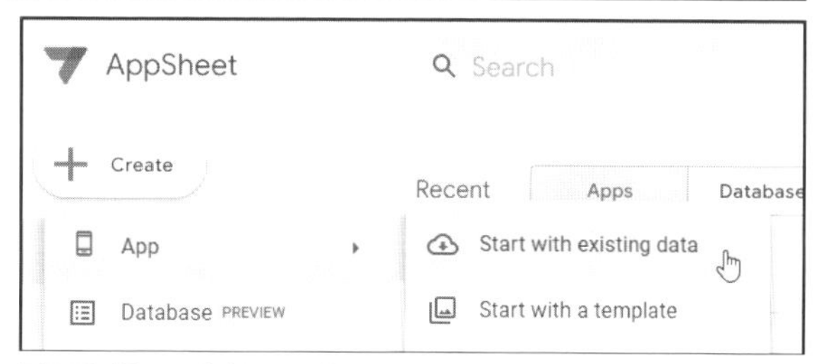

図1-10：「Create」ボタンから「Start with existing data」を選ぶ。

名前を入力する

画面に、アプリ名とカテゴリを入力するパネルが現れます。名前の欄に「住所録」と記入しましょう。カテゴリは、特に設定する必要はありません。入力したら、「Choose your data」ボタンをクリックします。

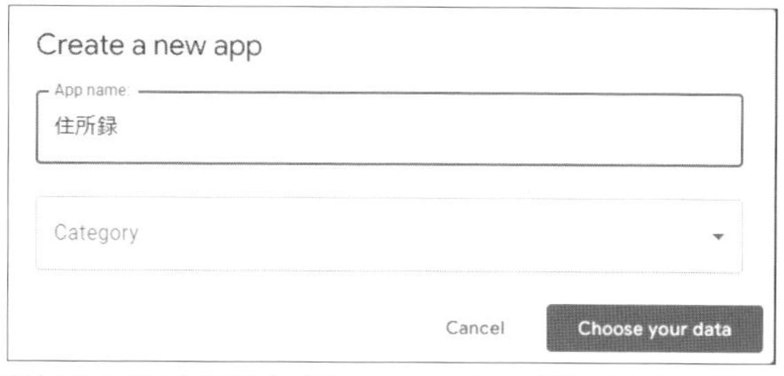

図1-11：アプリ名を記入し、「Choose your data」ボタンをクリックする。

Googleスプレッドシートから取り込む

画面に「Select data source」というパネルが現れます。ここで、どこからデータを取り込むかを選びます。デフォルトでは「Google Sheets」という項目だけが用意されているので、これをクリックして選択してください。

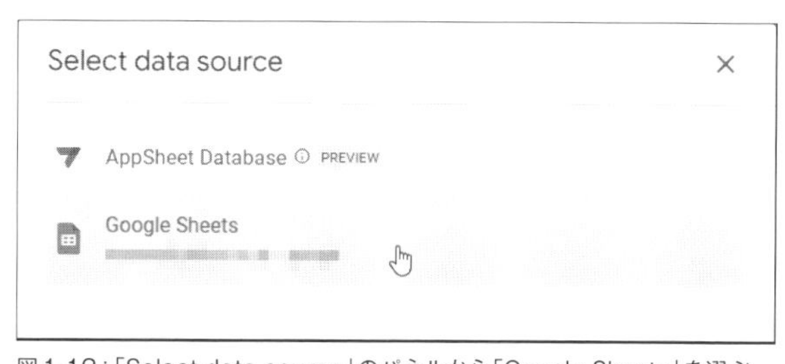

図1-12：「Select data source」のパネルから「Google Sheets」を選ぶ。

スプレッドシートを選択する

「Select a file」という表示に変わり、ログインしているアカウントにあるGoogleスプレッドシートのファイルが表示されます。先ほど作成した「住所録」を選択し、「Select」ボタンをクリックして選択します。

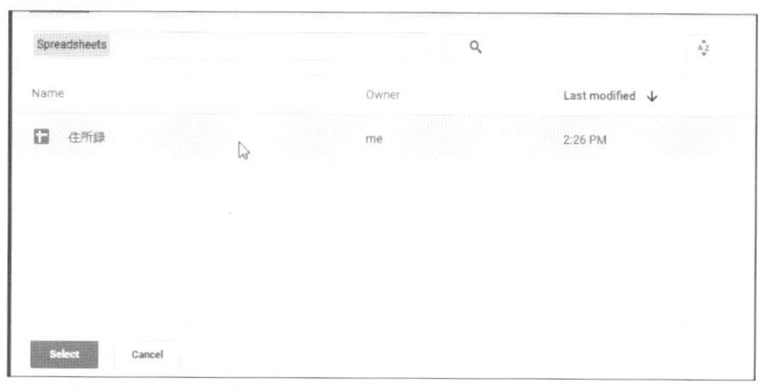

図1-13：作成したスプレッドシートファイルを選択する。

アプリが作成される

パネルが消えると同時に、選択したスプレッドシートファイルからデータが読み込まれ、それを元にアプリが作成されます。作成が終わると、画面に「Your app is ready!」と表示されたパネルが現れます。これで、アプリの作成が完了したことがわかります。そのまま右上のクローズボタンをクリックすればパネルは消えます。

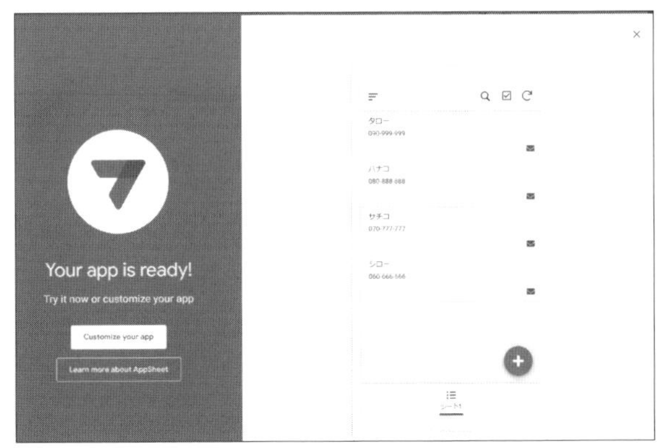

図1-14：「Your app is ready」パネルが表示される。これはそのまま閉じていい。

スプレッドシートから直接アプリを作る

実を言えば、データの管理にGoogleスプレッドシートを使う場合、もっと簡単にAppSheetアプリを作ることができます。

Googleスプレッドシートで、シートにデータの項目などを記述し終えたら、「機能拡張」メニューをクリックしてください。AppSheetを利用している（アカウント作成済み）場合、そこに「AppSheet」というメニュー項目が自動的に追加されます。ここから「アプリを作成」メニューを選ぶと新しいタブが開き、「We're setting up your new app!」という表示が現れます。そのまましばらく待っていると表示が消え、新しいアプリの編集画面が現れます。何の設定をすることもなく、ただメニューを選ぶだけでアプリが作れるのです！

この方法は、Googleスプレッドシートを使う場合のみ利用できます。例えばマイクロソフトのアカウントでExcelのスプレッドシートなどを利用する場合は使えません。また、このメニューはGoogleスプレッドシートとAppSheetの両方で同じアカウントでサインインしている場合にのみ表示されるため、どちらかでサインインされていない場合には表示されません。例えばGoogleスプレッドシートとAppSheetで異なるアカウントを利用しているような場合には表示されないので注意しましょう。

本書では「アプリ作成の基本」ということで、しばらくの間はAppSheetの「Create」ボタンで作る方式でアプリの作成手順を説明していきます。とはいえ「Googleスプレッドシートならメニュー一発でアプリが作れる」というのは大変便利なので、ある程度アプリ作成に慣れてきたらこちらの方式に移行していきます。

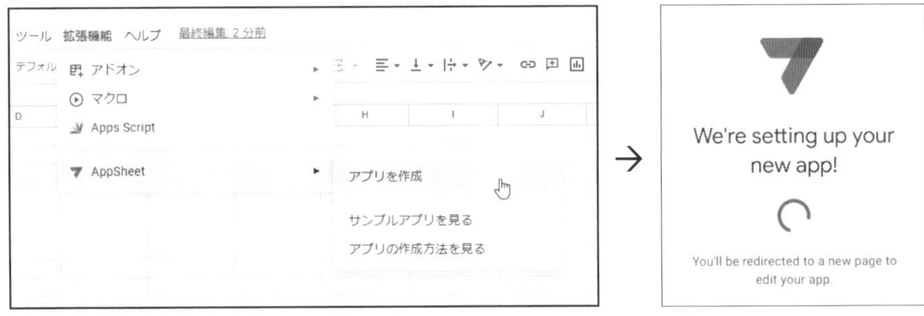

図1-15：Googleスプレッドシートから「アプリを作る」メニューを選ぶと、新しいアプリが自動作成される。

アプリの編集画面について

パネルを閉じると、画面がアプリの編集を行うための表示に変わります。この編集画面では、ページの左側に表示を切り替えるためのアイコンが並んでいます。ここから項目を選択すると、その編集内容が右側に表示されるようになっています。ページ左側には次のような項目が用意されています。

Not Deployed	アプリのデプロイ状況を管理する。
Data	スプレッドシートから読み込んだデータの管理。
App	ユーザーインターフェイス(ビュー)の管理。
Actions	各種の動作を呼び出すアクションの作成。
Automation	各種自動化に関する機能。
Errors and Warnings	エラーと警告の表示。
Security	セキュリティに関する設定。
Intelligence	AIを利用した機能。
Manage	アプリの利用やデプロイに関する機能。
Settings	アプリの設定。
Learn	学習サイトのリンク。

これらは、最初からすべての使い方を覚える必要はありません。もっとも重要なのは「Data」と「App」です。この2つの使い方がわかれば、アプリの基本的な作成は行えるようになるでしょう。

AppSheetではスプレッドシートを読み込み、そのデータから「テーブル」と呼ばれるものを作ります。テーブルは、シートに書かれたデータをまとめて管理するものです。そしてシートの各データは、テーブル内に「レコード」として保管されます。

AppSheetでは、データは「テーブル」と「レコード」として管理されている、という点をまずは理解しましょう。

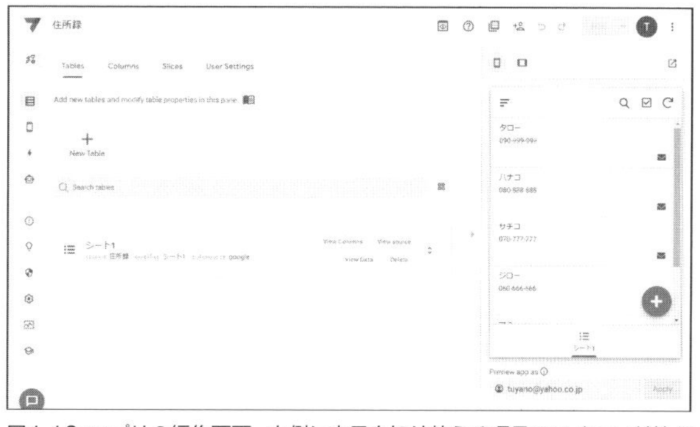

図1-16:アプリの編集画面。左側に表示を切り替える項目のアイコンが並ぶ。

アプリの動作確認

自動生成されたアプリがどのようになっているのか、使ってみましょう。といっても、まだスマホにインストールなどを行う必要はありません。Webベースで動作を確認することができます。

画面の右側に、アプリのプレビュー画面が表示されています。これはただの表示ではなく、実際にアプリを操作して利用できるようになっています。ここで動作を確認しましょう。

初期状態では、作成したレコードのリストが表示されているでしょう。

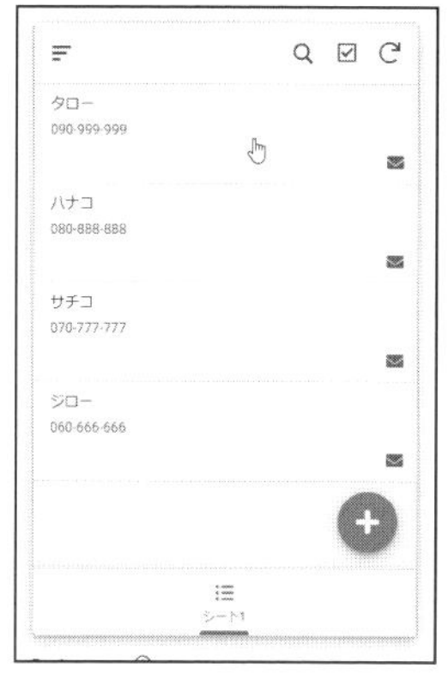

図1-17:レコードのリストが表示されている。

レコードの詳細表示

ここから適当な項目をクリックすると、そのレコードの詳細表示が現れます。リストでは名前と電話番号しか表示されていませんでしたが、詳細表示画面ではメールアドレスや備考欄のメモなどもすべて表示されます。

図1-18：リストの項目を選択すると、その項目の詳細表示が現れる。

レコードの編集

この詳細表示画面には、フローティングアクションボタン（右側下部に見える丸いボタン）が用意されています。これをクリックすると編集フォームに切り替わり、レコードの編集が行えるようになります。ただし、「名前」はテーブルのキー（各レコードを識別するための特別な値）となっているため変更はできません。

この画面で内容を書き換えて「SAVE」をクリックすれば、データが変更されます。

図1-19：編集フォーム。名前以外はすべて書き換えられる。

レコードの新規作成

下部にある「シート1」というアイコンをクリックすると、最初のレコードのリスト表示に戻ります。ここにあるフローティングアクションボタンをクリックすると、新しいレコードを作成するフォームが現れます。ここでレコードの内容を入力し「SAVE」を選択すれば、レコードが追加されます。

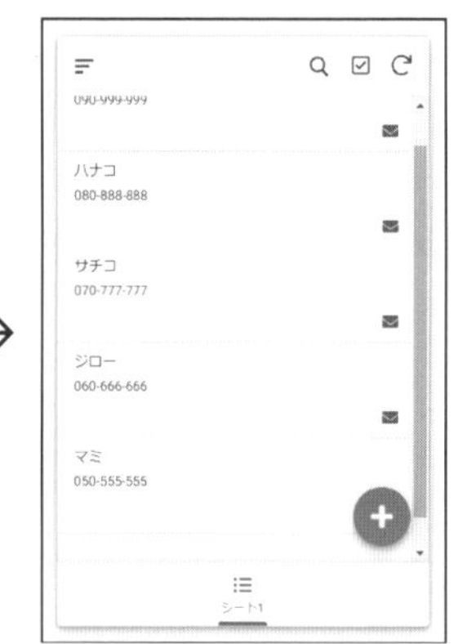

図1-20：新規作成フォーム。値を入力し「SAVE」するとデータが追加される。

レコードの検索

アプリには検索機能も標準で用意されています。レコードのリスト表示画面で、上部に見えるルーペのアイコンをクリックすると検索のためのフィールドが現れます。ここにテキストを入力すれば、そのテキストを含むレコードだけが検索されます。

とりあえず、レコードを管理するアプリに最低限必要な機能は一通り揃っていることがこれでわかったでしょう。シンプルな住所録アプリとしてなら、これで十分使えるのではないでしょうか。

このアプリの制作にかかった時間は、スプレッドシートでのダミーデータ入力まで含めても、おそらく数分程度ではないでしょうか。わずか数分で作れるなら、これで十分かも？

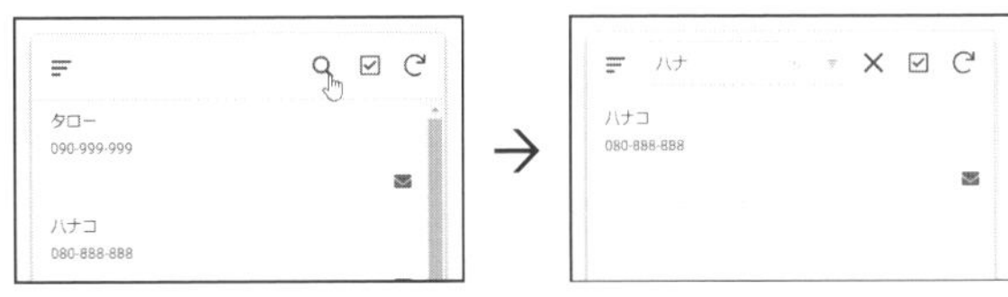

図1-21：検索アイコンをクリックして入力すると、レコードを検索できる。

AppSheetアプリについて

作成したアプリはAndroidやiPhoneで利用することができます。ただしスタンドアロンなアプリを作成するには、AppSheetの有料契約が必要になります。これは月当たり一定金額を支払うというもので、アプリを利用している限り支払い続ける必要があります。

いきなり有料はちょっと……という人も多いでしょう。そうした人は、とりあえずAppSheetの専用アプリを使って利用しましょう。Google PlayやAppleのApp Storeで「appsheet」で検索をしてください。アプリが見つかりますので、それをインストールしましょう。

図1-22：Google Playで公開されているAppSheetアプリ。

このアプリは、起動するとまず利用するアカウントを尋ねてきます。AppSheetで登録したアカウントを選んでサインインしてください。

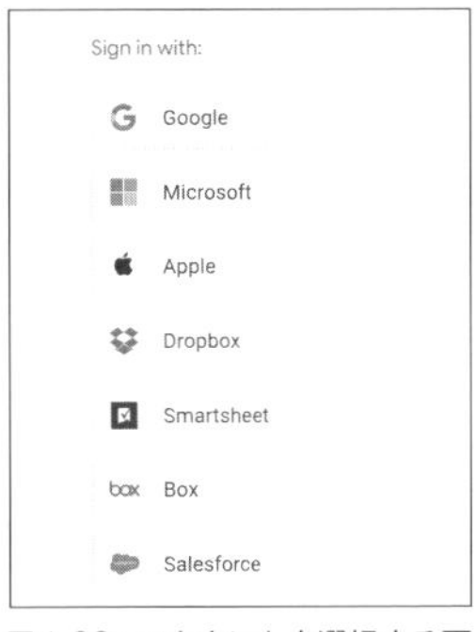

図1-23：アカウントを選択する画面が現れる。AppSheetで登録したアカウントでサインインする。

作成した「住所録」アプリを利用する

サインインすると、そのユーザーが利用できるアプリがリスト表示されます。おそらくデフォルトでは「Recent」という表示が現れているでしょう。ここに、作成した「住所録」のアプリが表示されます。

図1-24：「Recent」画面に「住所録」アプリが表示されている。

アプリ画面の左上にあるアイコンをタップすると、左側からサイドバーが引き出されます。ここにいくつかの表示の切り替えメニューが現れます。とりあえず、以下の3つだけ頭に入れておきましょう。

Recent	最近使ったアプリを表示します。
Shared with me	このアカウントと共有したアプリを表示します。
Owned by me	このアカウントで作成したアプリを表示します。

作ったアプリは、「Owned by me」を選べばすべて表示されます。また実際にアプリを利用すると、Recentに最近使ったアプリが表示されるようになります。これらからアプリをタップして選択すれば、そのアプリが実行されます。

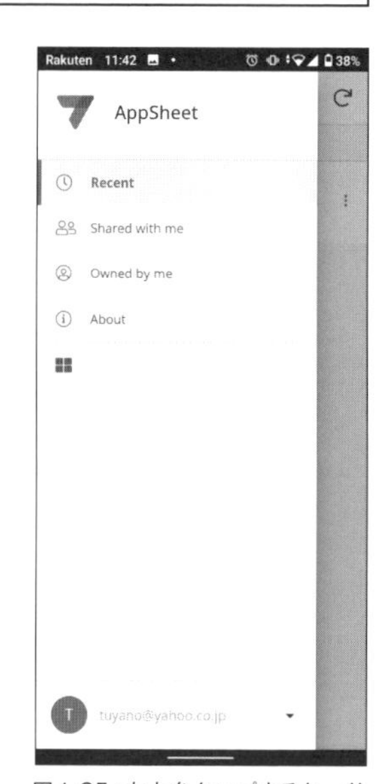

図1-25：左上をタップすると、サイドバーが現れる。

作成した「住所録」アプリをタップして起動するとその場でアプリが開かれ、利用できます。実際に項目をタップして開いたり、新たにレコードを追加するなどしてアプリを利用してみてください。問題なく使えることがわかるでしょう。

個人で利用するのであれば、「AppSheet」アプリから自作アプリを開いて使う、というやり方で十分です。これで問題なく動作しますし、すべて無料で利用できるのですから。

図1-26:「住所録」のアプリを起動する。すべての機能がAppSheetアプリ内で正常に動作する。

Chapter 1

1.2. データと表示の管理

「Data」の設定について

作成されたアプリの内容を見てみましょう。まずはデータについてです。ページ左側のアイコンから「Data」を選択するとデータの管理に戻ります。

「Data」では、上部に表示を切り替えるリンクがいくつか並んでいます。これをクリックすることでデータの表示内容が変わります。デフォルトでは「Tables」というリンクが選択されています。それぞれのリンクについて簡単にまとめておきましょう。

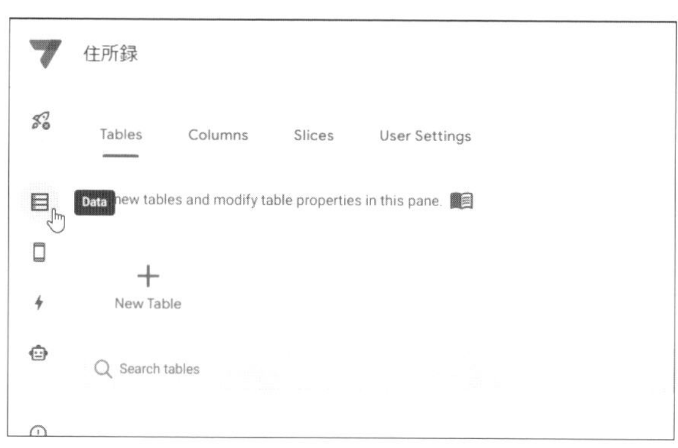

図1-27:「Data」の上部にはいくつものリンクが横一列に並んでいる。

Tables	テーブルを管理します。
Columns	テーブルの各項目の設定を管理します。
Slices	「スライス」と呼ばれるものを管理します。
User Settings	ユーザーの設定情報を管理します。

「Tables」のテーブル設定

「Tables」のリンクをクリックすると、テーブルの管理表示になります。「テーブル」とは、スプレッドシートの各シートに記述されていたデータをまとめて管理するものでしたね。ここでは、「シート1」というテーブルが用意されているのがわかるでしょう。このテーブルで、「シート1」シートに記述したデータが管理されます。

この「シート1」は設定が折りたたまれており、クリックすると展開して細かな設定が現れます。ここでは次の2つの設定だけ頭に入れておきましょう。

●Table name

テーブル名です。デフォルトでは「シート1」になっていますが、これは変更できます。利用するスプレッドシートのシート名と同じである必要はありません。

●Are updates allowed?

データのどのような操作を許可するかを指定します。「Updates（更新）」「Adds（追加）」「Deletes（削除）」の3つがあり、許可する項目を選択します。「Read-only（読み取りのみ）」を選ぶと変更は一切できなくなります。

特に重要なのは「Are updates allowed?」で許可する項目です。どのような操作を許可するかによりテーブルの性質が変わる、ということをよく理解しましょう。

図1-28：「シート1」テーブルの設定。

「Columns」の設定について

続いて、上部にある「Columns」リンクをクリックしてみましょう。これは、テーブルの各項目（列）に関する設定を行うものです。ここにも「シート1」テーブルの項目が用意されています。これをクリックして展開すると、「シート1」に用意されている列の細かな設定が表示されます。

用意されている設定項目は次のようになります。

図1-29：「Columns」にある「シート1」の内容。

_RowNumber	自動的に追加されるもので、行番号を示します。
名前、メール、電話、備考	スプレッドシートに用意した項目がそのまま用意されています。

列に用意されている設定

各列には多数の設定が用意されています。数は多いのですが、これらをすべて使うことはありません。とりあえず覚えておきたいのは以下の設定でしょう。

NAME	名前。設定の名前を変更したいときなどに使います。
TYPE	値の種類。テキストは「Text」、整数は「Number」、メールは「Email」といった種類として設定されています。ここで選択した種類の値だけが入力できます。
KEY?	この項目をキーに設定するかどうかを指定します。
LABEL?	この項目のラベルに表示する名前です。
FORMULA	数式を設定したいときに使うものです。
SHOW?	項目を表示するかどうか。ONになっているとデータのリスト表示などのところで表示できるようになります。
EDITABLE?	項目が編集可能かどうか。これがONになっていると編集フォームで編集できるようになります。OFFにすると編集できません。
REQUIRE?	必須項目として扱うかどうか。ONにすると新しいデータを作成するとき、値が入力されていないとデータを新規作成できなくなります。

この他にも設定項目はあるのですが、とりあえずこれらの役割がわかれば、項目の設定は行えるようになるでしょう。まずは「KEY?」と「TYPE」、「SHOW?」と「EDITABLE?」ぐらいの働きがわかればそれで十分でしょう。

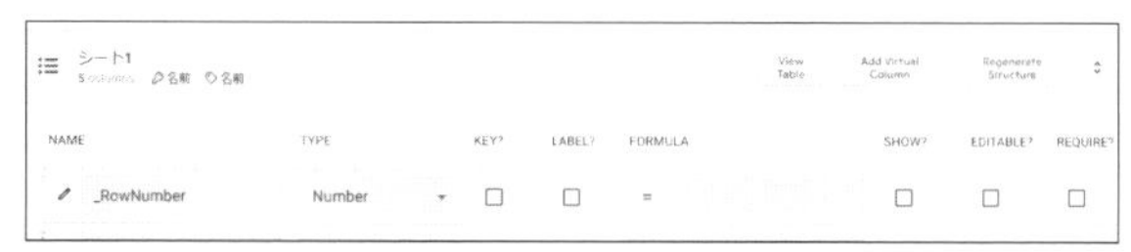

図1-30：各項目に用意されている主な設定。

「App」について

「Data」はデータを管理するものでしたが、そのデータを実際にどのように表示するのかを管理するのが「App」です。選択すると、上部に次のようなリンクが表示されます。

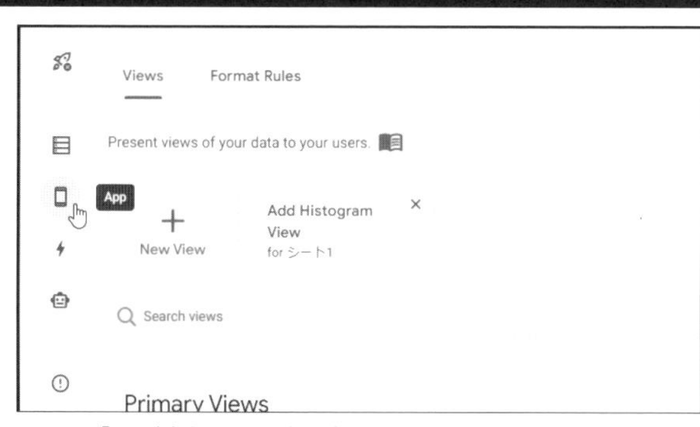

図1-31：「App」を選ぶと、上部に表示を切り替えるリンクが現れる。

Views	「ビュー」と呼ばれる画面表示を管理するものです。
FormatRules	値を表示する際のフォーマットを設定します。

「Views」によるビューの管理

AppSheetでは、画面の表示は「ビュー」と呼ばれるもので行われます。ビューは、データをどのような形にレイアウトし表示するかを定義するものです。このビューの管理を行うのが、上部にある「Views」リンクです。

これをクリックすると、Primary Viewsというところに「シート1」というビューが表示されます。初期状態では折りたたまれているでしょうが、クリックすると表示が展開し、細かな設定内容が表示されます。

このビューに用意されている設定項目は非常に多く、とても一度に覚えきれるものではありません。まずは、表示の冒頭に用意されている以下のものだけ頭に入れておきましょう。「View Options」という表示以降の部分は選んだ方式によって表示内容が変化するため、今は考えないでおきましょう。

図1-32：「シート1」のビューの設定。

View name	ビューの名前を設定します。
For this data	ビューで使用するテーブルを指定します。
View type	表示に使うビュータイプを選びます。ビューにはさまざまな表示方式（タイプ）が用意されています。リスト表示やテーブル表示、カード型、マップ、チャート、カレンダー等々、全部で11種類のタイプがあります。ここでどのタイプを使うか選びます。
Position	ビューを開くアイコンの位置を指定します。Primary Viewに用意したビューは、アプリ下部に表示されるナビゲーションバーにアイコンとして登録されます。このアイコンをバーのどこに配置するかを指定できます。

テーブルを一覧表示するビュータイプ

これらの中で、まず覚えたいのが「View type」です。ここでどのビュータイプを選ぶかによって、表示がガラリと変わるのですから。では、具体的にどんなタイプにするとどのような表示になるのでしょうか。テーブルのレコード一覧表示で使われる主なタイプ4種類を以下に挙げておきましょう。

●deck

テーブルの列から主なものをピックアップして縦にリスト表示するものです。表示されるのはメインタイトル、サブタイトル、サマリー(要約)の3つで、自動的に項目をピックアップして割り振られる他、自分で表示する項目を指定することもできます。

図1-33：「deck」タイプの表示。

●table

テーブルをスプレッドシートの状態のままに表示するものです。多量のデータを表示させたいような場合に向いています。各項目ごとに項目名が表示されており、この部分をクリックすることで指定の項目でレコードを並べ直したりできます。

図1-34：「table」タイプの表示。

●gallery

レコードのタイトルとイメージを一覧表示するものです。イメージがないときは、タイトルとなる項目の値だけが表示されます。基本的にテーブルの中にイメージを含むときに使うものといってよいでしょう。イメージがないとあまり表示の意味がありません。

図1-35：「gallery」タイプの表示。

●card

レコードをカード型にまとめて表示するものです。名前、電話番号、メルアドレスなどがカードにまとめて表示されるのがわかるでしょう。

図1-36：「card」タイプの表示。

特殊な表示のビューもある

この他、ちょっと特殊な表示を行うためのビューも揃っています。次のようなものです。

calendar	カレンダーを表示します。
map	マップ（地図）を表示します。
chart	チャート（グラフ）を表示します。

これらはどんなときでも使えるわけではありません。カレンダーは日時の値がないと使えませんし、マップを利用するには位置情報の値が必要です。チャートも数値データがないとうまくグラフを表示できません。

使い方さえきちんと理解できれば、これらは作成できるアプリの幅をぐっと広げてくれます。本書ではこれらのビューも利用するので、実際にアプリを作りながら使い方を理解していきましょう。

システムビューについて

作成した「住所録」アプリでは、ビューは「シート1」の1つだけしか作成されていません。しかし実際に利用してみると、データの一覧表示をするビュー以外にも表示が用意されていることに気がつくでしょう。

まず、「シート1」ビューで表示されるデータの一覧からデータをクリックすると、データの詳細表示が現れます。これも「ビュー」です。またフローティングアクションボタンをクリックすると、データの新規作成や更新のためのフォームが現れますが、これもビューです。

これらのビューはシステムによって自動生成されるもので、「システムビュー」と呼ばれます。「シート1」がPrimary Viewsというところに表示されていたのに対し、システムビューはデフォルトでは表示されません。

「Views」の表示の一番下に「Show System views」という表示が見えるでしょう。これをクリックしてください。すると、非表示になっていたシステムビューが表示されるようになります。

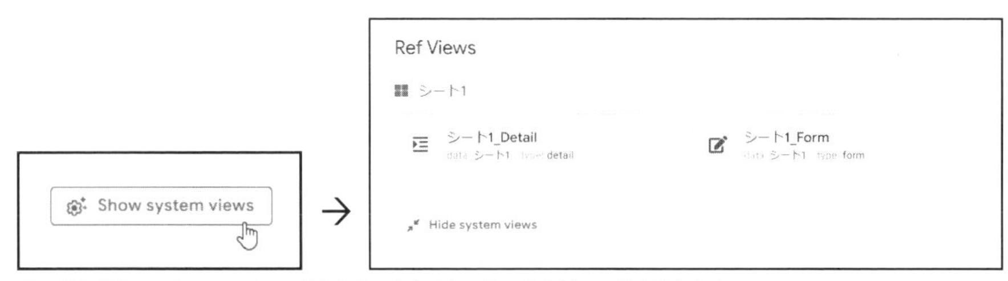

図1-37：「Show System views」をクリックすると、システムビューが表示される。

Ref Viewsについて

表示されるシステムビューは、「Ref Views」という表示の下に用意されます。Ref Viewsは、指定したレコードを参照する形でビューが表示されるようになっています。ここには、デフォルトで以下の2つが作成されています。

●シート1_Detail

レコードの一覧リストから見たい項目をクリックするとレコードの詳細表示が現れますが、この詳細表示のビューがこれです。すべての項目の値をまとめて表示します。

●シート1_Form

レコードの新規作成や編集などに利用するフォームのビューです。作成と編集は同じビューのフォームを使い回しています。

これらのビューにも表示に関する設定は用意されていますが、Primary Viewに用意されている、自分で作るビューほど多くはありません。基本的には表示のタイプなどは変更できず、用意された形をそのまま使うことになります。

ビューのデザインは変更できない!

AppSheetのビューでしっかりと頭に入れておいてほしいのは、「デザインは自動生成されたもの固定である」という点です。AppSheetのビューは、基本的なデザインを変更することはできません。ビューのタイプによっては表示を修正するための設定が用意されていることもありますが、デザイン自体を自分でカスタマイズすることはできない、という点を理解してください。

ただしまったく何も変更できないわけではなく、フォームの表示形式を変えたり、表示する項目をカスタマイズしたりすることは可能です。用意されている設定の範囲内ならアレンジはできる、ということですね。

後は、作りながら覚えよう

とりあえず、これで「Data」と「App」の基本部分はわかりました。ここまでわかれば、もうアプリ作りはすぐに開始できます。もちろん、AppSheetにはまだまだ説明していない機能がたくさんありますから、すべてマスターするにはもう少しかかるでしょう。ここまでの説明は、アプリ作りに必要な最小限の機能と考えてください。

実際に「住所録」アプリを使ってみると、ほぼ自動生成されたアプリなのに、それなりに使えることがわかったはずです。もっといろいろな機能を覚えればさらにアプリをブラッシュアップできますが、とりあえず「アプリを作って使う」だけなら、ここまでの知識で十分なのです。後は、実際にさまざまなアプリを作りながら、AppSheetの使い方を少しずつ覚えていけばいいでしょう。

Chapter 2

基本のデータ管理

AppSheetの基本は「スプレッドシートに用意したデータを操作する」というものです。
データの作成・編集・削除といった基本操作ができればそれだけで使えるアプリが作れます。
まずは「スプレッドシートのデータ管理」を中心にしたアプリのテンプレートを紹介しましょう。

Chapter 2

2.1.

「日記」アプリ

「データ」さえ作ればアプリはできる！

まず最初に作っていくのは、「データを利用するアプリ」です。先にサンプルとして「住所録」のアプリを作りましたが、あれはただGoogleスプレッドシートを読み込んでアプリにしただけのものでした。それだけでも、そこそこ使えるアプリができることはわかったでしょう。

つまり、自分で普段から利用しているデータさえあれば、それを読み込むだけで使えるアプリが作れる、ということなのです。もちろん、ただ読み込むだけでなく、それにプラスアルファして何らかの機能を付け足せば、さらに便利なものになります。

けれど、「ただデータを読み込んだだけでも、使えるアプリはできる」ということは忘れないでください。それ以外のことは、「より便利にするもの」でしかありません。それらの機能はなくても「アプリ」は作れるし、使えるのです。では、「データを読み込んで作るアプリ」のテンプレートをいくつか紹介していきましょう。

「日記」アプリについて

「住所録」と同様、データを読み込んで自動生成するだけの超簡単アプリです。「日記」アプリは日付と日記の内容を書くだけのシンプルなものです。これに加えて、キーワードで日記を分類する機能も追加してみます。

「日記」アイコンをタップすると、日記が新しいものから順にリスト表示されます。「カレンダー」アイコンでは、書いた日記がカレンダーの形で表示されます。日記を書くには、「＋」ボタンをタップしてフォームを呼び出します。

図2-1：日記アプリ。日記の一覧リストとカレンダー表示がある。「＋」ボタンをタップすれば日記を追記できる。左上のアイコンをタップするとサイドバーが開かれ、キーワードごとの表示ができる。

Googleスプレッドシートの作業

まずは、データを作成しましょう。Googleスプレッドシートのファイルを新たに作成してください。ファイル名は「日記」としておきましょう。

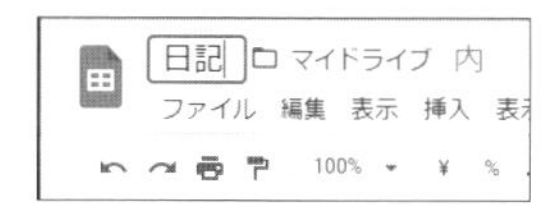

図2-2：Googleスプレッドシートを作り、「日記」と名前を付ける。

❶データを作成します。まず一番上の行に、次のように項目名を記入します。

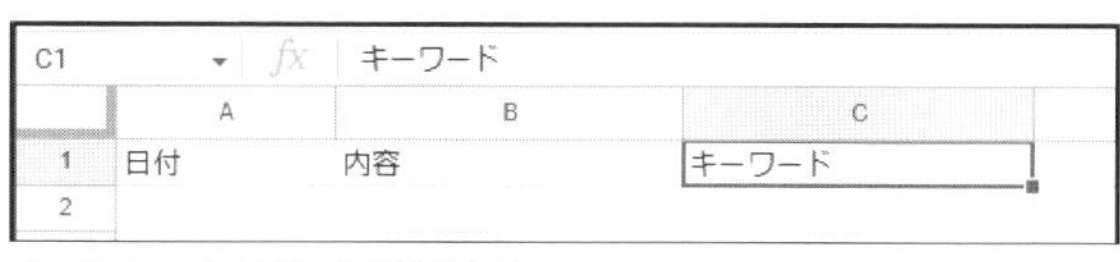

図2-3：シートに項目名を記述する。

日付	内容	キーワード

❷ダミーのデータを1つ用意しておきます。項目名の下の行に、例えば次のような形でデータを記入しておきます。

2022/09/05	これはサンプルです。	独り言

最初の値は、年月日を記述します。これは「年/月/日」といった形式で記述しておきましょう。また、3つ目の値はキーワードとして登録するもので、ここでは「独り言」にしておきます。

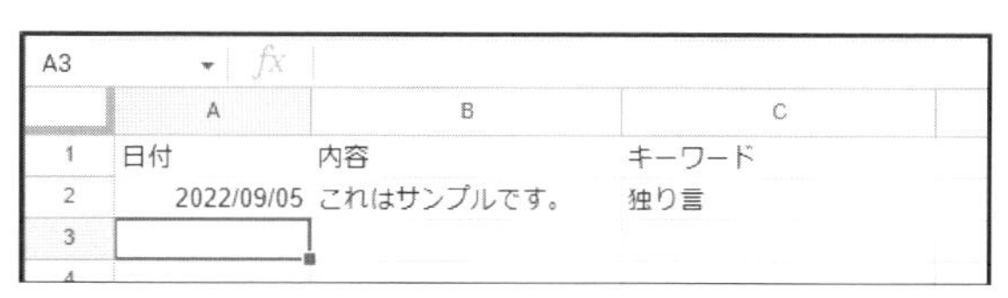

図2-4：ダミーデータを記入する。

❸シート名を変更しておきます。シート左下に見えるシート名の表示部分をダブルクリックし、「日記」と変更しておきます。

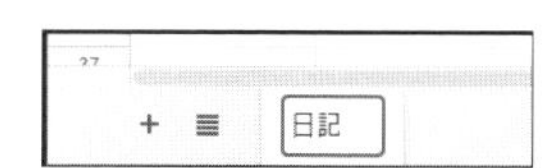

図2-5：シート名を「日記」と変更しておく。

AppSheetアプリの作成

続いて、AppSheetでの作業になります。まずAppSheetのトップ画面(My Appsページ)にアクセスし、アプリの作成を行いましょう。

❶「Create」ボタンをクリックして「Start with existing data」メニューを選び、新たなアプリを作成します。

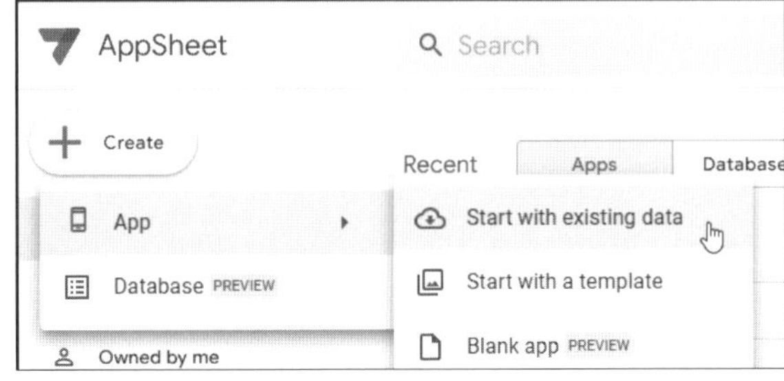

図2-6:「Create」ボタンをクリックし「Start with existing data」を選ぶ。

❷「Create a new app」パネルが現れたらアプリ名を「日記」と入力し、「Choose your data」ボタンをクリックします。

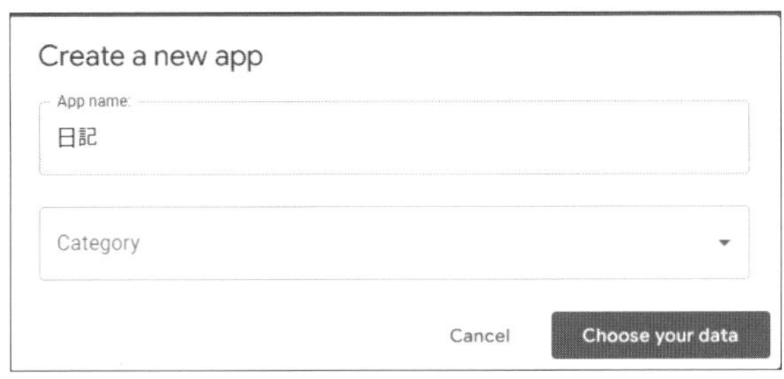

図2-7:アプリ名を「日記」に変更する。

❸「Select data source」パネルが現れます。ここにある「Google Sheets」をクリックして選択します。

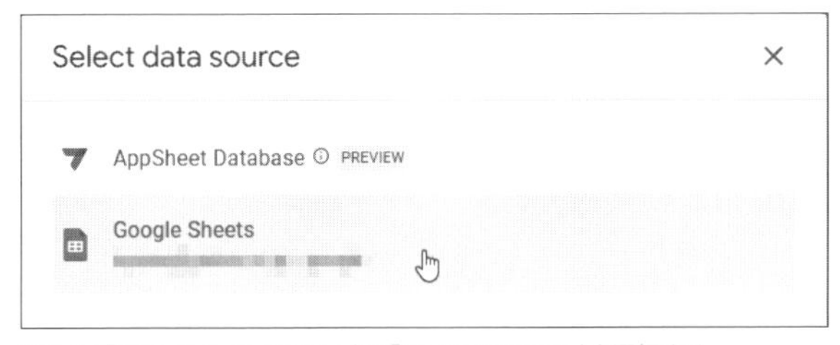

図2-8:「Select data source」で「Googel sheets」を選択する。

❹「Select a file」パネルが現れます。作成した「日記」ファイルを選択し、「Select」ボタンで開きます。

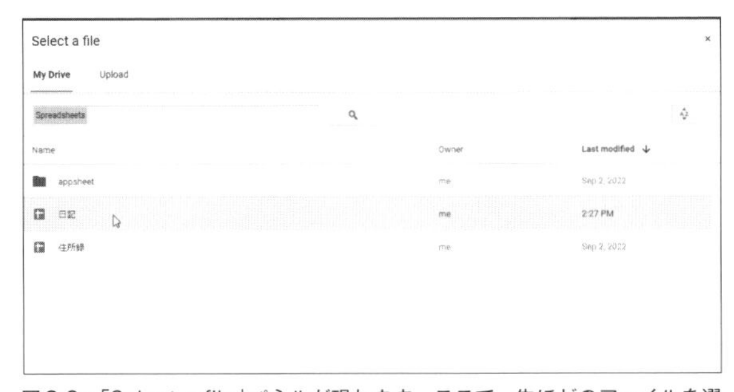

図2-9:「Select a file」パネルが現れます。ここで、先ほどのファイルを選択する。

DataのColumns設定

これで新しいAppSheetアプリが作成されます。ここから、ページ左側の「Data」でデータの設定を行います。

図2-10：新しく作成されたAppSheetアプリ。

❶上部にある「Columns」リンクをクリックし、各項目の設定画面を呼び出します。「日記」テーブルが用意されているのでこれを開き、テーブルの各列の内容を確認します。

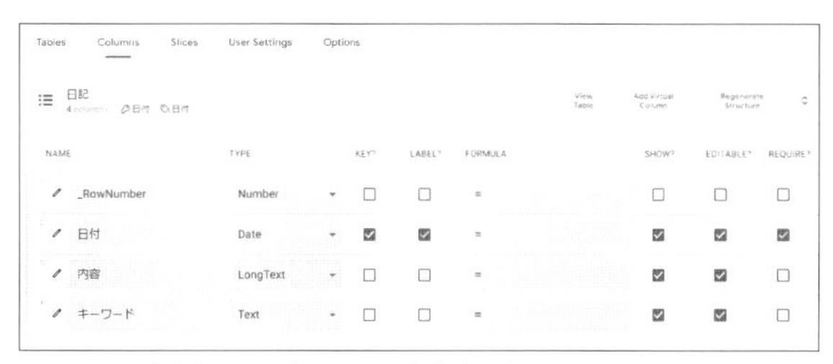

図2-11：用意されている各項目の設定を確認する。

_Row_Number	TYPEは「Number」。「KEY?」「LABEL?」「SHOW?」「EDITABLE?」「REQUIRE?」のチェックはすべてOFFにする。
日付	TYPEは「Date」。「KEY?」「LABEL?」「SHOW?」「EDITABLE?」「REQUIRE?」のすべてのチェックをONにする。
内容	TYPEは「LongText」。「SHOW?」「EDITABLE?」のチェックをONに、それ以外はOFFにする。
キーワード	TYPEは後で設定。「SHOW?」「EDITABLE?」のチェックをONに、他はOFFにする。

❷「キーワード」の設定をします。「キーワード」の左端にある鉛筆アイコンをクリックしてください。

図2-12：キーワードの鉛筆アイコンをクリックする。

❸設定パネルが現れます。ここから「TYPE」の値を「Enum」に変更します。

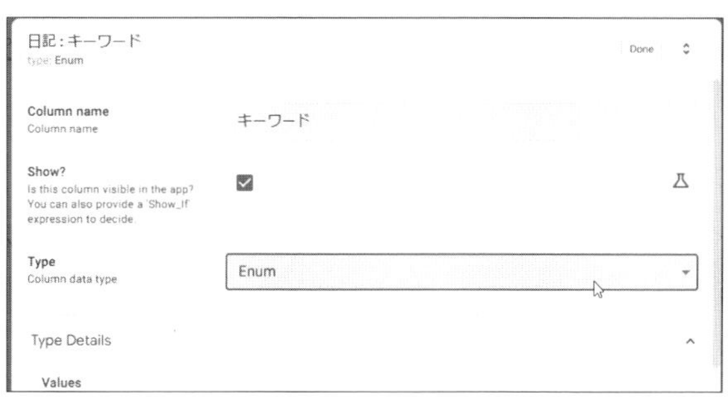

図2-13：TYPEを「Enum」に変更する。

❹値を登録します。「Values」というところにある「Add」ボタンをクリックすると項目が追加されるので、値を入力します。ここではAddボタンで以下の3つの値を作成しておきます。

図2-14:「Values」の「Add」ボタンをクリックし、3つの項目を追加する。

独り言	覚え書き	要チェック

❺パネルの下のほうにある「Base type」の値をクリックし、ポップアップして現れるメニューから「Text」を選択します。そして、その下の「Input mode」を「Dropdown」に選択します。

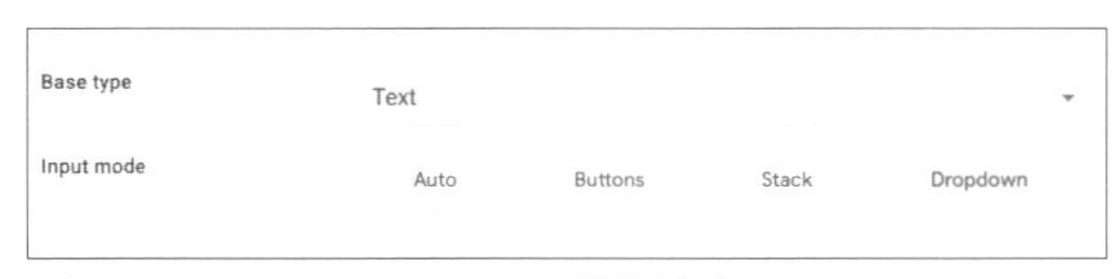

図2-15:Base typeとInput modeの設定を行う。

❻上部にある「Done」ボタンをクリックし、パネルを閉じます。これで、Columnsの「キーワード」のTYPEが「Enum」に変わります。

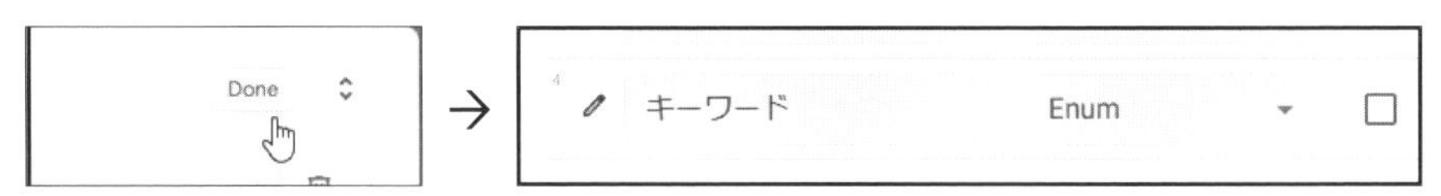

図2-16:「Done」ボタンでパネルを閉じると、キーワードのTYPEが「Enum」に変わる。

スライスの作成

続いて、「スライス」を作成します。スライスはテーブルから特定の条件に合うレコードだけを絞り込んで表示するのに使うものです。

❶上部に見えるリンクから「Slices」をクリックします。これで「スライス」の管理表示に切り替わります。

図2-17:「Slices」リンクをクリックして切り替える。

❷「New Slice」というボタンの右側に「Add slices of 日記……」と表示された小さなボタンが表示されているでしょう（ボタンがない場合はこの後で説明）。これをクリックしてください。その下に以下の3つのスライスが自動生成されます。

```
キーワード is 覚え書き
キーワード is 独り言
キーワード is 要チェック
```

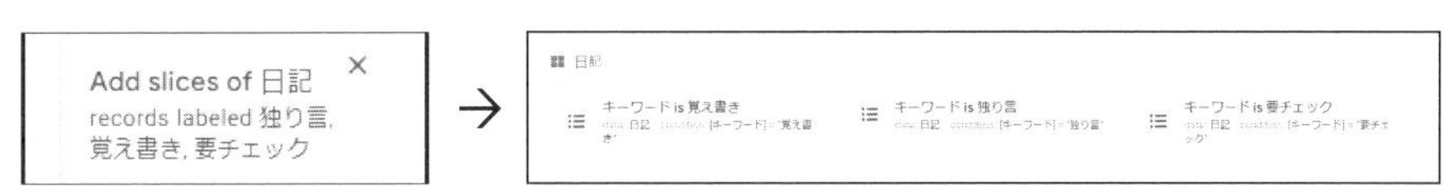

図2-18：「Add slices of 日記……」ボタンをクリックすると3つのスライスが自動生成される。

❸作成されたスライスの内容を確認します。まず「キーワード is 覚え書き」です。次のように設定がされています。

Source Table	日記
Row filter condition	[キーワード] = "覚え書き"

これは「日記」のデータを参照するもので、「[キーワード] = "覚え書き"」というフィルターが設定されていることを示します。このフィルターを元に、表示するデータを検索し表示します。

図2-19：「キーワード is 覚え書き」スライスの設定を確認する。

❹では「Row filter condition」の値部分をクリックしてください。画面にパネルが開かれます。これは「Expression Assistant（式アシスタント）」と呼ばれるもので、AppSheetで各種の数式を入力するものです。このパネルのグレーの部分に次のような文が書かれているでしょう。

```
[キーワード] = "覚え書き"
```

これが、式アシスタントに記述されている式の内容です。グレーのフィールドに書かれた式が、Row filter conditionに値として設定されるのです。

図2-20：式アシスタントで式が設定される。

❺「Add slices of 日記……」というボタンが用意されていなかった場合、自分でスライスを作成することになります。上部にある「New Slice」ボタンをクリックし、現れたダイアログで「Create a new slice」ボタンをクリックすると、新しいスライスを作成できます。これを利用し、3つのスライスを作成します。作成後、以下の設定を行います。

▼1つ目

Slice name	キーワード=覚え書き
Source Table	日記
Row filter condition	[キーワード] = "覚え書き"

▼2つ目

Slice name	キーワード=独り言
Source Table	日記
Row filter condition	[キーワード] = "独り言"

▼3つ目

Slice name	キーワード=要チェック
Source Table	日記
Row filter condition	[キーワード] = "要チェック"

これで、自動生成されるスライスと同じものが作成できます。なお、上記の設定以外の項目は、基本的にデフォルトのままで問題ありません。

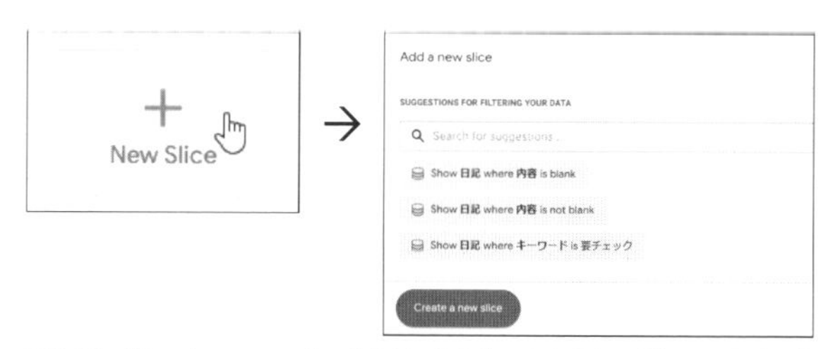

図2-21:「Create a new slice」ボタンをクリックすると、新しいスライスを作成できる。

Viewを用意する

データが用意できたら、ユーザーインターフェイスを整えましょう。ページ左側にあるアイコンから「App」をクリックし、上部にある「Views」というリンクをクリックします。

❶ここで作成されているビューを確認しましょう。デフォルトで次のビューが用意されています。

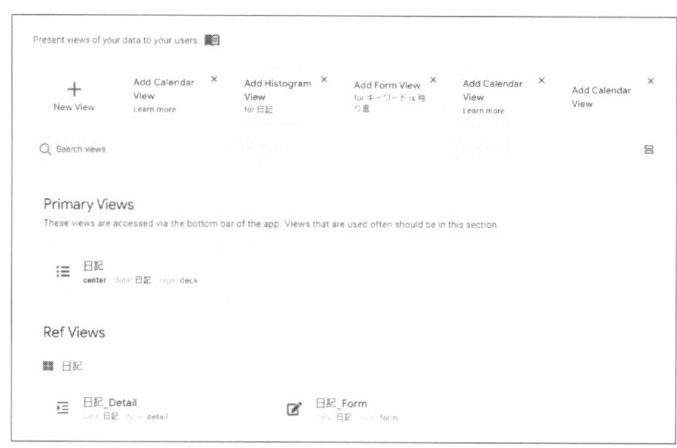

図2-22:Primary ViewsとRef Viewsに計3つのビューが作成されている。

▼Primary Views

日記	日記テーブルの一覧表示のビューです。

▼Ref Views

日記_Detail	日記テーブルの詳細表示ビューです。
日記_Form	日記テーブルの新規作成および編集用のフォームです。

❷Primary Viewsにある「日記」ビューをクリックして表示を展開します。そして、「View Options」というところにある「Sort by」下の「Add」ボタンで項目を追加し、次のように設定します。

日付	Descending

これは、リストに表示される項目をソートするためのものです。これにより、日付が新しいものから順にデータが並べられるようになります。

図2-23：Sort byでソートの設定を行う。

これで、「日記」ビューによる日記のリスト表示画面ができました。とりあえず、単に「日記をリスト表示し、新しい日記を書いたり編集したりする」という基本部分はこれでできました。

図2-24：「日記」で日記をリスト表示できるようになった。

カレンダーの作成

日記はリストで表示されるより、カレンダーなどを使って表示できたほうが感覚的にわかりやすいでしょう。そこでカレンダーのビューを追加してみましょう。

❶Appの「Views」リンクの表示上部に「Add Calendar View」というボタンが用意されています。これをクリックしてください。もしボタンがない場合は、「New View」ボタンで作成してください。

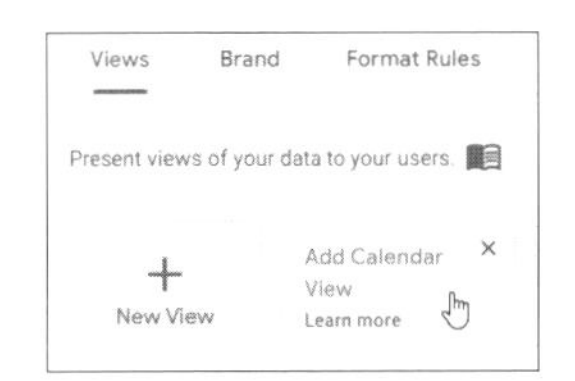

図2-25：Views上部にある「Add Calendar View」をクリックする。

❷新しいビューが作成されます。その設定画面を開き、以下の項目を設定します。

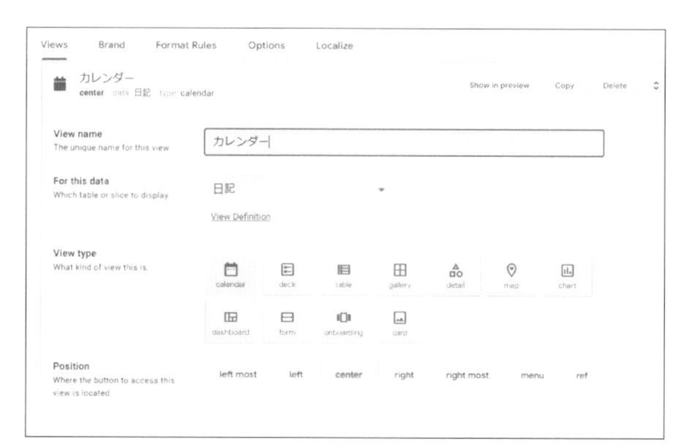

図2-26：作成したビューを設定する。

View name	カレンダー
For this data	日記
View type	calendar

これで、新しいカレンダービューができました。日記のある日がひと目でわかるようになりました。

アプリ画面の下部に表示される「カレンダー」アイコンをタップすると、カレンダーの表示に切り替わります。カレンダーで実際に表示を確認しておきましょう。

図2-27：「カレンダー」アイコンでカレンダー表示ができるようになった。

キーワードごとの表示を作る

先に、キーワードの値ごとにデータを抽出するスライスを作成しました。これを利用したビューも用意しておきましょう。

❶「App」の「Views」画面の上部にある「New View」ボタンをクリックして新しいビューを作ります。

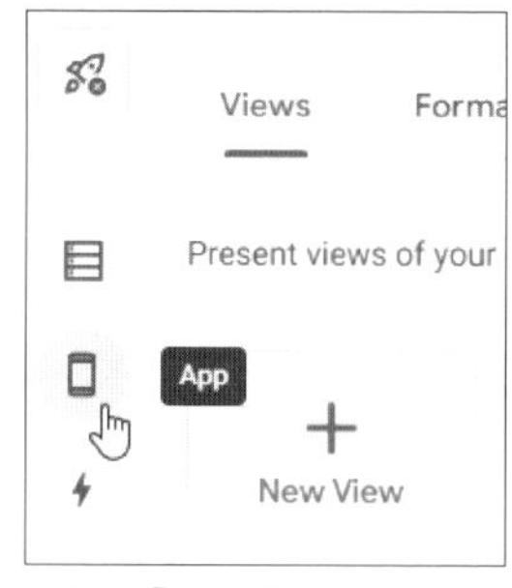

図2-28：「New View」ボタンで新しいビューを作る。

❷作成されたビューの設定を開き、表示の設定を行います。次のように値を用意していきましょう。

図2-29：ビューの設定を行う。

View name	「独り言」と入力。
For this data	「キーワード is 独り言(slice)」を選択。
View type	「deck」を選択。
Position	「menu」を選択。

❸「キーワード is 独り言」のスライスを使ったビューが作成できました。これを選ぶと、キーワードが「独り言」のデータだけが表示されるようになります。このビューは、左上のアイコンをタップして現れるサイドバーから選ぶようになっています。

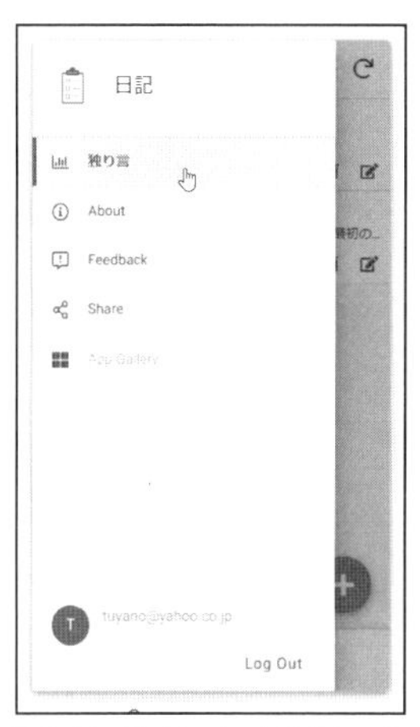

図2-30：サイドバーを開くと、作成した「独り言」のビューが選べるようになった。

❹作り方がわかったら、同様にして「覚え書き」「要チェック」のビューも作成しましょう。View nameをそれぞれのキーワード名にし、For this dataを「キーワード is 覚え書き(slice)」「キーワード is 要チェック(slice)」に変更するだけで、他の設定は同じでいいでしょう。

これで3つのキーワードのスライスを使ったビューが用意できました。作成したビューは「Menu Views」というところにまとめて表示されます。

図2-31：Menu Viewsに3つのビューが作成された。

《応用》最近の日記だけを表示する

ここから先は、ちょっと複雑になります。いわば「応用編」と考えて、ある程度アプリづくりに慣れてきたら挑戦してみる、ぐらいに考えておきましょう。これを作らなくともアプリ自体はちゃんと使えますから。

さて、実際にアプリを使って日記をつけていくと、「日記」リストにどんどん日記がたまっていきます。あまり数が増えてくると表示も遅くなり動作にも影響するでしょう。そこで、最新の日記だけを表示するようにしましょう。

仮想列を作成する

これには仮想列とスライスを利用します。まずは仮想列から作りましょう。

❶ページ左側のアイコンから「Data」を選択して表示を切り替え、上部の「Columns」リンクをクリックしてデータの設定画面を表示します。そして、「日記」テーブルのタイトル部分にある「Add Virtual Column」というリンクをクリックしてください。

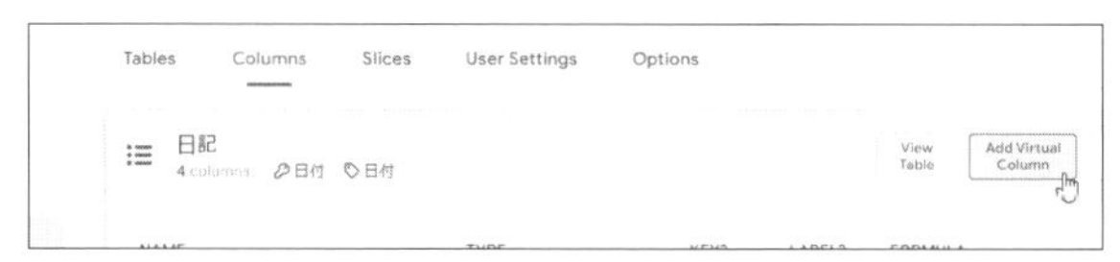

図2-32：「日記」テーブルの「Add Virtual Column」をクリックする。

❷仮想列の作成パネルが現れます。まずはColumn nameに「最近の日記」と名前を入力しましょう。

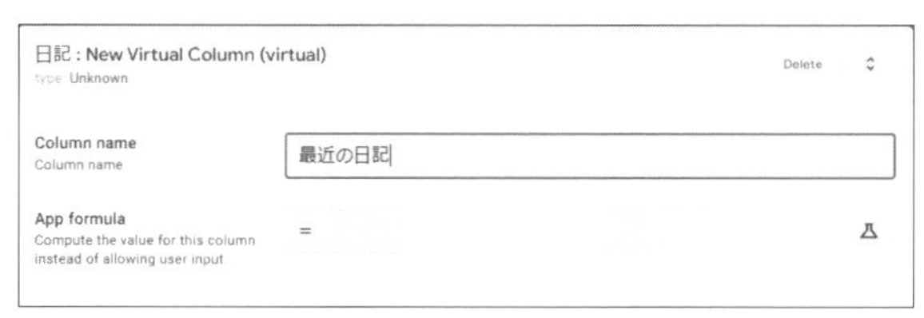

図2-33：仮想列の名前を入力する。

❸Column nameの下にある「App fomula」という項目の値部分（「=」と表示されているところ）をクリックしてください。画面に式アシスタントのパネルが現れます。ここでグレーのフィールド部分に次のように式を記入し、「SAVE」ボタンで保存します。

図2-34：式アシスタントで式を入力する。

```
[_RowNumber] > (COUNT(日記[_RowNumber])-9)
```

❹式アシスタントを閉じると、「最近の日記」仮想列の設定表示に戻ります。ここで「App fomula」に式が設定されているのを確認し、「Done」ボタンでパネルを閉じてください。

図2-35：式の入力を確認し、Doneする。

❺「日記」テーブルの設定（Columnsの表示）に戻ります。追加された「最近の日記」の項目で、「KEY?」「LABEL?」「SHOW?」「EDITABLE?」「REQUIRE?」のすべてのチェックをOFFにします。

図2-36：最近の日記のチェックをすべてOFFにする。

最近の日記スライスを作成する

作成した仮想列を使ったスライスを作ります。上部の「Slices」リンクをクリックして表示を切り替え、「New Slice」ボタンをクリックし、現れたダイアログで「Create a new slice」ボタンをクリックすると新しいスライスを作ります。

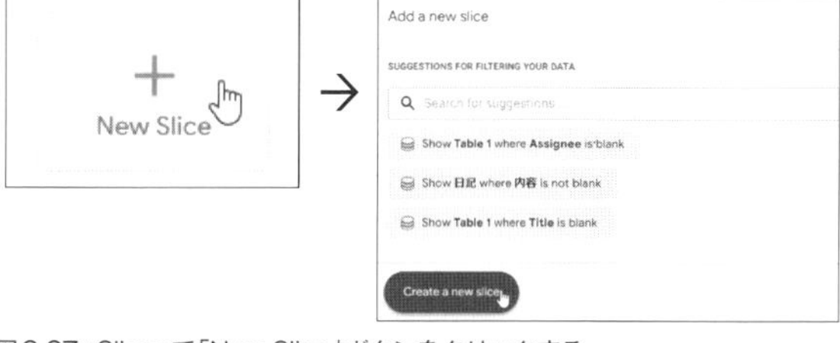

図2-37：Slicesで「New Slice」ボタンをクリックする。

❶作成されたスライスで、次のように項目を設定します。

図2-38：スライスの設定を行い、Row filter conditionを入力する。

Slice Name	最近の日記
Source Table	日記
Row filter condition	「最近の日記 is yes」と入力。下に候補がプルダウンして現れるので、「最近の日記 is yes」を選択する。

❷Row filter conditionの入力が確定されると、入力した値が以下の式に変換されます。

```
[最近の日記] = yes
```

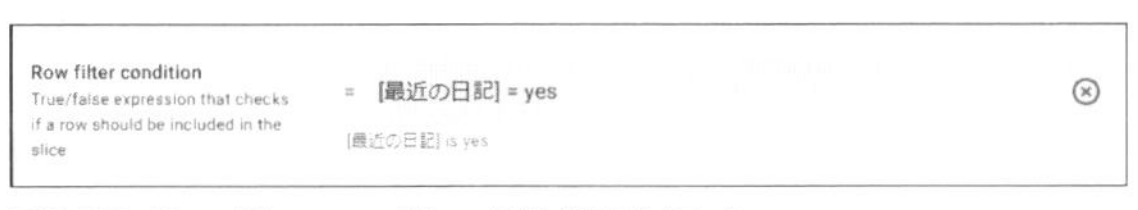

図2-39：Row filter conditionに値が設定された。

❸ページ左側のアイコンから「App」を選択して、上部にある「Views」でPrimary Viewの「日記」を選択します。そして、「日記」ビューの「For this data」の項目を「最近の日記（slice）」に変更します。これで、新しい日記10個だけがリストに表示されるようになります。

図2-40：For this dataの値を変更する。

アプリのポイント

今回のアプリは、基本部分は特に説明の必要もないくらいに簡単なものです。ポイントとしては、「Enum」という値の利用が挙げられるでしょう。

ここでは「キーワード」のTYPEを「Enum」にしました。Enumは「列挙型」といって、いくつか用意されている値の中からどれか1つを選ぶのに使うものです。

このEnumは、「スライス」と連携して使うことが多いでしょう。スライスとは、テーブルに保管されているデータの中から特定の条件に合致したものだけを抜き出し、テーブルと同じように利用できるようにするものです。

スライスには「Row filter condition」という設定が用意されています。ここでデータを取得する条件を用意します。今回のサンプルでは、こんな形で値を設定していましたね。

```
[キーワード] = "○○"
```

キーワードのようにEnumの値は、スライスを使うことで「Enumの値が○○のデータだけを表示」といったことが簡単にできるようになります。

仮想列とは

応用編として「最近の日記だけを表示する」という機能を作りましたが、これは仮想列とスライスを組み合わせています。この2つは、使いこなすとかなり面白いことができるようになります。

仮想列とは文字通り、「仮想的に作った列（データの項目）」のことです。AppSheetではスプレッドシートからデータを読み込み、各列の値をそれぞれテーブルの項目（列）として作成します。が、そうしたスプレッドシートに直結した列の他に、AppSheetのテーブルだけに存在する（利用しているスプレッドシートには存在しない）列を作ることができます。

これは、例えばすでにある列の値をもとに計算したり、他のデータ（外部のデータや日時などのデータ）を元に値を作成したものなどをテーブルの値として扱いたいときに利用します。ここでは「最近の日記」仮想列に、次のような式を設定していました。

```
[_RowNumber] > (COUNT(日記[_RowNumber])-9)
```

[_RowNumber]というのは行番号を表す列です。COUNT(日記[_RowNumber])は、[_RowNumber]のレコード数を返す関数です。この式により、「_RowNumberの値が、レコード数 - 9より大きいもの」はYes（true）、それ以外はNo（false）が得られます。

_RowNumberの値は、（スプレッドシートの1行目に項目名があるので）最初のレコードが「2」になります。したがって、「レコード数 - 9」より大きいという条件は「行番号の一番大きいもの10個」だけがtrueとなります。

例えば15個のレコードがあった場合、15－9 ＝ 6行目以降のもの（つまり5番目以降のもの）が取り出されることになります。ということは、7 ～ 16行目のレコードでは結果がtrueとなり、それより前のものはfalseになるわけです。

このようにして作成した仮想列を使い、この仮想列の値がtrueのものを取り出すスライスを作り、これを表示するビューを用意することで、最近の日記だけがリストに表示されるようになる、というわけです。

Chapter 2

2.2. 「ToDo」アプリ

「ToDo」アプリについて

日記と同じように、データを入力し管理する簡単なツールに「ToDo」があります。やるべきことを入力しておき、終わったら消す、そういう単純なものですね。

今回はToDoの内容と終了日時、終了のチェックだけのシンプルなToDoを作成します。「ToDo」アイコンではすべての項目が表示され、「未完了」アイコンを選ぶと終了していない項目だけが表示されます。「＋」ボタンをタップすれば新しいToDoを作成できます。

作成したToDoが完了したときは、その項目の編集アイコンをタップし、「完了」の値を「Y」にして保存します。これで完了となり、「未完了」のビューに表示されなくなります。

図2-41：「ToDo」アプリ。全データのリスト表示と、まだ完了していないデータだけのリスト表示ができる。「＋」ボタンで新しいデータを作成できる。ToDoが完了したら、そのデータの編集画面で「完了」の値を「Y」に変更する。

Googleスプレッドシートの作業

では、Googleスプレッドシートで新しいシートを作成しましょう。今回は「ToDo」というファイル名にしておきます。

図2-42：新しいGoogleスプレッドシートを開き、「ToDo」と名前を入力しておく。

❶シートの左上から、項目名とダミーのデータを1つ次のように記述しておきます。なおダミーデータは、ID以外は適当でかまいません。

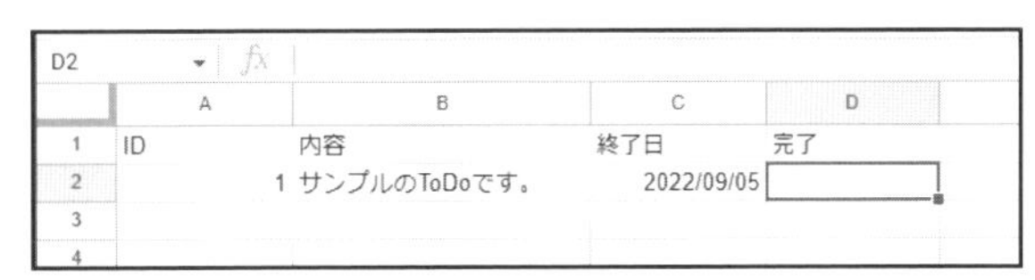

図2-43：シートに項目名とダミーデータを用意する。

ID	内容	終了日	完了
1	サンプルのToDoです。	2022/09/05	(無記入)

❷シート左下にあるシート名部分をダブルクリックし、シート名を「ToDo」と設定しておきます。Googleスプレッドシートの作業はこれで終わりです。

図2-44：シート名を「ToDo」とする。

AppSheetアプリの作成

AppSheetに戻ってアプリを作りましょう。AppSheetサイトの「My Apps」画面に戻り、以下の手順でアプリを作成します。

❶左上にある「Create」ボタンをクリックし、「Start with existing data」を選びます。

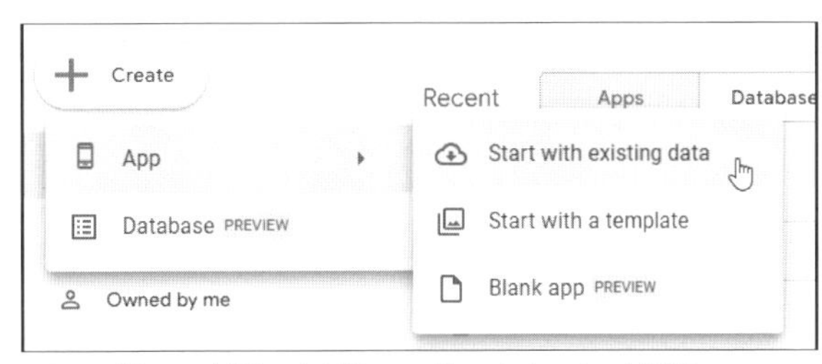

図2-45：「Create」ボタンから「Start with existing data」を選ぶ。

❷「Create a new app」パネルにアプリ名を「ToDo」と記入し、「Choose your data」ボタンをクリックします。

Create a new app

App name: ToDo

Category

Cancel　Choose your data

図2-46：「Create a new app」パネルでアプリ名を入力する。

❸「Select data source」パネルで「Google Sheets」を選び、作成した「ToDo」スプレッドシートを選択して「Select」ボタンをクリックします。

図2-47:「Google Sheets」を選び、「ToDo」ファイルを選択する。

DataのColumns設定

アプリが作成されたらページ左側のアイコンにある「Data」を選択し、上部の「Columns」リンクをクリックしてテーブルの列設定を行います。

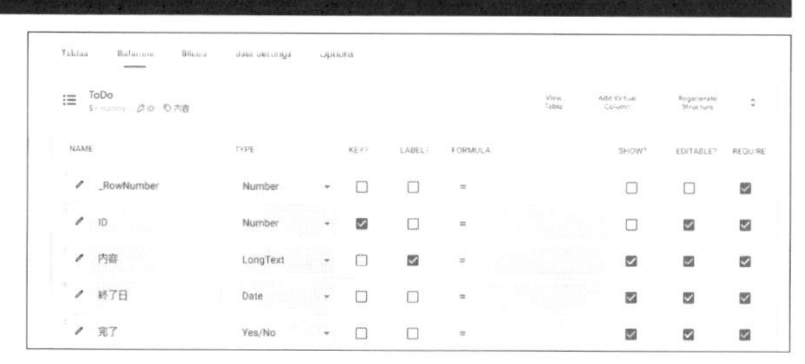

図2-48:Columnsで各列の設定を行う。

_Row_Number	TYPEは「Number」。「KEY?」「LABEL?」「SHOW?」「EDITABLE?」のチェックをOFFにし、「REQUIRE?」のチェックをONにする。
ID	TYPEは「Number」。「KEY?」「EDITABLE?」「REQUIRE?」のチェックをONににし、「LABEL?」「SHOW?」のチェックはOFFにする。
内容	TYPEは「Long Text」。「KEY?」のチェックをOFFにし、それ以外の「LABEL?」「SHOW?」「EDITABLE?」「REQUIRE?」のチェックをONにする。
終了日	TYPEは「Date」。「KEY?」「LABEL?」のチェックをOFFにし、「SHOW?」「EDITABLE?」「REQUIRE?」のチェックをONにする。
完了	TYPEは「Yes/No」。「KEY?」「LABEL?」のチェックをOFFにし、「SHOW?」「EDITABLE?」「REQUIRE?」のチェックをONにする。

INITIAL VALUEの設定

新しいレコードを作成する際、初期値を設定するためのフォーミュラ(式)を用意します。「Columns」に表示される設定で、「INITIAL VALUE」という項目を探してください(左右にスクロールしないと表示されないかもしれません)。

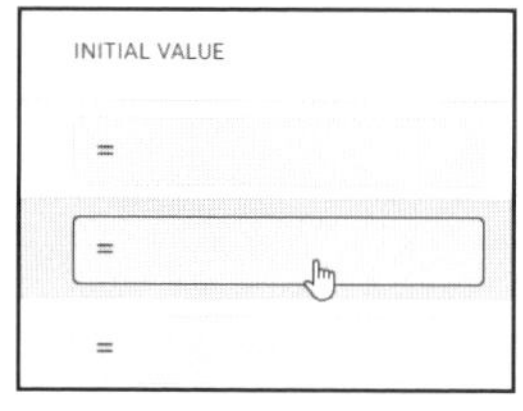

図2-49:「INITIAL VALUE」という項目を探す。

❶INITIAL VALUEの上から2番目の値(「ID」列の値)をクリックします。これで式アシスタントのパネルが現れるので、グレーフィールドに次のように入力し、「Save」ボタンで保存してください。

```
COUNT(ToDo[ID])+1
```

※ただし、このやり方はあまりいい方法ではありません。IDの設定については後ほど詳しく説明します。

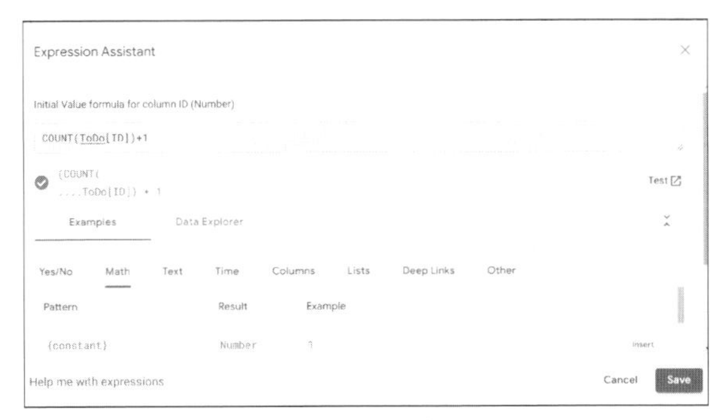

図2-50：「ID」のINITIAL VALUEに式を入力する。

❷続いて、INITIAL VALUEの一番下の値(「完了」列の値)をクリックして式アシスタンを呼び出し、グレーのフィールドに次のように記入をし保存します。

```
false
```

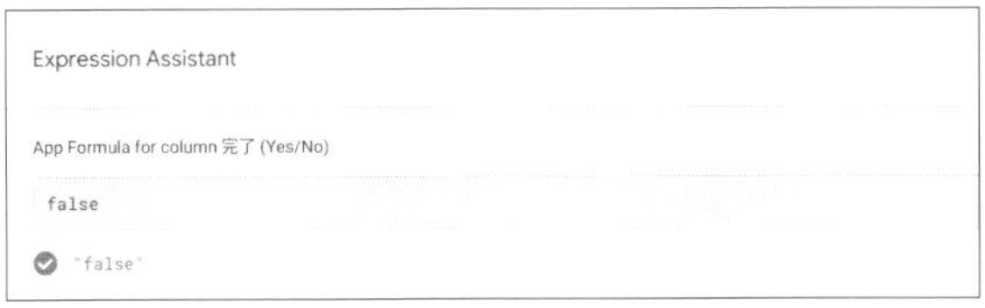

Expression Assistant

App Formula for column 完了 (Yes/No)

false

"false"

図2-51：「完了」列のINITIAL VALUEに「false」と入力しておく。

これで、INITIAL VALUESの上から2, 4, 5番目の項目に値が設定されました(4番目の「TODAY()」はデフォルトで設定されています)。新しいデータを作るとき、「ID」と「完了」の値が自動で設定されるようになります。

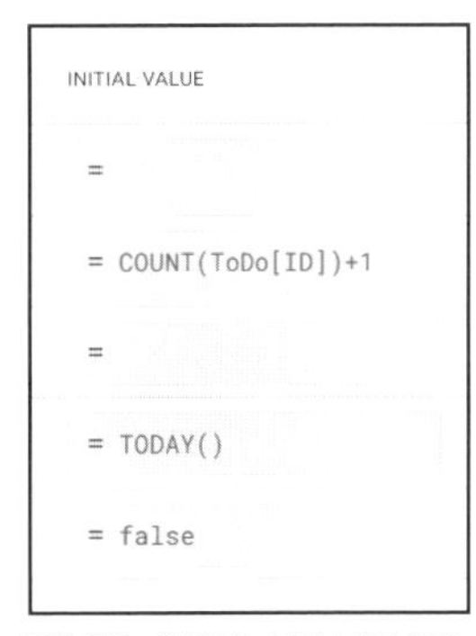

図2-52：INITIAL VALUESの2, 4, 5番目に値が用意された。

スライスの作成

まだ完了していないレコードだけを表示するためにスライスを作りましょう。ToDoは、まだ完了していない項目を確認するための表示が必要です。そのためのスライスを用意します。

❶上部の「Slices」リンクをクリックして表示を切り替え、「New Slice」ボタンをクリックし、現れたダイアログで「Create a new slice」ボタンをクリックすると新しいスライスを作ります。

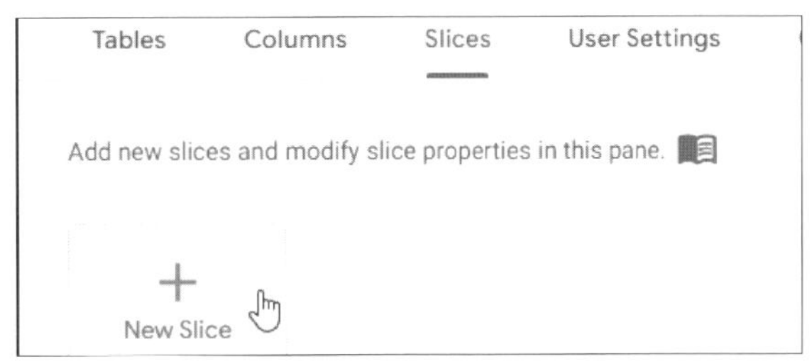

図2-53：「Slices」リンクの表示にある「New Slice」ボタンをクリックする。

❷作成したスライスを開き、設定をします。次のように値を入力してください。

Slice name	未完了
Source Table	ToDo

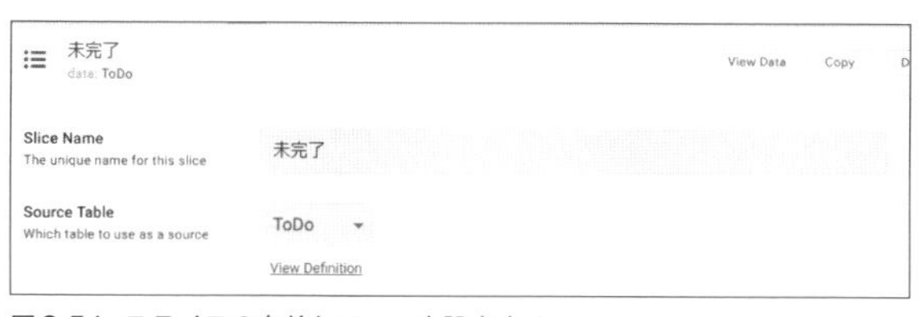

図2-54：スライスの名前とソースを設定する。

❸Row filter conditionで表示するレコードの条件を指定します。「完了 is no」と入力すると入力したテキストがポップアップ項目として現れます。これを選ぶと、「[完了] is no」と値が確定します。

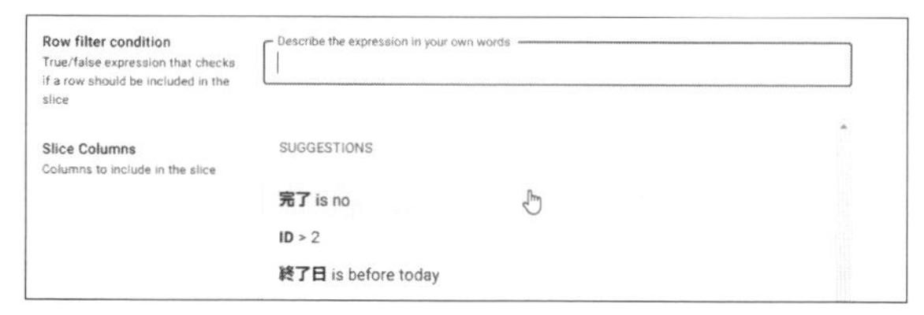

Row filter condition
True/false expression that checks if a row should be included in the slice
= [完了] = no
[完了] is no

図2-55：Row filter conditionは「完了 is no」と入力しポップアップメニューを選ぶ。

Viewを用意する

ユーザーインターフェイスを用意しましょう。ページ左側のアイコンから「App」を選択し、上部の「Views」リンクを選択すると、ビューの一覧が現れます。

❶デフォルトで用意されているビューを確認しましょう。次のようなビューが作成されています。

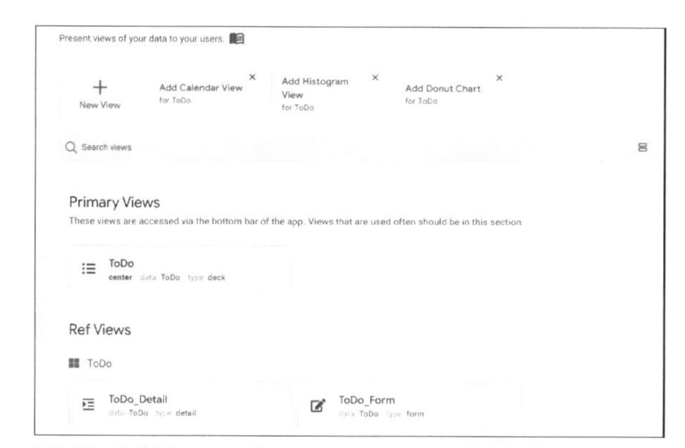

図2-56：作成されているビュー。

Primary Views	ToDo
Ref Views	ToDo_Detail、ToDo_Form

❷「完了」スライスを表示するビューを作ります。「New View」ボタンをクリックして新しいビューを作り、次のように設定を行いましょう。

図2-57：新しいスライスを作り、設定を行う。

View name	未完了
For this data	未完了(Slice)
View type	deck
Position	center

❸レコードの並び順を設定します。ビューの設定の「View Options」というところに「Sort by」という項目があります。ここにある「Add」ボタンをクリックしてソートの設定を追加し、「終了日」「Descending」と設定してください。これで、終了日の新しいものから表示されるようになります。

図2-58:Sort byの「Add」ボタンで項目を作成し、「終了日」「Descending」と設定する。

❹レコードのソートは「未完了」だけでなく、「ToDo」ビューでも設定したほうがいいでしょう。やり方がわかったら「ToDo」ビューを開き、同じようにSort byに項目を追加して終了日の新しいものから順に並ぶようにしておきましょう。

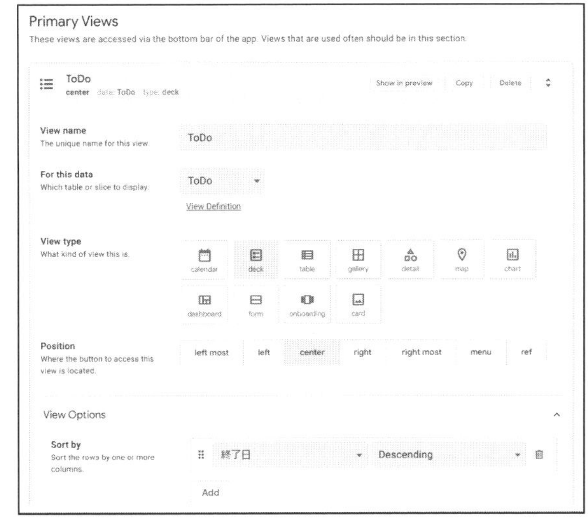

図2-59:「ToDo」ビューの「Sort by」も「Add」ボタンで設定を作成し、「終了日」「Descending」と設定しておく。

アプリのポイント

今回のアプリは非常にシンプルで特に目立ったテクニックは使っていません。唯一、説明が必要なのは、IDの自動設定でしょう。

ここでは「ID」という項目を用意し、これをキーに設定しています。なぜ他の「内容」や「終了日」をキーに指定せず、わざわざIDという項目を用意したのかというと、キーに設定した項目は「同じ値を2つ作れない(すべて異なる値でないといけない)」「作成後、変更できない」という性質があるためです。

キーはデータの識別に使うため、すべてのデータで異なる値でなければいけません。また、キーは一度設定されると後で変更することができません。このため、後で編集することもある「内容」や、同じ日付のToDoを複数作ることもある「日付」などはキーにはできません。そこで、キーのための項目を用意しておいたのです。

番号でIDを割り振る

キーはすべて異なる値にする必要があるので、自動的に割り振られるようにしたほうがいいでしょう。そこで今回は、INITIAL VALUEに次のような式を設定しておきました。

```
COUNT(ToDo[ID])+1
```

これは、ToDoテーブルの「ID」列のレコード数（つまり、いくつレコードがあるか）に1足した数を設定するものです。IDは1から割り振るので、レコード数に1を足せば、新たに作られるレコードのIDが設定できます。

IDというと、こうした「番号で割り振る」という形が一番イメージしやすいので、ここではこのやり方をしました。最初から順番に番号が割り振られている、というのは誰でも一番理解しやすいでしょうから。

ただし、途中のレコードが削除されると同じ番号が割り振られてしまうことになります。したがって、このやり方は「作成したレコードは削除しない」という場合にのみ有効です。

日時で割り振る

数字でユニークなIDが割り当てられるようにする方法としては、現在の日時の値を利用するやり方もあります。

```
NUMBER(NOW())
```

例えばINITIAL VALUEをこのようにすると、「1662439512000」というような数字がIDに設定されます。これは1970年1月1日午前0時からの経過ミリ秒数を示す値で、これなら複数の人間が完全に同じ時刻にレコードを送信したりしない限り重複することはまずありません。

確実なのは「UNIQUEID」

実を言えば、こんな苦労をしなくとも、AppSheetにはもっと簡単にユニークなIDを割り当てることのできる関数が用意されています。それはこういうものです。

```
UNIQUEID()
```

UNIQUEID関数は、ランダムでユニークなテキストを返すものです。この値をIDとして設定すれば、すべての値が完全にユニーク（重複しない）となります。ただ、「テキストでIDを割り振る」という方式は、一般の人にはあまり馴染みがない（開発の世界ではごく普通に使われています）ので、慣れないうちは違和感を覚える人もいるかもしれません。

このUNIQUEID関数はランダムなテキストなので、これを使ったIDでデータを作成順にソートすることなどはできません。レコードをきれいに並べるためには、別に作成した日時などの列を用意し、それを元にソートする必要があります。

Chapter 2

2.3. 「イメージメモ」アプリ

「イメージメモ」アプリについて

AppSheetではテキストや数字だけでなく、イメージもデータとして扱えます。このイメージデータを利用した簡単なメモアプリを作ってみます。

今回のアプリはテキストによるメモだけでなく、指でスワイプしてその場でイラストを描けます。描画のところにあるカメラアイコンをタップすれば、カメラで撮影することもできます。作成したメモは、不要なものはアーカイブすることができます。

アプリ下部には3つのアイコンがあり、「利用中」には現在利用しているメモが一覧表示されます。「メモ」アイコンをタップするとメモが描けます。また「アーカイブ」は、アーカイブして「利用中」から外されたものがすべて表示されます。

図2-60：イメージメモ。作成したメモはイメージを縮小した形で一覧表示される。「＋」アイコンで新しいメモを作り、その場で絵を描ける。作ったメモは、「アーカイブ」アイコンをタップするだけでアーカイブできる。

Googleスプレッドシートの作業

では、データの作成から行いましょう。新しいGoogleスプレッドシートのファイルを作成してください。ファイル名は「イメージメモ」としておきます。

図2-61：Googleスプレッドシートのファイルを作り「イメージメモ」と名前を設定する。

❶作成されたスプレッドシートにデータを記入します。1行目に各項目の名前を、2行目にダミーのデータをそれぞれ次のように記述しておきます。

作成日時	コメント	イメージ	アーカイブ
2022/09/06 12:34:56	ダミーデータ		FALSE

データは適当に入力しておけばいいでしょう。ただし、「作成日時」は年月日と時刻の値が正しいフォーマットになるように注意して記入してください。また「イメージ」の欄は、現状では空白にしておきましょう。

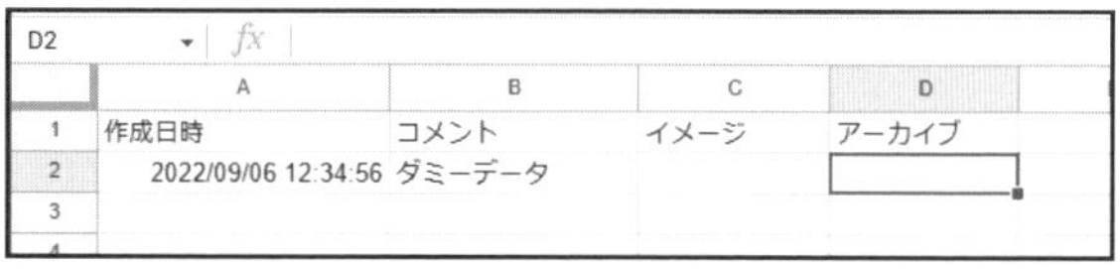

図2-62：項目名とダミーのデータを記入する。

❷シート名を変更します。左下に見えるシート名の部分をダブルクリックし、「メモ」と記入しておいてください。これでGoogleスプレッドシートの作業は終了です。

図2-63:「メモ」とシート名を変更しておく。

AppSheetアプリの作成

では、アプリ作りを始めましょう。AppSheetの「My Apps」画面に戻り、以下の手順でアプリを作成しましょう。

❶「Create」ボタンの「Start with existing data」を選び、アプリの作成を行います。

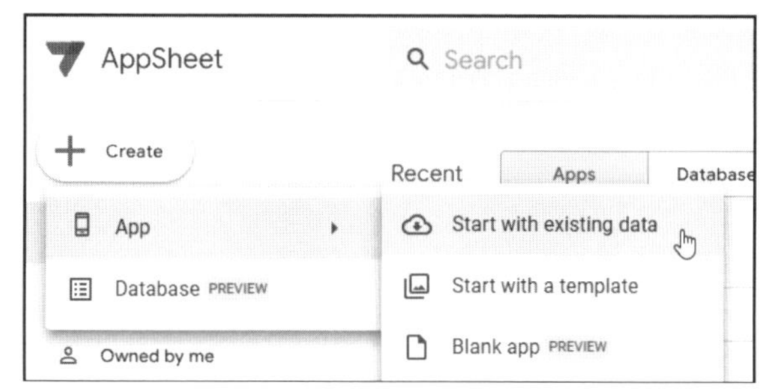

図2-64：「Create」ボタンをクリックして、「Start with existing data」を選ぶ。

❷「Create a new app」パネルが出たらアプリ名を「イメージメモ」と入力し、「Choose your data」ボタンをクリックする。

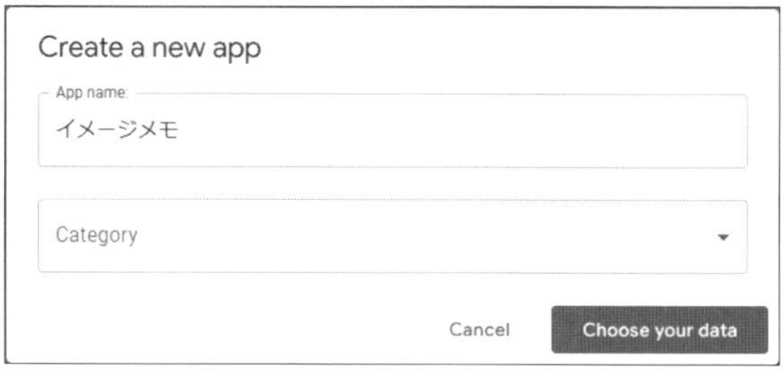

図2-65：アプリ名を記入し、次に進む。

❸「Select data source」パネルが出たら「Google Sheets」を選択し、続いて現れる「Select file」パネルで先ほどの「イメージメモ」を選択して「Select」ボタンをクリックします。

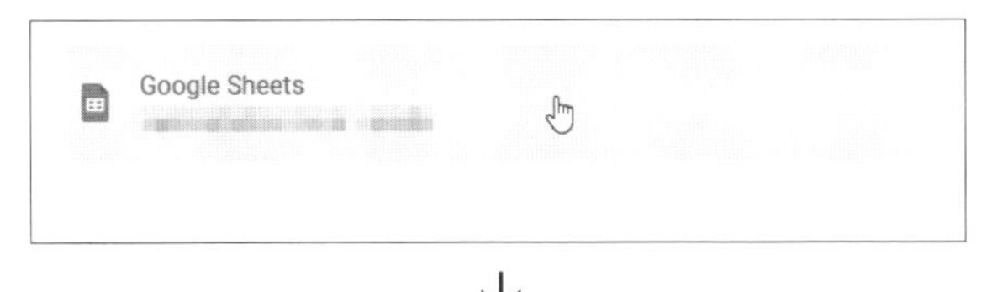

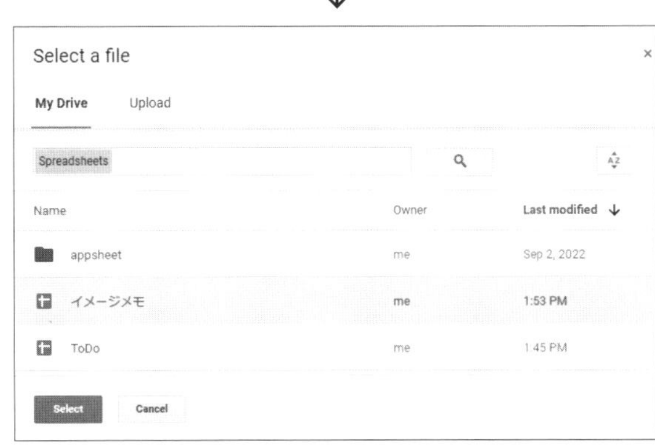

図2-66：「Google Sheets」を選択し、作成した「イメージメモ」ファイルを選ぶ。

DataのColumns設定

アプリが作成され編集画面が表示されます。では、アプリの編集を行いましょう。まずはデータの設定を行っていきます。

❶最初に作成されたテーブルの列を設定しましょう。上部にある「Columns」をクリックしてテーブルの列設定画面を呼び出します。デフォルトで「メモ」というテーブルが用意されています。

図2-67：作成された「イメージメモ」アプリ。「メモ」テーブルが用意されている。

❷では、「メモ」テーブルの設定を確認しましょう。「メモ」テーブルをクリックして開いてください。

図2-68：「Data」の「Columns」を選択する。デフォルトで「メモ」テーブルが作成されている。

❸開かれたテーブルの各列の設定を行います。次のように設定を変更してください。

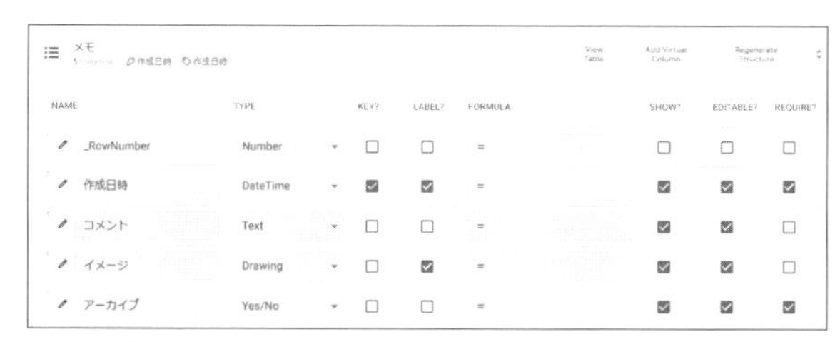

図2-69：各列の設定を行う。

_Row_Number	TYPEは「Number」。「KEY?」「LABEL?」「SHOW?」「EDITABLE?」「REQUIRE?」チェックをすべてOFFにする。
作成日時	TYPEは「DateTime」。「KEY?」「LABEL?」「SHOW?」「EDITABLE?」「REQUIRE?」のチェックをすべてONにする。
コメント	TYPEは「Text」。「KEY?」「LABEL?」「REQUIRE?」のチェックをOFFにし、「SHOW?」「EDITABLE?」のチェックをONにする。
イメージ	TYPEは「Drawing」。「KEY?」「REQUIRE?」のチェックをOFFにし、「LABEL?」「SHOW?」「EDITABLE?」のチェックをONにする。
アーカイブ	TYPEは「Yes/No」。「KEY?」「LABEL?」のチェックをOFFにし、「SHOW?」「EDITABLE?」「REQUIRE?」のチェックをONにする。

❹「アーカイブ」の初期値を設定します。INITIAL VALUEの一番下の値をクリックして式アシスタントを呼び出し、グレーのフィールドに「false」と記入して「Save」ボタンを押してください。これでINITIAL VALUEに「= false」と設定されます。

図2-70：アーカイブのINITIAL VALUEに「false」と設定する。

スライスの作成

アーカイブしたもの、してないものだけを表示するためのスライスを作成します。上部の「Slices」リンクをクリックして表示を切り替えてください。

❶リンクの下あたりに、「Add slice of メモ for アーカイブ is TRUE, FALSE」というボタンが表示されているでしょう。これをクリックしてください（ボタンがなかった人はこの後で説明します）。

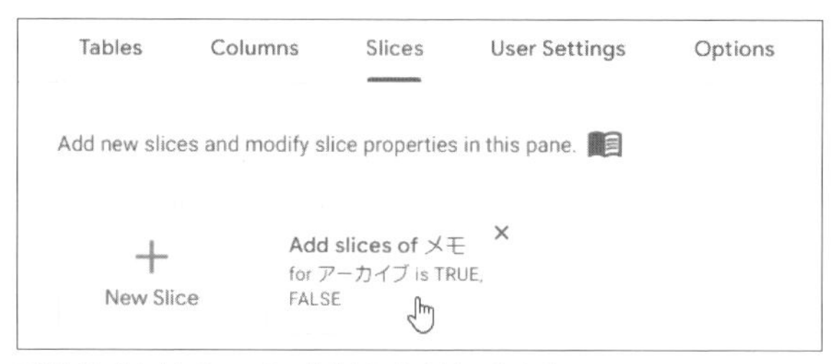

図2-71：「Add slice of ～」ボタンをクリックする。

❷「メモ」というところに2つのスライスが自動生成されます。これがアーカイブによるスライスです。

図2-72:「メモ」に2つのスライスが追加される。

❸「Add slice of ~」のボタンがなくてスライスが作れなかった人は、「New slice」ボタンを使って新しいスライスを作り、次のように設定すれば同じスライスが用意できます。

▼1つ目

Slice Name	メモ: アーカイブ is FALSE
Source Table	メモ
Row filter condition	NOT([アーカイブ])

▼2つ目

Slice Name	メモ: アーカイブ is TRUE
Source Table	メモ
Row filter condition	[アーカイブ]

図2-73:作成された2つのスライスの基本設定。

Viewを用意する

ユーザーインターフェイスを整えます。ページ左側のアイコンから「App」を選択し、上部の「Views」リンクを選択してビューの編集画面を表示しましょう。初期状態で以下のビューが作成されているのがわかります。

Primary Views	メモ
Ref Views	メモ_Details、メモ_Form

図2-74:デフォルトで作成されているビュー。

❶「メモ」ビューの設定を行います。「メモ」をクリックして展開表示し、以下の項目の値を設定してください。

Vew name	メモ
For this data	メモ
View type	gallery
Position	center

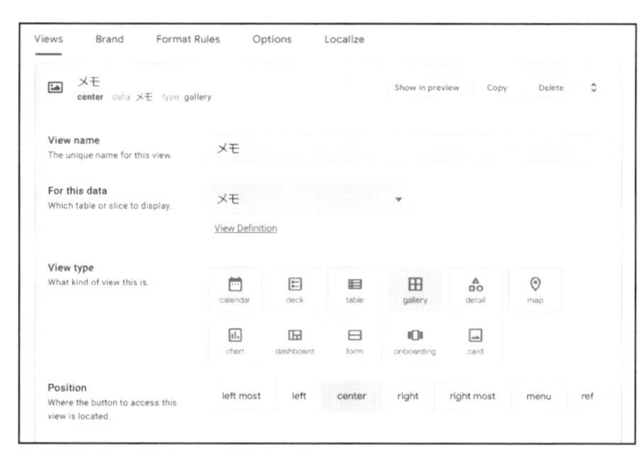

図2-75:「メモ」ビューの設定を行う。

❷「View Options」の「Sort by」にある「Add」ボタンをクリックしてソートの項目を作成し、「作成日時」「Descending」を選択してください。また、その下に表示サイズを指定する「image size」という項目があります。これも自分で見やすい大きさに設定しておきましょう(デフォルトは「Medium」です)。

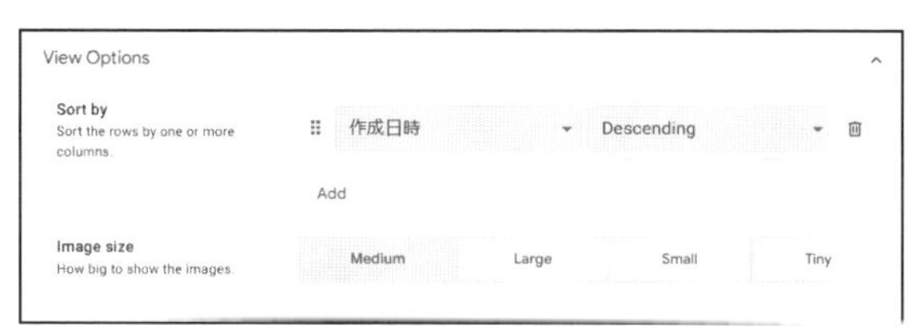

図2-76:Sort byの「Add」ボタンでソートの設定を追加する。

❸アーカイブのスライスを表示するビューを追加します。「New View」ボタンをクリックして新しいビューを作成してください。

図2-77:「New View」ボタンで新しいビューを作る。

❹作成したビューの設定を行います。次の項目を設定してください。

図2-78:新たに作成したビューを設定する。

Vew name	アーカイブ
For this data	メモ: アーカイブ is TRUE (slice)
View type	deck
Position	center

❺ビューのソート設定を用意します。「View Options」にある「Sort by」の「Add」ボタンをクリックして設定を追加し、「作成日時」「Descending」を選択します。

図2-79：Sort byの「Add」ボタンでソートの設定を追加する。

❻もう1つ、「New View」ボタンでビューを作成します。そして、次のように設定を行ってください。

図2-80：もう1つ新しいビューを作って設定する。

Vew name	利用中
For this data	メモ: アーカイブ is FALSE (slice)
View type	gallery
Position	center
Sort by	「Add」で追加し、「作成日時」「Descending」を選択
Image size	適当な大きさを選択（デフォルトはMedium）

アクションを作る

今回は、ワンタッチでレコードをアーカイブできるようにするボタンを追加しましょう。これは、「アクション」という機能を使って実装します。

アクションは、さまざまな動作を実行するためのものです。これを利用して、アーカイブの値を変更するアクションを作成します。

❶ページ左側のアイコンにある「Actions」リンクをクリックします。これで、アクションの編集画面が現れます。

その上部に「Add an action set 'アーカイブ' with buttons」というボタンが見えます。これをクリックしてください。2つのアクションが作成されます。

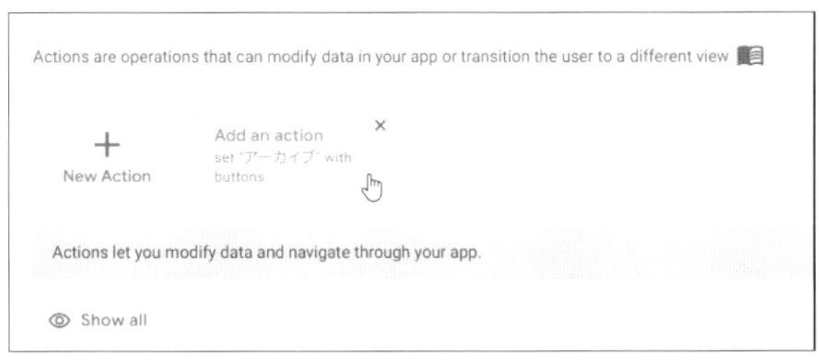

図2-81：「Actions」にある「Add an action ～」ボタンをクリックする。

> ※ボタンがなかった場合は、この後の説明を元に自分で作成してください。

❷アクションの設定を行いましょう。1つ目は、「Set アーカイブ to True」といった名前が設定されているものです。なお、「Add an action ～」ボタンがなくてアクションが作成できなかった人は、「New Action」ボタンで新しいアクションを作り、次のように設定をしてアクションを自作しましょう。

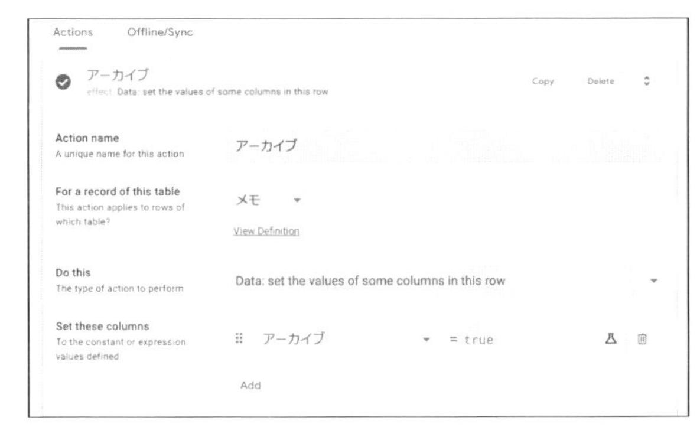

図2-82：1つ目のアクションの設定を行う。

Action name	アーカイブ
For a record of this table	メモ
Do this	Data: set the values of some columns in this row
Set these columns	「アーカイブ」「= true」

❸アクションの表示の設定をします。設定画面の下のほうに「Appearance」という欄があります。ここに用意されている項目を次のように設定してください。

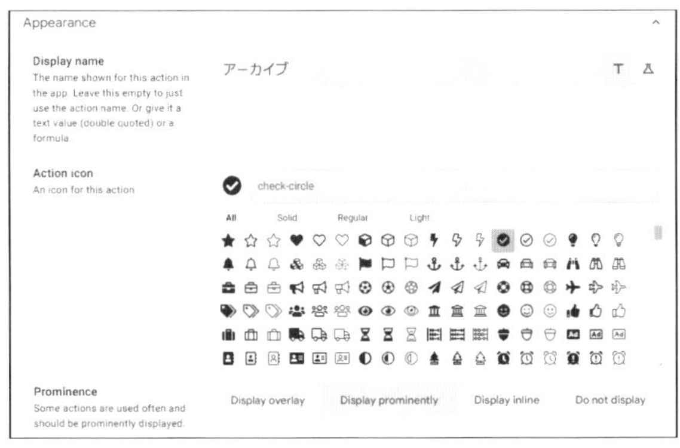

図2-83：「Appearance」の設定を行う。

Display name	アーカイブ
Action icon	※アーカイブのイメージに近いアイコンを選ぶ
Prominence	Display prominently

❹設定したら、アクションの表示を確認しましょう。プレビューで「メモ」アイコンをクリックし、ダミーで作成したレコードをクリックして詳細画面を表示してください。そこに「アーカイブ」というアイコンが追加表示されるようになります。これをクリックすると、表示しているデータのアーカイブがTRUEに変更されます。

図2-84：「メモ」ビューでレコードの詳細画面を呼び出すと、「アーカイブ」アイコンが追加されている。

❺もう1つのアクションの設定をします。ボタンがなくてアクションが作れていない人は「New Action」ボタンで作成してください。そして、次のように設定を行いましょう。

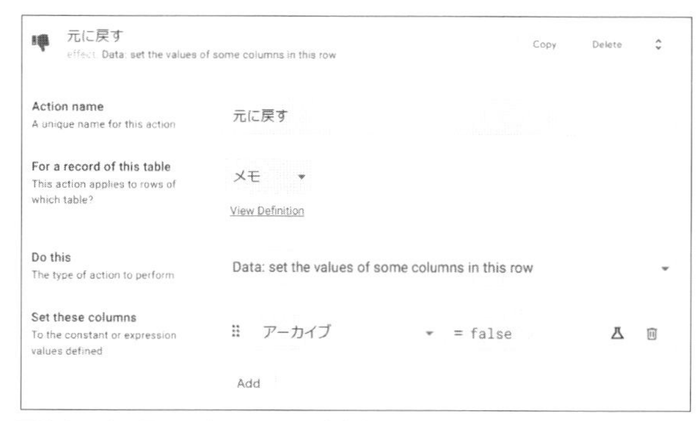

図2-85：2つ目のアクションの設定を行う。

Action name	元に戻す
For a record of this table	メモ
Do this	Data: set the values of some columns in this row
Set these columns	「アーカイブ」「= false」

❻2つ目のアクションのAppearanceを設定します。基本的には1つ目と同じく、名前とアイコンを設定するだけです。

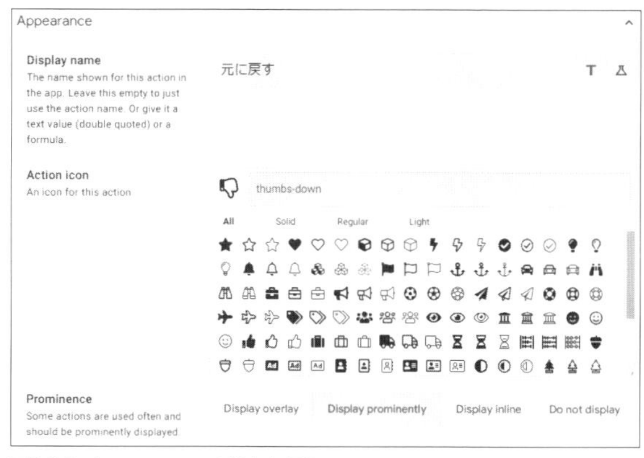

図2-86：Appearanceの設定を行う。

Display name	元に戻す
Action icon	※アーカイブから元に戻すイメージのアイコンを選ぶ
Prominence	Display prominently

これで2つのアクションが用意できました。アクションのボタンをクリックするだけで、レコードをアーカイブしたり、アーカイブされたレコードを元に戻したりできるようになります。

アプリのポイント

今回のアプリのポイントは、「アクション」でしょう。アクションは、さまざまな機能をアプリに付け足します。今回はレコードの一部を変更する処理をアクションで作成しました。

アクションで実行できる処理は、「Do this」という項目で設定します。ここには多数の項目がポップアップメニューとして用意されています。レコードの操作を行うものは、「Data: ○○」という項目として用意されています。以下に簡単にまとめておきましょう。

▼このレコードの値を使ってテーブルにレコードを作成する

```
Data: add a new row to another table using values from this row
```

▼このレコードを削除する

```
Data: delete this row
```

▼指定したアクションをこのレコードに実行する

```
Data: execute an action on a set of rows
```

▼レコードのいくつかの値を変更する

```
Data: set the values of some columns in this row
```

これらのアクションを選択すると、それぞれ必要な情報を入力するための設定項目が下に追加表示されます。それらを使って実行する操作の内容を指定します。

今回は、Data: set the values of some columns in this rowというアクションを使いました。これはデータの中の値を変更するもので、選択すると、その下に「Set these columns」と表示が追加され、変更する項目と設定する値を追加していけるようになっています。今回は「アーカイブ」の値を変更しましたが、同時に複数の値を変更することも可能です。また、変更する値は決まった値だけでなく、式アシスタントを使って式を使って作成することもできます。

アクションにはレコードの操作以外にもさまざまなものがありますので、いろいろと調べて試してみると面白いでしょう。

作ったイメージはどこにある?

今回のアプリでは、お絵描きやカメラを使ったイメージを作成し保存しています。しかし、考えてみてください。Googleスプレッドシートのシートには、イメージは貼り付けられません。では、どのようにしてイメージは管理されているのでしょうか。

これは、AppSheetで利用しているGoogleスプレッドシートがGoogleドライブでどう管理されているのかを見ればわかります。スプレッドシートがある場所に「メモ_Images」というフォルダが作成されているのがわかるはずです。その中にイメージファイルが保存されているのです。

そしてGoogleスプレッドシートのシートには、保存されているイメージファイルのパスが「イメージ」の欄に設定されるのです。この情報を元にGoogleドライブからイメージを読み込み表示していたのです。

保存されているイメージはごく普通のPNGファイルですから、後から編集することもできます。AppSheetアプリのイメージの管理の仕組みをここでしっかりと覚えておきましょう。

図2-87：「メモ_Images」フォルダの中に、作成したイメージが保存されている。

Chapter 2

2.4.

「日経平均」アプリ

「日経平均」アプリについて

データを利用するアプリの中には、「データを作成・変更しないもの」というのもあります。ただデータを見るだけのアプリです。そんなもの何の役に立つのか？　と思うかもしれませんが、ブラウズするだけのアプリというのはけっこうあるのです。ここではその例として、東証の「日経平均」をチェックするアプリを作ってみます。

このアプリは非常にシンプルです。表示は2つしかありません。「日経平均」アイコンをタップすると、この100日間の日付と日経平均の終値が一覧表示されます。「グラフ」アイコンをタップすると、終値がグラフとして表示されます。たったこれだけのものですが、日々株価をチェックしている人にはそれなりに役立つのではないでしょうか。

図2-88：「日経平均」では過去100日間の終値が一覧表示される。「グラフ」にするとグラフ化され表示される。

Googleスプレッドシートの作業

今回のアプリは、Googleスプレッドシートでのデータの用意がすべてです。では、スプレッドシートを作成しましょう。

❶新しいスプレッドシートを開き、「日経平均」と名前を設定してください。

図2-89：ファイル名を「日経平均」としておく。

❷日経平均をシートに出力する式を入力します。左上のA1セルを選択し、数式バーに以下の式を記入してください。後ほど触れますが、これはGOOGLEFINANCE関数という証券情報などを出力するための関数です。

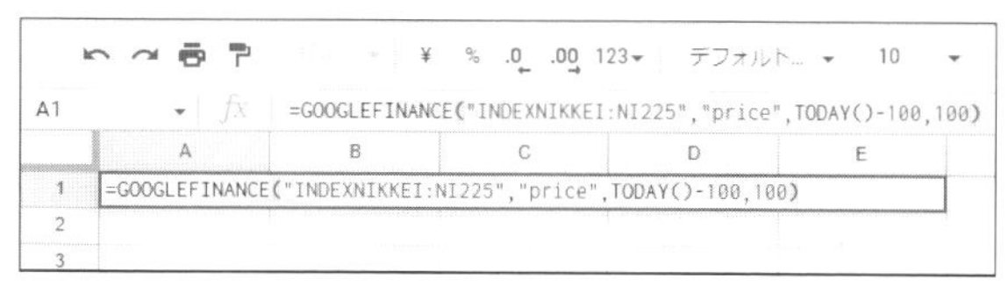

図2-90：A1セルにGOOGLEFINANCE関数を記入する。

```
=GOOGLEFINANCE("INDEXNIKKEI:NI225","price",TODAY()-100,100)
```

❸式を記入後、Enterキーで確定すると、Aシートにこの100日間の日付と日経平均の終値がズラッと出力されます。たった1行の式だけで、日経平均のデータが手に入ってしまうんですね！

A1 =GOOGLEFINANCE("INDEXNIKKEI:NI225","price",TODAY()-100,100)

	A	B	C	D	E
1	Date	Close			
2	2022/05/30 15:0	27369.43			
3	2022/05/31 15:0	27279.8			
4	2022/06/01 15:0	27457.89			
5	2022/06/02 15:0	27413.88			
6	2022/06/03 15:0	27761.57			
7	2022/06/06 15:0	27915.89			
8	2022/06/07 15:0	27943.95			
9	2022/06/08 15:0	28234.29			
10	2022/06/09 15:0	28246.53			
11	2022/06/10 15:0	27824.29			
12	2022/06/13 15:0	26987.44			
13	2022/06/14 15:0	26629.86			

図2-91：Enterすると日経平均の終値が出力される。

❹右下のシート名部分をダブルクリックし、名前を「日経平均」と変更します。これでシートは完成です。ただし、まだやることがあります。

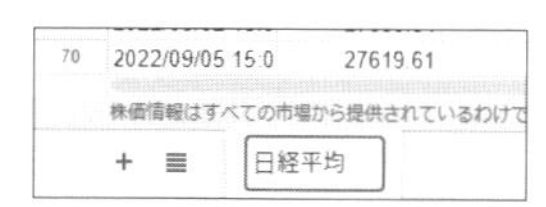

図2-92：シート名を「日経平均」とする。

スプレッドシートの設定を変更する

これで一応データは作れましたが、日経平均データは日々更新されますから、シートのデータもちゃんと更新されるようにしておく必要があります。この設定をしておきましょう。

❶「ファイル」メニューから「設定」メニューを選んでください。画面に設定のパネルが現れます。

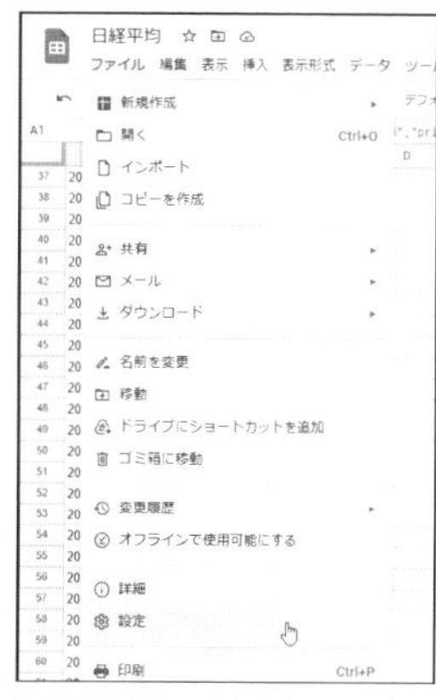

図2-93：「ファイル」メニューから「設定」を選ぶ。

❷パネルの「計算」をクリックすると、計算に関する設定が現れます。ここで「再計算」の項目をクリックし、「変更時と毎時」を選んでください。このまま「設定を保存」ボタンでパネルを閉じます。

図2-94：「計算」の再計算」を変更する。

こうすることで入力した式が毎時再計算され、データが更新されるようになります。これでGoogleスプレッドシートでの作業は終了です。

AppSheetアプリの作成

では、AppSheetでアプリを作成しましょう。AppSheetの「My Apps」画面に戻って作業してください。

❶「Create」ボタンをクリックし、「Start with existing data」メニューを選びます。

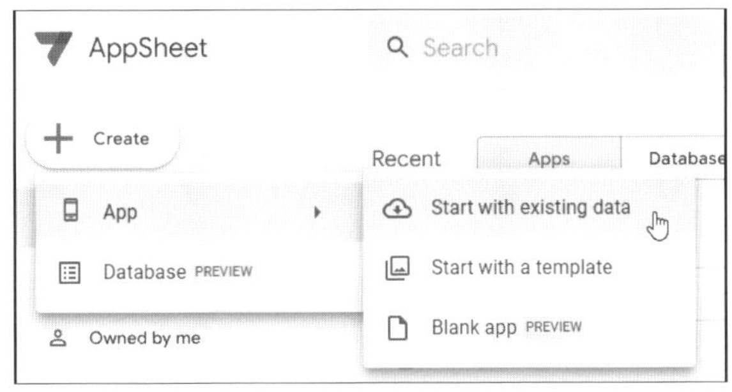

図2-95：「Create」ボタン→「Start with existing data」を選ぶ。

❷「Create a new app」パネルでアプリ名を「日経平均」と入力し、「Choose your data」ボタンをクリックします。

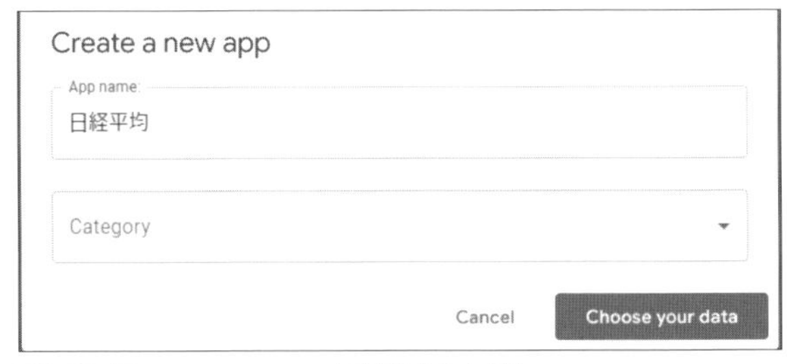

図2-96：「Create a new app」で名前を入力する。

❸「Select data source」パネルで「Google Sheets」を選択します。

図2-97：「Google Sheets」を選択する。

❹「Select a file」パネルが現れたら、先ほど作成した「日経平均」を選んで「Select」ボタンをクリックします。

図2-98：「Google Sheets」を選び、アプリで使うスプレッドシートファイルを選択する。

DataのTables設定

アプリが生成されたら、データの設定から行いましょう。ページ左側のアイコンから「Data」を選択し、上部にある「Tables」リンクをクリックしてテーブルの設定を表示します。

❶「Tables」では、デフォルトで「日経平均」テーブルが用意されています。これをクリックして設定を展開表示しましょう。

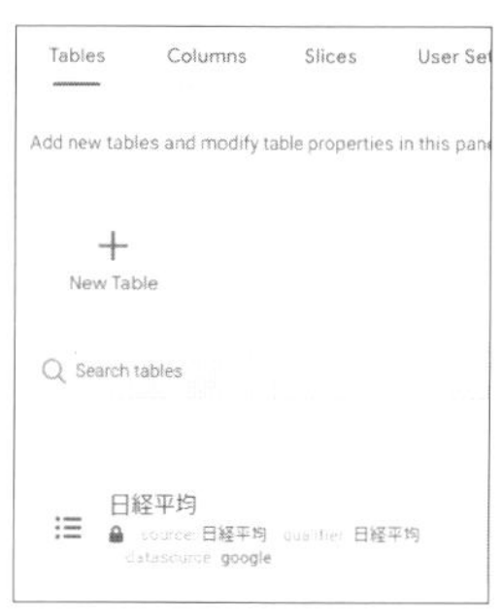

図2-99：デフォルトでは「日経平均」テーブルが作られている。

❷設定のTable nameの下に「Are update allowed?」という項目があります。これは、テーブルに許可するアクセス権を設定するものです。ここから「Read-Only」を選択してください。

図2-100：Are updated allowed?を「Read-Only」に変更する。

これで、このテーブルは値の表示のみで変更ができなくなりました。今回のアプリは取得したデータをブラウズするものですので、アプリ側では一切変更できないようにしておきます。

DataのColumns設定

続いて、テーブルの各列の設定を行いましょう。上部の「Columns」リンクをクリックし、テーブルの列設定画面を呼び出してください。

❶デフォルトでは「日経平均」テーブルの項目だけが用意されています。これをクリックして表示を展開します。

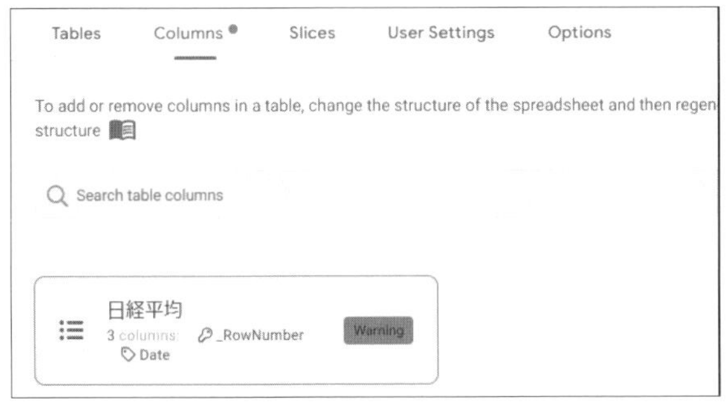

図2-101:「日経平均」テーブルだけが用意されている。

❷テーブルの各列の設定を行います。次のように設定項目を変更してください。

図2-102:「Columns」で各列の設定を行う。

_Row_Number	TYPEは「Number」。「KEY?」「REQUIRE?」のみチェックをONにし、「LABEL?」「SHOW?」「EDITABLE?」のチェックをすべてOFFにする。
Date	TYPEは「DateTime」。「LABEL?」「SHOW?」「REQUIRE?」のチェックをONにし、「KEY?」「EDITABLE?」の2つはチェックをOFFにする。
Close	TYPEは「Decimal」。「SHOW?」「REQUIRE?」のチェックをONにし、「KEY?」「LABEL?」「EDITABLE?」のチェックをすべてOFFにする。

Viewを用意する

データ関係の設定ができたら、次はユーザーインターフェイスです。ページ左側のアイコンから「App」を選択し、表示の設定を行いましょう。

❶上部の「Views」リンクをクリックし、ビューの設定を呼び出します。デフォルトでは次のようなビューが作成されています。

Primary Views	日経平均
Ref Views	日経平均_Details

図2-103:「Views」でデフォルトで用意されているビューを確認する。

❷「日経平均」ビューをクリックして設定を行います。次のように設定をしてください。

View name	日経平均
For this data	日経平均
View type	table
Position	center
Sort by	「Add」ボタンで設定を追加し「Date」「Descending」に設定

図2-104：日経平均ビューの設定を行う。

❸チャート表示のためのビューを用意します。「New View」ボタンをクリックして新しいビューを追加し、次のように設定を行いましょう。

View name	グラフ
For this data	日経平均
View type	chart
Position	center

図2-105：新しいビューを作り、View typeを「chart」にする。

❹「View Options」のところにチャートに関する設定が追加表示されます。これを次のように設定しましょう。

Chart type	col series [line]
Chart columns	「Add」ボタンで項目を追加し「Close」を選択
Show legend	ONにする

その他の「Chart colors」「Sort by」は特に設定を用意する必要はありません。これでチャートの表示が行えるようになりました。

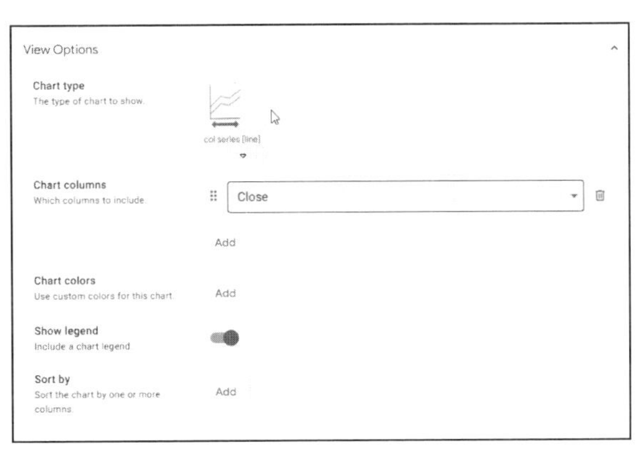

図2-106：View Optionsでチャートの設定を行う。

アプリのポイント

今回のポイントは、AppSheetにはありません。Googleスプレッドシートで使った式でしょう。ここでは次のような式を記入しました。

```
=GOOGLEFINANCE("INDEXNIKKEI:NI225","price",TODAY()-100,100)
```

たったこれだけで、日経平均の最近100日間の終値が書き出されたのです。AppSheetは、いかにデータを用意するかが重要です。こんなに簡単に株式データが取り出せるなら、使い方をぜひ知っておきたいですね。

ここで使ったのは「GOOGLEFINANCE」というGoogleスプレッドシートの関数です。この関数は、次のようにして利用します。

```
GOOGLEFINANCE( 表示内容 , [属性], [開始日], [終了日または日数], [間隔] )
```

第1引数に、表示するデータの内容を指定します。第2引数以降はオプションで、必要に応じて値を指定します。今回使ったサンプルでは、次のように引数を指定していたのです。

"INDEXNIKKEI:NI225"	東証の日経平均データを示す値
"price"	終値を示す値
TODAY()-100	今日から100日前を開始日に指定
100	100日間を範囲指定

東証の日経平均は、"INDEXNIKKEI:NI225"という値で取得することができます。つまり、取り出したい銘柄がなんという値なのかがわからないと使いこなせないのです。「では、銘柄の値がわかればどんなデータも取り出せるのか」と思った人。残念ながらそうではありません。

GOOGLEFINANCEで個別の銘柄のデータが得られるのは米国の株式のみで、東証などの個別銘柄情報は現在利用できないのです。ただし証券取引所の総合的な指数を示すデータは利用できます。主な指数の値は次のようになります。

INDEXNIKKEI:NI225	日経平均
INDEXNSE:NIFTY_50	ニフティ 50
INDEXDJX:.DJI	ダウ平均
INDEXSP:.INX	S&P 500
INDEXNASDAQ:.IXIC	ナスダック総合指数
INDEXHANGSENG:HSI	香港ハンセン株価指数
SHA:000001	上海総合指数
INDEXFTSE:UKX	FTSE100種総合株価指数
INDEXDB:DAX	ドイツ株価指数
INDEXSTOXX:SX5E	ユーロ・ストックス50指数

世界経済の基本的な流れは、これらの情報が得られればある程度わかってくるでしょう。アプリをさらに拡張し、主な指数を同様にグラフ化すれば、かなり使えるものになりそうですね。

このように、データのブラウズをするだけでもけっこう使えるアプリは作れます。どんなデータがアプリで見られると便利か、いろいろ考えてみてください。

Chapter 3

Googleサービスとの連携

AppSheetはさまざまな種類のデータを扱えます。
その中にはGoogleのサービスとうまく連携して扱えるものもあります。
ここではGoogleフォームやGoogleカレンダーを連携したり、
データをカレンダーやマップで表示したりするアプリを作ってみましょう。

Chapter
3

3.1.
「アンケート集計」アプリ

Googleサービスと連携する

AppSheetはGoogleが提供しているだけあって、Googleのサービスとの連携を考えて作られています。基本のデータ提供を元にGoogleスプレッドシートを使っているということだけでなく、それ以外のサービスとの連携も考えられています。

Googleスプレッドシート以外のサービスとしては、「Googleフォーム」「Googleカレンダー」といったものが挙げられるでしょう。

Googleフォーム

Googleフォームは各種のフォームを作成し、投稿されたデータをGoogleスプレッドシートで管理できるツールです。サイトや製品の問い合わせフォームやアンケートなど、情報を送信してもらうためのツールとして幅広く利用されています。

GoogleフォームにはAppSheetのアプリを作成するためのプラグインが用意されており、これを使うことで簡単にアプリを作成できます。ただしGoogleフォームそのものではなく、フォームから送信されたデータを管理するGoogleスプレッドシートと連携して動くものなので、「Googleスプレッドシートとの連携」の一種と考えていいでしょう。

Googleカレンダー

GoogleカレンダーはスケジュールΠ管理のツールとして広く使われているものですね。これはAppSheetで標準サポートされています。Googleスプレッドシートと同様に、データソースとしてGoogleカレンダーを登録しておけば、特定のカレンダーと連携したアプリを作成することができます。

ただし、カレンダーのデータ（作成するイベントなどのデータ）はあらかじめ項目が決まっているため、Googleスプレッドシートを使うときのように柔軟なデータ構造は扱えません。定形のテーブルでデータを管理することになります。

「アンケート集計」アプリについて

Googleフォームでもっともよく利用されるのは「アンケート」でしょう。ここでは簡単なアンケートを作り、その集計を行うアプリを作成してみます。

アンケートそのものはGoogleフォームをそのまま使います。GoogleフォームはWebでアクセスできる他、メールなどに埋め込んでアンケートに答えてもらうこともできます。

アプリでは、送信された情報をまとめて整理します。送られてきた回答の一覧表示（「回答」アイコン）、各回答の詳細の表示、アンケート項目の回答の割合をグラフ化（「グラフ1」～「グラフ3」アイコン）、送信されたコメントの一覧表示（「コメント」アイコン）、などが用意されています。

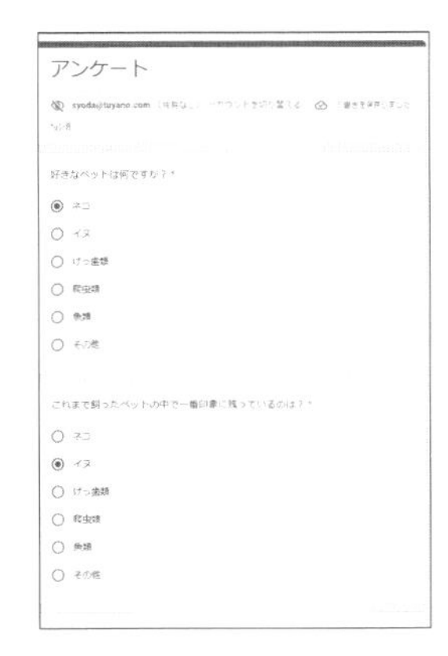

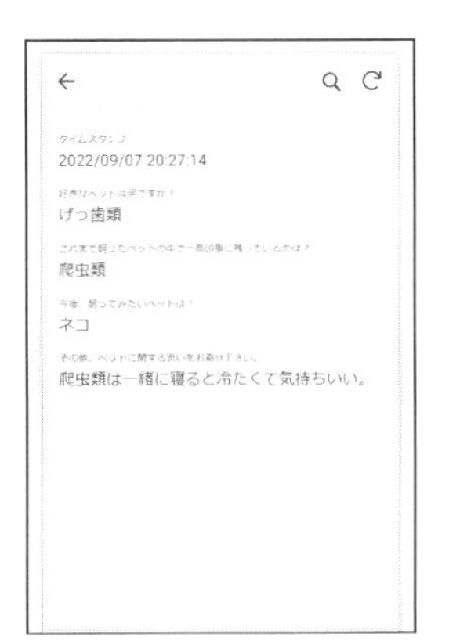

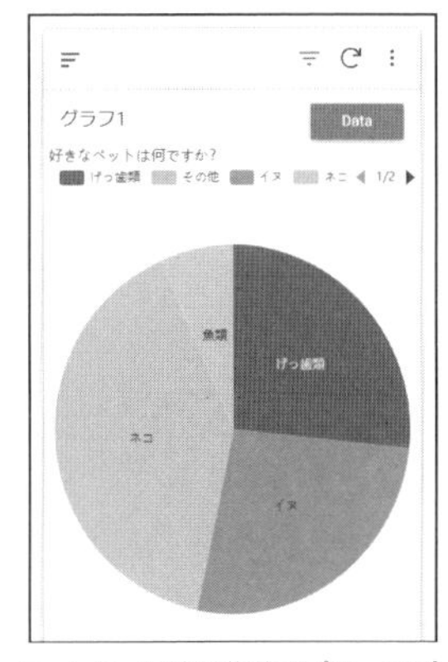

図3-1：作成したGoogleフォームのアンケートと、回答の集計アプリ。アプリでは回答の全データの表示の他、質問内容ごとにグラフ化して表示できる。

Googleフォームの作業

では、Googleフォームでアンケートを用意しましょう。Googleフォームのサイトにアクセスしてください。

https://docs.google.com/forms

ここから「空白」ボタンをクリックして新しいフォームを作成します。

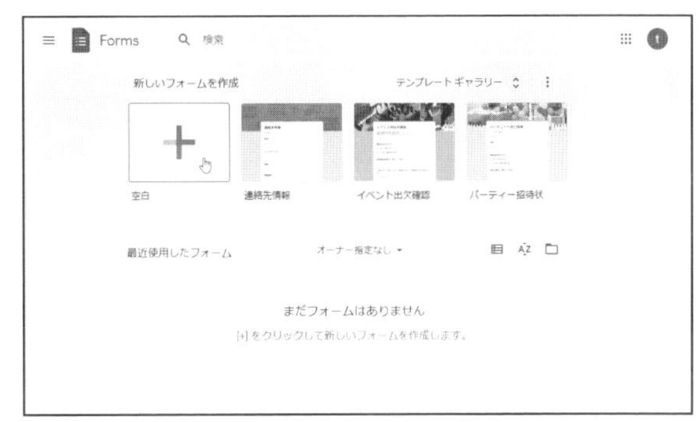

図3-2：Googleフォームのサイト。「空白」ボタンをクリックする。

❶Googleフォームで新しいフォームが開きます。ここにフォームの内容を作成していきます。

図3-3：新たに作られたフォーム。

❷一番上の「無題のフォーム」という部分をクリックし、名前を付けます。ここでは「アンケート」としておきます。

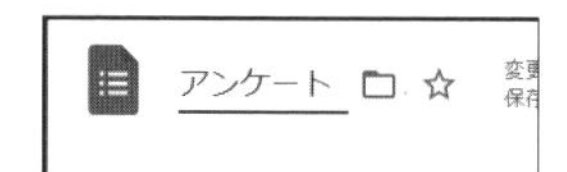

図3-4：名前を「アンケート」と付けておく。

❸タイトルの下に最初の質問の入力フォームがあります。ここで次のように質問を用意します。

図3-5：質問と回答を入力する。

質問	好きなペットは何ですか？
種類	ラジオボタン
値	ネコ、イヌ、げっ歯類、爬虫類、魚類、その他
必須	ONにする

「質問」はテキストで記入するだけです。その右側にある項目は、クリックすると回答方式の種類を選べます。ここでは複数項目から1つを選ぶ「ラジオボタン」にしておきます。

質問テキストの下には回答の値を記入する欄があります。ここに「ネコ」と書いて Enter すると、新たな項目が現れます。そのまま「イヌ」と書いて Enter すると、さらに下に新しい項目が……。このように「値を書いては Enter する」を繰り返していけば、いくつもの値を作れます。

最後に、右下に見える「必須」のスイッチをONにしておきます。これで、この質問に必ず回答を入力するようになります。

❹2つ目の質問を用意しましょう。右側に縦一列にアイコンが並んだパレットのようなものが見えますね。この一番上のアイコン(「質問を追加」アイコン)をクリックして、新たな質問を作ってください。

図3-6:「質問を追加」アイコンで新しい質問を作る。

❺質問の内容を設定しましょう。次のように入力してください。

図3-7:2つ目の質問の内容を設定する。

質問	これまで飼ったペットの中で一番印象に残っているのは？
種類	ラジオボタン
値	ネコ、イヌ、げっ歯類、爬虫類、魚類、その他
必須	ONにする

❻質問の作り方がだいぶわかってきたでしょうから、もう1つ作ってみましょう。「質問を追加」アイコンをクリックし、次のように質問内容を用意します。

図3-8:3つ目の質問を作成し、設定を行う。

質問	今後、飼ってみたいペットは？
種類	ラジオボタン
値	ネコ、イヌ、げっ歯類、爬虫類、魚類、その他
必須	ONにする

❼選択項目以外のものも最後に追加しておきます。「質問を追加」アイコンで次のような質問を作成しましょう。

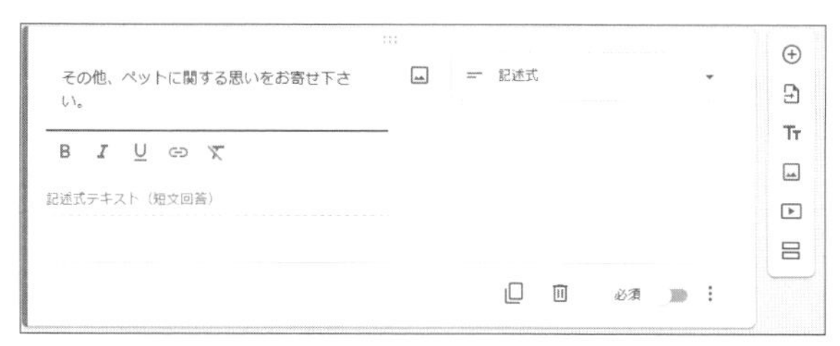

図3-9：記述式の質問を追加する。

質問	その他、ペットに関する思いをお寄せください。
種類	記述式

回答用のスプレッドシートを用意する

これでフォーム自体は用意できました。続いて、フォームから送られたデータを記録するためのスプレッドシートを作成します。

❶画面上部中央にある表示の切り替えリンクから「回答」をクリックしてください。

図3-10：「回答」リンクをクリックする。

❷表示が回答の表示に切り替わります。ここにあるGoogleスプレッドシートのアイコンをクリックしてください。

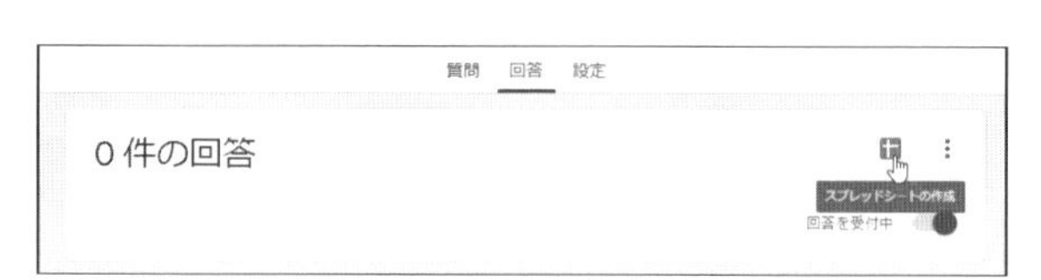

図3-11：スプレッドシートのアイコンをクリックする。

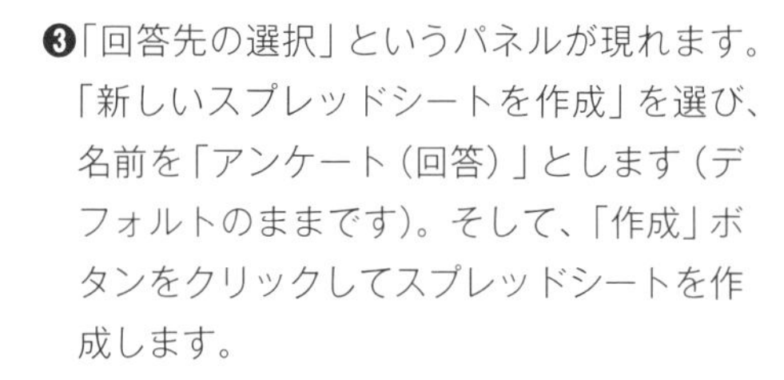

❸「回答先の選択」というパネルが現れます。「新しいスプレッドシートを作成」を選び、名前を「アンケート（回答）」とします（デフォルトのままです）。そして、「作成」ボタンをクリックしてスプレッドシートを作成します。

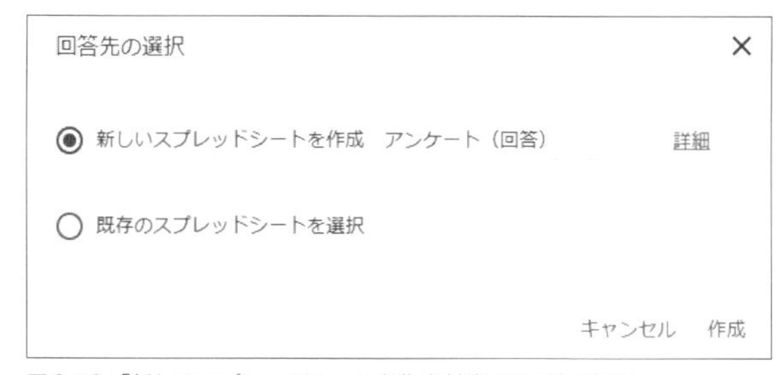

図3-12：「新しいスプレッドシートを作成」」を選んで作成する。

❹新しいスプレッドシートが作られます。これが、フォームで送信された情報を保管するところになります。最初の行には各質問のテキストがタイトルとして設定されているのがわかります。

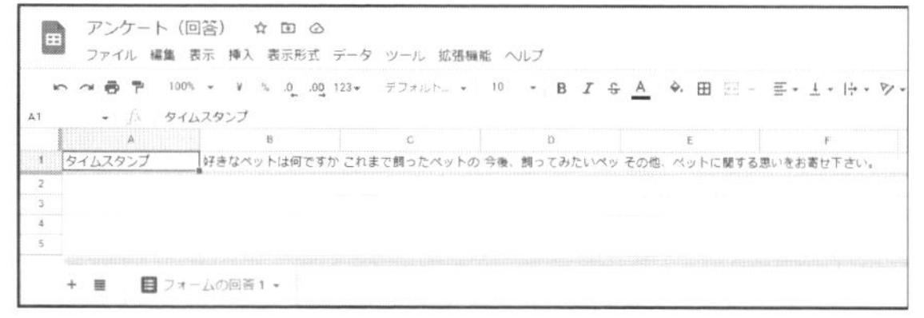

図3-13：作成されたスプレッドシート。質問のテキストが設定されている。

フォームを利用する

フォームは用意できました。では、どのようにしてフォームを利用すればいいのでしょうか。主な使い方を簡単にまとめておきましょう。右上にある「送信」ボタンをクリックしてください。これで現れるパネルを使います。

図3-14:「送信」ボタンをクリックする。

❶メールで送信する

送信パネルでは、デフォルトでメールによるフォームの送信が選択されています。パネルにあるメールのアイコンが選択されていると、メールの送信設定になります。

「送信先」のフィールドに、アンケートを送りたいメールアドレスを記入してください。複数送る場合はカンマで区切って記述します。なお、下部にある「フォームをメールに含める」のチェックをONにしておくと、メール内にアンケートのフォームが表示されるようになります。

図3-15:送信先にメールアドレスを入力して送信する。

送られてきたメールを開くと、作成したフォームが表示されます。その場で入力をして「送信」ボタンをクリックすると、フォームが送信されます。

図3-16:メールのフォームに入力して送信する。

❷フォームのURLを配布する

パネルにあるリンクのアイコン（メールの隣のもの）をクリックすると、アンケートフォームのURLが表示されます。かなり長いものなので、下にある「URLを短縮」のチェックをONにしておきましょう。これで短いURLが作成されます。

こうして用意されたURLをコピーし、メールやサイトなどで配布すればいいのです。

図3-17：フォームのURLをコピーして利用する。

❸Webページに埋め込む

Webサイトを持っている人は、自分のWebサイトのページ内にフォームを埋め込んで利用することができます。

これは、「<>」アイコンをクリックして現れる画面にある「HTMLを埋め込む」の<iframe>タグを使います。このタグをコピーし、それを自分のWebページのHTML内にペーストすれば、そこにフォームを埋め込むことができます。

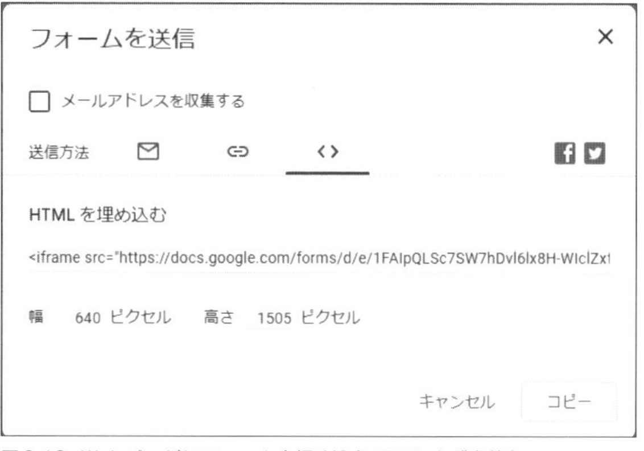

図3-18：Webページにフォームを埋め込むHTMLタグを使う。

AppSheetアプリの作成

では、AppSheetでアプリを作りましょう。今回は、Googleフォームに用意されているアドオンを使ってアプリを作成します。

❶画面左上にある「⁝」をクリックし、プルダウンしたメニューから「アドオン」を選んでください。

図3-19：「アドオン」メニューを選ぶ。

❷「Google Workspace Marketplace」というパネルが現れます。これがアドオンを配布しているサービスです。このパネル上部にある検索フィールドから「appsheet」と入力して、AppSheetアドオンを探してください。

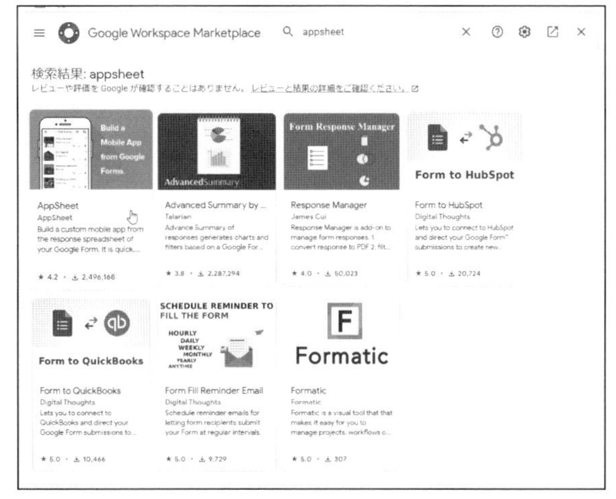

図3-20：マーケットプレースからAppSheetアドオンを検索する。

❸検索したAppSheetアドオンをクリックして開き、「インストール」ボタンをクリックします。画面に「インストールの準備」と表示が現れるので、「続行」をクリックします。

図3-21：「インストール」ボタンをクリックし、現れたパネルで「続行」をクリックする。

❹「アカウントの選択」ウインドウが開かれるので、AppSheetで使っているGoogleアカウントを選択します。続いて、Googleアカウントへのアクセスの内容が表示されます。一番下に「許可」というボタンが表示されるので、これを選んでください。

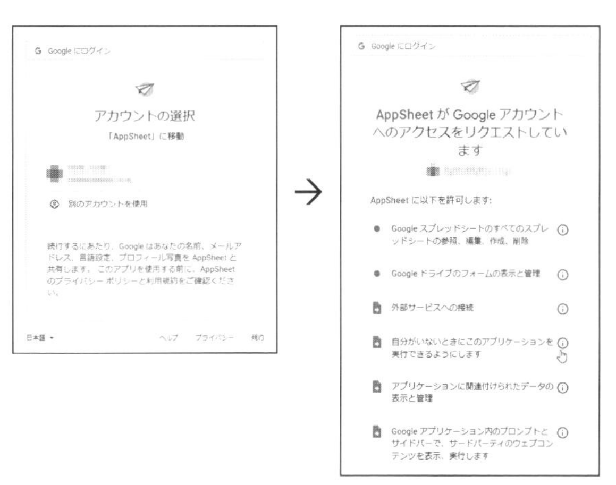

図3-22：Googleアカウントを選び、アクセスを許可する。

❺「AppSheetをインストールしました」と表示され、右側に小さなパネルが現れます。これがAppSheetアドオンの表示です。インストールのメッセージは「完了」をクリックすると消えます。

図3-23：インストールが完了し、アドオンのパネルが現れる。

❻アドオンでアプリを作成しましょう。作り方は簡単で、まずパネルにある「PREPARE」ボタンをクリックし、事前チェックをします。問題なければ「LAUNCH!」ボタンがアクティブになるので、これをクリックします。これでアプリが自動生成されます。

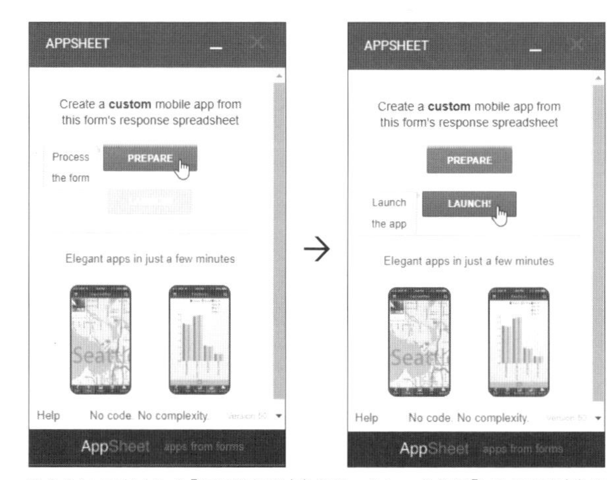

図3-24：アドオンの「PREPARE」をクリックし、さらに「LAUNCH!」をクリックする。

DataのTables設定

アプリが作成されたら、データの設定から行いましょう。まずはテーブルの設定を行います。

❶ページ左側のリストから「Data」を選択し、上部にある「Tables」リンクをクリックします。デフォルトで「フォームの回答1」というテーブルが作成されています。

図3-25：「Tables」リンクでテーブルの設定を表示する。「フォームの回答1」というテーブルが用意されている。

❷テーブルをクリックして設定を表示し、次のように入力をしてください。

図3-26：テーブルの設定を行う。

Table name	フォームの回答 1
Are updates allowed?	「Read-Only」を選択

DataのColumns設定

続いてテーブルの列設定を行います。上部の「Columns」リンクをクリックして表示を切り替えてください。

図3-27：「フォームの回答 1」という項目が用意されている。

❶デフォルトで「フォームの回答 1」の項目だけが用意されています。これをクリックして設定を表示します。

❷テーブルの各列の設定を行います。それぞれ次のように設定をしてください。

図3-28：テーブルの各列の設定を行う。

_Row_Number	TYPEは「Number」。「KEY?」「LABEL?」「SHOW?」「EDITABLE?」「REQUIRE?」チェックをすべてOFFにする。
タイムスタンプ	TYPEは「DateTime」。「KEY?」「LABEL?」「SHOW?」「REQUIRE?」のチェックをすべてONに、「EDITABLE?」のチェックをOFFにする。
好きなペットは何ですか？	TYPEは「Enum」。「SHOW?」のチェックをONに、「KEY?」「LABEL?」「EDITABLE?」「REQUIRE?」のチェックをすべてOFFにする。
これまで飼ったペットの中で一番印象に残っているのは？	TYPEは「Enum」。「SHOW?」のチェックをONに、「KEY?」「LABEL?」「EDITABLE?」「REQUIRE?」のチェックをすべてOFFにする。
今後、飼ってみたいペットは？	TYPEは「Enum」。「SHOW?」のチェックをONに、「KEY?」「LABEL?」「EDITABLE?」「REQUIRE?」のチェックをすべてOFFにする。
その他、ペットに関する思いをお寄せください。	TYPEは「Text」。「SHOW?」のチェックをONに、「KEY?」「LABEL?」「EDITABLE?」「REQUIRE?」のチェックをすべてOFFにする。

❸Enumの値を設定します。今回は、Enumに指定している3つの列はすべて同じ値を用意します。まず、最初の「好きなペットは何ですか？」列の冒頭にある鉛筆アイコンをクリックして設定パネルを開き、Type Detailsの「Values」に「Add」ボタンで値を用意します。用意する値は次のようになります。

• ネコ、イヌ、げっ歯類、爬虫類、魚類、その他

問題なく用意されていたら、「Done」ボタンでパネルを閉じます。もし足りない項目があれば追加してください。

残る「これまで飼ったペットの中で一番印象に残っているのは？」「今後、飼ってみたいペットは？」についても同様にEnumの値をチェックしましょう。

図3-29：列の設定パネルでEnumの値を用意する。

Viewを用意する

ユーザーインターフェイスの編集を行いましょう。ページの左側にあるアイコンから「App」を選んでください。

❶上部にある「Views」リンクをクリックし、作成されているビューを表示します。初期状態では以下のビューが作成されています。

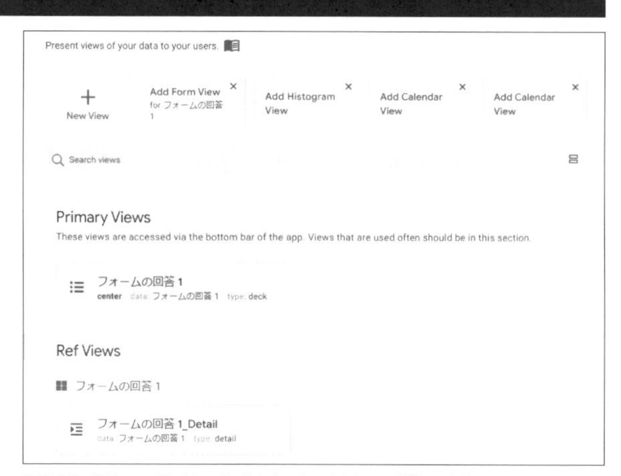

図3-30：「Views」には、作成されているビューが表示される。

Primary Views	フォームの回答 1
Ref Views	フォームの回答 1_Detail

❷「フォームの回答1」ビューをクリックして展開し、表示された設定項目を次のように修正します。

View name	回答
For this data	フォームの回答1
View type	table
Position	center
Sort by	「タイムスタンプ」「Descending」
Group by	※設定を削除し空にする

注意したいのは「Group by」です。おそらくデフォルトではGroup byに設定が1つ用意されているでしょう。今回はグループ表示は使わないので、Group byにある設定のゴミ箱アイコンをクリックして削除しておいてください。

図3-31：ビューの設定を行う。

❸「New View」ボタンで新しいビューを作ります。そして、次のようにビューの基本設定を行います。

図3-32：新しいビューを作り、設定を行う。

View name	グラフ1
For this data	フォームの回答1
View type	chart
Position	center

❹View typeに「chart」を選ぶと、View Optionsのところにチャートの設定が現れます。これを次のように設定しましょう。

Chart type	aggregate piechart
Group aggregate	COUNT
Chart columns	好きなペットは何ですか？
Label type	Key
Show legend	ONにする

「aggregate piechart」というチャートは、データを集計して結果を円グラフにするためのものです。Group aggregateで「COUNT」を選ぶと各値の個数をカウントし、グラフ化します。Enumの値などをグラフ化するのに用いられます。

Chart columnsは「Add」ボタンをクリックして項目を追加し、列を選択してください。Label typeは円グラフの各項目に表示する値で、今回は回答を表示しています。Show legendは凡例の表示です。

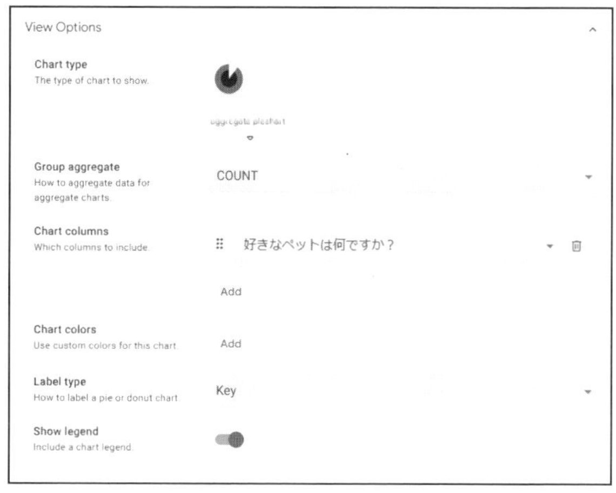

図3-33：チャートの設定を行う。

❺チャートの作り方がわかったら、さらに2つチャートを追加しましょう。基本的な設定は今作ったものと同じで、View nameとChart columnsだけが違います。

▼2つ目

View name	グラフ2
Chart columns	これまで飼ったペットの中で一番印象に残っているのは？

▼3つ目

View name	グラフ3
Chart columns	今後、飼ってみたいペットは？

これで、3つのグラフが用意できました。アプリ画面下部のバーに表示されるアイコンで切り替えられます。

作成したら、3つのグラフが問題なく表示されるか確認しましょう。

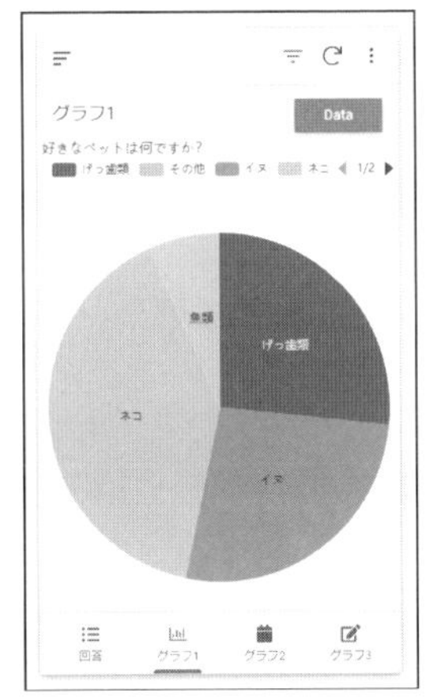

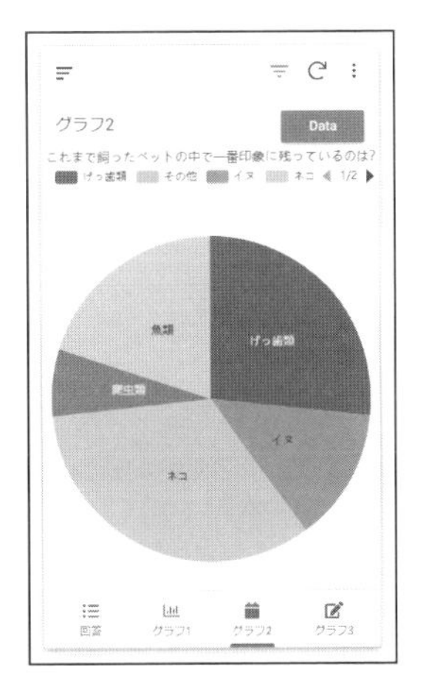

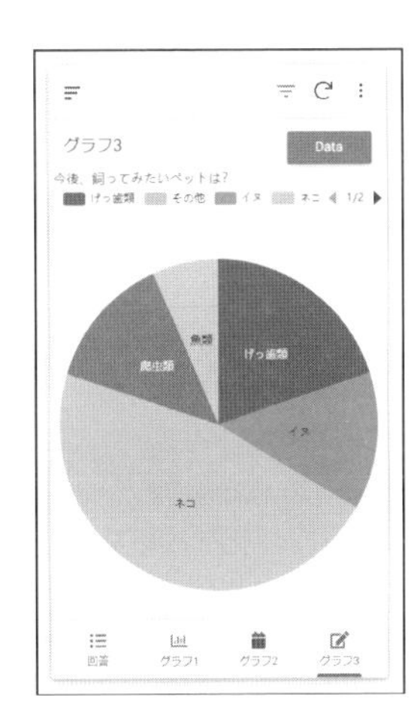

図3-34：3つのグラフが作成された。

❻最後にもう1つビューを作ります。これは、コメントを一覧表示するものです。「New View」ボタンでビューを作り、次のように設定しましょう。

図3-35：コメント表示のビューを作成し設定する。

View name	コメント
For this data	フォームの回答1
View type	deck
Position	center
Sort by	「その他、ペットに関する…」「Descending」
Primary header	その他、ペットに関する思いをお寄せください。
Secondary header	**none**
Summry column	**none**

アプリのポイント

今回のアプリはGoogleフォームで作られたスプレッドシートをそのままアプリ化し、チャートを追加しただけのものです。ポイントというほど重要なものはありません。

あえて言うならば、「Googleフォームのデータをアプリ化する手順」を覚える、ということが最大のポイントでしょう。今回のアンケートはサンプルであり、実際に皆さんがGoogleフォームでアンケートを作った場合は、質問の内容も回答の仕方もまったく異なるものになるはずですね。しかし、「Googleフォームをアプリ化する手順」さえわかっていればそれを元にアプリを作り、チャートなどのビューを追加して結果をわかりやすく見ることができます。

結果表示は回答方式によって変わる

結果をいかにわかりやすく見せるか、というのは「回答がどのようにされるか」によります。記述式のように自由な入力が可能なものは、deckなどですべてをリスト表示することになるでしょう。

しかし、ラジオボタンなどのようにいくつか用意された選択肢から選ぶようなものは、チャートを使ってグラフ化することができます。チャートを利用することで、全体の傾向などがひと目でわかるようになります。

Chapter 3

3.2. 「問い合わせフォーム」アプリ（一般ユーザー用）

「問い合わせフォーム（一般ユーザー用）」アプリについて

Googleフォームでもっともよく利用されるのは、「問い合わせフォーム」の類いでしょう。製品に関する問い合わせやショップなどの苦情受け付け、Webサイトのコメント送信など、何らかのメッセージを送信するのにGoogleフォームを利用することはよくあります。

ここでは例として、Webサイトへの問い合わせアプリを作ってみます。質問の種類と内容を書いて送信するだけのシンプルなものですが、運営者が問い合わせに関してアプリ内で返信できるようになっています。

アプリには「New」アイコンが用意されており、これをタップすれば、いつでも問い合わせフォームを開けます。フォームで問い合わせの種類を選び、内容を書いて送信すれば、それが管理側に送られます。

送った問い合わせは、「問い合わせ」アイコンで一覧表示されます。ここから項目をタップすると、問い合わせの内容と、管理側からの返信のリストが表示されます（ただし、返信にはこの後の管理者用アプリが必要です）。

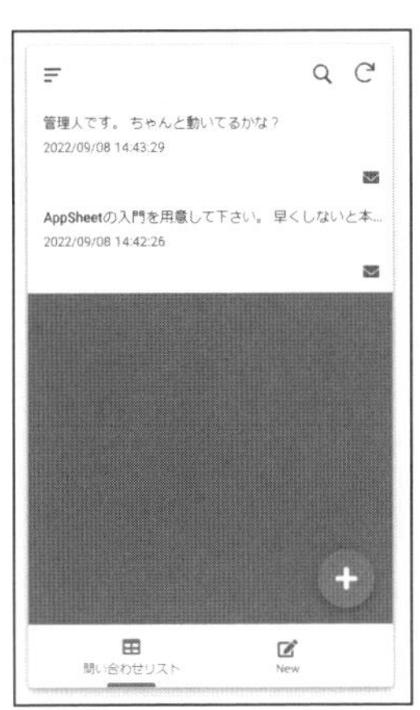

図3-36：問い合わせのフォームと、問い合わせのリストが表示される。リストの項目をクリックすると詳細表示とともに、管理者からの返信がリスト表示される。

Googleフォームの作業

まずはGoogleフォームを作成しましょう。今回は問い合わせのフォームもアプリ化するのでGoogleフォームを使わなくてもいいのですが、各質問のタイプやテーブルなどを自動生成できて便利なので、フォームを利用することにします。

❶では、Googleフォームを作成しましょう。新たにフォームを用意し、名前を「問い合わせフォーム」としておきます。そして、次のように質問を用意します。

図3-37：「お問い合わせフォーム」を作成し、質問を設定する。

質問	何についてのお問い合わせですか？
種類	プルダウン
値	サイトに関する質問、内容に関する質問、サイトへの要望、その他
必須	ONにする

❷もう1つ質問を用意します。右側の「質問を追加」アイコンをクリックして新しい質問を作成し、次のように設定しましょう。

質問	問い合わせ内容
種類	段落
必須	ONにする

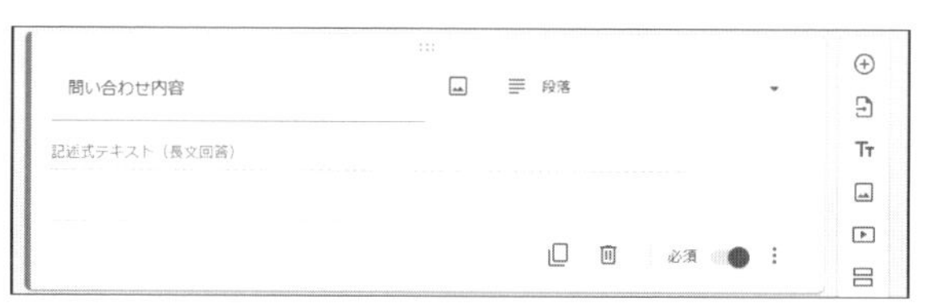

図3-38：2つ目の質問を作成する。

Googleスプレッドシートの作成

続いて、作成したフォームの送信内容を保存するGoogleスプレッドシートを作成しましょう。

❶上部にある「回答」リンクをクリックして表示を切り替え、Googleスプレッドシートのアイコンをクリックします。そして、現れたパネルで「新しいスプレッドシートを作成」を選択し、ファイル名を「問い合わせフォーム（回答）」として作成をします。

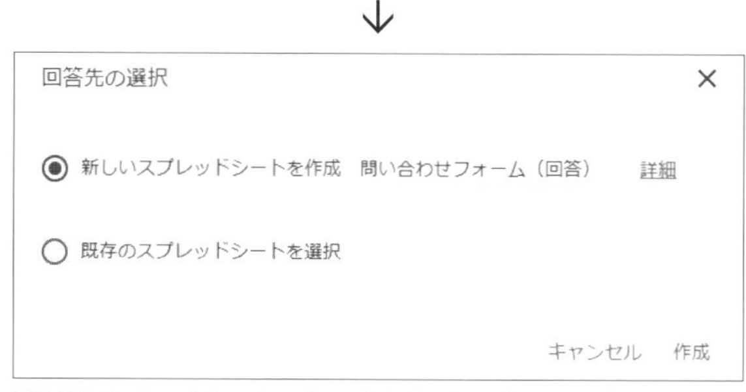

図3-39：スプレッドシートアイコンをクリックし、新しいスプレッドシートを作成する。

❷「問い合わせフォーム（回答）」スプレッドシートが作成され開かれます。項目に「タイムスタンプ」「何についてのお問い合わせですか？」「問い合わせ内容」といった値が設定されています。その右隣に「メールアドレス」と項目を追加してください。

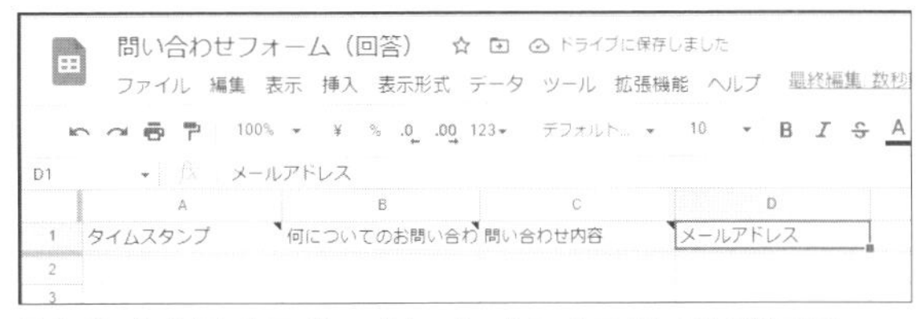

図3-40：作成されたスプレッドシート。「メールアドレス」を追加する。

❸返信用のシートを用意します。左下にある「シートを追加」アイコン（「＋」のアイコン）をクリックして新しいシートを作成し、「返信」とシート名を設定しておきます。

図3-41：「返信」シートを作成する。

❹シートのA1セルから「タイムスタンプ」「返信内容」と項目名を記入します。スプレッドシート側の作業はこれで終わりです。

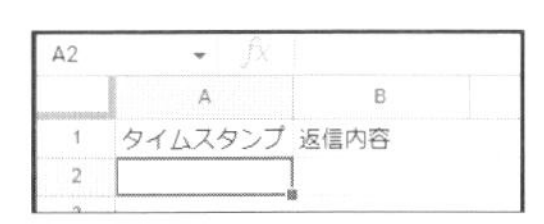

図3-42：項目名を用意する。

AppSheetアプリの作成

では、AppSheetのアプリを作成しましょう。今回もGoogleフォームのアドオンを使います。アドオンはすでにインストール済みですので、前回のような面倒な作業は必要ありません。

Googleフォームのフォームでは上部の右側にいくつかのアイコンが並んでいますが、アドオンがインストールされていると、その一番左側に「アドオン」アイコンが追加表示されます。これを使って簡単にアプリが作れます。

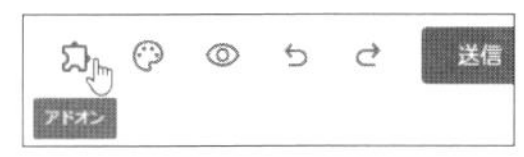

図3-43：「アドオン」アイコンが追加されている。

❶「問い合わせフォーム」フォームの画面に戻り、上部にある「アドオン」アイコンをクリックして「AppSheet」メニューを選びます。画面にパネルが現れるので、そこから「Launch」をクリックしてください。

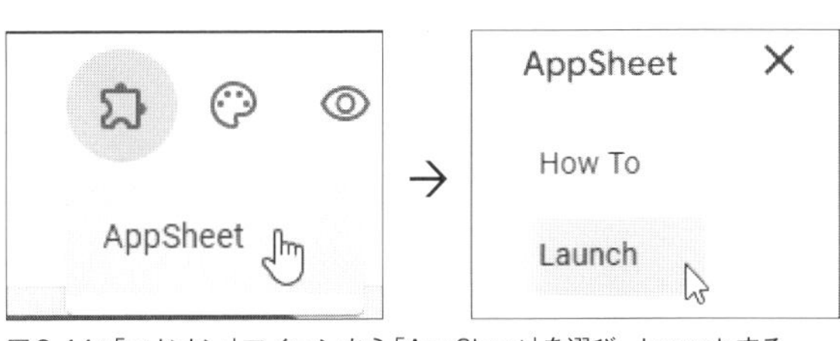

図3-44：「アドオン」アイコンから「AppSheet」を選び、Launchする。

❷画面右下にAppSheetアドオンのパネルが現れます。「PREPARE」ボタンをクリックしてチェックを行い、問題なければ「LAUNCH!」ボタンをクリックしてAppSheetアプリを作成しましょう。

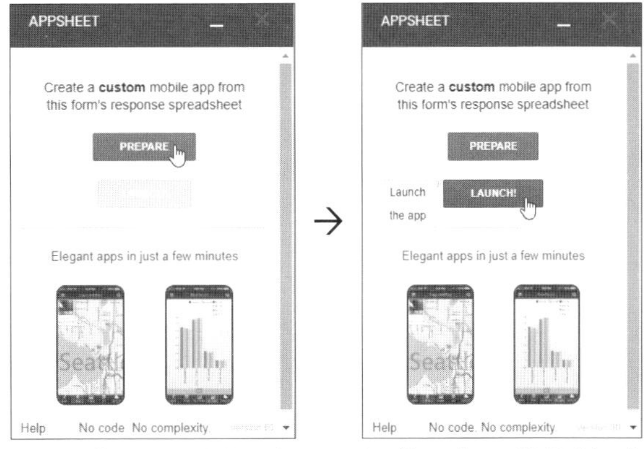

図3-45：「PREPARE」ボタンをクリックし、続いて「LAUNCH!」ボタンをクリックする。

DataのTables設定

AppSheetアプリが開いたら、データの設定から行いましょう。ページ左側のリストから「Data」を選択してください。

❶上部にある「Tables」リンクをクリックし、テーブルの編集画面を表示します。デフォルトでは「フォームの回答 1」テーブルが作成されています。

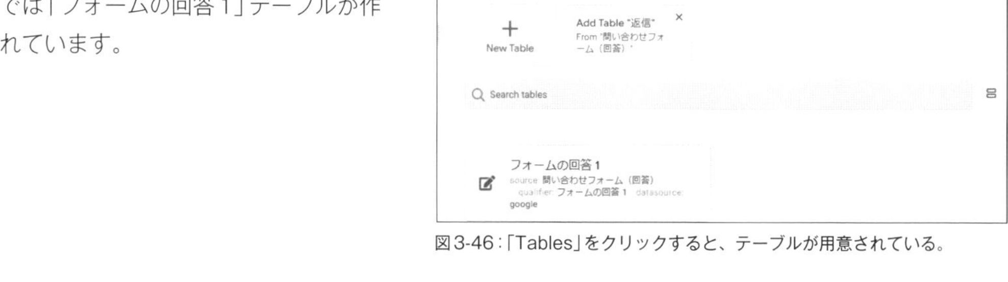

図3-46：「Tables」をクリックすると、テーブルが用意されている。

❷「フォームの回答 1」をクリックして設定を展開表示し、そこにある「Are updates allowed?」の項目を「Adds」だけ選択し、他を未選択にします。これで、データの作成のみが可能になります。

図3-47：「Are updates allowed?」を「Adds」だけONにする。

❸「返信」シートのテーブルを作ります。「Tables」の表示上部に「Add Table "返信" From "問い合わせフォーム (回答)"」と表示されたパネルが見えます。これをクリックしてください。新しいテーブルが作成されます（パネルが見つからない場合は「New Table」ボタンをクリックし、次の設定を手作業で行ってください）。

図3-48：「Add Table "返信" From "問い合わせフォーム (回答)"」をクリックする。

❹「返信」テーブルが作成されます。テーブルの設定画面で次のように設定を行ってください。

図3-49：「返信」テーブルの設定を行う。

Table name	返信
Are updates allowed?	「Read-Only」を選択

DataのColumns設定

続いて、テーブルの列設定を行います。次のように作業してください。

❶上部にある「Columns」リンクをクリックし、表示を切り替えてください。デフォルトで「問い合わせフォーム (回答)」と「返信」のテーブルが用意されています。

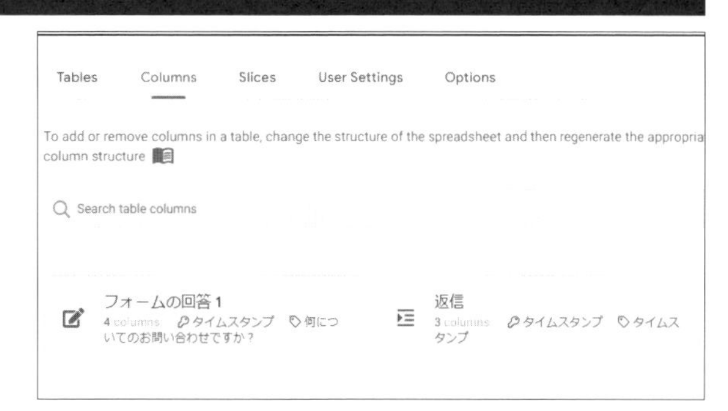

図3-50：「Columns」に切り替えると2つのテーブルが表示される。

❷「フォームの回答 1」をクリックし、設定を表示します。そして、用意されている列の設定を次のように行いましょう。

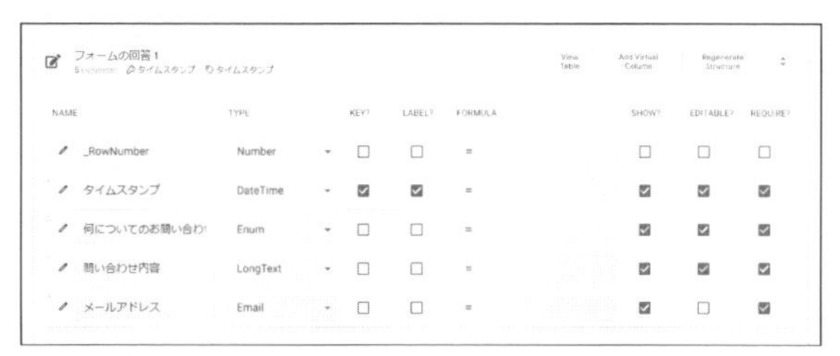

図3-51：「問い合わせフォーム (回答)」の列を設定する。

_Row_Number	TYPEは「Number」。「KEY?」「LABEL?」「SHOW?」「EDITABLE?」「REQUIRE?」チェックをすべてOFFにする。
タイムスタンプ	TYPEは「DateTime」。「KEY?」「LABEL?」「SHOW?」「EDITABLE?」「REQUIRE?」のチェックをすべてONにする。
何についてのお問い合わせですか？	TYPEは「Enum」。「KEY?」「LABEL?」　をOFFに、「SHOW?」「EDITABLE?」「REQUIRE?」のチェックをONにする。
問い合わせ内容	TYPEは「LongText」。「KEY?」「LABEL?」　をOFFに、「SHOW?」「EDITABLE?」「REQUIRE?」のチェックをONにする。
メールアドレス	TYPEは「Email」。「SHOW?」「REQUIRE?」のチェックをONに、「KEY?」「LABEL?」「EDITABLE?」をOFFにする。

❸INITIAL VALUEの確認をします。「タイムスタンプ」の「INITIAL VALUE」に「NOW()」と値が設定されています。もし値がなければ入力しておいてください。

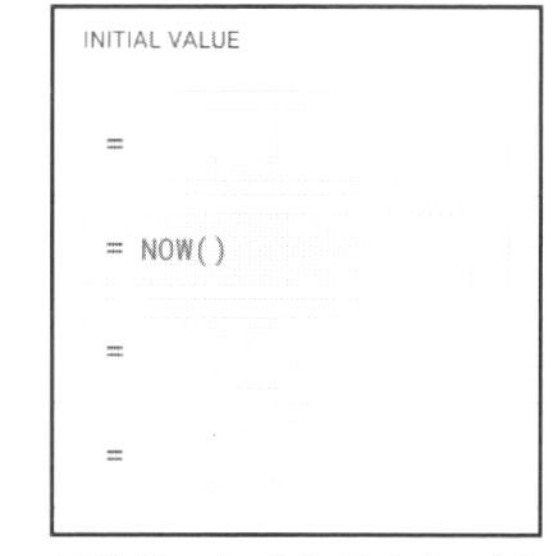

図3-52：タイムスタンプのINITIAL VALUEが「NOW()」になっているか確認する。

❹INITIAL VALUEの一番下の「メールアドレス」の値をクリックし、式アシスタントで次のように値を入力します。

```
USEREMAIL()
```

これで保存すると、INITIAL VALUEに値が設定されます。

図3-53：式アシスタントで値を設定する。

❺Enumの値を確認します。「何についてのお問い合わせですか？」列の左端にある鉛筆アイコンをクリックして編集パネルを呼び出してください。そして、Valuesに以下の値が用意されているか確認します。もしなければ「Add」ボタンで追加してください。

- サイトに関する質問
- 内容に関する質問
- サイトへの要望
- その他

この項目は、Googleフォームに用意した項目の値と同じです。フォームの表示を変更した場合は、こちらもそれに合わせて変更しておく必要があります。

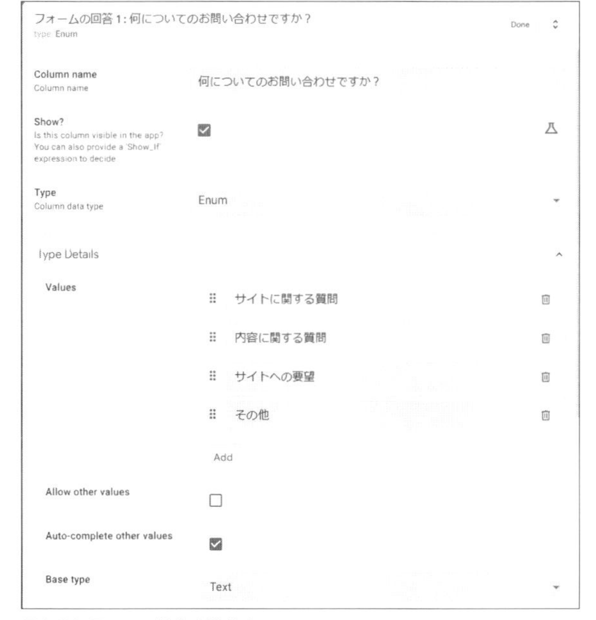

図3-54：Enumの値を確認する。

❻続いて「返信」テーブルをクリックして表示を展開し、設定を行います。それぞれ次のようにしてください。

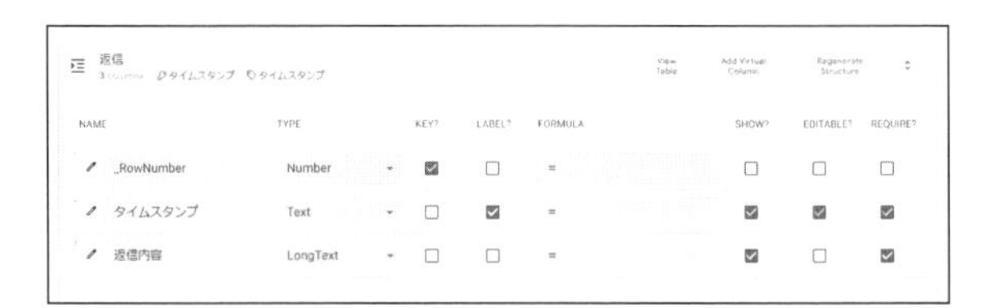

図3-55：「返信」テーブルの列を設定する。

_Row_Number	TYPEは「Number」。「KEY?」のチェックをONに、「LABEL?」「SHOW?」「EDITABLE?」「REQUIRE?」のチェックをすべてOFFにする。
タイムスタンプ	TYPEは後で設定。「KEY?」のチェックをOFFに、「LABEL?」「SHOW?」「EDITABLE?」「REQUIRE?」のチェックをすべてONにする。
返信内容	TYPEは「Longtext」。「SHOW?」「REQUIRE?」のチェックをONに、「KEY?」「LABEL?」「EDITABLE?」をOFFにする。

❼「タイムスタンプ」の種類を変更します。TYPEの値を「Ref」に変更してください。これは他のテーブルを参照するための値です。

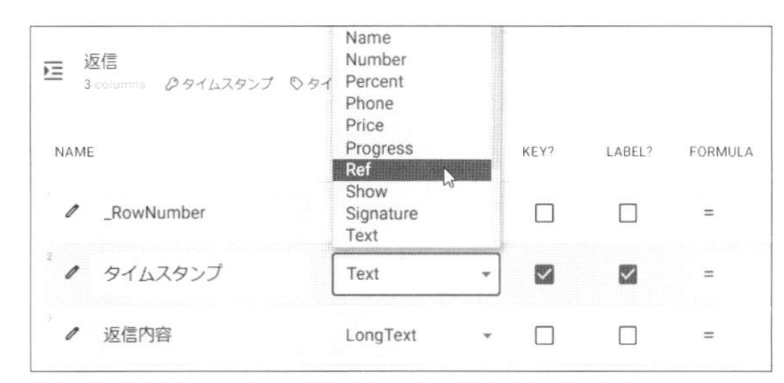

図3-56：「返信」テーブルの「タイムスタンプ」を「Ref」にする。

❽画面に設定パネルが現れます。この「Type Details」というところにある項目を次のように設定します。

Source table	フォームの回答1
Is a part of?	ONにする

図3-57：Source tableとIs a part of?を設定する。

設定したら、右上の「Done」ボタンをクリックして設定を完了します。

図3-58：Type Detailsの設定を行う。

❾再び「フォームの回答1」テーブルの設定に戻ります。テーブルの列を見ると、「Related 返信s」という列が追加されているのがわかります。これが参照する返信の列です。自動生成されているので、触らないでおきましょう。

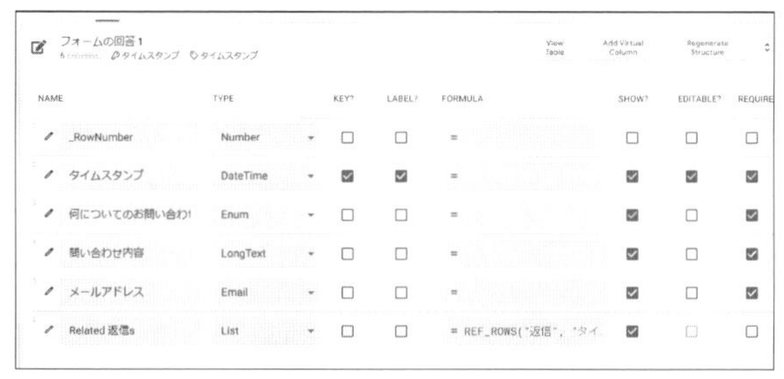

図3-59：「Related 返信s」が追加されている。

スライスの作成

続いて、スライスを作成します。アプリでは、自分が投稿した問い合わせだけが表示されるようにしておかないといけません。そのためのスライスです。

❶上部の「Slices」リンクをクリックして表示を切り替えます。そして「New Slice」ボタンをクリックし、現れたダイアログで「Create a new slice」ボタンをクリックすると新しいスライスを作ります。

図3-60：「New Slice」ボタンでスライスを作る。

❷スライスが作成されたら、次のように設定を行います。

図3-61：作成したスライスの設定を行う。

Slice name	自分の問い合わせ
Source Table	フォームの回答1

❸スライスのフィルターを設定します。「Row filter condition」の値を入力するフィールドをクリックすると、下にメニューがプルダウンします。ここで「メールアドレス is the app user's email」という項目を選びます。これで値が設定されます。

もし項目が見つからない場合は、「Create a custom expression」を選んで式アシスタントを開き、以下の式を記入してください。

```
[メールアドレス] = USEREMAIL()
```

図3-62：Row filter conditionでフィルターの式を用意する。

Viewを用意する

ユーザーインターフェイスを作成しましょう。ページ左側アイコンの「App」を選択し、上部の「Views」をクリックすると、ビューの管理画面に変わります。ここにデフォルトで用意されているビューが表示されます。

❶デフォルトでは、多数のビューが用意されています。Primary Viewにあるのは「All」「New」の2つだけですが、その下のRef Viewsのところにたくさんのビューが作成されていることがわかるでしょう。

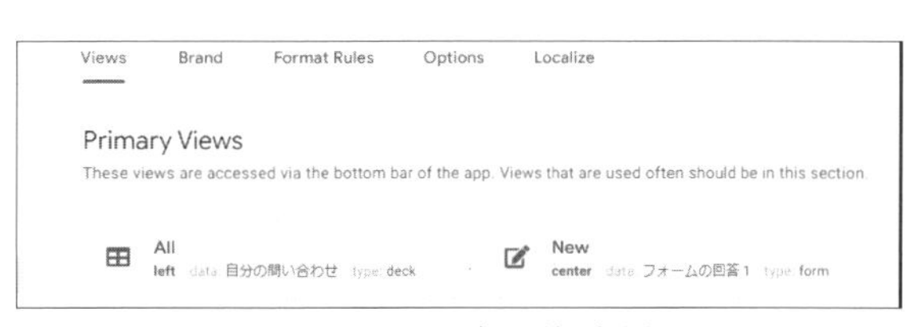

図3-63：Primary Viewsには2つのビューが用意されている。

❷「All」ビューをクリックして展開し、設定を表示してください。そして、次のように設定を行いましょう。

図3-64：「All」ビューの設定を変更する。

View name	問い合わせリスト
For this data	自分の問い合わせ(slice)
View type	deck
Position	left

❸View Optionsにある設定を行います。次のように変更してください。この他の項目は、デフォルトのままにしておいていいでしょう。

図3-65：View Optionsの設定を行う。

Sort by	「Add」ボタンで追加し「タイムスタンプ」「Descending」に設定
Primary header	問い合わせ内容
Secondary header	タイムスタンプ

❹Ref Viewにある「返信_inline」というビューを修正します。これは管理者からの返信をリスト表示するのに使われるものです。次のように設定してください。

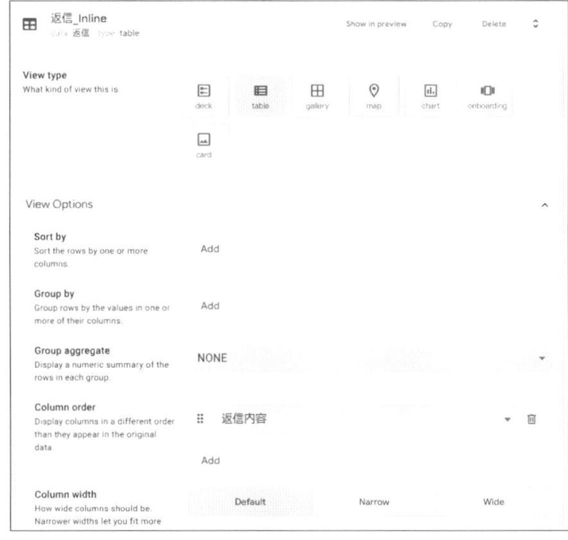

図3-66：返信_inlineの設定を変更する。

View type	table
Column order	「Add」ボタンで追加し、「返信内容」を選択

アプリのポイント

今回のアプリはGoogleフォームを利用して作りましたが、実を言えば、そのためのテクニックなどは特にありません。データそのものはGoogleスプレッドシートにあるので、普通の「スプレッドシートから作ったアプリ」と開発作業は変わらないのです。

今回のポイントは、「2つのテーブルの連携」でしょう。ここでは「返信」テーブルを用意し、タイムスタンプを使って「フォームの回答1」のレコードと連携させています。これにより、フォームの回答1のレコードと返信のレコードが関連付けられ、フォームの回答1の詳細表示に関連する返信のレコードが表示されるようになります。

連携は列のタイプを「Ref」に変更し、参照するテーブルを選択するだけで可能になります。ただし、うまく連携させるためには、連携先のテーブルにあるどの列の値を参照するかがわかるようにしておかないといけません。今回はどちらも同じ「タイムスタンプ」という名前の列を用意したことで、この値を参照して連携を確認できました。

「Related 返信s」のFORMULA

返信から連携が設定されると、フォームの回答1には「Related 返信s」という列が追加されました。これが連携した返信のレコードを取得する仕組みを実装している部分です。

この列には、FORMULAという項目に次のような式が設定されています。

```
REF_ROWS("返信", "タイムスタンプ")
```

このREF_ROWS関数は、参照するテーブルから関連するレコードのリストを取得するものです。第1引数にテーブル名を、第2引数に参照する列名をそれぞれ指定しています。

この参照機能は、実を言えばAppSheetのフィルター機能とほぼ同じものです。つまりフィルターを使って、参照している相手側の列の値が自身のテーブルの値についてフィルター処理して得られたものを取り出し表示しているのですね。

この参照の仕組みは、覚えるとかなり複雑なデータ構造のアプリも作れるようになります。これを機に、使い方をしっかり覚えておきましょう。

Chapter 3

3.3. 「問い合わせフォーム」アプリ（管理者用）

AppSheetアプリの作成

先ほど作成した「問い合わせフォーム」アプリは、管理者用のアプリが必要です。管理者アプリでは、送信されたすべての問い合わせが表示されます。そして、問い合わせをタップして詳細を表示すると、下の返信の表示部分に「Add」というリンクが追加され、これをクリックすると返信を書くフォームが開かれます。

図3-67：すべての問い合わせが表示される。クリックして内容を表示すると、下の返信部分に「Add」リンクが追加され、これをクリックして返信を書いて送れる。

では、アプリを作りましょう。今回は、一般ユーザー用の問い合わせアプリをコピーして再利用します。AppSheetの「My Apps」画面に戻ってください。

❶先ほど作成した「問い合わせフォーム（回答）」アプリの右端にある「⋮」をクリックしてください。メニュー項目が現れるので、そこから「Copy」を選びます。

図3-68：「⋮」をクリックし、「Copy」メニューを選ぶ。

❷「Copy app」パネルが現れます。ここで、コピーして作成するアプリの内容を次のように設定します。

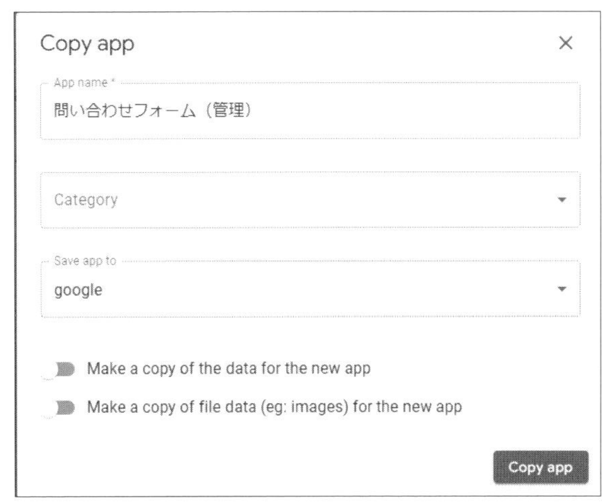

図3-69：アプリのコピーを作成する。

App name	問い合わせフォーム（管理）
Make a copy ~	2つあるチェックをどちらもOFFにしておく。

他はデフォルトのままでOKです。「Create app」ボタンをクリックすればアプリが作成されます。

DataのTables設定

テーブルの設定を変更します。ページ左側のリストから「Data」を選択し、上部の「Tables」リンクをクリックして表示を切り替えてください。

❶「フォームの回答1」テーブルの設定を行います。「Are updates allowed?」を「Read-Only」に変更します。

図3-70：フォームの回答1をRead-Onlyにする。

❷「返信」テーブルを設定します。「Are updates allowed?」を「Adds」のみONに変更します。

図3-71：返信をAddsのみONにする。

Viewを編集する

続いて、ユーザーインターフェイスの修正を行います。ページ左側のアイコンから「App」を選択し、上部の「Views」リンクをクリックして表示を切り替えましょう。

❶Primary Viewsにある「New」ビューを削除します。クリックして表示を展開し、右上にある「Delete」ボタンをクリックして削除しましょう。

図3-72：「New」ビューを削除する。

❷「問い合わせリスト」ビューを開き、「For this data」の値を「フォームの回答1」に変更します。これで、すべての問い合わせが表示されるようになります。

図3-73：問い合わせのFor this dataを「フォームの回答1」に変更する。

❸「問い合わせリスト」ビューの下のほうにあるView Optionsの「Summary Column」の項目を「メールアドレス」に変更します。これで、投稿者のメールアドレスがリストに表示されるようになります。

図3-74：Symmary Columnに「メールアドレス」を選択する。

アプリのポイント

今回のアプリは先の問い合わせフォームアプリをコピーし、多少の修正をしただけなので、ポイントというほど重要な部分はありません。あえていうなら「テーブルへのアクセス権の設定で、性質の異なるアプリが作れる」という点でしょうか。

一般ユーザー用のアプリでは、「問い合わせフォーム＝作成可」「返信＝表示のみ」となっていました。しかし管理者用アプリでは、逆に「問い合わせフォーム＝表示のみ」「返信＝作成可」と設定しています。

ユーザーの確認

また、一般ユーザー用では問い合わせのリストにスライスを指定し、自身のメールアドレスと同じものだけを表示するようにしていました。利用者は「USEREMAIL」関数でアカウントのメールアドレスを取得し、それを元にチェックをしています。この他、「USERNAME」といってユーザー名を得る関数なども用意されています。

Googleアカウントの場合、メールアドレスでアカウントを登録しているため、メールアドレスでユーザーを識別する方法はもっとも確実です。あらかじめ、レコードを作成したユーザーのメールアドレスを記録しておけば、そのレコードを作ったのが誰か簡単に識別できます。

Chapter 3

3.4.

「撮影ログ」アプリ

「撮影ログ」アプリについて

あちこちで撮影した記録を残したい、というような人のためのアプリです。アプリを起動すると、すぐに撮影するフォームが現れます。そのままイメージの部分をタップし、カメラで撮影して保存すれば、撮影したイメージ、撮影日時、撮影場所、コメントがすべて保存されます。

撮影情報は「撮影ログ」で一覧表示できる他、「マップ」では撮影場所を地図で確認できますし、「カレンダー」では撮影日時で調べることができます。いつ、どこで、どんな写真を撮影したのかがすぐにわかるアプリです。

図3-75：フォームから撮影し、コメントを付けて投稿すると、撮影ログ、マップ、カレンダーを使っていつでもそれらを調べられる。

Googleスプレッドシートの作業

では、作成作業を行いましょう。まずはGoogleスプレッドシートです。新しいスプレッドシートを作成して次のように記入してください。

ファイル名	撮影ログ
シート名	撮影ログ
項目名	撮影日時、コメント、写真、場所

図3-76：新しいスプレッドシートを作り必要な情報を入力する。

AppSheetアプリの作成

続いて、アプリの作成です。今回はスプレッドシートから簡単にアプリを作ることにしましょう。スプレッドシートの「拡張機能」メニューにある「AppSheet」から「アプリを作成」メニューを選んでください。これでアプリが自動生成されます。

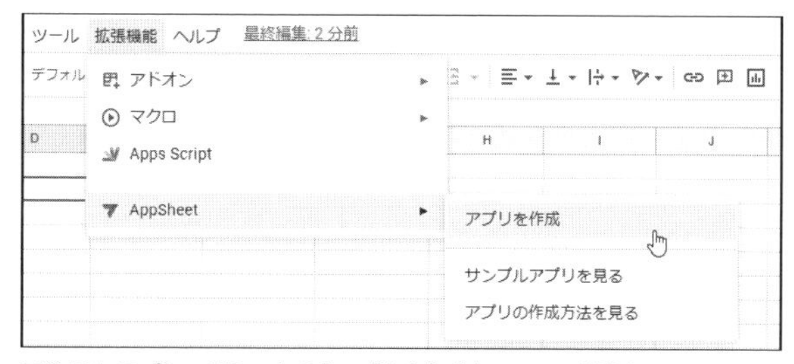

図3-77：スプレッドシートの「アプリを作成」メニューを選ぶ。

DataのColumns設定

作成されたアプリで、データの設定を行います。ページ左側のリストから「Data」を選択し、上部の「Columns」リンクをクリックします。

❶初期状態で「撮影ログ」というテーブルが作成されています。この中の項目を次のように設定していきます。

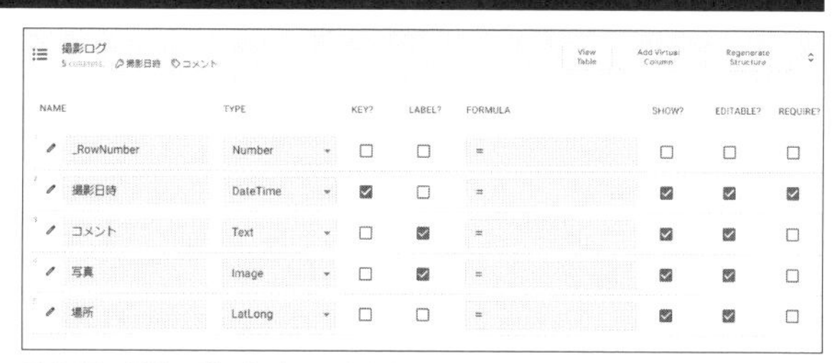

図3-78：撮影ログの各列の設定を行う。

_Row_Number	TYPEは「Number」。「KEY?」「LABEL?」「SHOW?」「EDITABLE?」「REQUIRE?」のチェックをすべてOFFにする。
撮影日時	TYPEは「DateTime」。「KEY?」「SHOW?」「EDITABLE?」「REQUIRE?」のチェックをすべてONに、「LABEL?」のチェックをOFFにする。
コメント	TYPEは「Text」。「KEY?」「REQUIRE?」のチェックをOFFに、「LABEL?」「SHOW?」「EDITABLE?」のチェックをONにする。
写真	TYPEは「Image」。「KEY?」「REQUIRE?」のチェックをOFFに、「LABEL?」「SHOW?」「EDITABLE?」のチェックをONにする。
場所	TYPEは「LatLong」。「KEY?」「LABEL?」「REQUIRE?」のチェックをOFFに、「SHOW?」「EDITABLE?」のチェックをONにする。

❷初期値の設定を行います。INITIAL VALUEの項目の上から２番目、「撮影日時」の値をクリックして式アシスタントを開いてください。そして、以下の値を記入し保存します。

```
NOW()
```

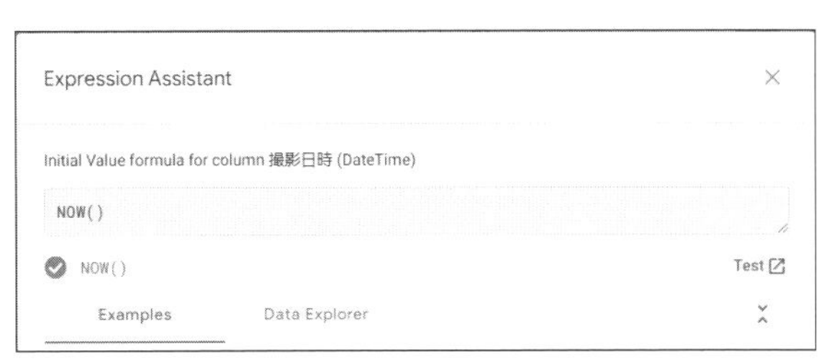

図3-79：撮影日時のINITIAL VALUEに「NOW()」と記入する。

❸一番下の列「撮影場所」のINITIAL VALUE値をクリックし、式アシスタントで以下の式を入力し保存します。

```
HERE()
```

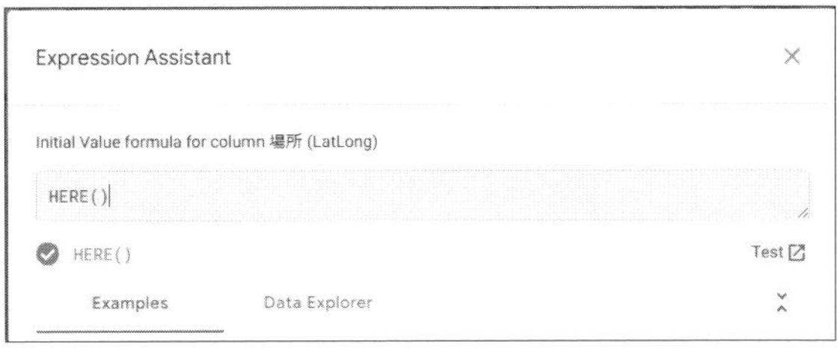

図3-80：撮影場所のINITIAL VALUEに「HERE()」と記入する。

❹これで、INITIAL VALUEに２つの式が設定されました。記述した列が間違っていないか、内容をよく確認しておきましょう。

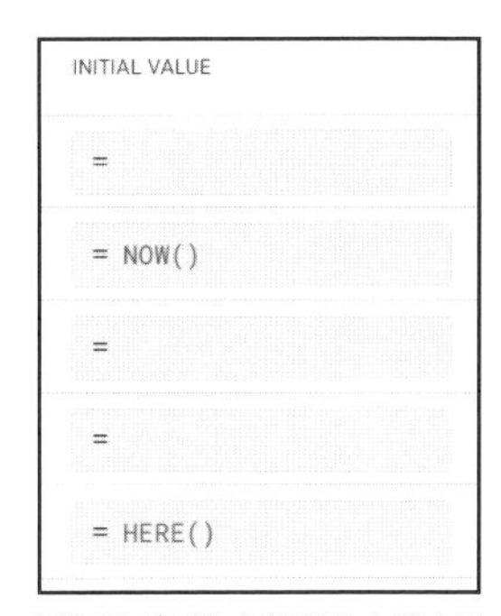

図3-81：完成したINITIAL VALUE。２ヶ所に式が設定されている。

Viewを用意する

ユーザーインターフェイスを設定します。ページ左側のアイコンにある「App」をクリックし、上部の「Views」リンクを選択してください。

❶デフォルトでは、Primary Viewsに「撮影ログ」ビューが、Ref Viewsに撮影ログのDetailとFormが用意されています。

図3-82：Primary Viewsに1つ、Ref Viewsに2つのビューがある。

❷「撮影ログ」ビューをクリックして表示を展開し、設定を行います。次のように設定をしてください。

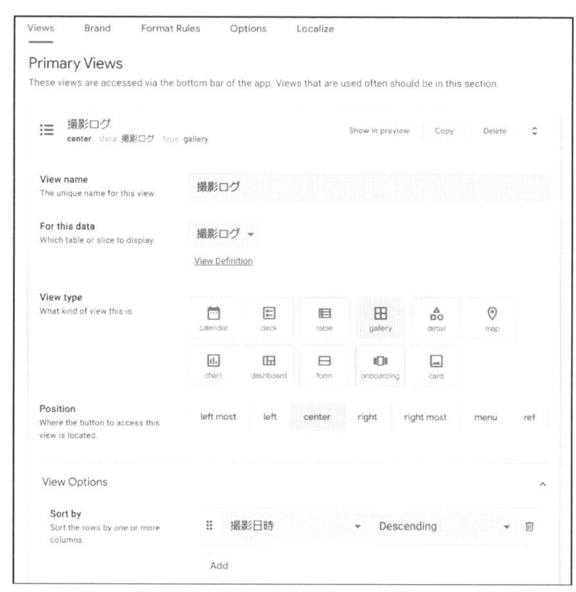

図3-83：撮影ログの設定を行う。

View name	撮影ログ
For this data	撮影ログ
View type	gallery
Position	center
Sort by	「Add」ボタンで設定を追加し、「撮影日時」「Descending」を選択

❸「New View」ボタンで新しいビューを作ります。これはマップ表示のためのもので、次のように設定を行います。

図3-84：新しいマップ表示のビューを作る。

View name	マップ
For this data	撮影ログ
View type	map
Position	center
Map column	場所

❹もう1つ、新しくビューを作成します。こちらはカレンダー表示を行います。次のように設定しましょう。

View name	カレンダー
For this data	撮影ログ
View type	calendar
Position	center

図3-85：カレンダー表示のビューを作成する。

❺View typeで「calendar」を選ぶと、View Optionsにカレンダーのための設定項目が表示されます。これを次のように設定しておきましょう。

Start date	撮影日時
Start time	撮影日時
End date	撮影日時
End time	撮影日時
Description	コメント

図3-86：カレンダーのView Optionsを設定する。

❻アプリ起動時に投稿フォームが表示されるように設定しておきましょう。上部の「Options」リンクをクリックし、現れた表示にある「Starting view」を「撮影ログ_Form」に変更してください。これで、最初にフォームが表示されるようになります。

図3-87：OptionsのStarting viewを変更する。

フォーマットルールの追加

最後に、マップのマーカー表示をカスタマイズします。これはフォーマットルールで行います。

❶上部の「Format Rules」リンクをクリックして表示を切り替えてください。「New Format Rule」というボタンの右側に、「Add Icon Formatting of 撮影ログ」というボタンが追加されています。これをクリックしてください（見当たらない人は「New Format Rule」ボタンで作成してください）。

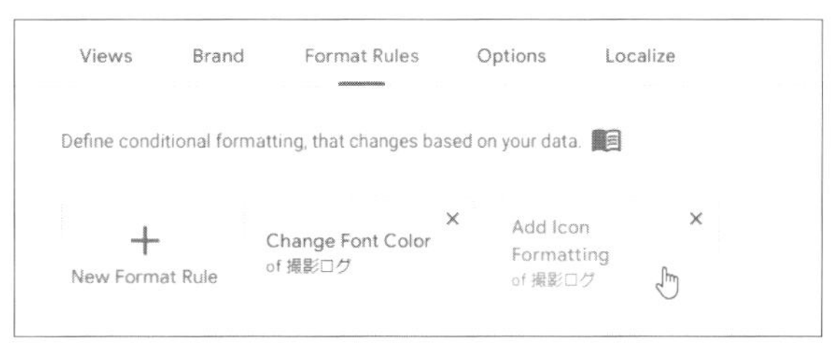

図3-88：フォーマットルールを追加する。

❷フォーマットルールの設定が開かれます。ここで次のように項目を設定してください。

Rule name	Format Icon - 撮影ログ
For this data	撮影ログ
Format these columns and actions	場所

これで、「場所」列の位置情報をビューで表示する際のフォーマットルールが設定できます。これがマップのマーカー表示に適用されます。

図3-89：「場所」列のフォーマットルールを作成する。

❸「Visual Format」というところで、表示の色とアイコンを設定します。これらはそれぞれで好きなものを選択してOKです。これらの設定は次のように利用されます。

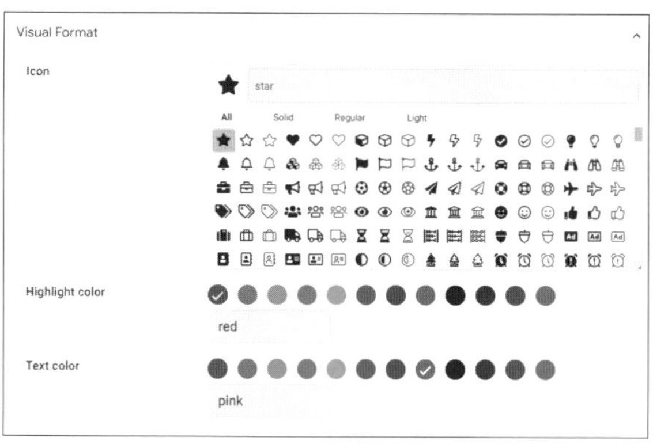

図3-90：Visual Formatでアイコンと色を設定する。

Icon	マーカーに表示されるアイコン
Hilight color	マーカーの色
Text color	「場所」列の値がテキストで表示される際の色

アプリのポイント

今回のアプリは「さまざまな値の利用」を考えたものです。一般的な数字やテキストの他に、AppSheetではいろんな値が使えます。今回はそれらの中から「位置の値」「日時の値」「イメージ」といったものを利用しています。

位置の値とマップ

位置の値は、「LatLong」というタイプとして用意されています。これは、位置の緯度経度をまとめて表すものです。このLatLong値はView typeを「map」にしてマップ表示を行ったとき、Map columnに指定することでマップに位置を表示させることができるようになります。

日時の値とカレンダー

日時の値はいくつか用意されています。「DateTime」「Date」「Time」で、それぞれ次のようなものになります。

DateTime	日時（日付と時刻）をまとめたもの
Date	日付（年月日）の値
Time	時刻（時分秒）の値

カレンダーで扱う場合は、DateTimeかDateを利用することになります。これらの項目はレコードを作成する際、今の値を自動的に入力することが多いでしょう。これには次のような関数をINITIAL VALUEに指定します。

NOW()	現在の日時をDateTimeで返す
TODAY()	今日の日にちをDateで返す
TIMENOW()	現在の時刻をTimeで返す

これらは日時を扱う際の基本関数として覚えておきたいですね。

なお、日時を扱う場合は、「Googleカレンダー」を利用するという手もあります。これは次のアプリで使ってみることにします。

Chapter 3

3.5.

「ウォーキングノート」アプリ

「ウォーキングノード」アプリについて

日時をメインに使ったアプリの場合、スプレッドシートではなく「Googleカレンダー」のカレンダーを使ってアプリを作成できます。今回のアプリは、ウォーキングした時間を記録するものです。

「カレンダー」アイコンではカレンダーで歩いた日をひと目で把握できます。「リスト」アイコンでは歩いた記録を最近のものから順に表示できます。歩いた記録の保存は、「|」ボタンをクリックしてタイトルと歩いた分数を書いて送信するだけ。「今月の集計」「毎週の集計」という2つのグラフがあり、今月歩いた時間を日ごとに集計して表示したり、今年歩いた時間を週単位で集計し表示します。これらでウォーキングの頻度などを把握できます。

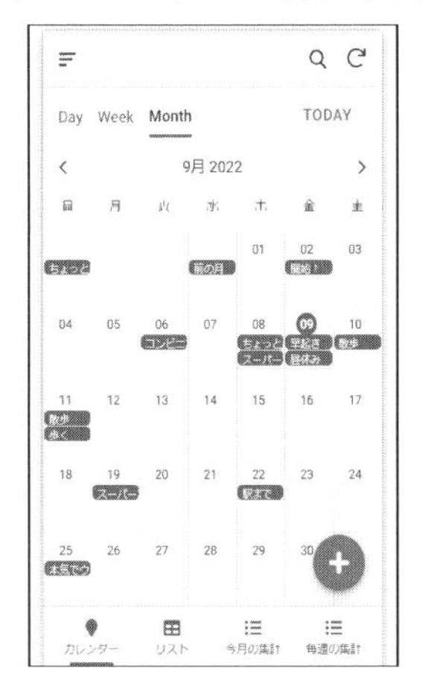

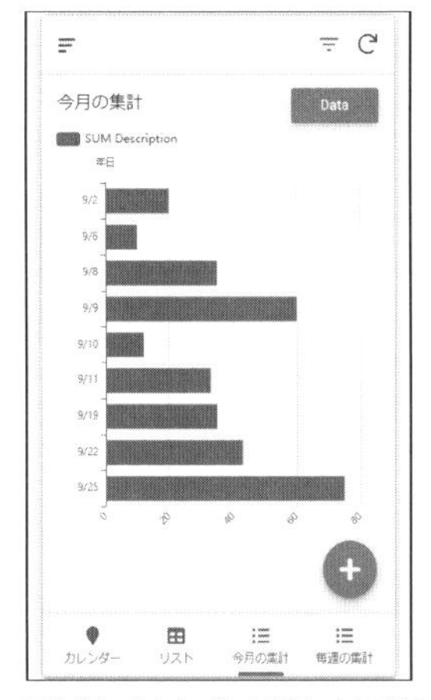

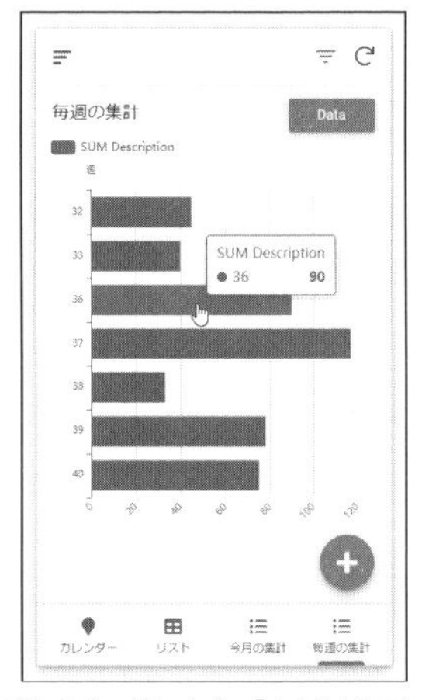

図3-91：カレンダーで歩いた日がひと目でわかる。歩いたら、「+」ボタンで時間とコメントを投稿するだけ。「今月の集計」「毎週の集計」で今月の歩いた分数、今年の週ごとに集計した分数をグラフ化できる。

Googleカレンダーの作業

今回はGoogleスプレッドシートではなく、Googleカレンダーのカレンダーをデータソースに使ってアプリを作成します。まずはGoogleカレンダーを開いて、アプリ用のカレンダーを作成しましょう。

❶カレンダー表示の左側にある「マイカレンダー」に、使っているカレンダーのリストが表示されています。その下の「他のカレンダー」にある「＋」をクリックするとメニューがポップアップ表示されます。その中から「新しいカレンダーを作成」メニューを選んでください。

図3-92：Googleカレンダーで「新しいカレンダーを作成」メニューを選ぶ。

❷新しいカレンダーを作成するフォームが表示されます。カレンダーの名前は「AppSheet用とし、タイムゾーンは日本標準時を選択して「カレンダーを作成」ボタンをクリックします。

図3-93：カレンダー名とタイムゾーンを設定してカレンダーを作る。

アカウントソースの追加

AppSheetの作業に進みましょう。AppSheetでは、アプリの作成の前に「アカウントソース」を追加します。アカウントソースとは、AppSheetのアカウントからどのようなサービスにアクセスしデータを利用できるかを指定するものです。デフォルトではGoogleスプレッドシートだけがアカウントソースとして登録されています。Googleカレンダーを利用する場合は、Googleカレンダーをアカウントソースとして追加する必要があります。

❶AppSheetの「My Apps」画面で、右上に見えるアカウントのアイコンをクリックしてください。メニューがプルダウンして現れるので、そこから自分のアカウントを選択しましょう。

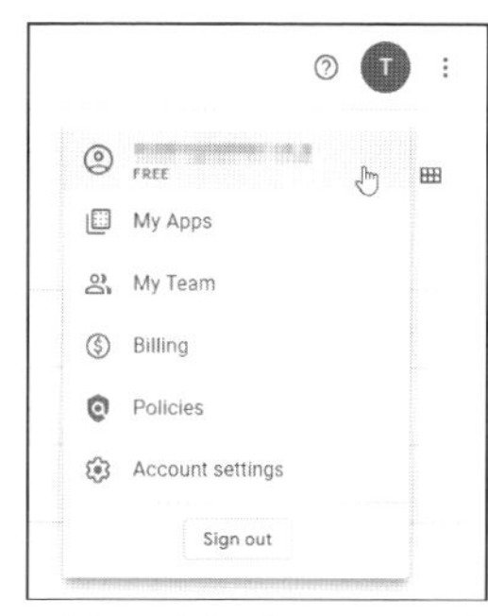

図3-94：アカウントのアイコンから自分のアカウントのメニューを選ぶ。

❷「My Account」という画面が表示されます。ここで、アカウントの各種設定を行います。上部に見える「Sources」リンクをクリックすると、アカウントソースの管理画面になります。ここにある「New Data Source」というリンクをクリックしましょう。

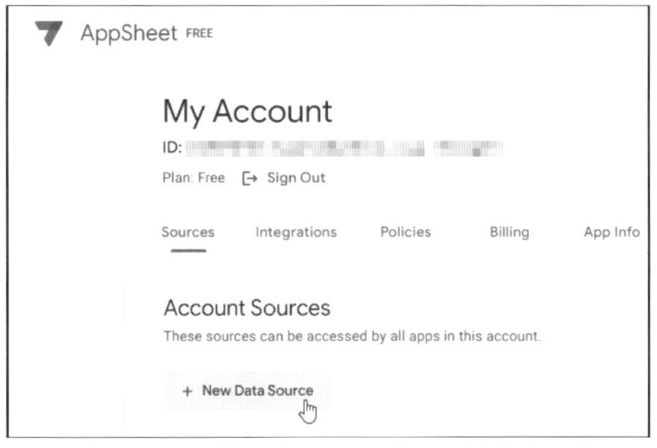

図3-95：「My Account」画面で「New Data Source」をクリックする。

❸追加できるデータソースが一覧表示されます。その中から「Google Calendar」という項目を探し、これをクリックしましょう。

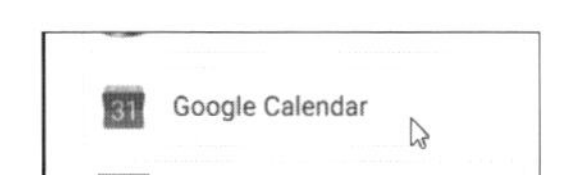

図3-96：「Google Calendar」を探して選択する。

❹「アカウントの選択」表示が現れるので、利用するGoogleアカウントを選択してください。

図3-97：Googleアカウントを選ぶ。

❺アクセス権の内容が表示されます。内容を確認し、一番下にある「許可」というボタンをクリックしてください。

図3-98：アクセス内容を確認する。

❻「My Account」の「Sources」に戻ります。ここにGoogleカレンダーのアイコンが追加されています。これで、Googleカレンダーを利用できるようになりました。

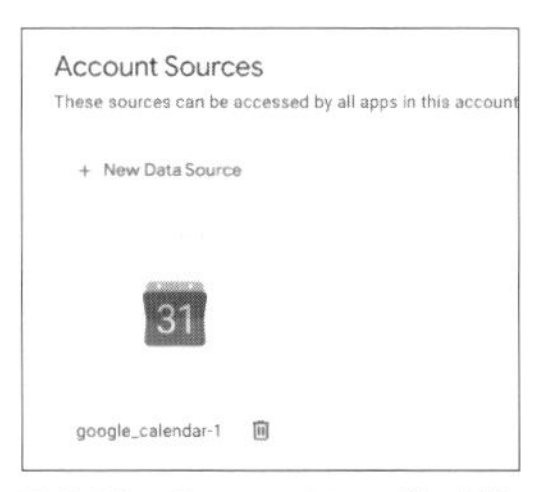

図3-99：Googleカレンダーが追加された。

AppSheetアプリの作成

では、アプリを作成しましょう。「My Apps」画面に戻り、新しいアプリを作ります。

❶「Create」ボタンから「Start with existing data」メニューを選び、現れたパネルでアプリ名を「ウォーキングログ」と入力します。

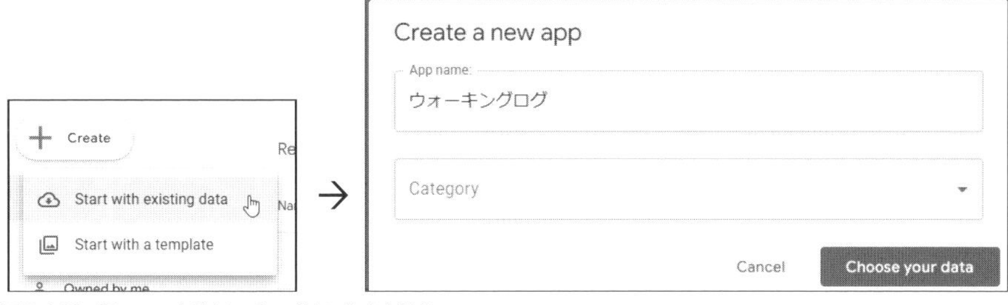

図3-100：「Create」ボタンでアプリの作成を行う。

❷「Select data source」パネルが現れると、Google Sheetsの他に「Google Calendar」が選択できるようになります。これを選択し、カレンダーのリストから「AppSheet用」を選択してください。これで、「AppSheet用」カレンダーを元にアプリが作成されます。

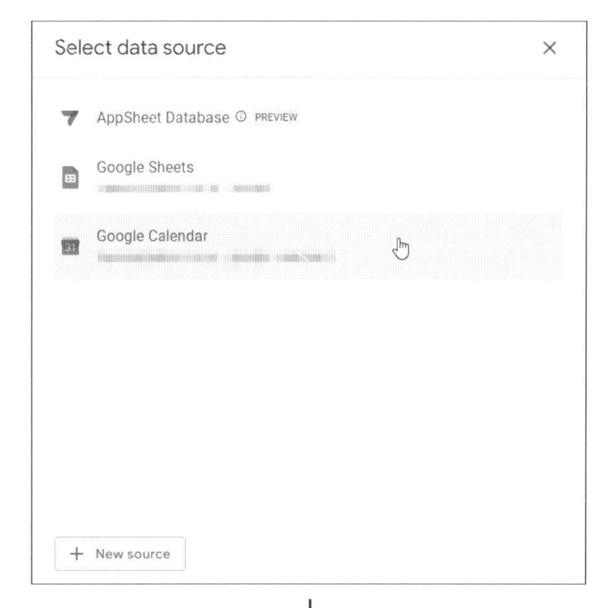

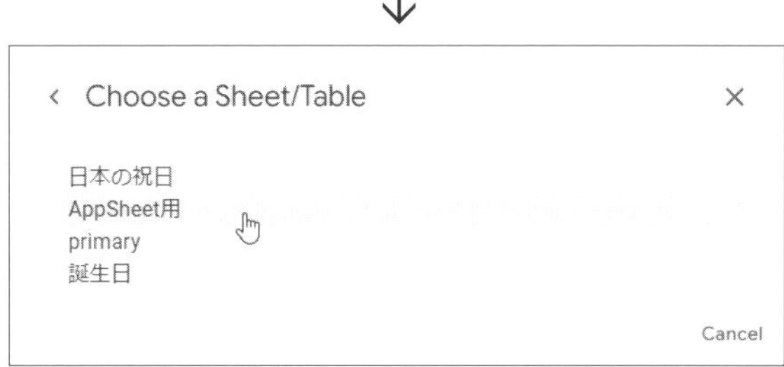

図3-101：「Google Calendar」から「AppSheet用」を選択する。

DataのColumns設定

アプリが作成されたら、データの設定から行いましょう。ページ左側のリストから「Data」を選択し、設定を行います。

❶上部の「Columns」リンクをクリックします。現れた列の設定で、次のように変更をします。

TYPE	「Description」を「Number」に変更
KEY?	「Row ID」を選択
LABEL?	「Title」のみチェックをONに
SHOW?	「Title」「Start」「Description」をONに、他をOFFに

列の名前は変更しないでください。用意された列は、カレンダーのイベントで使われる項目をすべて網羅しており、勝手に名前などを変更するとうまくカレンダーに値を送れなくなります。また値のタイプも、ここではDescriptionだけ変更していますが、それ以外のものは絶対に変えないでください。

※「End」の「SHOW?」の値は、後ほど作成するビューで利用するため、現時点ではONにしておき、ビューまで完成してからOFFにするとよいでしょう。

図3-102:列の設定。「TYPE」、「KEY?」、「LABEL?」、「SHOW?」といった項目をチェックする。

❷列の「INITIAL VALUE」の設定を確認します。ここでは3つの列にINITIAL VALUEが設定されています。いずれもデフォルトで設定されているはずですので、内容を確認だけしてください。もし値が設定されていない場合には追記しておいてください。

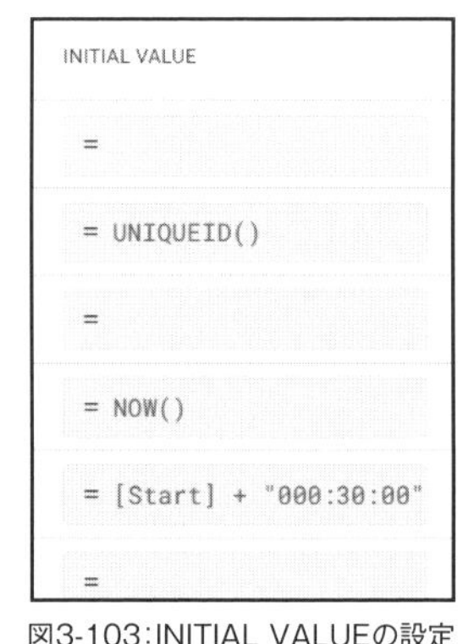

図3-103:INITIAL VALUEの設定を確認する。

Row ID	UNIQUEID()
Start	NOW()
End	[Start] + "000:30:00"

❸仮想列を作成していきます。「AppSheet用」テーブルのタイトル部分に「Add Virtual Column」という小さなボタンがあります。クリックすると仮想列と呼ばれる新しい列が追加され、列の設定パネルが現れます。ここで次のように設定してください。

Column name	月日
App formula	CONCATENATE(MONTH([Start]),"/",DAY([Start]))
Show?	ONにする
Type	Text

App formulaは値部分をクリックすると式アシスタントが開かれるので、そこで入力します。このApp formulaが設定されると、Typeの項目が追加され設定できるようになります。

設定できたら、右上の「Done」ボタンをクリックすればパネルが閉じられます。

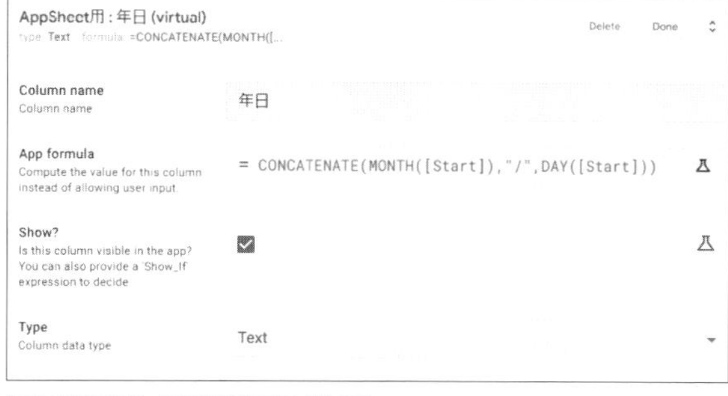

図3-104：新しい仮想列「月日」を作る。

❹2つ目の仮想列を作成します。「Add Virtual Column」ボタンを使い、パネルで次のように設定しましょう。

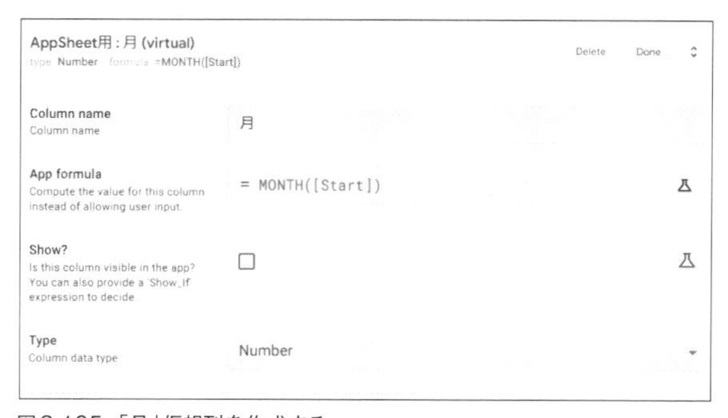

図3-105：「月」仮想列を作成する。

Column name	月
App formula	MONTH([Start])
Show?	OFFにする
Type	Number

❺3つ目の仮想列を作ります。設定パネルで次のように設定をしてください。

Column name	週
App formula	WEEKNUM([Start])
Show?	OFFにする
Type	Number

ただし、この「週」は後ほどビューでも使用するため、とりあえずShow?はONのまま作成し、ビューを作成した後でOFFに変更するとよいでしょう。

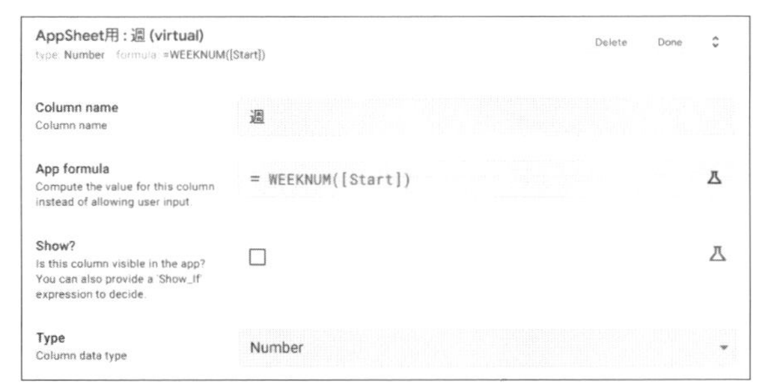

図3-106:「週」仮想列を作成する。

スライスの作成

続いて、スライスを作成します。上部にある「Slices」リンクをクリックして表示を切り替えてください。

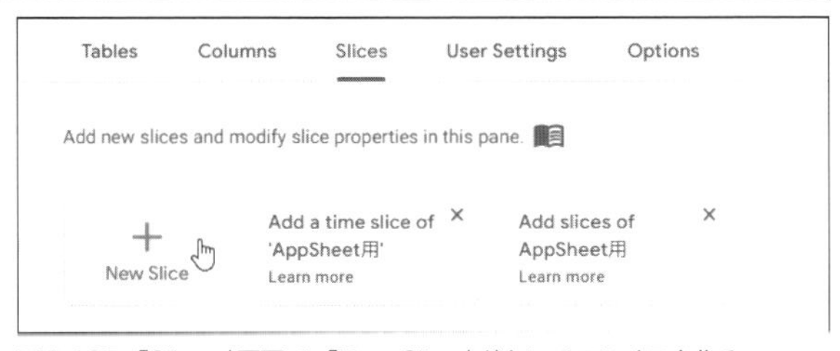

図3-107:「Slices」画面で、「New Slice」ボタンでスライスを作る。

❶デフォルトではスライスはまだ作成されていません。上部の「New Slice」ボタンをクリックして新しいスライスを作成します。

❷新たに作られたスライスの設定画面に次のように設定を行います。これは、今年のデータだけを集めるスライスです。

Slice Name	今年
Source Table	AppSheet用
Row filter condition	YEAR([Start]) = YEAR(TODAY())

図3-108:新しい「今年」スライスを作成する。

❸もう1つスライスを作ります。「New Slice」ボタンで作成後、次のように設定を行ってください。これは、今月のデータだけを集めるスライスです。

図3-109:新しい「今月」スライスを作成する。

Slice Name	今月
Source Table	AppSheet用
Row filter condition	AND(YEAR([Start]) = YEAR(TODAY()),MONTH([Start]) = MONTH(TODAY()))

Viewを用意する

続いて、ユーザーインターフェイスを作成します。ページ左側の「App」を選択し、上部にある「Views」リンクをクリックします。

❶初期状態では、Primary Viewsに「AppSheet用」「Map」という2つのビューが作成されています。これらのビューの修正を行います。

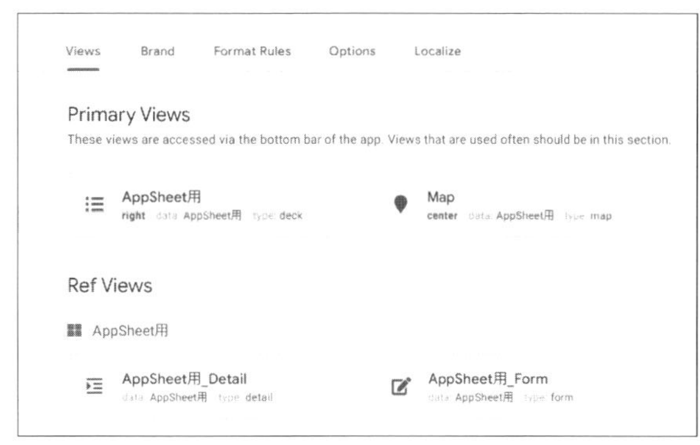

図3-110：Primary Viewsに2つのビューが用意されている。

❷作成されている「Map」ビューを開き、編集しましょう。次のように項目を変更してください。

View name	カレンダー
For this data	AppSheet用
View type	calendar
Position	right
Start date	Start
Start time	Start
End date	End
End time	End
Default View	Month

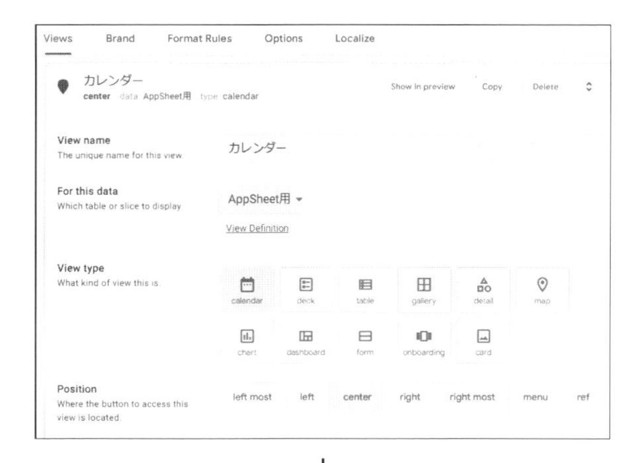

↓

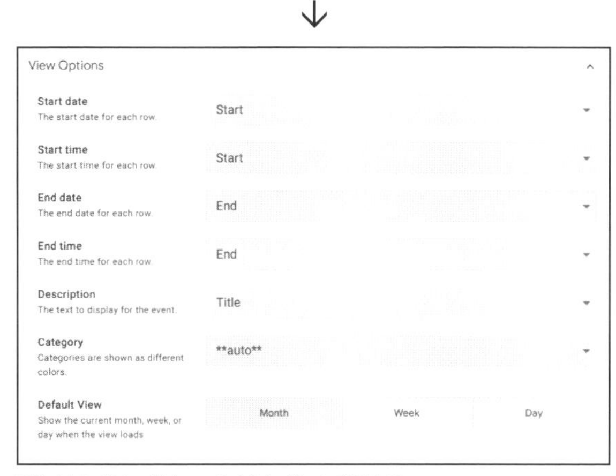

図3-111：「Map」ビューをカレンダーに変更する。

❸「AppSheet用」ビューを開き、これも設定を変更します。次のように修正をしてください。

View name	リスト
For this data	今月(slice)
View type	table
Position	right
Sort by	Start、Ascending

図3-112:「AppSheet用」ビューをリストに変更する。

❹歩いた時間をグラフ表示するビューを作ります。「New View」ボタンで新しいビューを作り、次のように設定してください。

View name	今月の集計
For this data	今月(Slice)
View type	chart
Position	right most

図3-113:新たにチャートのビューを作る。

❺View Optionsにチャートの設定が表示されるので、次のように設定を行います。これで、今月のウォーキング時間がグラフ化されます。

Chart type	horizontal histgram
Group aggrigate	SUM::Description
Chart columns	月日(「Add」ボタンで追加)
Show legend	ONにする

図3-114:チャートの設定をする。

❻もう1つ、グラフ表示のビューを作ります。「New View」ボタンをクリックし、次のように設定しましょう。

View name	毎週の集計
For this data	今年(Slice)
View type	chart
Position	right most

図3-115：新たにチャートのビューを作る。

❼View Optionsにチャートの設定が表示されるので、次のように設定を行います。これで、今年のウォーキング時間を週単位でグラフ化します。

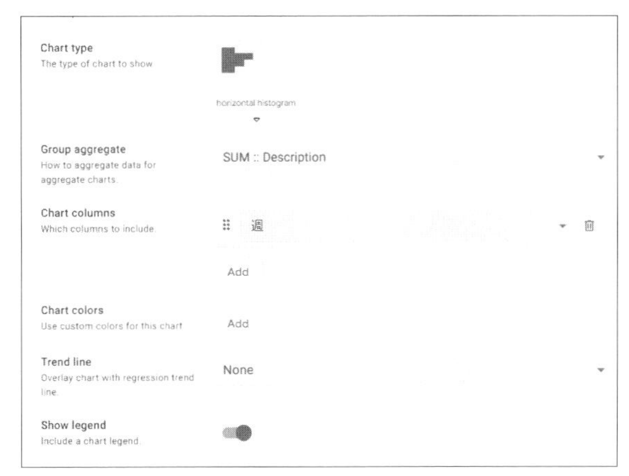

図3-116：チャートの設定をする。

Chart type	horizontal histgram
Group aggrigate	SUM::Description
Chart columns	週(「Add」ボタンで追加)
Show legend	ONにする

アプリのポイント

今回はGoogleカレンダーを利用するというのが一番のポイントですが、それ以外にも重要なポイントがあります。それは、「ヒストグラム」グラフの利用です。

グラフというのは通常、数値を書いた列を指定し、その数値をグラフにして表す、というものだと考えられているでしょう。しかしヒストグラムでは、テーブルのデータを特定の列の値を使って集計したものをグラフ化します。

例えば今回は、「今月の集計」で今月の歩いた分数を日単位で集計してグラフ化しています。日単位で集計する場合、Group aggrigateを「SUM::Description」に指定し、Chart columnsに「月日」を指定しています。「月日」は仮想列で、Startの日時の値から「9/10」というように月と日の値をテキストにしたものを作成しています。これにより、同じ日のレコードからSUM::DescriptionでDescriptionの値を合計してグラフ化するのです。

このようにヒストグラムは、Group aggrigateとChart columnsを使いこなすことでデータを独自に集計しグラフ化できます。ぜひ使いこなせるようになっておきたいですね！

Googleカレンダーを使うべきか?

日時を扱う場合、考えておきたいのが「Googleカレンダーの利用」です。AppSheetではGoogleカレンダーのカレンダーをデータソースに指定してアプリを作成することができます。日時を扱うなら、Googleカレンダーを利用したほうがパワフルなものが作れそうな気がしますね。

けれど、これは必ずしも正解とは限りません。Googleカレンダーは作成するイベント情報が決まっており、これをAppSheetで利用すると、たくさんの列を持つテーブルが生成されます。このテーブルはカレンダーで必ず用意される情報をまとめたものであるため、勝手に列を削除したり追加したりするとトラブルの原因となります。

例えば今回は歩いた分数を「Description」に保管していますが、これは他に適当な列がないための苦肉の策です（Descriptionだけはタイプを変更しても正常にカレンダーに値を保管できます）。カレンダーのテーブルに独自の情報を持たせるのはかなり大変なのです。独自に列を追加しても、その値はカレンダーには保管できません。

Googleカレンダーを使うのは、「Googleカレンダーの特定のカレンダーをそのままアプリ化したい」という場合に限る、と考えたほうがいいでしょう。単に「データの中に日時の項目がある」という程度なら、わざわざGoogleカレンダーを使う必要はありません。普通にスプレッドシートに値を保管し、カレンダーのビューで表示させたほうがはるかに簡単でしょう。

Chapter 4

数式を活用する

AppSheetではさまざまな「式」を使います。
式アシスタントで指定する式もありますし、
データのソースであるGoogleスプレッドシート側で使う数式も重要です。
これら数式を活用したアプリについて考えていきましょう。

Chapter 4

4.1. 「為替レート計算」アプリ

AppSheetアプリに必要な2つの「式」

AppSheetではデータを利用したアプリは簡単に作れますが、作れないものもたくさんあります。そうした中でも「作れそうに思えるけど、作れないのでは？」と思われているのが、計算を中心とするアプリでしょう。例えば電卓のようなアプリをAppSheetで作ろうと思っても、思うようにはいきません。AppSheetは基本的に「データをどう扱うか」のみに特化した開発ツールですから、プログラミングのように自由な演算処理の実装は難しいのです。ただし、まったく計算はできないのか？　というとそうでもありません。AppSheetのアプリには2つのパワフルな計算機能があります。

1つは、式アシスタントによる数式です。AppSheetの列では、FORMULAやINITIAL VALUEに数式を設定することでさまざまな計算を実行し、その結果を値として設定することができます。もう1つは、意外と忘れられがちですが「スプレッドシートの式」です。AppSheetはスプレッドシートのデータを活用します。シートの列に式を設定しておけば、自動的に計算した結果を値として設定できます。

この2つの「式」による計算をうまく使えば、ちょっとした計算を行うアプリも作れるようになります。ここでは、こうした「計算処理を中心としたアプリ」について作成していきましょう。

「為替レート計算」アプリについて

ちょっとした計算なのにできるとけっこう便利、というものがあります。その代表は「為替レートの計算」でしょう。例えば「350ドルは何円？」なんていう計算がパパっとできれば便利ですね。

図4-1：換算のリストから項目をクリックすると金額を入力するフォームになる。ここで金額を記入し「CALC」ボタンをタップすれば、結果が表示される。

為替レートはリアルタイムに変化するので、現在のレートでの計算がさっとできると助かります。ここで作成するアプリは、ドル、ユーロ、ポンドについて円との相互換算を行えます。画面には換算のリストが表示されるので、そこから換算したい項目をクリックし、金額を入力して「CALC」ボタンをタップすると詳細表示に切り替わり、結果が表示されます。

Googleスプレッドシートから値を更新するため、結果が表示されるまでちょっと待つのが難点ですが、換算する貨幣単位をもっと増やせばかなり便利なものになるでしょう。

Googleスプレッドシートの作業

では、スプレッドシートを作成しましょう。新しいGoogleスプレッドシートを開いてください。

❶ファイル名を「為替レート」と設定します。また、シートの名前を「レート」と変更しておきます。

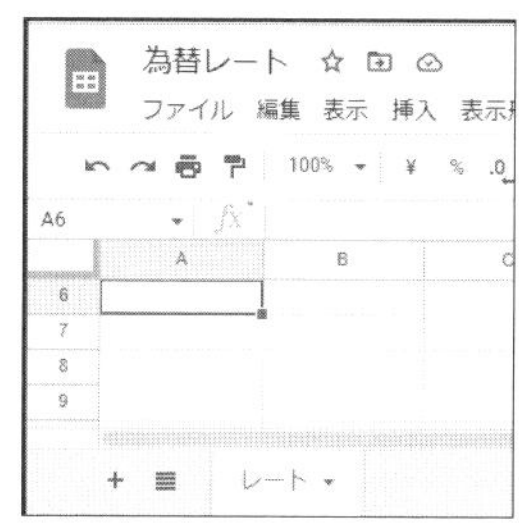

図4-2：ファイル名とシート名を変更する。

❷シートの一番上に左端から列名を記入していきましょう。今回は次のように列を用意します。

	A	B	C	D
1	単位	レート	金額	結果
2				

図4-3：各列の名前を入力する。

単位	レート	金額	結果

❸為替レートの情報を記入していきます。A2セルとB2セルに次のように値を記入してください。

A2	ドル→円
B2	=GoogleFinance("USDJPY")

これで、B2セルにドルから円への換算レートが出力されます。

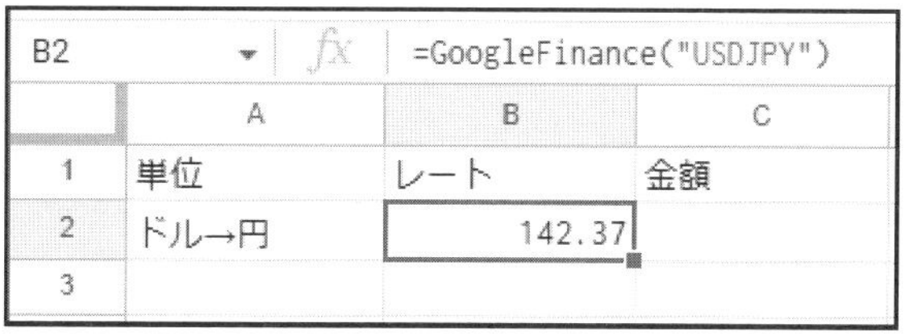

	A	B	C
1	単位	レート	金額
2	ドル→円	142.37	
3			

図4-4：A2とB2にドルから円への換算レートの設定を記入する。

❹換算レートの書き方がわかったら、同様にしてさらに値を追加していきましょう。3～7行目のA, B列に次のように値を入力してください。

B7 =GoogleFinance("JPYGBP")

	A	B	C
1	単位	レート	金額
2	ドル→円	142.37	
3	ユーロ→円	143.652	
4	ポンド→円	165.3070883	
5	円→ドル	0.0070262	
6	円→ユーロ	0.006961	
7	円→ポンド	0.006052	

図4-5：さらに換算レートの情報を追加していく。

3行目	ユーロ→円	=GoogleFinance("EURJPY")
4行目	ポンド→円	=GoogleFinance("GBPJPY")
5行目	円→ドル	=GoogleFinance("JPYUSD")
6行目	円→ユーロ	=GoogleFinance("JPYEUR")
7行目	円→ポンド	=GoogleFinance("JPYGBP")

❺続いて換算の計算式を入力します。まずは2行目からです。C, D列を次のように記入してください。

C2	100
D2	=C2*B2

D2 =C2*B2

	A	B	C	D
1	単位	レート	金額	結果
2	ドル→円	142.37	100	14237.00
3	ユーロ→円	143.652		
4	ポンド→円	165.3070883		
5	円→ドル	0.0070262		
6	円→ユーロ	0.006961		
7	円→ポンド	0.006052		

図4-6：C2とD2に値と式を入力する。

❻C2とD2の2つのセルを選択し、その右下部分を下にドラッグして7行目まで範囲を広げます。そのままマウスボタンを離せば、7行目まで値と式が自動で割り当てられます。

C2:D2 100

	A	B	C	D
1	単位	レート	金額	結果
2	ドル→円	142.275	100	14227.50
3	ユーロ→円	143.6735632		
4	ポンド→円	165.334932		
5	円→ドル	0.0070292		
6	円→ユーロ	0.006960770738		
7	円→ポンド	0.006049013206		

C2:D7 100

	A	B	C	D
1	単位	レート	金額	結果
2	ドル→円	142.3665	100	14236.65
3	ユーロ→円	143.6556286	100	14365.56
4	ポンド→円	165.2865	100	16528.65
5	円→ドル	0.0070297	100	0000.70
6	円→ユーロ	0.006964148047	100	0000.70
7	円→ポンド	0.006052114769	100	0000.61

図4-7：C2, D2セルを選択しC7, D7までドラッグして値と式を広げる。

❼結果表示のフォーマットを整えておきましょう。B, C, D列を選択し、ツールバーの「123」と表示されたアイコンをクリックして「自動」メニューを選びます。これで、小数点以下の細かな値まで結果として得られるようになります。

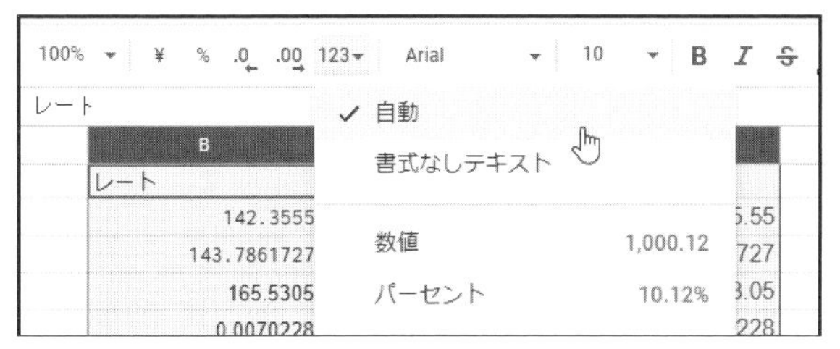

図4-8：B, C, D列のフォーマットを調整しておく。

❽入力した関数による換算レートが更新されるようにスプレッドシートの設定を行っておきましょう。「ファイル」メニューから「設定」を選び、現れたパネルで「計算」内にある「再計算」の値を「変更と毎時」にしておきます。これで、一定間隔で最新のレートに更新されるようになります。

図4-9：「設定」メニューで「再計算」の値を変更する。

❾これでシートは完成しました。では、このシートを元にアプリを作りましょう。「拡張機能」メニューから「AppSheet」内にある「アプリを作成」メニューを選んでください。新しいタブが開かれ、アプリケーションが作成されます。

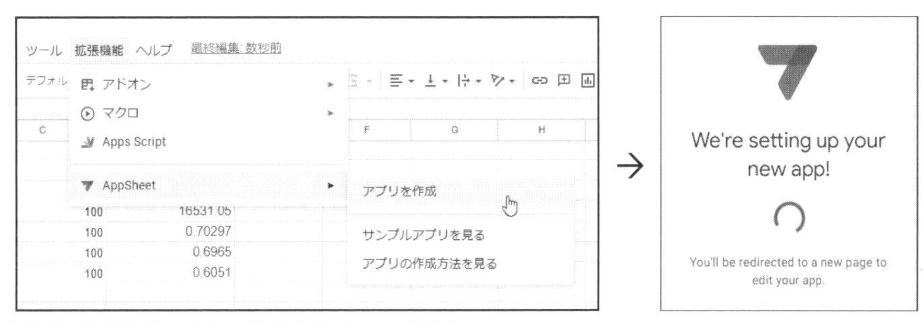

図4-10：「拡張機能」から「アプリを作成」メニューを選ぶ。

Dataの設定

データの設定を行いましょう。ページ左側のアイコンから「Data」を選択してください。

❶まずはテーブルの設定です。上部にある「Tables」をクリックしてください。初期状態では、「レート」というテーブルが1つだけ作成されています。これをクリックしましょう。

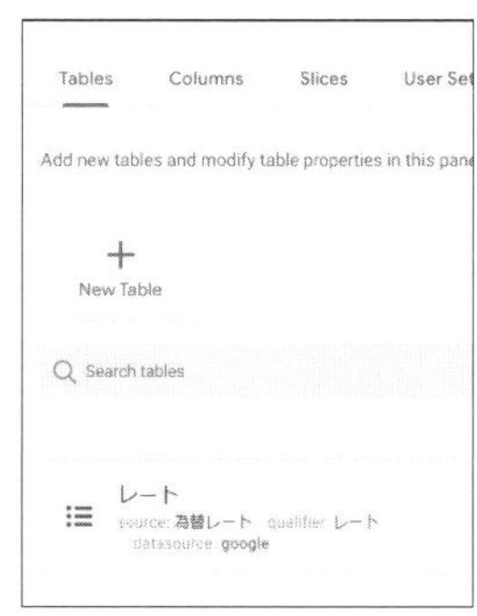

図4-11：「Tables」で「レート」をクリックして開く。

❷「レート」テーブルの「Are updates allowed?」を「Updates」のみ選択し、他の項目をすべて未選択にします。これで、値の更新だけが行えるようになります。

図4-12：「Updates」のみを選択し、他を未選択にする。

❸続いて、列の設定を行います。上部の「Columns」リンクをクリックし、「レート」テーブルの列設定を次のように行ってください。

図4-13：「レート」テーブルの各列の設定を行う。

_Row_Number	TYPEは「Number」。「KEY?」「LABEL?」「SHOW?」「EDITABLE?」「REQUIRE?」のチェックをすべてOFFにする。
単位	TYPEは「Text」。「KEY?」「LABEL?」「SHOW?」「EDITABLE?」「REQUIRE?」のチェックをすべてONにする。
レート	TYPEは「Decimal」。「KEY?」「LABEL?」「EDITABLE?」のチェックをOFFに、「SHOW?」「REQUIRE?」のチェックをONにする。
金額	TYPEは「Decimal」。「KEY?」「LABEL?」のチェックをOFFに、「SHOW?」「EDITABLE?」「REQUIRE?」のチェックをONにする。
結果	TYPEは「Decimal」。「KEY?」「LABEL?」「EDITABLE?」のチェックをOFFに、「SHOW?」「REQUIRE?」のチェックをONにする。

❹Decimalタイプの列のフォーマットを調整します。まずは「レート」からです。冒頭にある鉛筆アイコンをクリックして設定パネルを呼び出し、その一番下にある「Decimal digits」という項目を「5」に変更しましょう。これで、小数点以下5桁まで扱われるようになります。

図4-14：「レート」列のDecimal digitsを5にする。

❺残る「金額」と「結果」の設定も変更しましょう。それぞれの列の鉛筆アイコンをクリックし、現れたパネルで「Decimal digits」の値を「2」に設定します。

図4-15：「金額」「結果」はDecimal digitsを2にしておく。

Viewを用意する

ユーザーインターフェイスの設定を行いましょう。ページ左側のアイコンから「App」をクリックして表示を切り替えます。

❶上部の「Views」リンクをクリックし、ビューの編集画面を表示します。デフォルトでは以下のビューが作成されています。

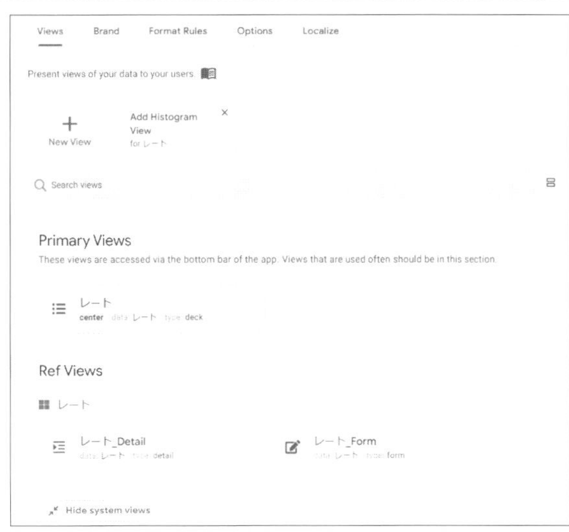

図4-16：「Views」では3つのビューがすでに用意されている。

Primary Views	レート
Ref Views	レート_Detail、レート_Form

❷Primary Viewsの「レート」をクリックして設定します。おそらくデフォルトで次のように設定されていると思いますが、もし違っているところがあれば修正しておいてください。

View name	レート
For this data	レート
View type	deck
Position	center

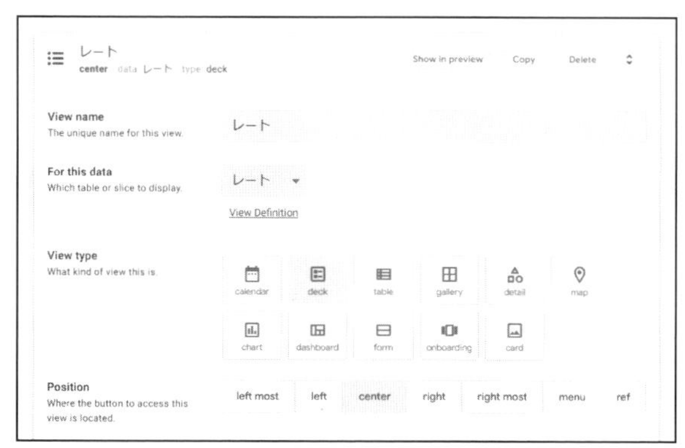

図4-17:「レート」ビューの設定を確認する。

❸「レート」ビューの「View Options」の設定を行います。ここで以下の項目を変更してください。

Primary header	単位
Secondary header	レート
Summary column	**none**

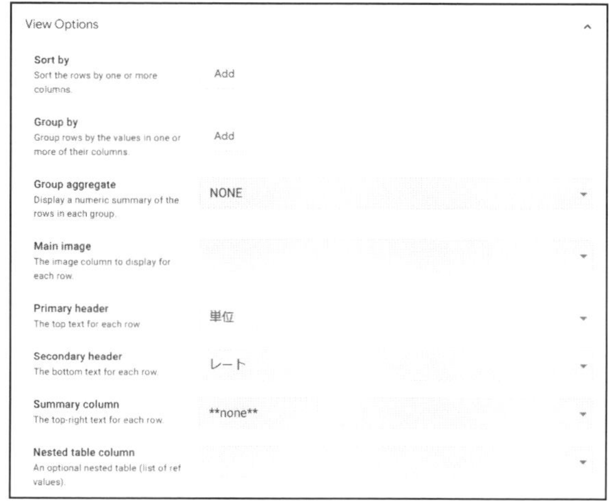

図4-18:View Optionsの設定を行う。

❹設定の下のほうにある「Behavior」という項目をクリックして表示し、「Event Actions」というところにある「Row Selected」の値を「Edit」に変更します。

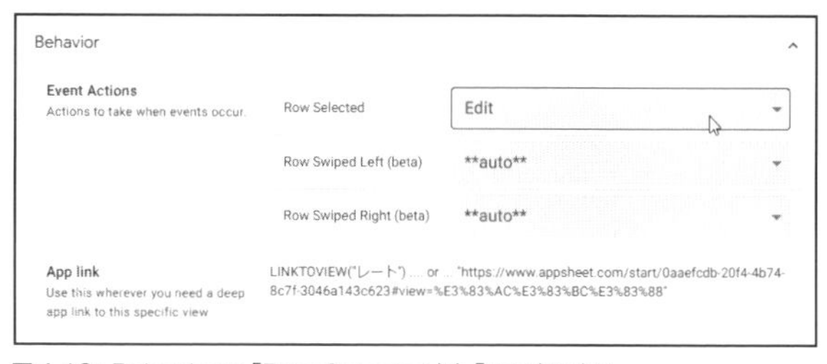

図4-19:Behaviorの「Row Selected」を「Edit」にする。

❺Ref Viewsにある「レート_Form」の設定を変更します。ここにある「Form style」の値を「Side-by-side」にしてください。そして、下のほうにある「Finish view」の値を「レート_Detail」に変更します。これで、フォーム送信後、詳細表示のビューに戻るようになります。

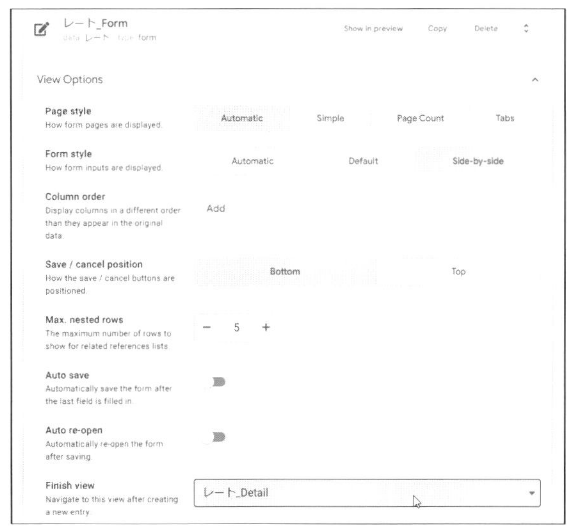

図4-20：「レート_Form」の設定を変更する。

表示のオプションの設定

ビューの基本設定の他に、いくつか設定をしておきたいところがあります。これらは動作には影響はなく、表示に関するものです。面倒な人は省略してもかまいません。

❶フォーマットルールを作成します。これは特定の条件に合うものの表示を調整するものです。上部の「Format Rules」リンクをクリックして表示を切り替えてください。そして「New Format Rule」ボタンをクリックし、新しいフォーマットルールを作ります。

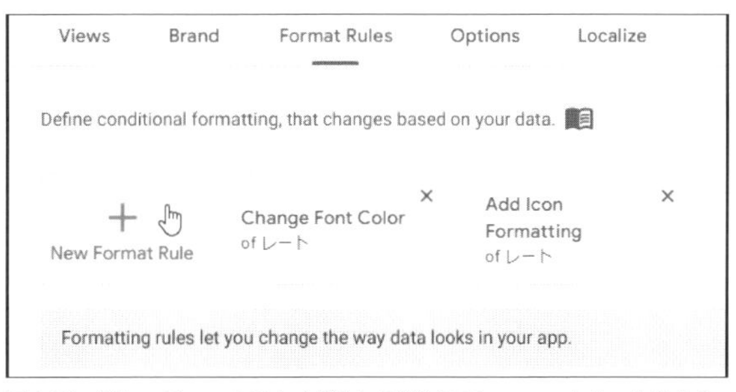

図4-21：「New Format Rule」ボタンで新しいフォーマットルールを作る。

❷ルールの設定を行う表示が現れます。ここで次のように設定をしてください。

図4-22：フォーマットルールの設定を行う。

Rule name	結果表示
For this data	レート
If this condition is true	空白のまま
Format these columns and actions	「結果」を選択

❸その下の「Visual Format」と「Text Format」で以下の項目を設定します。それ以外の項目はデフォルトのままでOKです。

Text color	テキストの色を選択 (好きな色でOK)
Text size	「2」に変更
Bold	ONにする

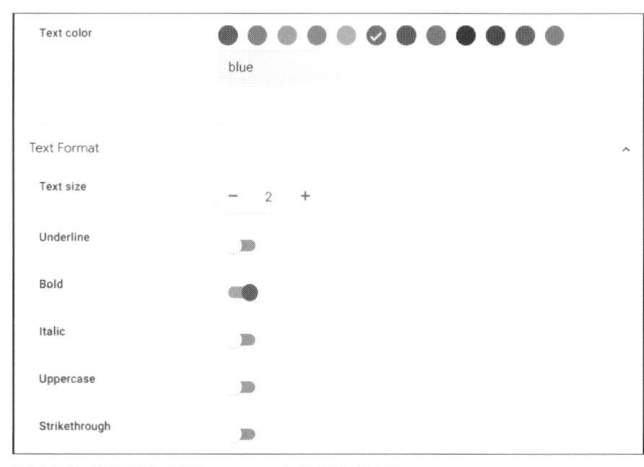

図4-23：表示されるフォーマットの設定を行う。

❹「SAVE」ボタンの表示を変更します。上にある「Localize」リンクをクリックして表示を切り替えて「Save」という項目を探し、値を「CALC」に変更してください。

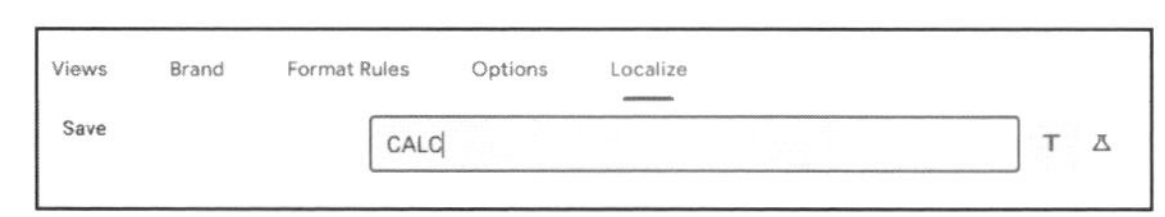

図4-24：Saveの値を「CALC」に変更する。

アプリのポイント

今回のアプリは、スプレッドシート側でセルに数式を設定することで必要な計算処理を行っています。アプリ側には何の処理も用意していません。スプレッドシートの処理を工夫するだけでも、こうしたアプリが作れることがわかるでしょう。

ただし、スプレッドシートに値を送信して結果が更新される形で動いているため、フォームを送信してから結果が表示されるまで少しかかります。「瞬時に結果を表示させたい」という人は、仮想列を利用しましょう。「Data」の「Columns」で「レート」テーブルに仮想列を作成し、次のように式を設定しておきます。

```
[金額]*[レート]
```

「結果」列の代わりに、作成した仮想列を結果として表示するようにビューを調整すれば、瞬時に換算結果が表示されるようになります。

GOOGLEFINANCE関数、再び

今回は、Googleスプレッドシートで為替レートを得るのに「GOOGLEFINANCE」関数を使っています。これは、先に「日経平均」アプリで使いましたね。このGOOGLEFINANCEは株式指数だけでなく為替レートも得ることができるのです。

例えば、「ドル→円」のレートは次のようにして取得していました。

```
=GOOGLEFINANCE("USDJPY")
```

USDはUSドル、JPYは日本円を示す通貨記号です。このように2つの通貨記号を1つにまとめた値を引数に指定することで、通貨の換算レートを得ることができるのです。

Chapter 4

4.2. 「日数計算」アプリ

「日数計算」アプリについて

日数の計算というのも、ちょっとしたアプリがあると便利なものの1つでしょう。今日から100日後はいつか、今日からxxxx年xx月xx日まで何日か。そういった計算をするアプリを作ります。

アプリには「引き算」と「足し算」のアイコンがあります。アイコンを選択し、現れた画面で編集ボタンをタップすれば値を入力できます。

引き算は2つの日付を入力し間が何日あるかを計算します。足し算は日付に指定の日数経過後の日付を計算します。それぞれ値を入力して「CALC」ボタンを押せば瞬時に結果が表示されます。

図4-25：「引き算」「足し算」のアイコンがある。編集画面で値を入力し「CALC」ボタンを押せば結果が表示される。

Googleスプレッドシートの作業

Googleスプレッドシートの作成を行いましょう。新しいスプレッドシートを開いて次の手順で作業してください。

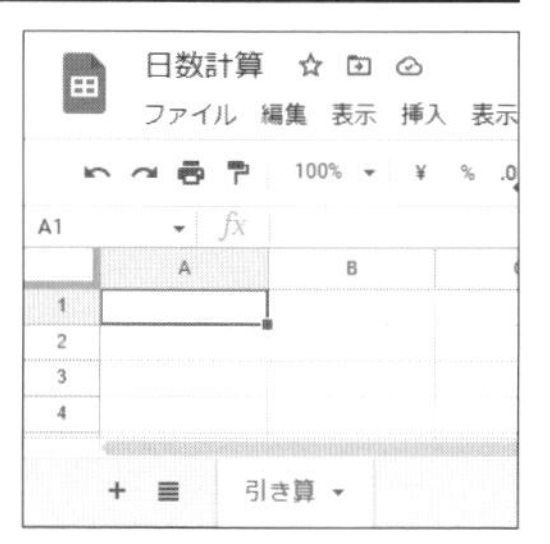

図4-26：ファイル名とシート名を変更する。

❶ファイル名を「日数計算」に変更し、シート名を「引き算」とします。

❷シートに値を入力します。A1 ～ B2の範囲にそれぞれ次のように値を記入してください。なお、2行目の日付はデフォルトで用意するダミーなので、いつの日付でもかまいません。ただし、記述する値のフォーマットは変えないようにしてください。

開始の日付	終了の日付
2022/09/09	2022/09/09

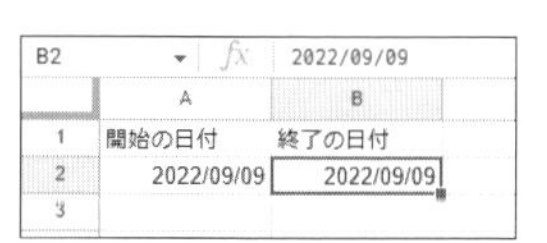

図4-27：シートに項目名とダミーの日付を記述する。

❸左下にある「＋」アイコンをクリックしてシートを追加します。名前は「足し算」としておきます。

図4-28：「＋」アイコンでシートを追加する。

❹「足し算」シートに値を記入します。A1 ～ B2の範囲に以下の値を記述してください。なお、2行目はダミーなので、日付と整数ならば適当に記入してOKです。

日付	日数
2022/09/09	0

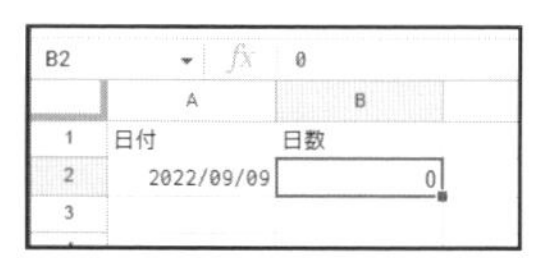

図4-29：「足し算」シートにデータを記入する。

❺必要事項が記入できたら、アプリを作りましょう。「機能拡張」メニューの「AppSheet」から「アプリを作成」を選んでアプリを作成してください。

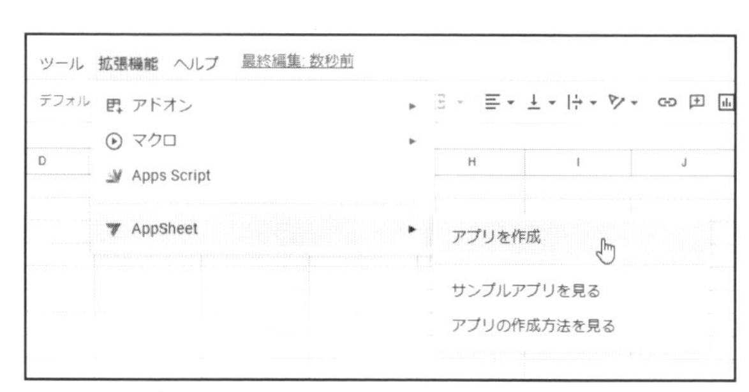

図4-30：「アプリを作成」メニューでアプリを作る。

「引き算」テーブルのData設定

では、AppSheetでアプリを作っていきましょう。今回は2つのテーブルを作成するので順に作業をしていきます。まずは「引き算」テーブルのデータ設定をします。ページ左側にある「Data」を選択してください。

❶テーブルの基本設定を行います。上部の「Tables」リンクをクリックしてテーブルの設定画面を表示してください。デフォルトでは「引き算」テーブルだけが作成されています。

図4-31：「Tables」には「引き算」テーブルだけが用意されている。

❷「引き算」テーブルの設定を開いてください。そして、「Are updates allowed?」の項目を「Updates」だけ選択し、他をすべて未選択の状態にしてください。

図4-32：Are updates allowed?の選択を変更する。

❸上部の「Columns」リンクをクリックして表示を変更し、「引き算」テーブルの各列の設定を次のように行います。

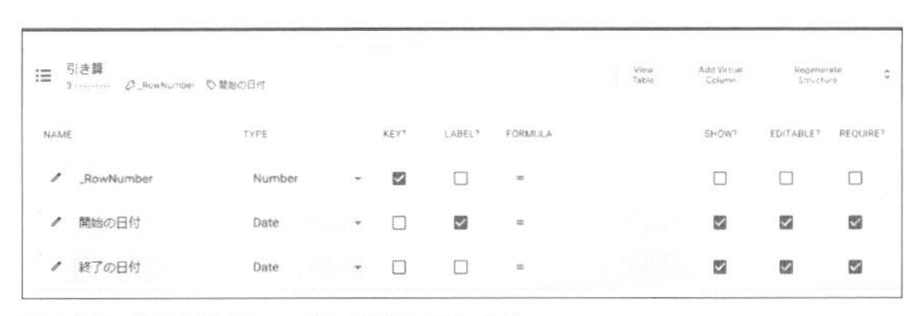

図4-33：「引き算」テーブルの列を設定する。

_Row_Number	TYPEは「Number」。「KEY?」のみチェックをONに、「LABEL?」「SHOW?」「EDITABLE?」「REQUIRE?」のチェックをすべてOFFにする。
開始の日付	TYPEは「Date」。「KEY?」のみチェックをOFFに、「LABEL?」「SHOW?」「EDITABLE?」「REQUIRE?」のチェックをすべてONにする。
終了の日付	TYPEは「Date」。「KEY?」「LABEL?」のチェックをOFFに、「SHOW?」「EDITABLE?」「REQUIRE?」のチェックをONにする。

❹仮想列を作成します。「Add Virtual Column」ボタンをクリックし、現れたパネルで列名を「結果」と記入し、App formulaの値フィールドをクリックしてください。

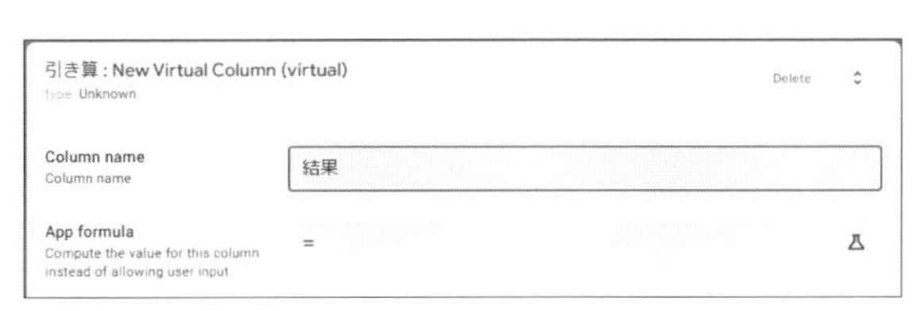

図4-34：仮想列を作り、列名を入力する。

❺式アシスタントのパネルが開かれます。ここで次のように式を入力します。

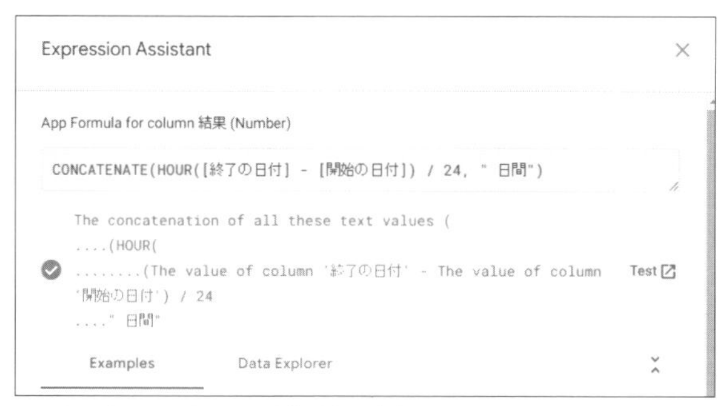

図4-35：式アシスタントで計算式を入力する。

```
CONCATENATE(HOUR([終了の日付] - [開始の日付]) / 24, " 日間")
```

❻式アシスタントを閉じて仮想列の設定パネルに戻ります。「Show?」をONに、「Type」を「Text」にして「Done」ボタンでパネルを閉じます。これでデータの設定は完了です。

図4-36：仮想列の設定をして「Done」ボタンをクリックする。

「引き算」テーブルのView設定

続いて、「引き算」テーブルのインターフェイスを作ります。ページ左側のアイコンから「App」を選択し、上部の「Views」リンクでビューの設定に移動してください。

❶デフォルトでPrimary Viewsに用意されている「引き算」ビューを開き、設定を行います。

図4-37：「引き算」ビューの設定を行う。

View name	引き算
For this data	引き算
View type	detail
Position	center

❷Ref Viewsにある「引き算_Form」ビューの設定を開き、View Optionsの設定を次のように行います。その他の項目はデフォルトのままでOKです。

Form style	Side-by-side
Finish view	引き算

これでフォームを送信すると最初のビューに戻るようになりました。

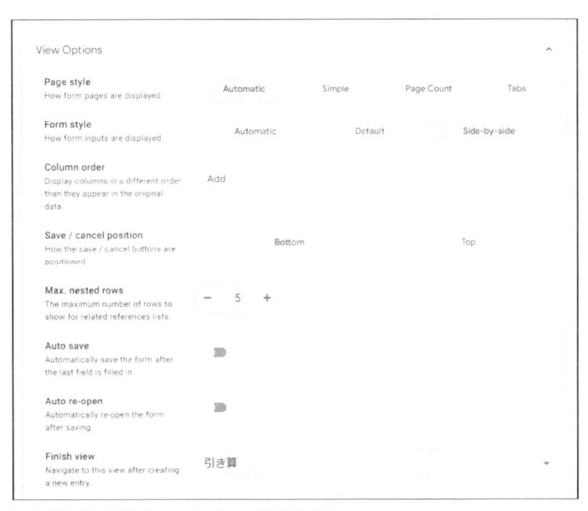

図4-38：引き算_Formのビューを設定する。

❸フォーマットルールを作成しましょう。上部の「Format Rules」リンクをクリックし、「New Format Rule」ボタンをクリックしてください。

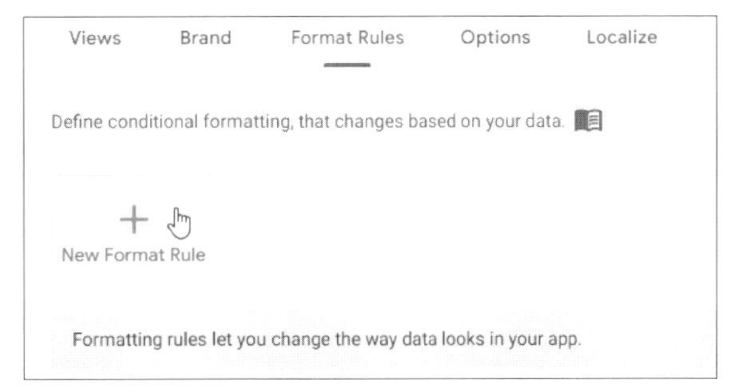

図4-39：新しいフォーマットルールを作る。

❹結果表示のフォーマットルールを作ります。次のように設定をしてください。

図4-40：フォーマットルールを設定する。

Rule name	結果
For this data	引き算
Format these columns and actions	結果

❺テキストカラーとテキストフォーマットを設定します。Visual FormatとText Formatから以下の項目を設定しましょう。

Text color	好みの色を選択
Text size	「2」に変更

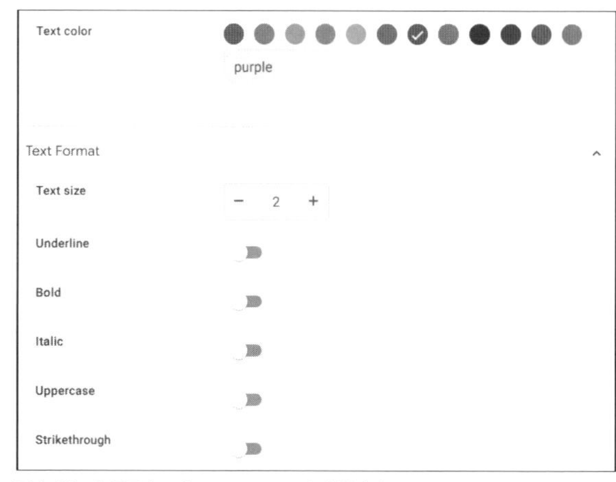

図4-41：表示テキストのフォーマットを設定する。

「足し算」テーブルのData設定

「引き算」テーブルが完成したら、次は「足し算」です。左のリストから「Data」を選択し、上部の「Tables」リンクをクリックして表示を切り替えてください。

❶「New Table」の右側に「Add Table "足し算" From "日数計算"」というボタンが追加されているでしょう。これをクリックしてください（もし見当たらない場合は「New Table」ボタンをクリックし、「日数計算」スプレッドシートの「足し算」シートを選択してテーブルを作成してください）。

図4-42：足し算のテーブルを作成する。

❷作成された「足し算」テーブルの設定を行います。そして「Are updates allowed?」の項目を「Updates」だけ選択し、他をすべて未選択の状態にしてください。

図4-43：Are updates allowed?の選択を変更する。

❸上部の「Columns」リンクをクリックして表示を変更し、「足し算」テーブルの各列の設定を次のように行います。

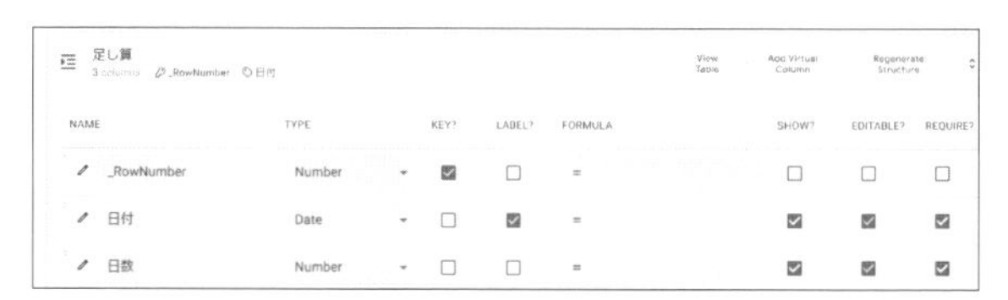

図4-44：「足し算」テーブルの列を設定する。

_Row_Number	TYPEは「Number」。「KEY?」のみチェックをONに、「LABEL?」「SHOW?」「EDITABLE?」「REQUIRE?」のチェックをすべてOFFにする。
日付	TYPEは「Date」。「KEY?」のみチェックをOFFに、「LABEL?」「SHOW?」「EDITABLE?」「REQUIRE?」のチェックをすべてONにする。
日数	TYPEは「Number」。「KEY?」「LABEL?」のチェックをOFFに、「SHOW?」「EDITABLE?」「REQUIRE?」のチェックをONにする。

❹仮想列を作成します。「Add Virtual Column」ボタンをクリックし、現れたパネルで列名を「結果」と記入してApp formulaに次のように値を設定します。

```
[日付] + [日数]
```

「Show?」はON、「Type」は「Date」に設定しておきましょう。TypeはApp formulaを設定すると表示されます。

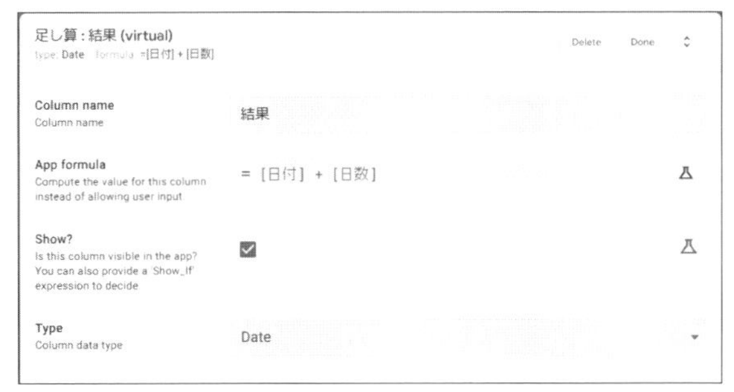

図4-45：仮想列を作成する。

「足し算」テーブルのView設定

「足し算」テーブルのインターフェイスを作ります。ページ左側のアイコンから「App」を選択し、上部の「Views」リンクでビューの設定に移動してください。

❶Primary Viewsに用意されている「足し算」ビューを開き、設定を行います。

図4-46：「足し算」ビューの設定を行う。

View name	足し算
For this data	足し算
View type	detail
Position	center

❷Ref Viewsにある「足し算_Form」ビューの設定を開きます。そして、View Optionsの設定を次のように行います。その他の項目はデフォルトのままでOKです。

Form style	Side-by-side
Finish view	足し算

これで、フォームを送信すると「足し算」のビューに戻るようになりました。

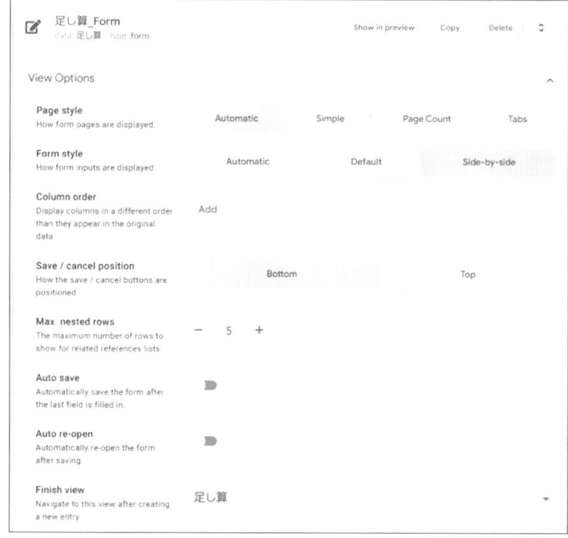

図4-47：足し算_Formのビューを設定する。

❸フォーマットルールを作成します。上部の「Format Rules」リンクをクリックし、「New Format Rule」ボタンをクリックして新しいフォーマットルールを作り、次のように設定をします。

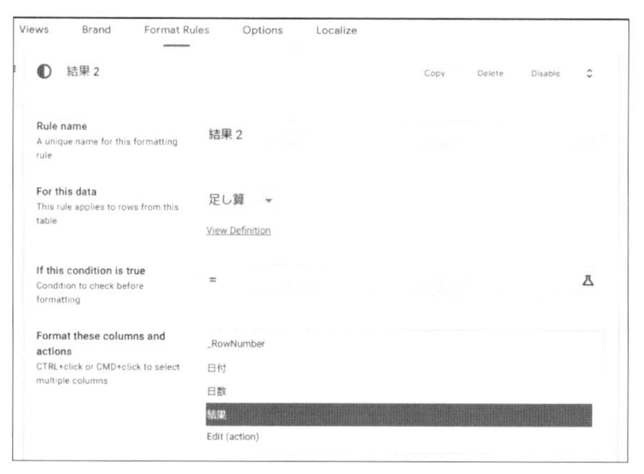

図4-48：フォーマットルールを設定する。

Rule name	結果2
For this data	足し算
Format these columns and actions	結果

❺テキストカラーとテキストフォーマットを設定します。Visual FormatとText Formatから以下の項目を設定しましょう。

Text color	好みの色を選択
Text size	「2」に変更

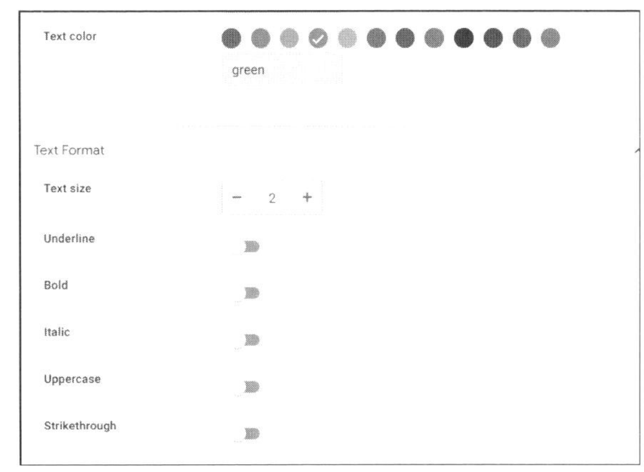

図4-49：表示テキストのフォーマットを設定する。

ローカライズの設定

最後にローカライズの設定をします。上にある「Localize」リンクをクリックして表示を切り替え、現れた設定から「Save」という項目を探して値を「CALC」に変更してください。

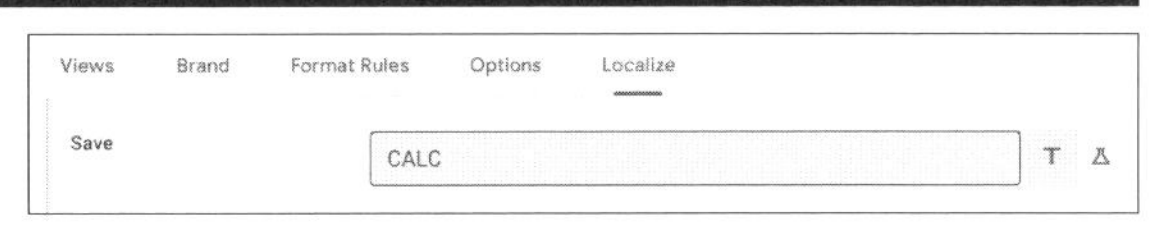

図4-50：Saveの値を「CALC」に変更する。

アプリのポイント

先の為替レートのアプリではスプレッドシート側で計算をさせましたが、今回はAppSheet側で仮想列を使い計算をさせています。このため、フォームを送信すると瞬時に結果が表示されるようになります。

今回のポイントは「日時の計算」でしょう。ここでは足し算と引き算をしています。足し算はとても簡単です。Dateの値にNumberを足すだけです。

```
[日付] + [日数]
```

Dateに整数を足すと、その値は「日数」としてDateに加算されます。例えばDateに1を足すと、1日後の日付のDateになるわけです。

では、引き算はどうでしょうか。引き算も基本的には簡単です。DateからDateを引けば、その差が得られます。

```
[終了の日付] - [開始の日付]
```

例えば、これで開始から終了までの日数の情報が得られます。ただし、得られるのは数字ではありません。「Duration」という日時の長さを表す特殊な値なのです。これを決まった単位に換算します。ここでは「時」を単位にして、差が何時間になるかを計算しています。

```
HOUR([終了の日付] - [開始の日付])
```

これで時間数が得られました。後はこれを24で割れば日数が得られます。また、結果が「○○時間」というように表示されるようにテキストを付け加えることにします。

これらをすべてまとめて完成したのが以下の式です。

```
CONCATENATE(HOUR([終了の日付] - [開始の日付]) / 24, " 日間")
```

CONCATENATE関数は、引数に用意した値をすべて1つのテキストにまとめるものです。これだけぱっと見せられても何をしているのかわからないでしょうが、こんな具合にAppSheetの式はいくつもの関数を組み合わせてけっこう複雑な処理ができるのです。

Chapter 4

4.3. 「割り勘電卓」アプリ

「割り勘電卓」アプリについて

一般的な電卓などはAppSheetで作るのは難しいでしょうが、単機能の計算機なら簡単に作ることができます。これは割り勘の金額を計算する専用アプリです。

起動すると計算結果の画面になるので、アイコンをタップして編集画面を呼び出し、金額と人数を入力して「CALC」をタップすれば結果が表示されます。今回は百円単位で計算をし、均等割できない場合は幹事の金額を少なくするようにしてあります。非常に単純ですが、けっこうあると便利ですよ！

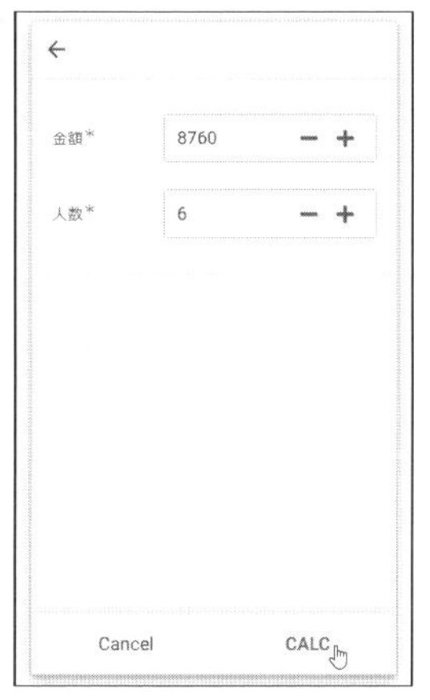

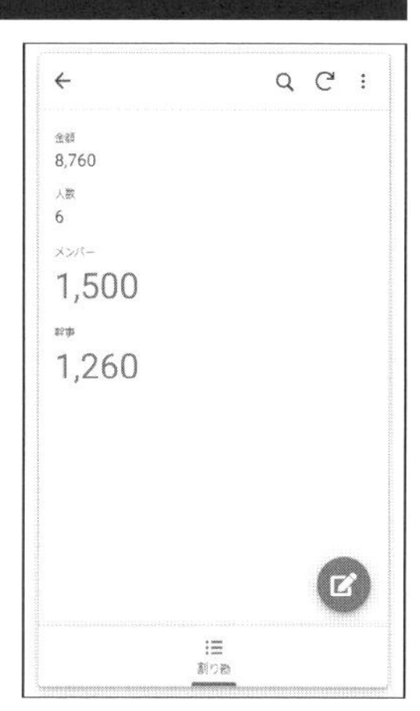

図4-51：金額と人数を入力しCALCをタップすれば結果が表示される。

Googleスプレッドシートの作業

では、Googleスプレッドシートから作成しましょう。新しいGoogleスプレッドシートのファイルを用意してください。

❶作成したスプレッドシートのファイル名を「割り勘」に、シートの名前も「割り勘」に変更しておきます。

図4-52：スプレッドシートとシートの名前を変更する。

❷セルに値を入力します。1行目のA, B列に次のように値を記入してください。

金額	人数
0	0

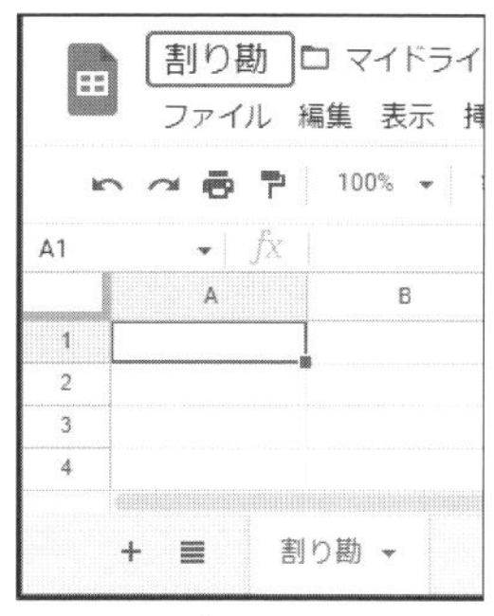

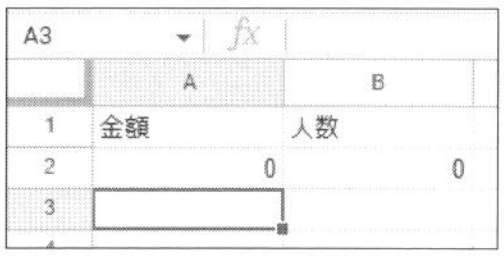

図4-53：セルに値を入力する。

❸これでデータは完成です。このスプレッドシートを元にアプリを作成しましょう。「機能拡張」メニューの「AppSheet」内から「アプリを作成」を選択します。

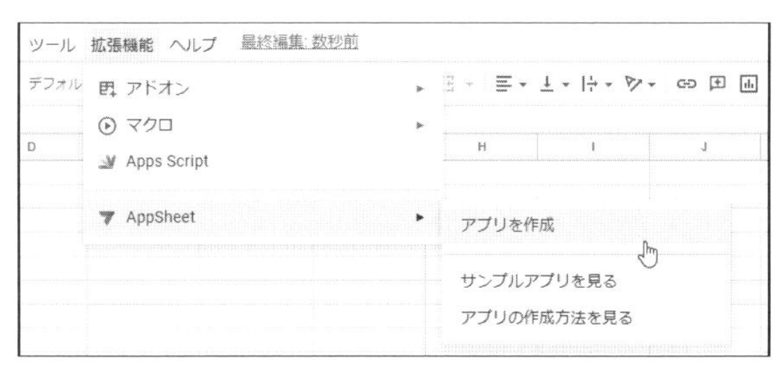

図4-54：「アプリを作成」メニューを選んでアプリを作る。

「割り勘」テーブルのData設定

AppSheet側の作業に進みましょう。まずはデータの設定です。ページ左側のアイコンから「Data」を選択してください。

❶上部の「Tables」リンクをクリックすると、デフォルトで「割り勘」テーブルが作成されているのが確認できます。これの設定を行います。

図4-55：「Tables」では「割り勘」テーブルが1つだけ用意されている。

❷「割り勘」テーブルをクリックして設定画面を開き、次のように設定を行ってください。

図4-56：「割り勘」テーブルの設定を行う。

Table name	割り勘
Are updates allowed?	「Updates」のみ選択、他はすべて未選択

❸列の設定を行います。上部の「Columns」リンクをクリックして表示を切り替え、「割り勘」テーブルの各列を次のように設定してください。

図4-57：テーブルの列の設定を行う。

_Row_Number	TYPEは「Number」。「KEY?」のみチェックをONに、「LABEL?」「SHOW?」「EDITABLE?」「REQUIRE?」のチェックをすべてOFFにする。
金額	TYPEは「Number」。「KEY?」のみチェックをOFFに、他の「LABEL?」「SHOW?」「EDITABLE?」「REQUIRE?」のチェックをすべてONにする。
人数	TYPEは「Number」。「KEY?」「LABEL?」のチェックをOFFに、「SHOW?」「EDITABLE?」「REQUIRE?」のチェックをONにする。

❹仮想列を作成します。「Add Virtual Column」ボタンをクリックして仮想列の設定画面を開き、名前を「メンバー」と指定します。そして「App formula」の値をクリックし、次のように式を設定します。

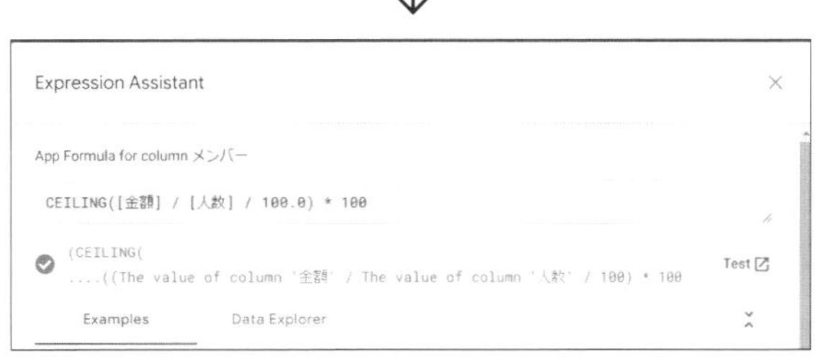

図4-58：仮想列の名前と、App formulaの式を設定する。

```
CEILING([金額] / [人数] / 100.0) * 100
```

❺式アシスタントを閉じて列の設定パネルに戻り、「Show?」と「Type」の設定を確認して「Done」ボタンをクリックしてください。

Show?	ONにする
Type	Number

図4-59：仮想列の設定を確認する。

❻もう1つ仮想列を作ります。今回は列名を「幹事」とし、App formulaで次のように式を入力します。

```
[金額] - [メンバー] * ([人数] - 1)
```

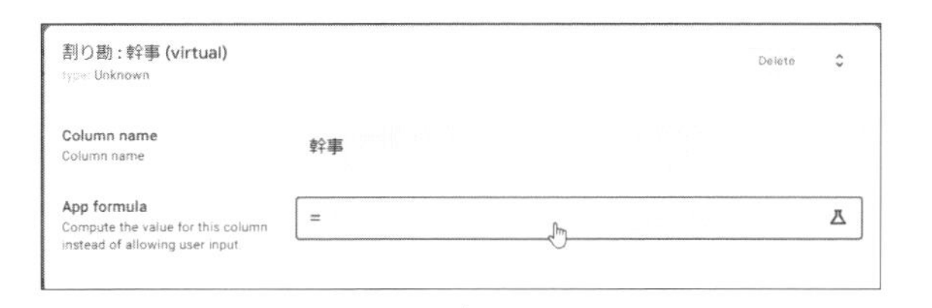

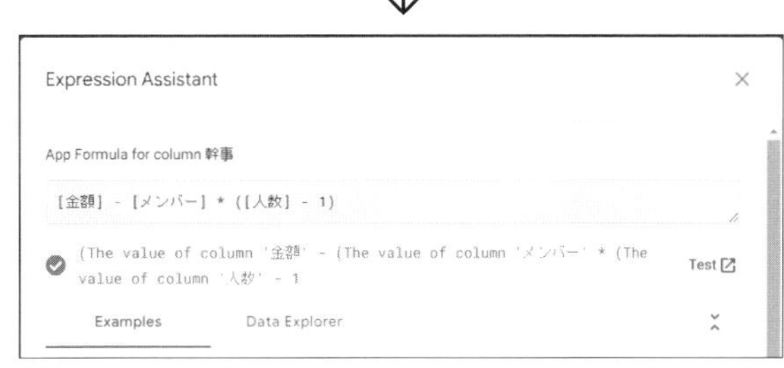

図4-60：仮想列の列名とApp formulaの式を入力する。

❼式アシスタントを閉じたら、列の設定を確認しましょう。Show?とTypeを次のようにしておきます。

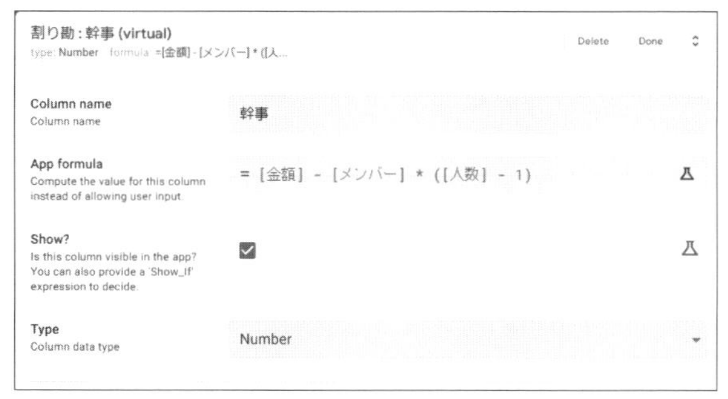

図4-61：仮想列の設定を確認する。

Show?	ONにする
Type	Number

❽2つの仮想列が追加され、全部で5つの列がテーブルに用意されました。INITIAL VALUEの式が正しく設定できているか確認しましょう。

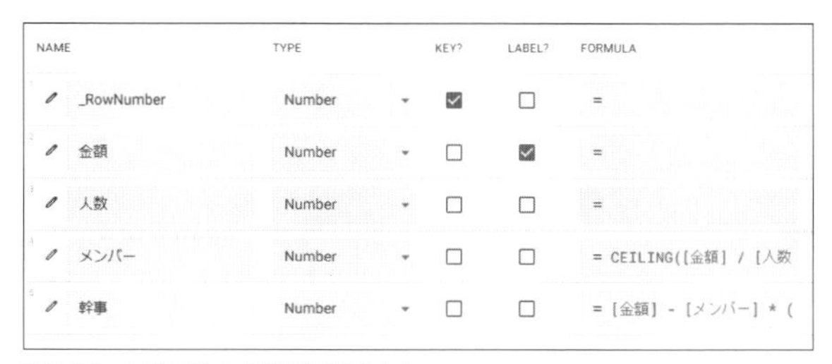

図4-62：全部で5つの列が用意された。

Viewを用意する

データの設定ができたら、次はユーザーインターフェイスです。ページの左側にある「App」をクリックして選択してください。

❶上部の「Views」リンクをクリックし、ビューの設定画面を呼び出します。デフォルトでは次のようなビューが用意されています。

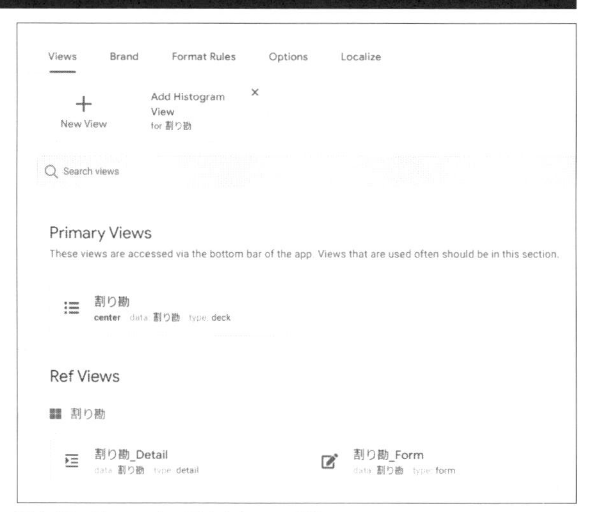

図4-63：デフォルトで用意されているビュー。

Primary Views	割り勘
Ref Views	割り勘_Detail、割り勘_Form

❷「割り勘」ビューをクリックして設定画面を開いてください。そして、設定を次のように変更します。

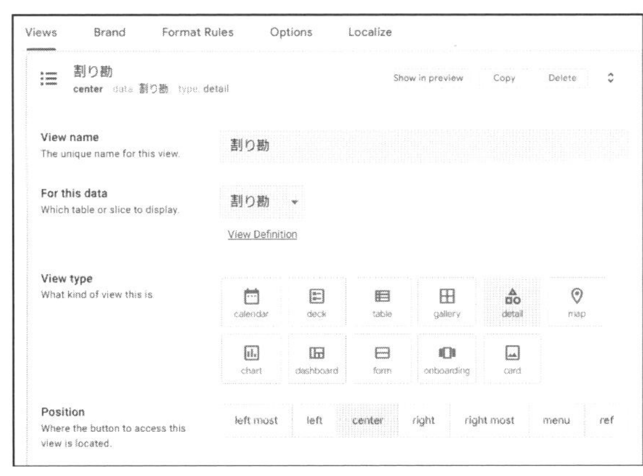

図4-64：「割り勘」ビューの設定を行う。

View name	割り勘
For this data	割り勘
View type	detail
Position	center

❸Ref Viewsにある「割り勘_Form」ビューを開いて設定を行います。次のように設定してください。その他の項目はデフォルトのままでOKです。

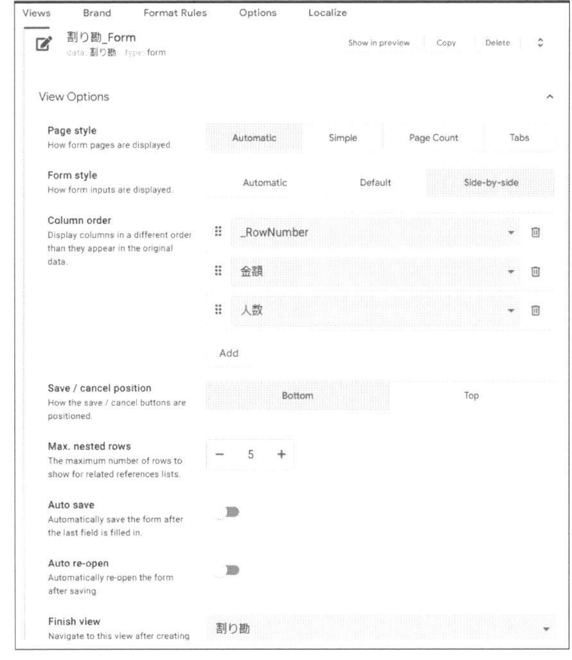

図4-65：「割り勘_Form」ビューの設定を行う。

Page style	Automatic
Form style	Side-by-side
Column order	「Add」ボタンで「_RowNumber」「金額」「人数」を追加
Finish view	割り勘

フォーマットルールとローカライズ

これで基本的な表示の設定はできましたが、もう少し見た目をよくするためにフォーマットルールを作成しましょう。

❶上部の「Format Rules」リンクをクリックして表示を切り替えます。そして、「New Format Rule」ボタンをクリックして新しいフォーマットルールを作成します。

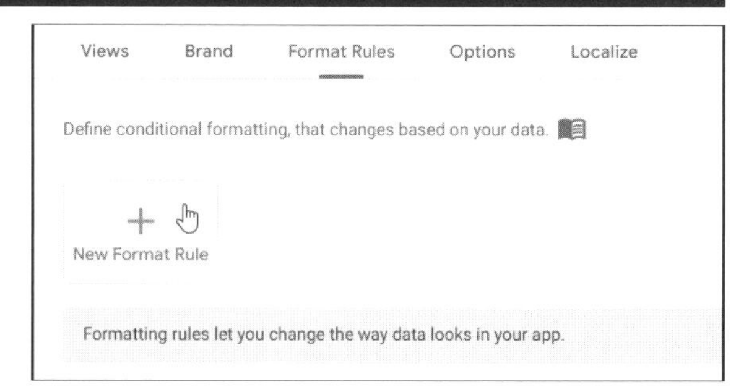

図4-66：フォーマットルールを新たに作成する。

❷ルールの設定をします。次のように設定を行ってください。

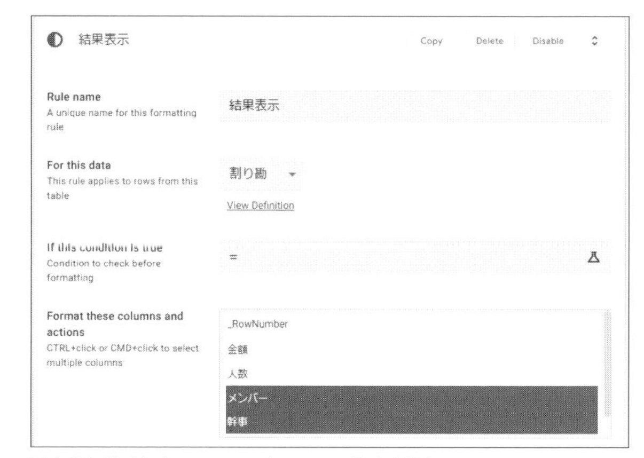

図4-67：作成したフォーマットルールの設定を行う。

Rule name	結果表示
For this data	割り勘
Format these columns and actions	メンバー、幹事

❸Visual FormatとText Formatの設定を行います。Visual Formatの「Text color」でテキスト色を好きな色に設定してください。そして、Text Formatの「Text size」の値を「2」にして表示を大きくします。他のフォントスタイルの設定は好みで設定してください。

図4-68：Text colorとText sizeを設定しておく。

❹ローカライズの設定をします。上部の「Localize」リンクをクリックして表示を切り替え、一覧で表示される項目から「Save」を探し、値を「CALC」に変更します。

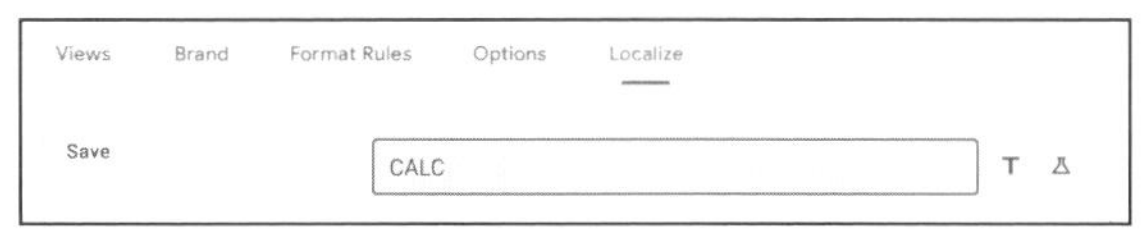

図4-69：「Save」の表示を「CALC」に変えておく。

アプリのポイント

これも、仮想列を使って計算した結果を表示する方式のアプリです。スプレッドシートには計算の元になる値（金額と人数）を保管しておくだけの項目を用意し、データの作成や削除を禁止し更新だけを使えるようにしています。これで、「更新フォームから送信」→「結果を表示」というシンプルな計算処理が作れます。

AppSheetは「データを保存したスプレッドシートをベースにアプリ化する」というものなので、どうしても「多量のデータを処理をするもの」というイメージで捉えがちです。けれど、これを「計算処理で使う変数をスプレッドシートに用意しておく」というように考えると、もっといろいろなことに使えます。

ここでは金額と人数という2つの変数をスプレッドシートに用意し、それらを使って計算した結果を仮想列で表示しています。こんな具合に「スプレッドシート＝変数の保管場所」と考えてアプリを作ってみると、意外に面白いものが作れることに気がつきますよ。

Chapter 4

4.4. 「今日の運勢」アプリ

「今日の運勢」アプリについて

「あらかじめ用意したデータからランダムに1つを選ぶ」というプログラムは、けっこうあります。例えば「今日の運勢」や「今日の格言」など、Twitterのボットで流れてくるようなものはそういう「データからランダムに選んだもの」が多いでしょう。

これは、今日の運勢を表示するアプリです。使い方はとても簡単で、アプリを開けば今日の運勢が表示されます。前の日の運勢がそのまま表示されている（あるいは、結果が気に入らない）場合は、表示を下にスワイプすると表示が更新され、新しい運勢が表示されます。あるいは、右上の更新アイコンをクリックしても更新することができます。

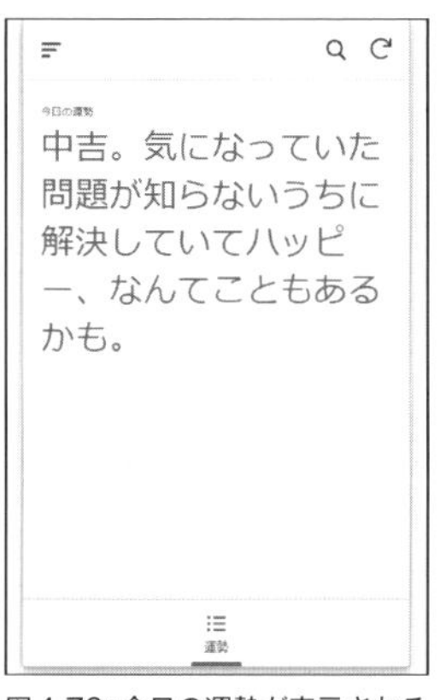

図4-70：今日の運勢が表示される。

Googleスプレッドシートの作業

では、Googleスプレッドシートから作成していきましょう。新しいスプレッドシートを用意してください。

❶スプレッドシートのファイル名を「今日の運勢」、シート名を「運勢」と設定しておきます。

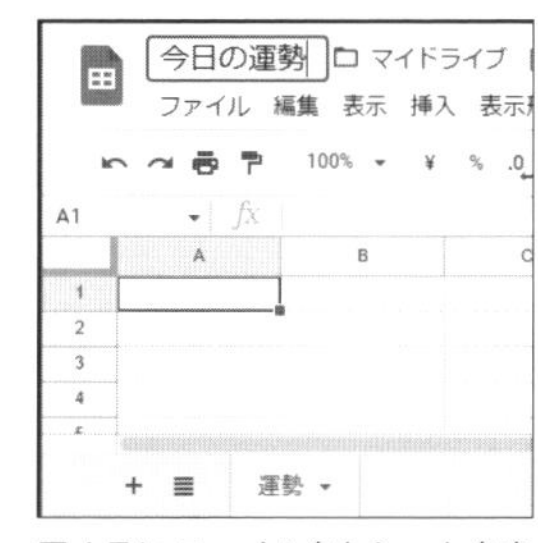

図4-71：ファイル名とシート名を変更する。

❷では、データを作成していきます。A1セルに「運勢」と入力し、その下に運勢のテキストを書いていきます。ここでは次のように用意しておきました。

運勢
大凶！　今日は一日中、家に閉じこもって一歩も外に出ないように。
凶。すべてのめぐり合わせが悪いほうに進みます。
末吉。まあまあ、普通の一日でしょう。
小吉。卵を割ったら黄身が2つだった、ぐらいのちょっと幸せな一日になるでしょう。
中吉。気になっていた問題が知らないうちに解決していてハッピー、なんてこともあるかも。
吉。うん、いい一日になりそう。あなたとあなたの回りがみんなハッピーに見える日です。
大吉。世界はあなたのために回っています。世界征服も今日だけは可なり！

これはサンプルなので、内容はそれぞれで考えて変えてかまいません。また、今回は7つのデータを用意しましたが、これはもっとたくさん作成できます。各自でいろいろと内容を考え追加してみてください。

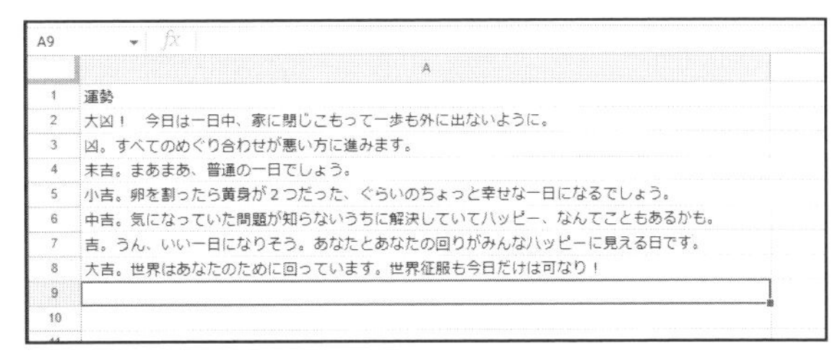

図4-72：データを記述する。

❸データが準備できたらアプリを作りましょう。「機能拡張」メニューの「AppSheet」内から「アプリを作成」を選択してください。

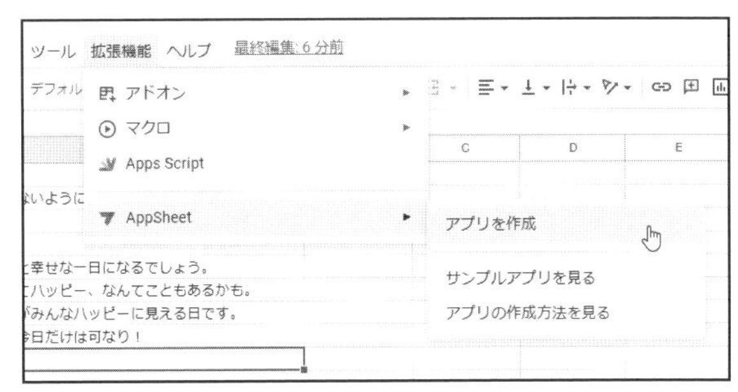

図4-73：「アプリを作成」メニューを選んでアプリを作る。

DataのColumns設定

AppSheetのアプリ側の作業に進みましょう。まずはデータ関連です。ページ左側のアイコンから「Data」を選択してください。

❶「Tables」リンクをクリックします。デフォルトでは、「運勢」というテーブルが１つだけ作成されています。

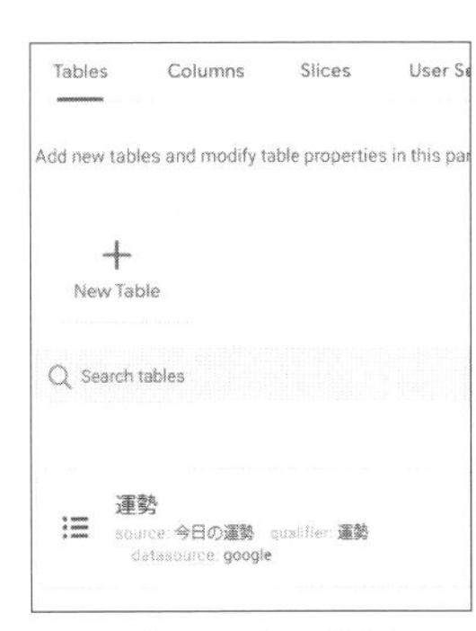

図4-74：「Tables」には「運勢」テーブルが１つだけ用意されている。

❷「運勢」テーブルを開き、次のように設定をします。

Table name	運勢
Are updates allowed?	「Read-Only」を選択

図4-75：「運勢」テーブルの設定をする。

❸上部の「Columns」リンクをクリックして表示を切り替えます。そして、各列の設定を次のように行います。

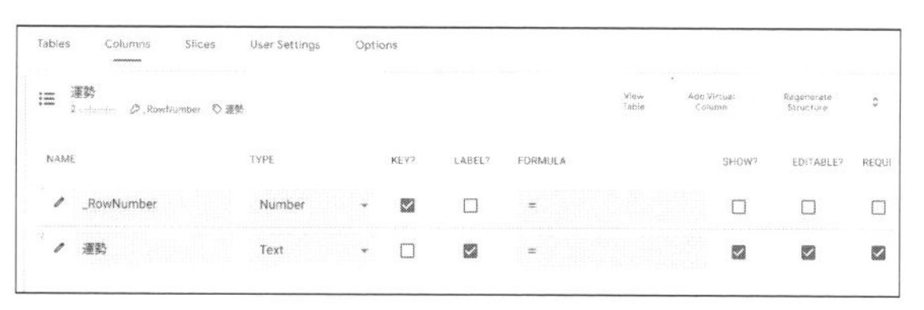

図4-76：テーブルの列の設定を行う。

_Row_Number	TYPEは「Number」。「KEY?」のみチェックをONに、「LABEL?」「SHOW?」「EDITABLE?」「REQUIRE?」のチェックをすべてOFFにする。
運勢	TYPEは「Text」。「KEY?」のみチェックをOFFに、他の「LABEL?」「SHOW?」「EDITABLE?」「REQUIRE?」のチェックをすべてONにする。

❹仮想列を作成します。まずは乱数を用意するためのものです。「Add Virtual Column」ボタンをクリックし、現れたパネルで名前を「乱数」と記入しておきます。そして、App formulaの値フィールドをクリックして式アシスタントを呼び出し、次のように式を記入してください。

```
RANDBETWEEN(1, Count(運勢[運勢]))
```

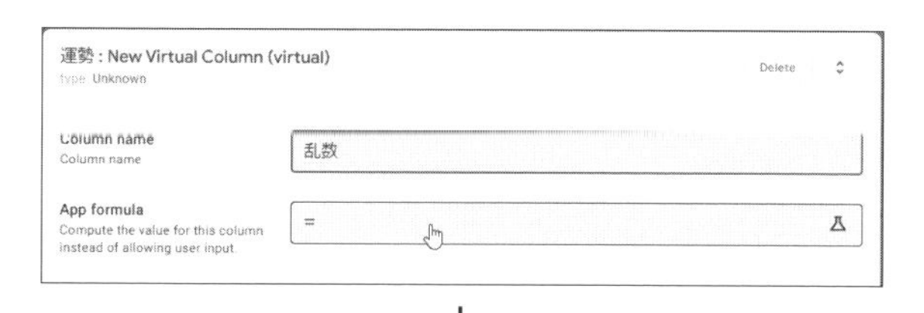

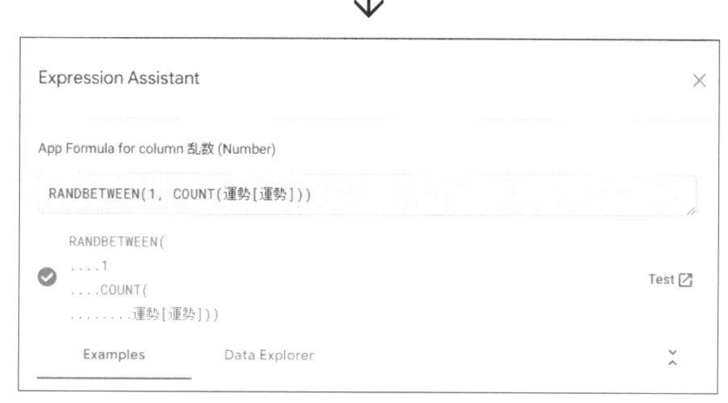

図4-77：仮想列の列名とフォーミュラを入力する。

❺式アシスタントを閉じたら、設定パネルで他の項目を指定します。Show?をONに、Typeを「Number」に設定されていることを確認します。

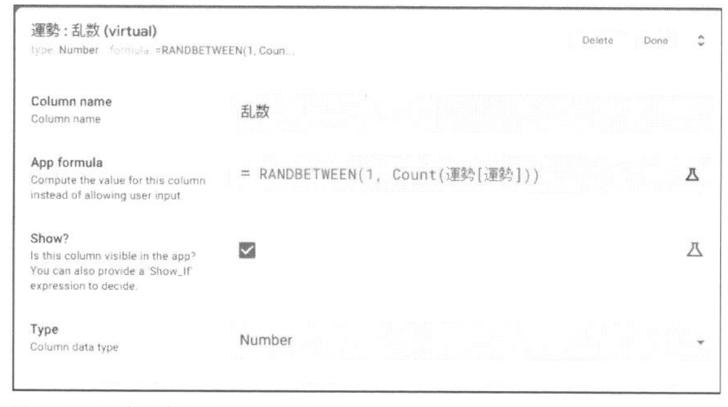

図4-78：設定パネルの設定を確認する。

❻もう1つ仮想列を作成します。「Add Virtual Column」ボタンをクリックし、列名を「今日の運勢」としましょう。そして、App formulaの値をクリックして次のように式を入力します。

```
ANY(SELECT(運勢[運勢], [_RowNumber] = [乱数]+1))
```

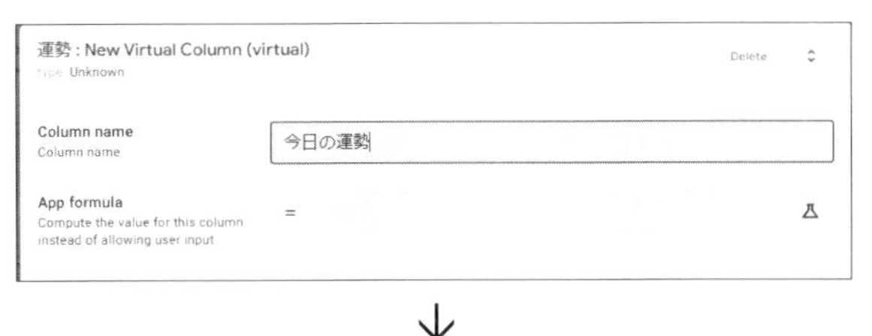

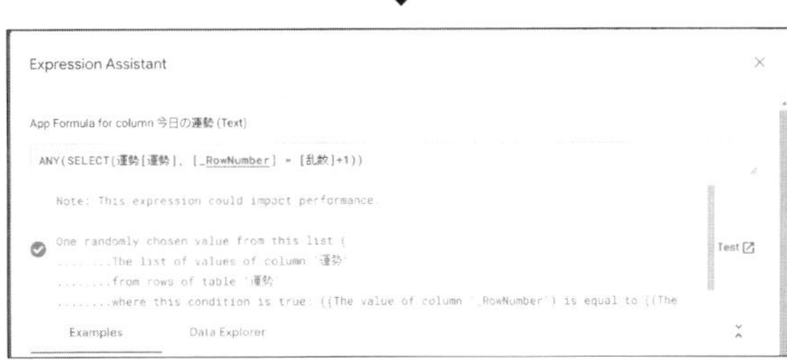

図4-79：仮想列を作り、列名とフォーミュラを入力する。

❼式アシスタントを閉じ、作成した仮想列の設定を確認します。Show?をON、Typeを「Text」としておきます。

図4-80：仮想列の設定を確認する。

❽これで列の設定は完了です。仮想列を含め、全部で4つの列が用意されました。

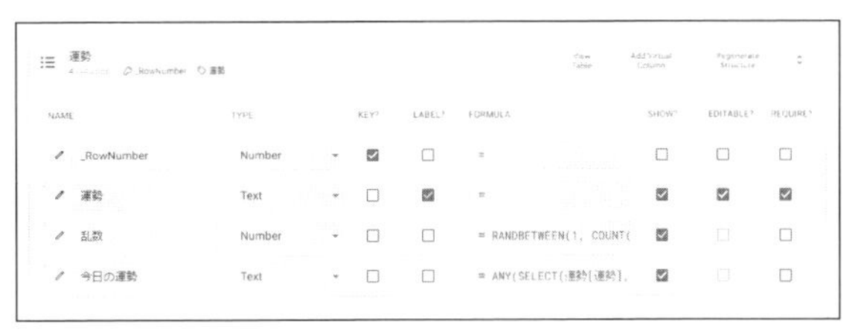

図4-81：仮想列まで含め4つの列が用意された。

Viewを用意する

データの設定ができたら、インターフェイスの作成に進みます。ページ左側のアイコンから「App」を選択してください。

図4-82：デフォルトで2つのビューが用意されている。

❶上部の「Views」リンクをクリックし、作成されているビューを確認します。デフォルトでは以下のビューが用意されています。

Primary Views	今日の運勢
Ref Views	今日の運勢_Detail

❷では、Primary Viewsの「運勢」ビューを開き、次のように設定をしてください。

View name	運勢
For this data	運勢
View type	detail
Position	center

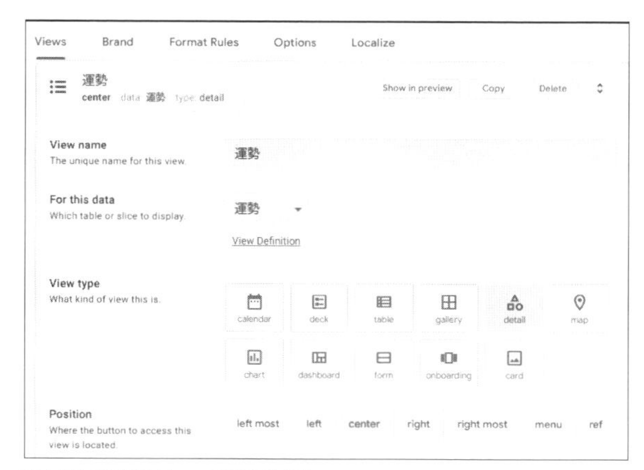

図4-83：「運勢」ビューの設定をする。

❸View Optionsの設定を行います。以下の項目の設定を変更してください。その他の項目はデフォルトのままでかまいません。

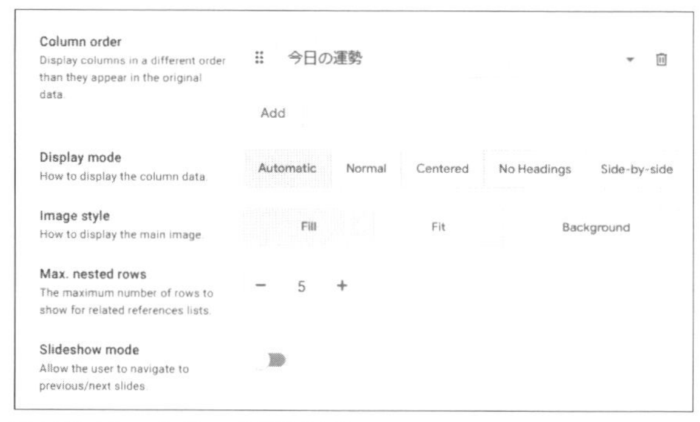

図4-84：View Optionsの設定を行う。

Column order	「Add」ボタンで項目を追加し、「今日の運勢」を選択
Slideshow mode	OFFにする

フォーマットルールの作成

表示を見やすくするため、フォーマットルールを作成しましょう。

❶上部の「Format Rules」リンクをクリックして表示を切り替え、「New Format Rule」ボタンをクリックして新しいフォーマットルールを作成します。

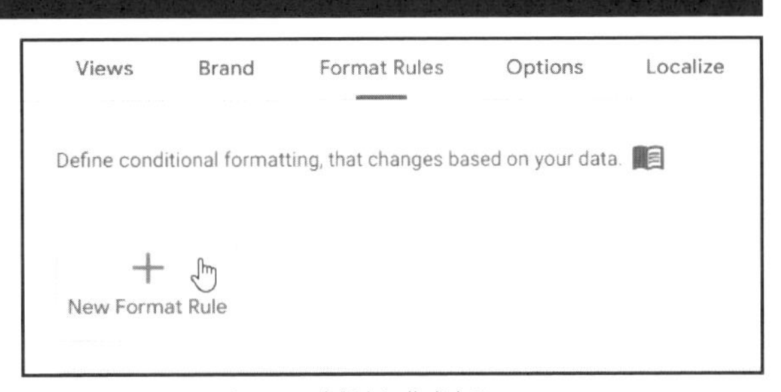

図4-85：フォーマットルールを新たに作成する。

❷ルールの設定をします。次のように設定を行ってください。

図4-86：作成したフォーマットルールの設定を行う。

Rule name	今日の運勢
For this data	運勢
Format these columns and actions	今日の運勢

❸Visual FormatとText Formatの設定を行います。Visual Formatの「Text color」でテキスト色を好きな色に設定し、Text Formatの「Text size」の値を「2」にします。その他のスタイルは好みで設定しましょう。

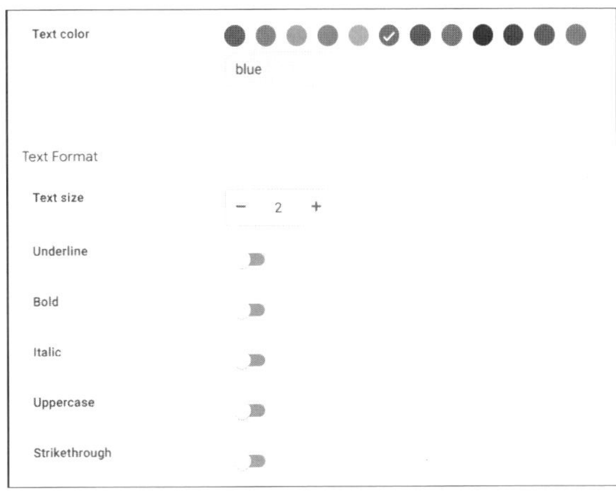

図4-87：Text colorとText sizeを設定する。

アプリのポイント

今回のポイントは、「テーブルのレコードからランダムに1つを選ぶ」という処理でしょう。これは、2つに分けて実行しています。

1つは、「データ数の範囲でランダムに数字を選ぶ」というもの。次のように行っています。

```
RANDBETWEEN(1, レコード数 )
```

「RANDBETWEEN」という関数は、第1引数から第2引数までの間からランダムに数字を取り出して返します。ここでは1～レコード数の範囲で値を得ていますね。レコード数は、COUNTという関数で調べられます。例えばCOUNT(運勢[運勢])とすれば、運勢列の運勢フィールドの数（つまりレコードの数）がわかります。これで1～レコード数の範囲の乱数が得られます。

これを元に、ランダムに運勢の値を取り出すのが以下の式です。

```
ANY(SELECT( 運勢 [ 運勢 ], [_RowNumber] = [ 乱数 ]+1))
```

すべてのレコードには、_RowNumberで通し番号が割り振られています。これを元に、_RowNumberとRANDBETWEENで得た値が等しいものを検索します。SELECTは、第1引数に指定した列から第2引数の条件に合致するものを探し出す関数です。

ただし、複数の値が得られる場合もあるため、戻り値はリストになっています。ANYはリストから任意の値を取り出すものです。今回の条件では常に1つの値だけが取り出されるので、SELECTの結果は値が1つだけのリストになります。したがって、ANYは常に得られた値が取り出されます。

実際に試してみるとわかりますが、RANDBETWEENで得られる乱数は、式が設定されている仮想列のすべてのレコードで同じ値になります（列ごとに異なる乱数は得られない）。したがって、「今日の運勢」列にはすべてのレコードに同じ運勢が設定されます。どのレコードが表示されても同じ結果が表示されるのです。

Chapter 4

4.5. 「テキスト翻訳」アプリ

「テキスト翻訳」アプリについて

スプレッドシート側に便利な機能が用意されていれば、それを利用するだけで使えるアプリが作れます。その例として、英語と日本語を相互に翻訳するアプリを作りましょう。

このアプリでは、翻訳方式のリストに「英語→日本語」「日本語→英語」と2つの項目が用意されています。使いたいほうをクリックするとフォームが開かれるので、そのままテキストを記入して「翻訳」ボタンをクリックすると、原文と翻訳したテキストが表示されます。スプレッドシート側で翻訳をするため、「翻訳」ボタンをクリックしてから実際に翻訳されたテキストが表示されるまで少し時間がかかります。

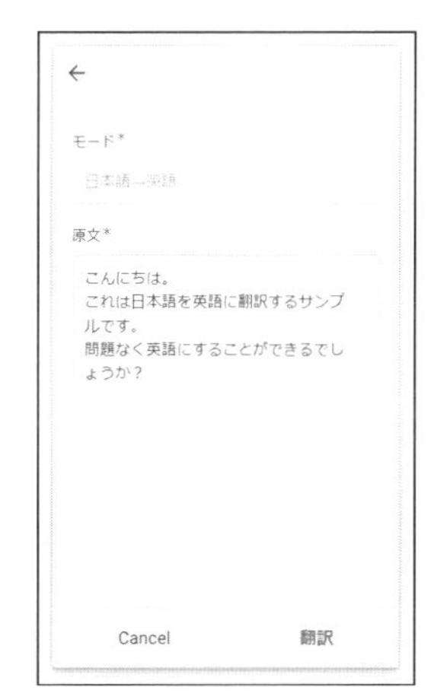

図4-88：「英語→日本語」「日本語→英語」の2つの機能がある。リストからこれらを選択し、テキストを入力して「翻訳」ボタンをクリックすれば翻訳される。

Googleスプレッドシートの作業

では、Googleスプレッドシートを作成します。新しいスプレッドシートを開いてください。

❶スプレッドシートのファイル名を「テキスト翻訳」、シート名を「翻訳」と設定しておきます。

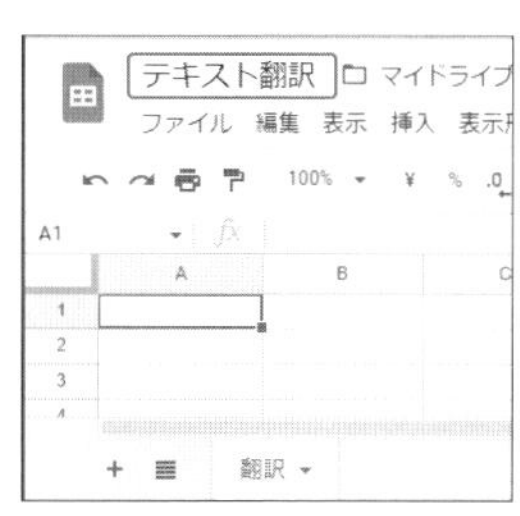

図4-89：ファイル名とシート名を変更する。

❷シートにデータを作成していきます。まず、1行目のA ～ C列に次のように項目名を入力します。

モード	原文	翻訳

そして、A列（モード）の2, 3行目に次のように値を入力します。

英語→日本語
日本語→英語

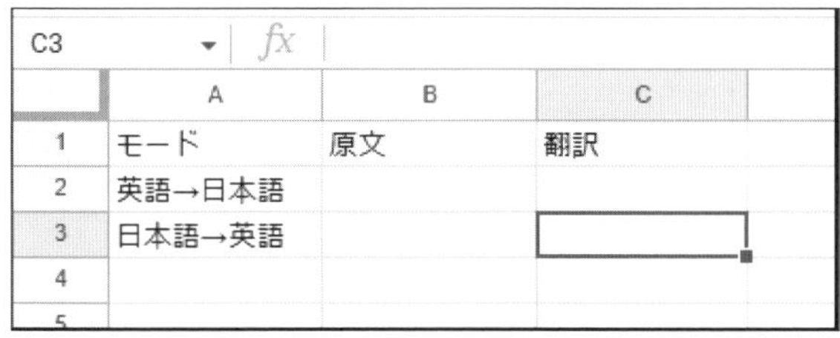

図4-90：データを記述する。

❸翻訳のためのダミーデータと関数を設定していきます。まず、2行目の「英語→日本語」のところからです。B, C列に次のように入力してください。

C2	=GOOGLETRANSLATE(B2,"en","ja")	
A	**B**	**C**
モード	原文	翻訳
英語→日本語	Hello.	こんにちは。
日本語→英語		

図4-91：2行目に英語から日本語に翻訳する関数を用意する。

Hello.	=GOOGLETRANSLATE(B2,"en","ja")

❹続いて3行目の「日本語→英語」のB, C列に次のように値を入力します。

C3	=GOOGLETRANSLATE(B3,"ja","en")	
A	**B**	**C**
モード	原文	翻訳
英語→日本語	Hello.	こんにちは。
日本語→英語	こんにちは。	hello.

図4-92：3行目に日本語から英語に翻訳する関数を用意する。

こんにちは。	=GOOGLETRANSLATE(B3,"ja","en")

❺これでデータは用意できました。ではアプリを作りましょう。「機能拡張」メニューの「AppSheet」内から「アプリを作成」を選択してください。

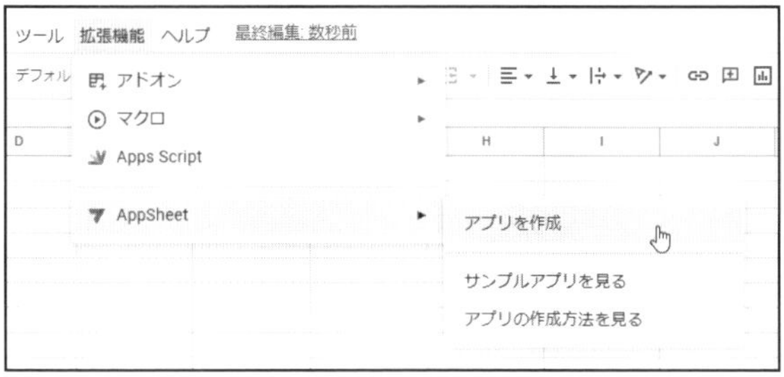

ツール 拡張機能 ヘルプ 最終編集: 数秒前
アドオン
マクロ
Apps Script
AppSheet
アプリを作成
サンプルアプリを見る
アプリの作成方法を見る

図4-93：「アプリを作成」メニューを選んでアプリを作る。

「翻訳」テーブルのData設定

データの設定を行いましょう。ページ左側のアイコンから「Data」を選択します。

❶上部の「Tables」リンクをクリックして選択します。デフォルトでは「翻訳」テーブルが作成されています。これをクリックして開き、以下の設定を行います。

図4-94：「翻訳」テーブルの設定を行う。

Table name	翻訳
Are updates allowed?	「Updates」を選択、他はすべて未選択

❷テーブルの列の設定を行います。上部の「Columns」リンクをクリックして選択し、各列の設定を次のように行いましょう。

図4-95：テーブルの列の設定を行う。

_Row_Number	TYPEは「Number」。「KEY?」「LABEL?」「SHOW?」「EDITABLE?」「REQUIRE?」のチェックをすべてOFFにする。
モード	TYPEは「Text」。「EDITABLE?」のチェックをOFF に、「KEY?」「LABEL?」「SHOW?」「REQUIRE?」のチェックをすべてON にする。
原文	TYPEは「LongText」。「KEY?」「LABEL?」のチェックをOFF に、「SHOW?」「EDITABLE?」「REQUIRE?」のチェックをON にする。
翻訳	TYPEは「LongText」。「SHOW?」のチェックのみONに、「KEY?」「LABEL?」「EDITABLE?」「REQUIRE?」のチェックをすべてOFFにする。

Viewを用意する

続いてユーザーインターフェイスの設定です。ページ左側のアイコンから「App」を選択してください。

❶上部の「Views」をクリックすると、デフォルトで次のようなビューが用意されていることが確認できます。

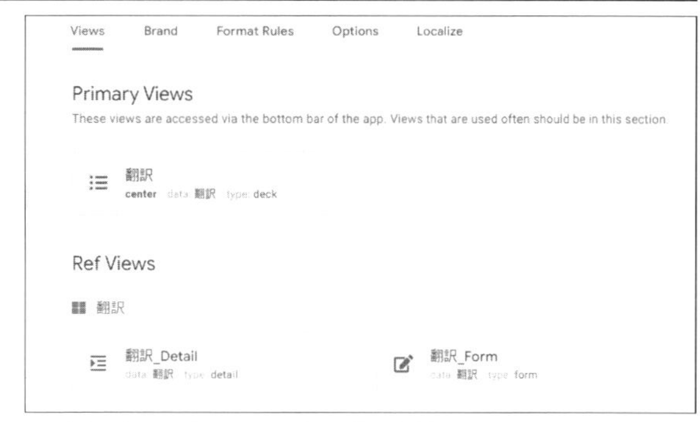

図4-96：デフォルトで3つのビューが用意されている。

Primary Views	翻訳
Ref Views	翻訳_Detail、翻訳_Form

❷「翻訳」ビューをクリックして表示を展開し、次のように設定を行います。

View name	翻訳
For this data	翻訳
View type	deck
Position	center

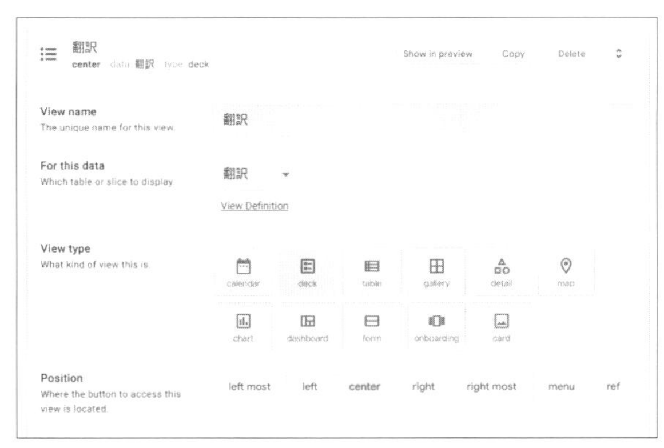

図4-97:「翻訳」ビューの設定を行う。

❸View Optionsにある以下の設定を変更してください。その他の項目はデフォルトのままでOKです。

Primar header	モード
Secondary header	**none**
Summary column	**none**

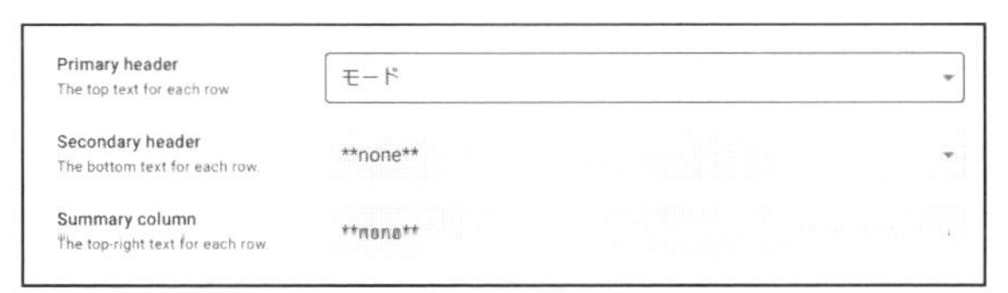

図4-98:View Optionsにある設定を変更する。

❹さらに下にある「Behavior」の設定を表示し、「Row Selected」の値を「Edit」に変更します。それ以外は変更は不要です。

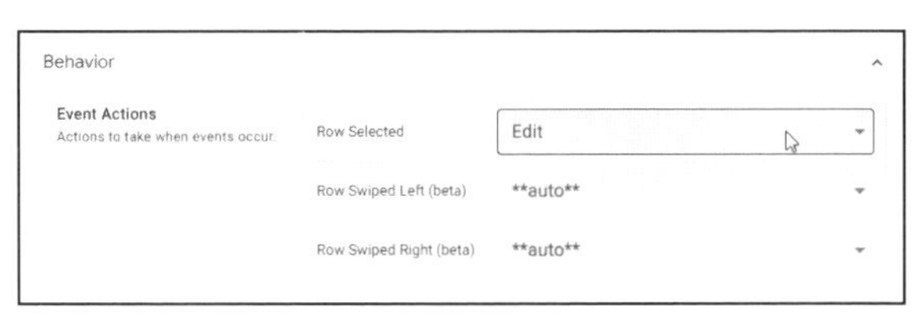

図4-99:Row Selectedの値を「Edit」にする。

❺続いて、Ref Viewsにある「翻訳_Form」ビューの設定を行います。この設定にある「Column order」で、「Add」ボタンを使って以下の項目を順に追加していきます。

```
_RowNumber、モード、原文
```

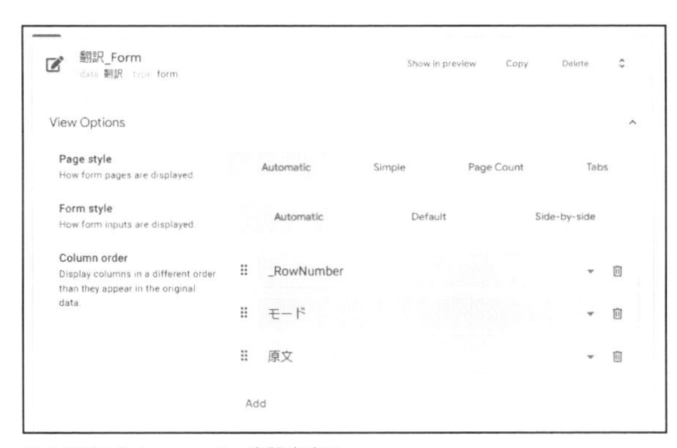

図4-100:Column orderを設定する。

❻設定の下のほうに「Finish View」という項目があります。この値を「翻訳_Detail」に変更してください。

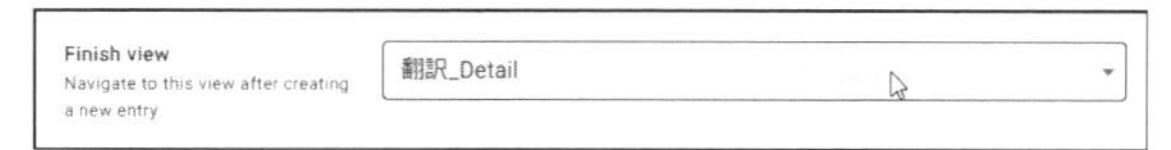

図4-101：Finish Viewを変更する。

フォーマットルールとローカライズ

これでビューの基本設定は完了です。表示を見やすくするため、フォーマットルールも作成しておきましょう。

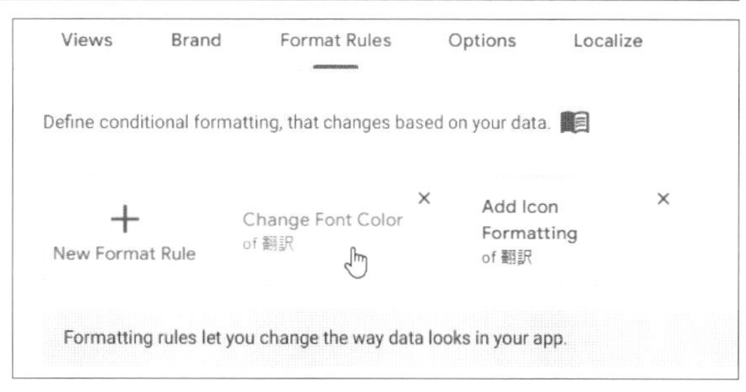

図4-102：フォーマットルールを新たに作成する。

❶上部の「Format Rules」リンクを選択し、表示された「Change Font Color of 翻訳」ボタンをクリックして新しいフォーマットルールを作成します。

❷ルールの設定をします。次のように設定を行ってください。

Rule name	Font Color-翻訳
For this data	翻訳
Format these columns and actions	原文、翻訳

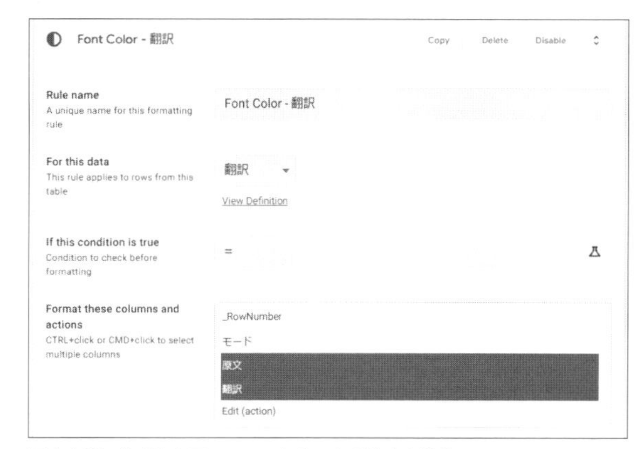

図4-103：作成したフォーマットルールの設定を行う。

❸Visual FormatとText Formatの設定を行います。Visual Formatの「Text color」でテキスト色を好きな色に設定し、Text Formatの「Text size」の値を「1.2」にします。その他のスタイルは好みで設定してください。

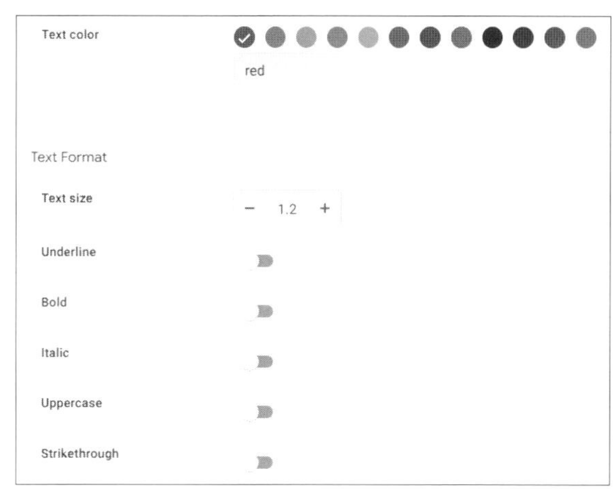

図4-104：Text colorとText sizeを中心に設定する。

❹ローカライズの設定をします。上部の「Localize」リンクをクリックして表示を切り替え、一覧で表示される項目から「Save」を探し、値を「翻訳」に変更します。

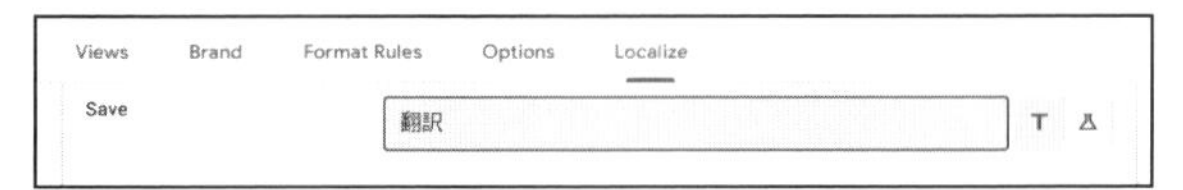

図4-105：「Save」の表示を「翻訳」に変えておく。

アプリのポイント

今回のポイントは、「Googleスプレッドシートでどのように翻訳をしているか」でしょう。これは、実はとても簡単です。Googleスプレッドシートには、Google翻訳を使ってテキストを翻訳する関数が用意されているのです。

例えば、英文を日本語に翻訳しているC2セルでは、こんな式が書かれていました。

```
=GOOGLETRANSLATE(B2,"en","ja")
```

これが翻訳を行っている「GOOGLETRANSLATE」関数です。次のような形で呼び出します。

```
GOOGLETRANSLATE( テキスト , 原文の言語 , 変換する言語 )
```

第2引数と第3引数は言語を示す記号を指定します。例えば英語ならば"en"、日本語なら"ja"となります。これだけで、翻訳されたテキストを得ることができます。

ここでは英語と日本語の翻訳だけしか作っていませんが、「翻訳」シートに他の言語の処理を追加していけば、どんどん翻訳する言語を増やしていくことができます。どんな言語が使えるか、いろいろ試してみてください。

Chapter 4

4.6. 「OCRリーダー」アプリ

「OCRリーダー」アプリについて

AppSheetでは、式アシスタントで使える便利な関数がいろいろと用意されています。その1つに「OCRリーダー関数」があります。これを利用して、写真からテキストを抽出するOCRリーダーを作ってみましょう。

このアプリでは「OCR」というアイコンが1つだけあり、ここに撮影したイメージと抽出されたテキストのリストが表示されます。OCRリーダーを使いたいときは「+」アイコンをタップしてフォームを開き、イメージのカメラアイコンをタップして、ファイルを選ぶかカメラで撮影をします。これで「コンテンツ」にイメージから抽出されたテキストが表示されます。

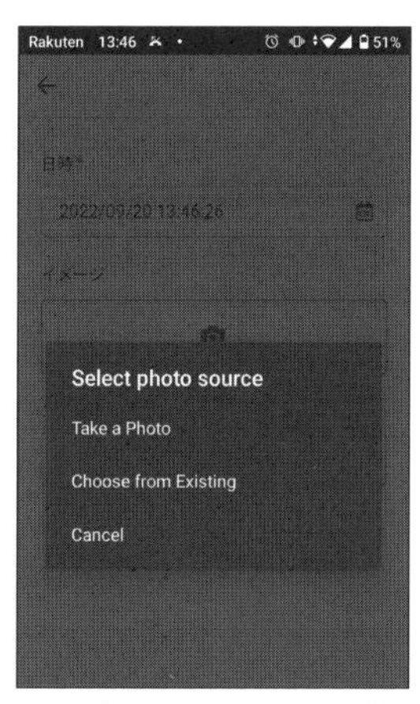

図4-106：「OCR」アイコンには作成したイメージとテキストのリストが並ぶ。「+」ボタンをタップし、フォームのイメージからカメラを起動し撮影するとテキストが抽出される。

Googleスプレッドシートの作業

まずはGoogleスプレッドシートの作業からです。新しいスプレッドシートを開いてください。

❶ファイル名は「OCRリーダー」にします。シート名は「OCR」にしておきます。

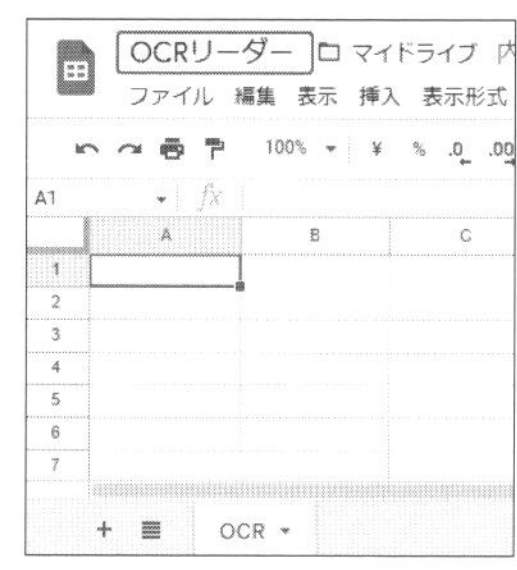

図4-107：ファイル名とシート名を設定する。

❷シートに項目名を入力します。A1セルから次のように記入しましょう。

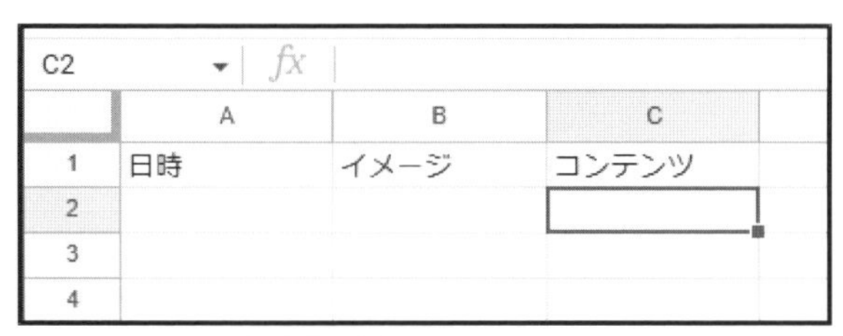

図4-108：シートに項目名を入力する。

日時	イメージ	コンテンツ

❸スプレッドシートでの作業はこれで終わりです。アプリを作りましょう。「機能拡張」メニューから「AppSheet」内の「アプリを作成」メニューを選んでください。

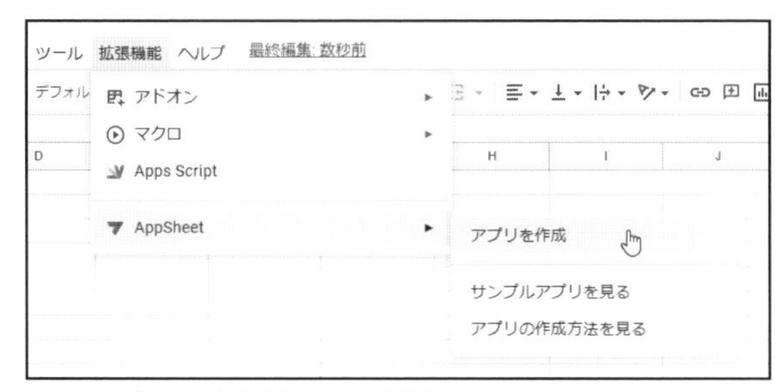

図4-109：「アプリを作成」メニューを選ぶ。

DataのColumns設定

　アプリが作成されたら、AppSheet側の作業に進みます。左側にある「Data」を選択し、上部の「Columns」リンクで列の設定画面を表示しましょう。

❶作成されている「OCR」テーブルを開き、列の設定をしましょう。次のように設定をしてください。

_Row_Number	TYPEは「Number」。「KEY?」「REQUIRE?」「LABEL?」「SHOW?」「EDITABLE?」のチェックをすべてOFFにする。
日時	TYPEは「DateTime」。「KEY?」「LABEL?」「SHOW?」「EDITABLE?」「REQUIRE?」のチェックをすべてONにする。
イメージ	TYPEは「Image」。「KEY?」「LABEL?」「REQUIRE?」のチェックをOFFに、「SHOW?」「EDITABLE?」のチェックをONにする。
コンテンツ	TYPEは「LongText」。「KEY?」「LABEL?」「REQUIRE?」のチェックをOFFに、「SHOW?」「EDITABLE?」のチェックをONにする。

図4-110：「OCR」テーブルの列を設定する。

❷「INITIAL VALUE」の設定をします。以下の2つの列のINITIAL VALUEを設定しましょう。

日時	NOW()
コンテンツ	OCRTEXT([イメージ])

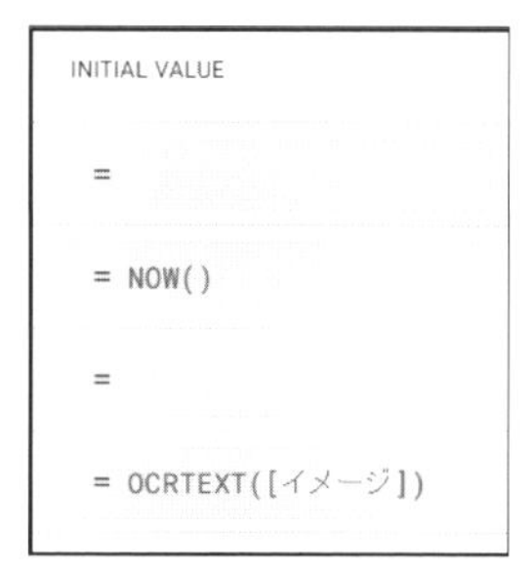

図4-111：INITIAL VALUEに式を入力する。

Viewの設定

続いて、ユーザーインターフェイスの設定を行います。左側の「App」を選択し、上部の「Views」リンクをクリックして表示を切り替えてください。

❶デフォルトではPrimary Viewsに「OCR」というビューが作られています。これを開き、次のように設定をしてください。

View name	OCR
For this data	OCR
View type	deck
Position	center
Sort by	「Add」ボタンで項目を追加し「日時」「Dscending」を選択

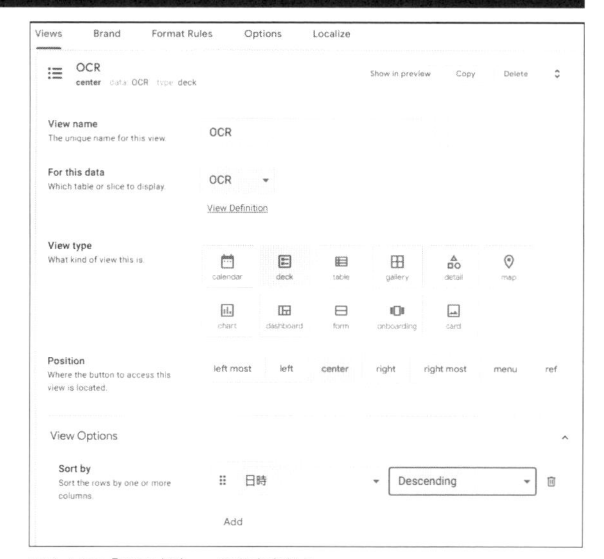

図4-112：「OCR」ビューの設定を行う。

❷Ref Viewsにある「OCR_Form」ビューを開き、「Column order」のところに「Add」ボタンで項目を追加してください。ここでは以下の3つの項目を追加します。

- _RowNumber
- イメージ
- コンテンツ

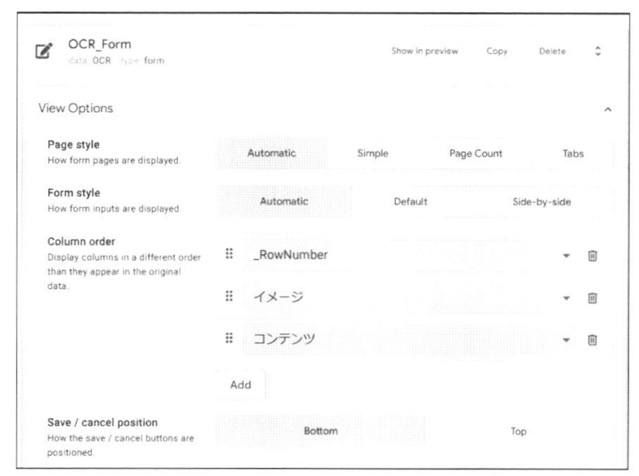

図4-113：OCR_FormのColumn orderに項目を用意する。

アプリのポイント

今回のポイントは、なんといってもAppSheetに用意されているOCRリーダー関数でしょう。これは次のように使います。

```
OCRTEXT( イメージ )
```

引数には、通常イメージを設定した列の値を指定します。こうすることで、そのイメージからテキストを抽出して返します。この関数をINITIAL VALUEに設定しておけば、それだけでイメージからテキストを取り出して値に設定できます。

このOCR機能は非常にパワフルで、AppSheetの「Intelligence」というところには「OCR Model」というものも用意されています。これはOCRのための定型フォーマットをモデルとして作成し登録するもので、これにより決まった形式のデータなどをカメラから取り込んでフォームの各項目に自動的に値を設定するようなこともできるようになります。

日本語に関しては、活字で印刷されたものはほとんど誤差なく読み込めますが、手書きになるとまだ間違って読み取ることも多いようです。「印刷物をOCRでスキャンする」ということに限定すれば、ほとんど誤差なく読み込めますよ！

Chapter 5

仲間と共有しよう

AppSheetでは簡単に複数の利用者の間でアプリをシェアできます。
こうした複数メンバーが利用するアプリについて作成していきます。
ただ複数の人がそれぞれ利用するだけでなくデータを共有したり、
大勢で同じデータにアクセスするアプリはどのようになっているのか考えてみましょう。

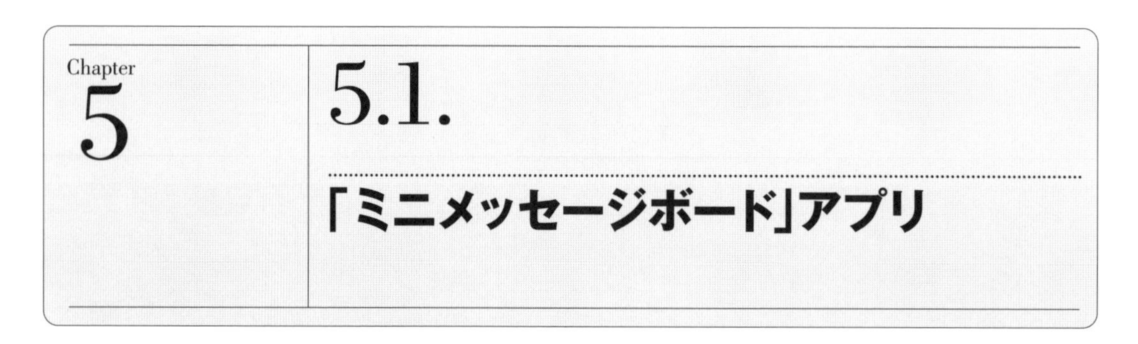

Chapter 5 5.1. 「ミニメッセージボード」アプリ

AppSheetの共有機能

AppSheetには、複数のユーザーでアプリを簡単に共有できる機能があります。これは、非常に簡単に行えます。アプリの編集画面で、右上に見える「Share」アイコンをクリックするだけです。

図5-1：右上の「Share」アイコンをクリックする。

画面に共有のためのパネルが現れます。ここで共有したい相手のアカウント（メールアドレス）を入力し[Enter]すると、そのメールアドレスが確定します。そのまま「Share」ボタンをクリックすれば、入力したアカウントにアプリが共有されます。

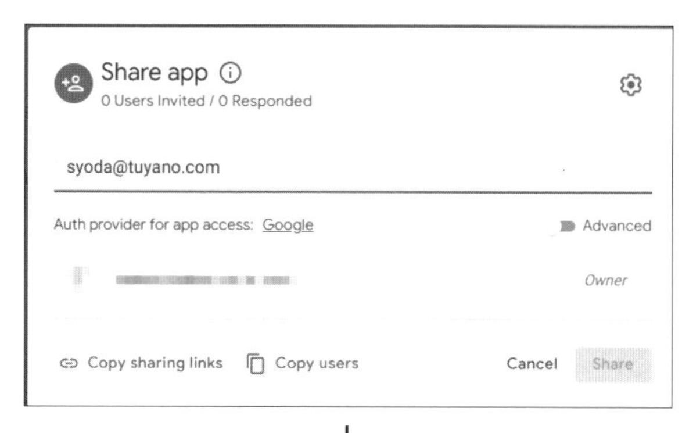

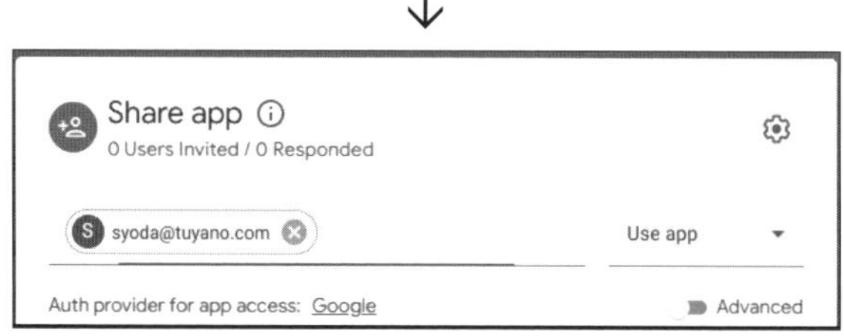

図5-2：アカウントのメールアドレスを入力し、[Enter]して確定する。

AppSheetアプリでの利用

共有したアプリは、スマートフォン用のAppSheetアプリで利用できます。アプリの左上にあるアイコンをタップし、現れたサイドバーから「Shared with me」という項目を選択してください。自分と共有しているアプリのリストが表示されます。そのままアプリ名をタップすれば、共有しているアプリを起動し利用できます。

有料契約でデプロイした場合は別ですが、無料で利用している場合、このやり方で共有できるユーザーは最大10名までです。大人数で利用する場合はやはり有料契約を検討する必要がありますが、数人で利用する程度ならこれで十分使えるでしょう。

図5-3:「Shared with me」メニューを選び、共有アプリをタップする。

共有のためのテクニック

ただし、こうした「複数メンバーで共有して使うアプリ」は一人で利用するアプリとは作りもだいぶ違ってきます。複数が利用する場合、まず「どのデータを誰が使えるようにするか」を考えなければいけません。例えばすべてのメンバーが見られるデータと、個々人でしか使えないデータは自ずと扱いが違ってくるでしょう。

また、データの中からどうやって「このアカウントのデータ」を取り出すのか、ということも考える必要があります。たくさんあるデータの1つ1つについて「これは誰が作り、誰が利用できるデータなのか」をしっかり考えて作成する必要があるのです。

では、「複数メンバーが利用するアプリ」はどう作ればいいのか、実際にいろいろなサンプルを作りながらそのテクニックを身につけていくことにしましょう。

「ミニメッセージボード」アプリについて

複数メンバーで共有するアプリとしてもっともイメージしやすいのが「メッセージボード」でしょう。いわゆる伝言板ですね。

図5-4:投稿したメッセージのリストが表示される。そこにある「+」ボタンをタップすればメッセージを投稿できる。リストの項目をタップするとその内容が表示され、本人ならば編集や削除ができる。

このアプリでは、共有するメンバーが投稿したメッセージを新しいものから順にリスト表示します。リスト画面にある「＋」ボタンをタップすればいつでもメッセージを投稿できます。

リストから項目をタップすれば、その投稿の内容が表示されます。この画面では、投稿した本人に限り編集や削除が行えます。自分以外のメンバーの投稿では、メールを送信するアイコンが表示されます。

ここでは複数メンバーの投稿したメッセージが全員で見られるだけでなく、投稿した本人とそれ以外のメンバーで使える機能が変わる（本人は編集削除ができ、その他のメンバーはできない、など）ようになっています。これがこのアプリの特徴と言っていいでしょう。

Googleスプレッドシートの作業

では、データを作成しましょう。Googleスプレッドシートのファイルを新たに作成してください。

❶ファイルが開かれたら、ファイル名を「ミニボード」と設定しましょう。そして、シートの名前を「ボード」と変更しておきます。

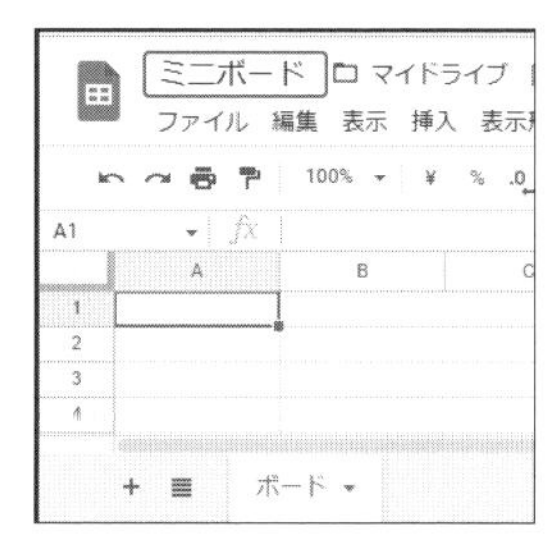

図5-5：Googleスプレッドシートのファイルとシート名を設定する。

❷データを作成します。一番上の行に、次のように項目名を記入してください。

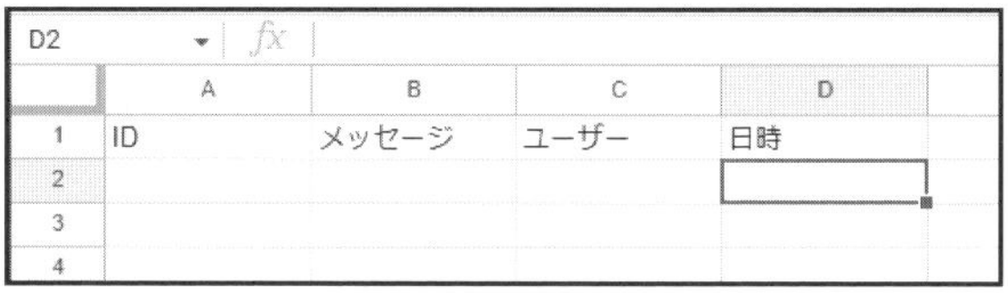

図5-6：シートに項目名を記述する。

ID	メッセージ	ユーザー	日時

❸これでシートは完成です。ではアプリを作りましょう。「拡張機能」メニューから「AppSheet」内にある「アプリを作成」メニューを選んでください。新しいタブが開かれ、アプリケーションが作成されます。

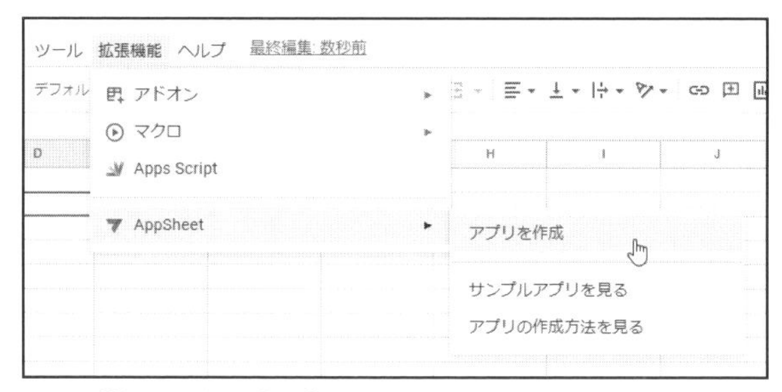

図5-7：「拡張機能」から「アプリを作成」メニューを選ぶ。

DataのColumns設定

では、AppSheet側の作業に移りましょう。まずはデータ関連です。ページ左側のアイコンから「Data」を選択し、上部の「Columns」リンクをクリックしましょう。

図5-8：「ボード」テーブルが作成されている。

❶デフォルトでは「ボード」というテーブルが作成されています。これをクリックして表示を展開します。

❷「ボード」テーブルの列の設定を次のように行います。

図5-9：「ボード」テーブルの列の設定を行う。

_Row_Number	TYPEは「Number」。「KEY?」「LABEL?」「SHOW?」「EDITABLE?」「REQUIRE?」のチェックをすべてOFFにする。
ID	TYPEは「Text」。「KEY?」「LABEL?」「SHOW?」「EDITABLE?」「REQUIRE?」 のチェックをすべてONにする。
メッセージ	TYPEは「LongText」。「KEY?」「LABEL?」のチェックをOFFに、「SHOW?」「EDITABLE?」「REQUIRE?」のチェックをONにする。
ユーザー	TYPEは「Email」。「KEY?」「LABEL?」のチェックをOFFに、「SHOW?」「EDITABLE?」「REQUIRE?」のチェックをONにする。
日時	TYPEは「DateTime」。「KEY?」「LABEL?」のチェックをOFFに、「SHOW?」「EDITABLE?」「REQUIRE?」のチェックをONにする。

❸初期値(INITIAL VALUE)の設定を行います。まず「ユーザー」のINITIAL VALUEの値をクリックして式アシスタントを呼び出してください。そして、次のように入力をします。

```
USEREMAIL()
```

これで「Save」ボタンをクリックして閉じれば、INITIAL VALUEに値が設定されます。

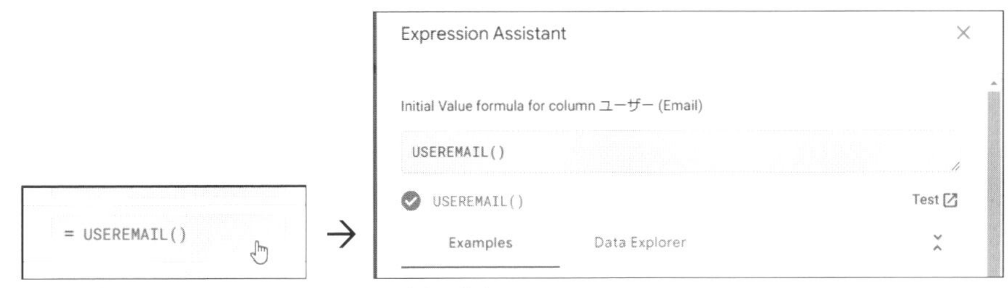

図5-10：「ユーザー」列のINITIAL VALUEに式を設定する。

❹続いて、「日時」のINITIAL VALUEを設定します。値部分をクリックし、式アシスタントで以下を記入します。

```
NOW()
```

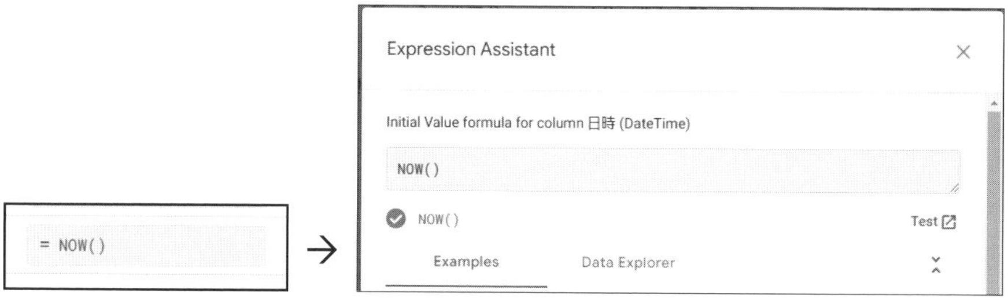

図5-11：「日時」のINITIAL VALUEに式を入力する。

❺これでINITIAL VALUEに3つの式が設定されました(「ID」には「UNIQUEID()」という式がデフォルトで設定されています)。

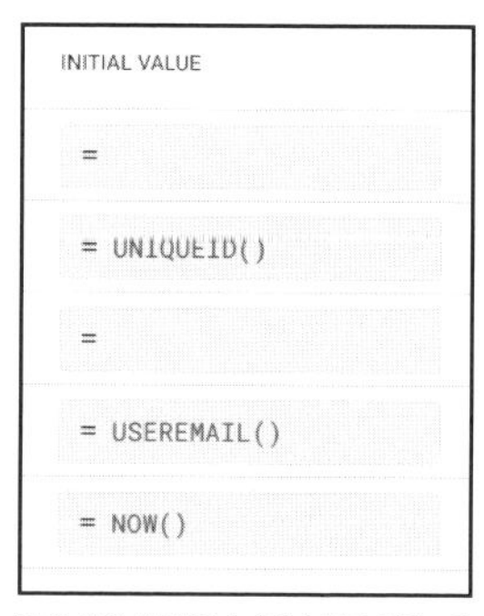

図5-12：INITIAL VALUEの値。3つの式が設置されている。

Viewを用意する

次はユーザーインターフェイスです。ページ左側の「App」をクリックして表示を切り替えてください。

❶上部の「Views」リンクをクリックし、ビューを確認しましょう。デフォルトでは以下のビューが用意されています。

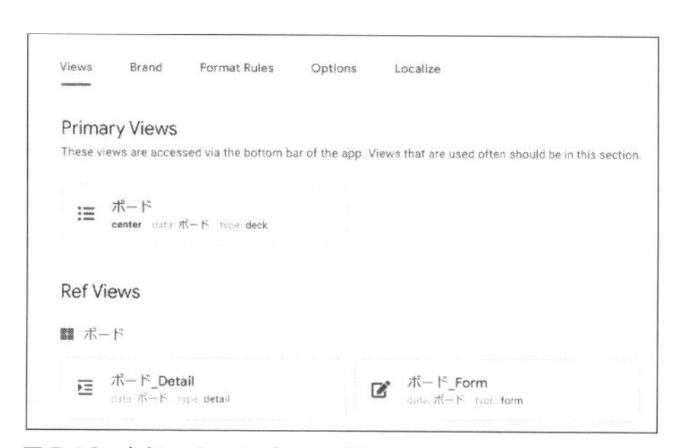

図5-13：全部で3つのビューが作成されている。

Primary Views	ボード
Ref Views	ボード_Detail、ボード_Form

❷「ボード」ビューをクリックして設定を行います。次のように設定されているか確認しましょう。

View name	ボード
For this data	ボード
View type	deck
Position	center

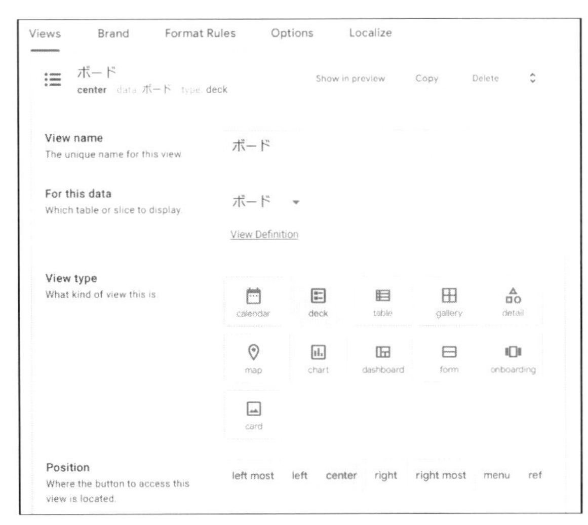

図5-14:「ボード」ビューの基本設定を行う。

❸「View Options」のところにある項目を設定します。次のように変更してください。その他のものはデフォルトのままにしておきます。

Sort by	「Add」ボタンで追加し、「日時」と「Descending」を選択
Primary header	メッセージ
Secondary header	ユーザー
Summary column	日時

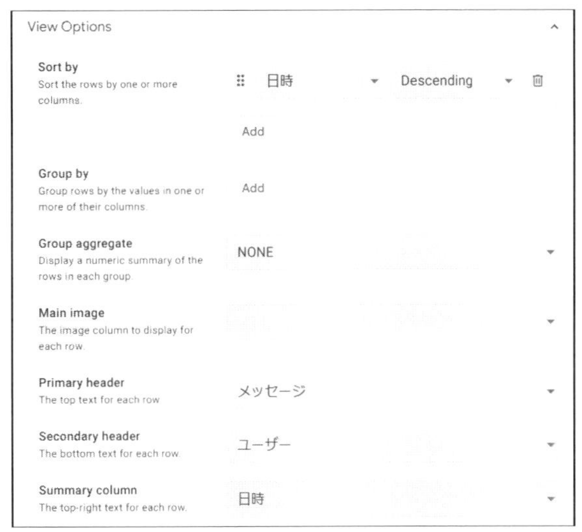

図5-15:View Optionsの設定を行う。

❹続いて、「ボード_Form」ビューの設定を変更します。クリックして設定を表示し、「View Options」にある「Column order」に項目を追加しましょう。「Add」ボタンをクリックし、「_RowNumber」「メッセージ」の2つの項目を追加してください。

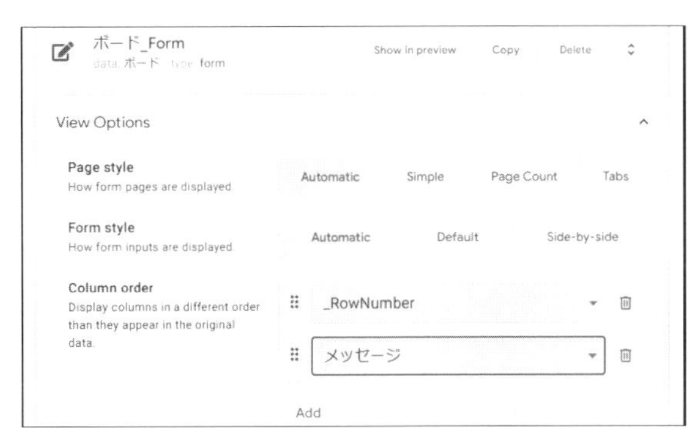

図5-16:ボード_FormのColumn orderに2つの項目を追加する。

❺見やすいようにビューの表示フォントを少し大きくしておきます。上部の「Options」リンクをクリックして表示を切り替えると、各種ビューのオプション設定が表示されます。ここから「Fonts」という項目を探し、Text sizeの値を「22」前後にしてください。これでビューのテキストが全体的に大きくなります。

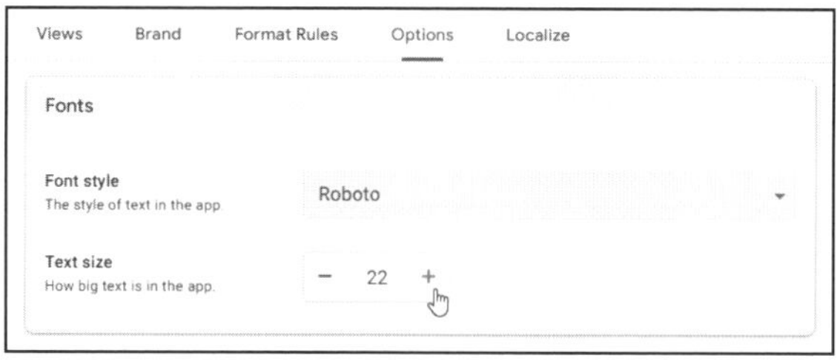

図5-17：OptionsのText sizeの値を調整する。

アクションを編集する

次に行うのは、アクションの編集です。アクションは、アプリで実行されるさまざまな処理（データの作成や更新、削除など）を行うためのものです。これを編集します。

❶ページ左側にある「Actions」をクリックしてください。これでアクションの管理画面に切り替わります。デフォルトではまったくアクションがないように見えますが、実はそうでもありません。一番下にある「Show all」リンクをクリックしてみてください。

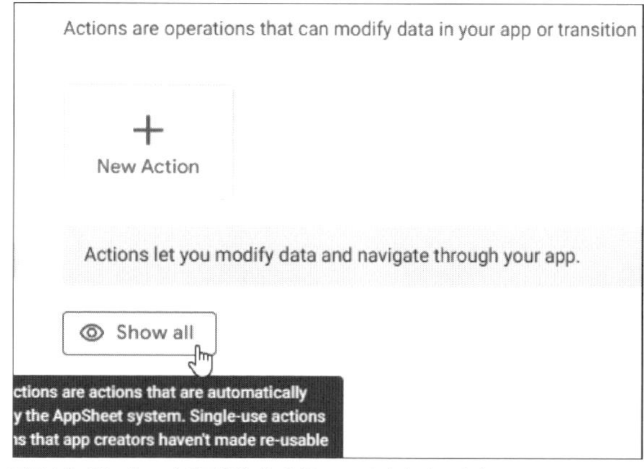

図5-18：「Actions」の下部にあるShow allをクリックする。

❷「ボード」という項目にいくつかのアクションが表示されます。これらはAppSheetのシステムによって自動生成されたアクションです。これらはシステムが管理しているため勝手に削除したりはできませんが、設定は変更可能です。

図5-19：システムが作成し管理するアクションが表示される。

❸では、この中の「Edit」をクリックして設定を表示しましょう。そして、「Behavior」というところにある「Only if this condition is true」という設定の値をクリックし、次のように式を入力してください。

```
[ユーザー] = USEREMAIL()
```

これで、「ユーザー」の値が利用しているアカウントと同じ場合のみ「Edit」アクションが表示されるようになります。

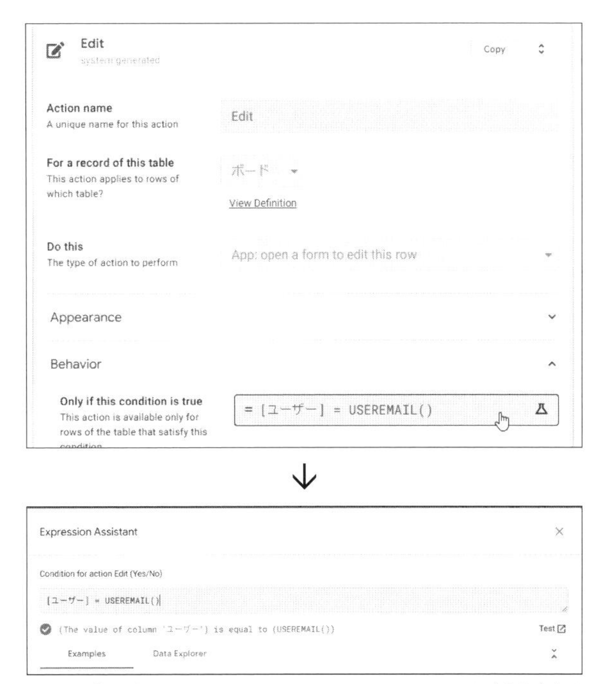

図5-20：「Edit」アクションのOnly if this condition is trueに式を入力する。

❹続いて「Delete」アクションの設定を開き、やはり「Only if this condition is true」の値に先ほどと同じ式を設定します。

```
[ユーザー] = USEREMAIL()
```

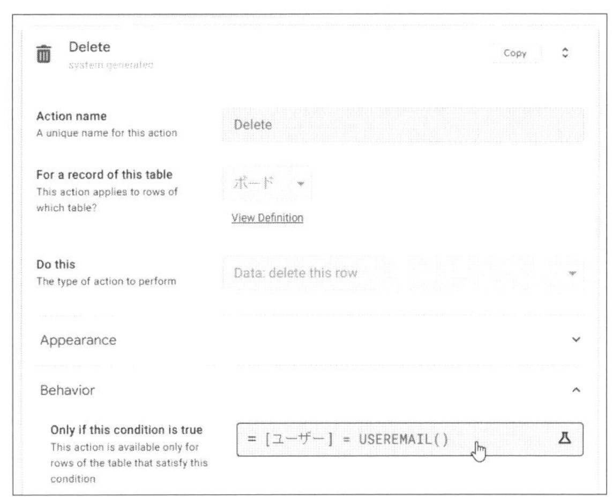

図5-21：「Delete」アクションにも同じ設定を行う。

❺「Compose Email (ユーザー)」というアクションの設定を開いてください。このアクションの「Only if this condition is true」を編集します。デフォルトでは以下の式が設定されています。

```
NOT(ISBLANK([ユーザー]))
```

これは、「ユーザー」の値が未入力でないことを調べる式です。デフォルトでは「ユーザー」に値が設定されていれば表示されるようになっています。

Action name
A unique name for this action
Compose Email (ユーザー)
For a record of this table
This action applies to rows of which table?
ボード
View Definition
Do this
The type of action to perform
External: start an email
To
Who is the email going to?
= [ユーザー]
Subject
The email subject
=
Body
The email body
=
Appearance
Behavior
Only if this condition is true
This action is available only for rows of the table that satisfy this condition
= NOT(ISBLANK([ユーザー]))

図5-22：「ユーザー」のOnly if this condition is trueにはデフォルトで式が設定されている。

❻では、Only if this condition is trueの式を変更しましょう。次のように書き換えてください。

```
AND(NOT(ISBLANK([ユーザー])),NOT([ユーザー]=USEREMAIL()))
```

これで、「ユーザー」に設定された値が利用者のアカウントと異なる場合のみ、このアクションが使えるようになります。

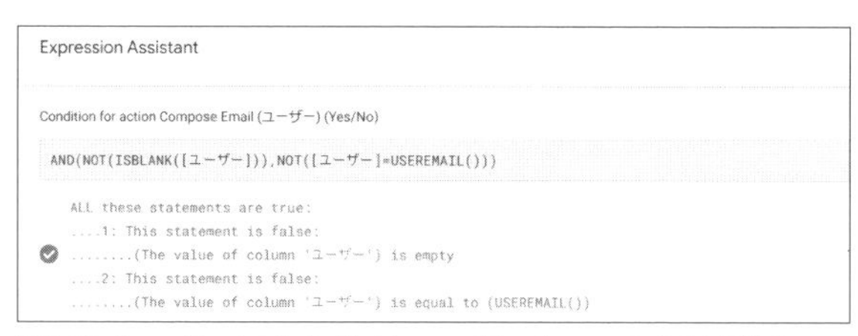

図5-23：「ユーザー」のOnly if this condition is trueの式を変更する。

《応用》最新メッセージだけを表示する

これでアプリは一応完成ですが、応用として「最新のメッセージだけを表示する」という処理を作ってみましょう。この種のメッセージアプリは、メッセージが溜まっていくとリストの表示もどんどん増えていきます。投稿数が数百数千になってもすべて表示していたら、さすがに動作も遅くなってくるでしょう。そこで、「最近投稿されたメッセージを10個だけ表示する」というように表示を変更してみます。

❶まずはスライスを作ります。スライスはテーブルから特定のレコードだけを抜き出すものでしたね。ではページ左側の「Data」を選択して上部の「Slices」リンクを選択し、「New Slice」ボタンをクリックしてダイアログから「Create a new slice」ボタンをクリックして新しいスライスを作ります。

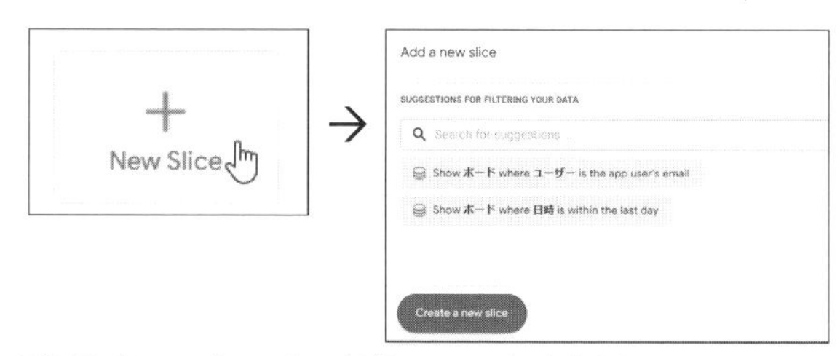

図2-37：Slicesで「New Slice」ボタンでスライスを作成する。

❷作成されたスライスの設定で、以下の項目を設定します。

Slice Name	最新メッセージ
Source Table	ボード

そして「Row filter condition」の入力フィールドをクリックしてください。プルダウンして現れるメニューから一番下の「Create a custom expression」を選択します。

図5-25：スライスの設定を行い、Row filter conditionから「Create a custom expression」を選ぶ。

❸式アシスタントが現れます。ここに次のように式を入力してください。

```
[_RowNumber] > COUNT(ボード[ID]) - 9
```

最後の「9」で表示するレコードの数が決まります。これで10項目が取り出されます。20項目表示したければ「19」に、100項目なら「99」に変更すればいいでしょう。

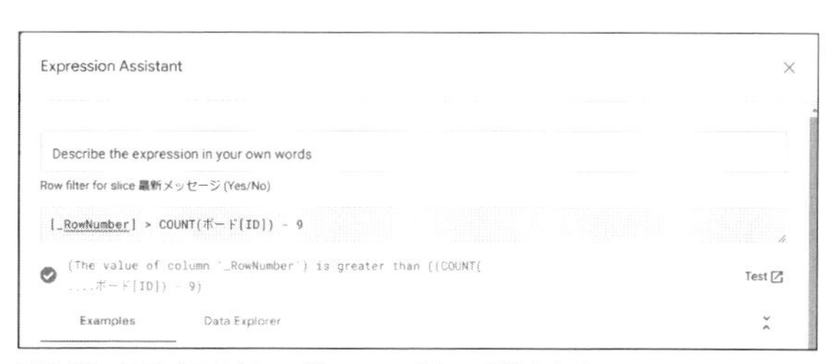

図5-26：スライスのRow filter conditionを設定する。

❹作成したスライスをリストに表示するようにします。ページ左側の「App」を選択し、上部の「Views」リンクをクリックして表示を切り替えてください。そして、「ボード」ビューの「For this data」の値を「最新メッセージ(slice)」に変更します。これで、スライスで取得した項目だけが表示されるようになります。

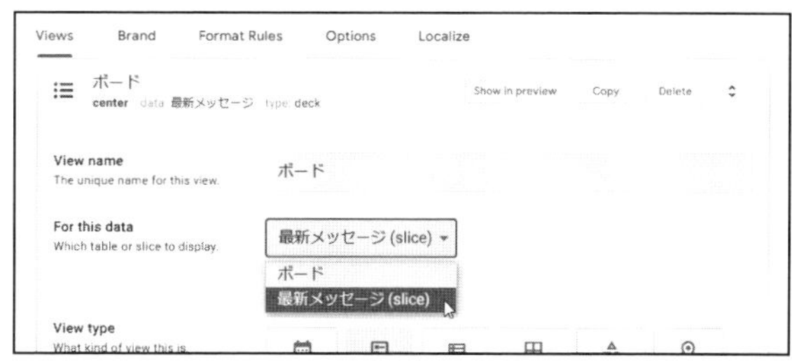

図5-27：「ボード」ビューのFor this dataをスライスに変更する。

アプリのポイント

今回のアプリにはいくつかのポイントがありますが、もっとも重要なのは「自分が投稿したレコードのみを管理する」にはどうするか、ということでしょう。

ここでは、アクションで「自分が投稿したレコードのときだけEdit, Deleteアクションが表示されるようにする」ということを行っています。これには、「Only if this condition is true」という設定の値を次のように変更します。

```
[ユーザー] = USEREMAIL()
```

USEREMAILは、利用者のアカウントに設定されているメールアドレスを返す関数です。これが「ユーザー」列の値と等しければ、利用者が投稿したレコードであると判断できます。

このように、レコードにUSERMAILのメールアドレスを保管する列を用意しておき、それをチェックして表示やアクションなどをON/OFF用にすればいいのです。

最新レコードを取り出す

もう1つ、「新しい投稿を10個表示する」というのも覚えておきたいテクニックでしょう。_RowNumberの値を利用します。_RowNumberは、レコードの行番号を示す値です。この値を使い、「_RowNumberの値がレコード数 - ○○より大きいか」を調べるのです。これは、先にChapter 2の「日記」アプリで、応用編として同じ機能を作りましたね。

ここではスライスのRow filter conditionに次のような式を用意しました。

```
[_RowNumber] > COUNT(ボード[ID]) - 9
```

COUNT(ボード[ID])で、「ボード」テーブルの「ID」列の数（つまりレコード数）が得られます。この値から9を引いた値より_RowNumberのほうが大きければスライスに取り出されるようになります。

Chapter 5

5.2. 「写真投稿ボード」アプリ

「写真投稿ボード」アプリについて

ミニボードを少しアレンジするだけで、いろいろな投稿アプリが作れます。その例として、写真を撮影して投稿するアプリを作ってみます。

このアプリには2つのビューがあります。「ボード」アイコンをタップすると、写真とコメントが新しいものからリスト表示されます。「＋」ボタンをタップし、写真を撮影してコメントを付けて投稿すればそれがリストに追加されます。投稿は、後から再編集することもできます。

投稿には位置情報が追加されており、「マップ」アイコンをタップすると、撮影した場所をマップで表示させることもできます。

図5-28：投稿した写真がリスト表示される。「＋」ボタンをタップすると、写真とコメントを投稿できる。投稿は後から再編集できる。また投稿した場所は「マップ」で確認できる。

Googleスプレッドシートの作業

では､Googleスプレッドシートから作業していきましょう。新しいスプレッドシートを用意してください。

❶ファイルが開かれたら、ファイル名を「写真投稿ボード」と設定しましょう。そして、シートの名前を「ボード」と変更しておきます。

図5-29:Googleスプレッドシートのファイルとシート名を設定する。

❷データを作成します。一番上の行に、次のように項目名を記入してください。

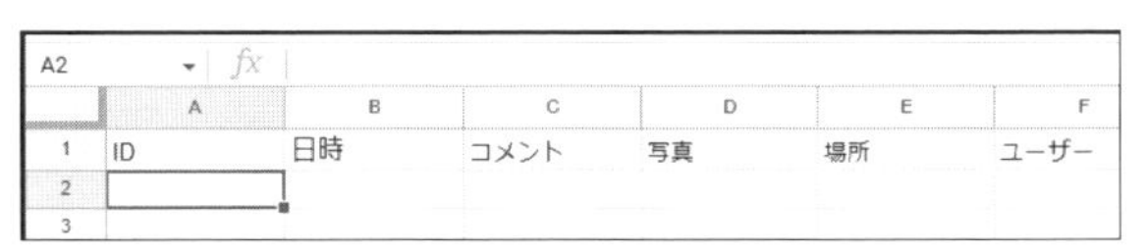

図5-30:シートに項目名を記述する。

ID	日時	コメント	写真	場所	ユーザー

❸シートを作成したら、アプリを作りましょう。「拡張機能」メニューから「AppSheet」内にある「アプリを作成」メニューを選びます。これで、アプリケーションが作成されます。

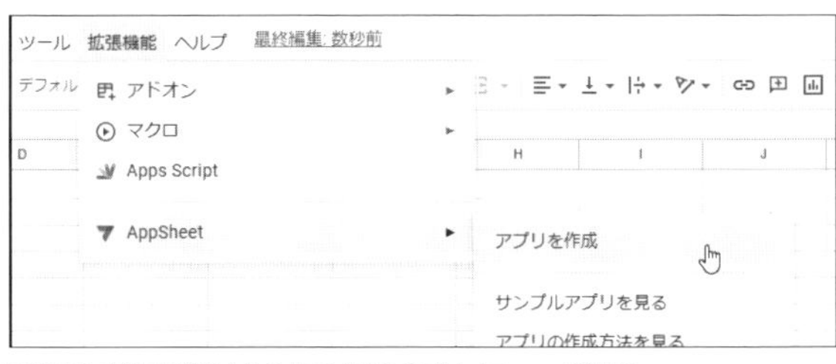

図5-31:「拡張機能」から「アプリを作成」メニューを選ぶ。

DataのColumns設定

では、AppSheetのデータの設定をしましょう。ページ左側の「Data」をクリックし、上部の「Columns」リンクをクリックして表示を切り替えます。

❶デフォルトでは「ボード」というテーブルが作成されています。これをクリックして表示を展開し、列の設定を次のように行います。

図5-32:「ボード」テーブルの列の設定を行う。

_Row_Number	TYPEは「Number」。「KEY?」「LABEL?」「SHOW?」「EDITABLE?」「REQUIRE?」のチェックをすべてOFFにする。
ID	TYPEは「Text」。「KEY?」「LABEL?」「SHOW?」「EDITABLE?」「REQUIRE?」のチェックをすべてONにする。
日時	TYPEは「DateTime」。「KEY?」「LABEL?」のチェックをOFFに、「SHOW?」「EDITABLE?」「REQUIRE?」のチェックをONにする。
コメント	TYPEは「Text」。「KEY?」「LABEL?」「REQUIRE?」のチェックをOFFに、「SHOW?」「EDITABLE?」のチェックをONにする。
写真	TYPEは「Image」。「KEY?」「LABEL?」のチェックをOFFに、「SHOW?」「EDITABLE?」「REQUIRE?」のチェックをONにする。
場所	TYPEは「LatLong」。「KEY?」「LABEL?」のチェックをOFFに、「SHOW?」「EDITABLE?」「REQUIRE?」のチェックをONにする。
ユーザー	TYPEは「Email」。「KEY?」「LABEL?」「EDITABLE?」のチェックをOFFに、「SHOW?」「REQUIRE?」のチェックをONにする。

❷「INITIAL VALUE」の設定をします。以下の列についてINITIAL VALUEの値を設定しましょう。

ID	UNIQUEID()（デフォルトで設定済）
日時	NOW()
場所	HERE()
ユーザー	USEREMAIL()

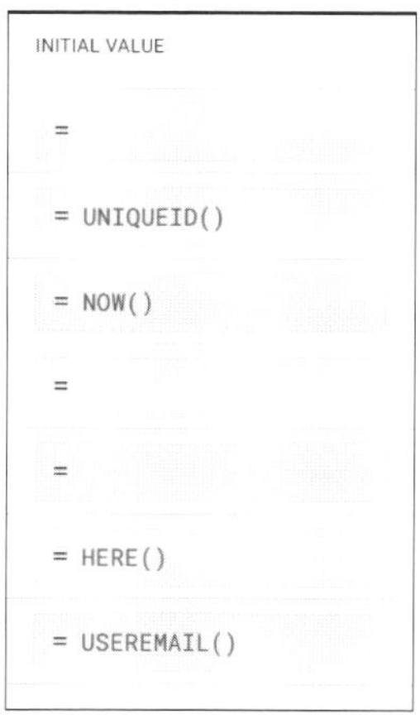

図5-33：INITIAL VALUEに必要な値を設定していく。

スライスの作成

続いて、投稿された「ボード」テーブルから最新のレコードだけを表示するスライスを作成しましょう。

❶上部の「Slices」リンクをクリックして表示を切り替え、「New Slice」ボタンをクリックし、ダイアログから「Create a new slice」ボタンをクリックして新しいスライスを作成します。

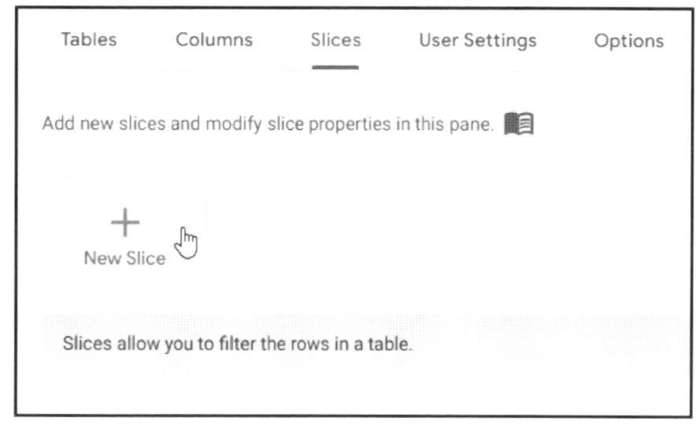

図5-34：「New Slice」ボタンでスライスを作る。

❷作成されたスライスの設定を次のように行います。

Slice Name	最新投稿
Source Table	ボード

続いて「Row filter condition」をクリックし、「Create a custom expression」メニューを選びます。

図5-35：スライスの設定を行い、「Create a custom expression」メニューを選ぶ。

❸式アシスタントが表示されます。ここで次のように式を記入します。これでスライスは完成です。

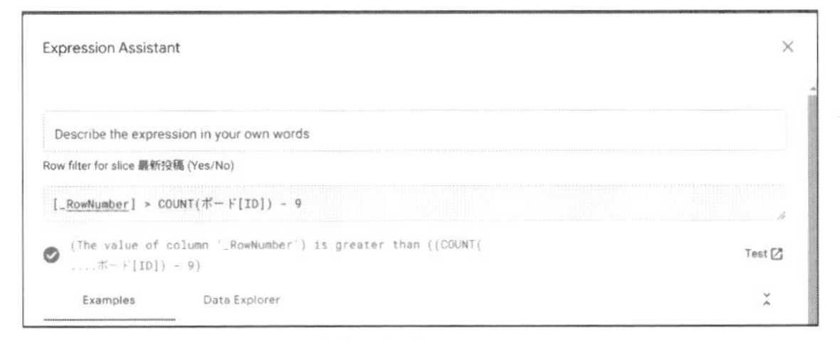

図5-36：式アシスタントで式を入力する。

```
[_RowNumber] > COUNT(ボード[ID]) - 9
```

Viewを用意する

続いて、ユーザーインターフェイスの設定を行いましょう。ページ左側の「App」をクリックし、上部の「Views」リンクをクリックして表示を切り替えます。

❶Primary Viewsにある「ボード」ビューをクリックして設定を表示し、次のように設定を変更してください。

View name	ボード
For this data	最新投稿(slice)
View type	card
Position	center

図5-37：「ボード」ビューの設定を行う。

❷「View Options」で表示の設定を行います。まず「Sort by」のところにある「Add」ボタンをクリックし、項目を追加します。そして、「日時」「Descending」と設定をします。続いて、「Layout」にあるラジオボタンから「photo」を選択します。

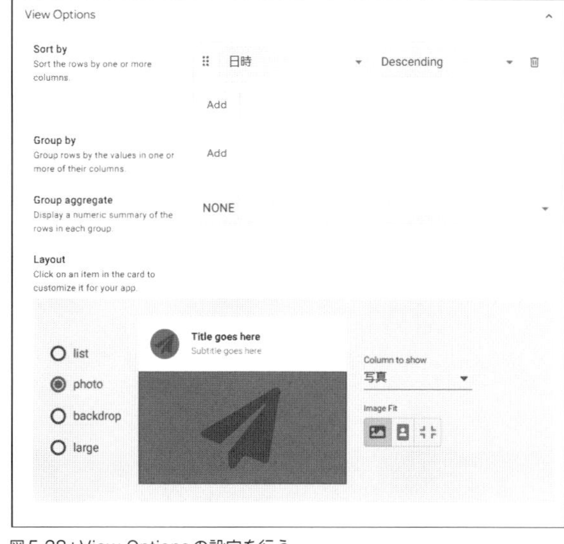

図5-38：View Optionsの設定を行う。

❸Layoutに表示されているプレビュー部分の各部をクリックし、どの列を表示するかを指定していきます。

アイコン部分	None
タイトルテキスト	コメント
説明テキスト	日時
イメージ	写真

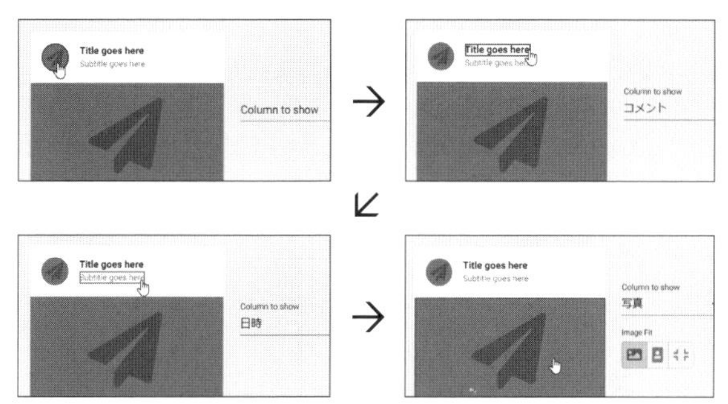

図5-39：プレビューの各部を選択し、表示する列を指定する。

❹「マップ」ビューの設定を行います。次のように設定を変更してください。

View name	マップ
For this data	最新投稿 (slice)
View type	map
Position	center

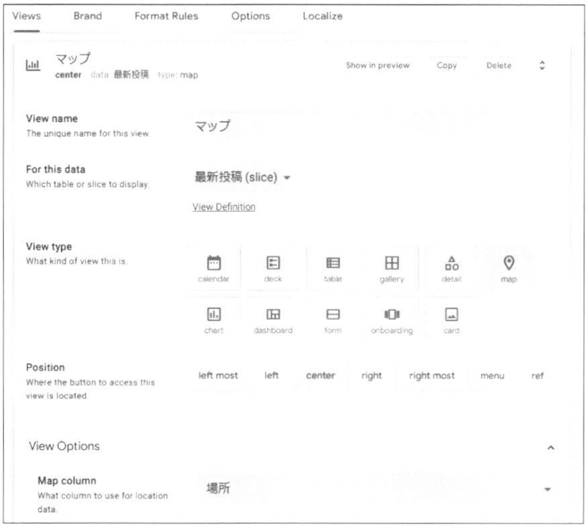

図5-40：「マップ」ビューの基本的な設定を行う。

❺Ref Viewsにある「最新投稿_Form」の設定を変更します。設定を開き、「Column order」の「Add」ボタンをクリックして以下の項目を追加してください。

```
_RowNumber、コメント、写真
```

図5-41：「最新投稿_Form」のColumn orerを設定する。

フォーマットルールの作成

続いて、マップのマーカーを見やすくするためのフォーマットルールを作成します。

❶上部の「Format Rules」リンクをクリックし、表示を切り替えます。そして、「New Format Rule」ボタンをクリックします。

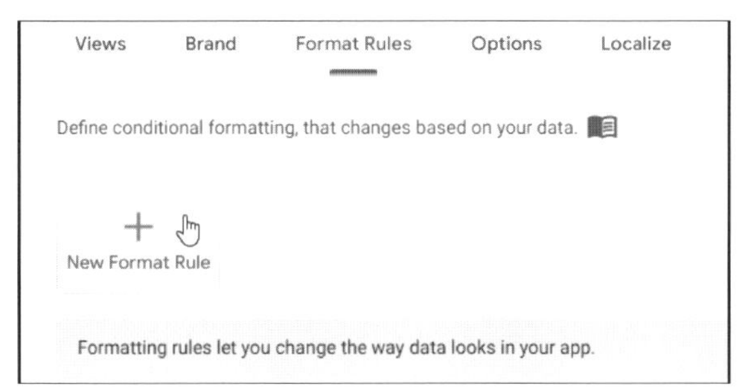

図5-42：「New Format Rule」ボタンをクリックする。

❷新しく作ったフォーマットルールを次のように設定します。

図5-43：フォーマットルールの設定を行う。

Rule name	マップ
For this data	ボード
Format these columns and actions	場所

❸Visual Formatにあるアイコンとカラーの設定を行います。これらは、それぞれの好みで選択してかまいません。カラーは、Hilight colorでマーカー色を指定してください。

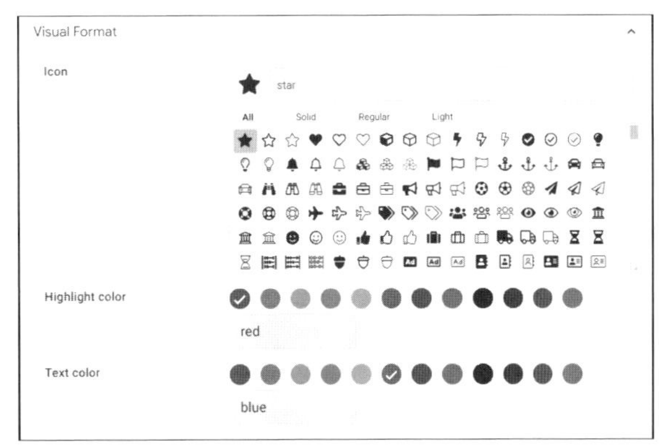

図5-44：Visual Formatでアイコンとカラーを設定する。

アクションの設定

アクションの設定を行います。ページ左側の「Actions」を選択してください。

❶初期状態では、システムによって作成されたアクションが「ボード」欄に5つ作成されています。これらを編集します。

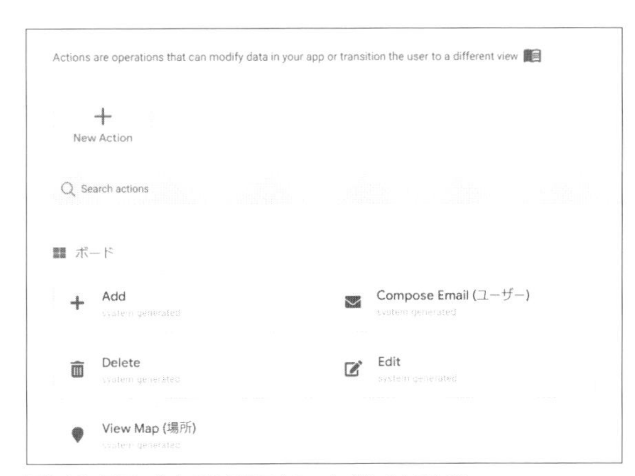

図5-45：デフォルトで5個のアクションが作られている。

❷「Edit」アクションをクリックして表示を展開してください。そして、中にある「Only if this condition is true」の値を次のように設定します。

```
[ユーザー] = USEREMAIL()
```

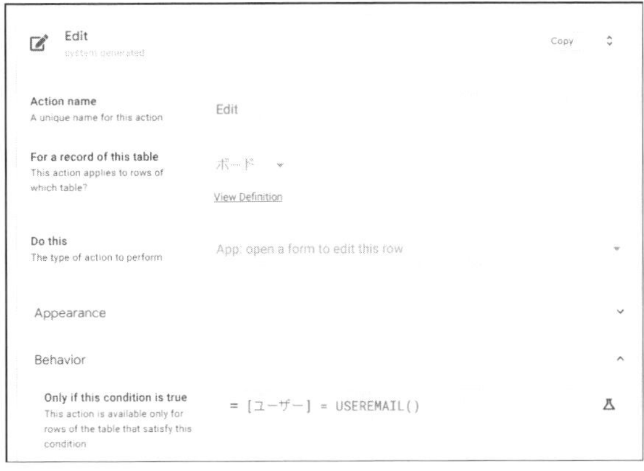

図5-46：「Edit」アクションのOnly if this condition is trueを設定する。

❸続いて「Delete」アクションです。こちらも「Only if this condition is true」に以下の値を設定します。

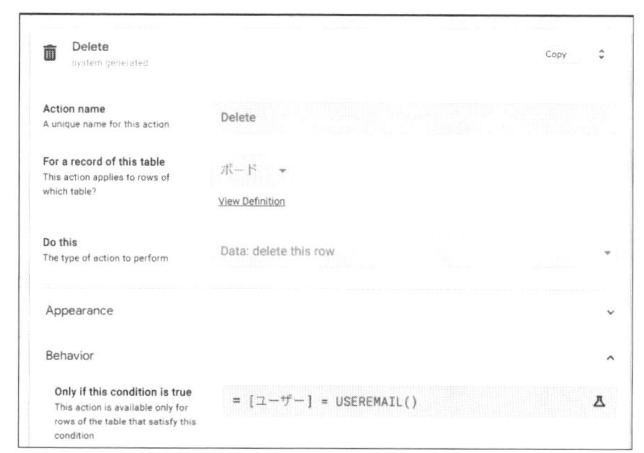

図5-47：「Delete」アクションのOnly if this condition is trueに設定をする。

```
[ユーザー] = USEREMAIL()
```

❹「Compose Email (ユーザー)」アクションの設定です。「Only if this condition is true」をクリックし、以下の式を入力してください。これでアクションの設定は完了です。

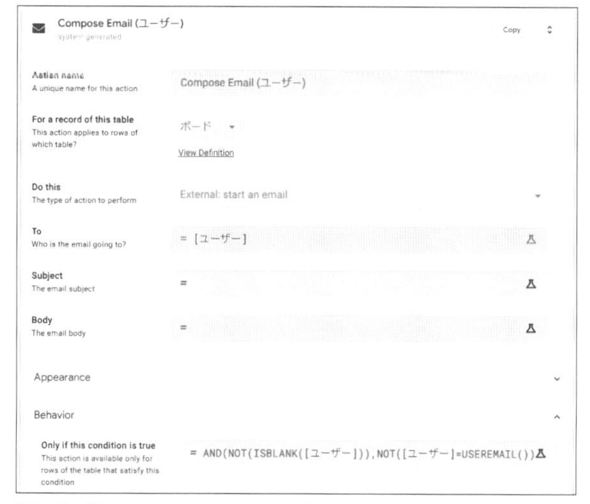

図5-48：「Compose Email (ユーザー)」アクションのOnly if this condition is trueを設定する。

```
AND(NOT(ISBLANK([ユーザー])),NOT([ユーザー]=USEREMAIL()))
```

アプリのポイント

今回のアプリは、先に作成したミニボードのアレンジです。ミニボードはメッセージだけでしたが、今回はイメージと位置情報も共有しました。これにより、写真の撮影と、撮影した場所を共有できるようになります。

基本的なアプリの仕組みがわかれば、アレンジ次第でいろいろなものが作れる。それを体験するのが今回の最大のポイント、と言えるでしょう。

自分の投稿だけ表示する

今回も、前回と同じく投稿者が自分かそうでないかによってアクションをON/OFFしています。前回のポイントで触れていませんでしたが、「Compose Email（ユーザー）」アクションではOnly if this condition is trueに次のような式を指定していました。

```
AND(NOT(ISBLANK([ユーザー])),NOT([ユーザー]=USEREMAIL()))
```

これ、なにをしているのかよくわからなかったかもしれません。これは、いくつかの関数の組み合わせになっています。

```
AND(①, ②)
```

▼ANDの引数

```
①NOT(③)
②NOT(④)
```

▼NOTの引数

```
③ISBLANK([ユーザー])
④[ユーザー]=USEREMAIL()
```

ANDは、引数に用意した2つの条件の両方が成立するかどうかチェックするものです。両方が成立すればYes（true）となります。

これらの引数にあるNOTは、引数の式の結果を逆にするものです。つまりYesの場合はNoに、Noの場合はYesにします。この引数の中にあるのは1つがISBLANK関数で、引数の項目が空かどうかをチェックします。そして、もう1つが[ユーザー]=USEREMAIL()という式です。

これらを組み合わせて、「[ユーザー]が空っぽでなくて、なおかつ[ユーザー]とUSEREMAILが等しくない」ということをチェックしていたのですね。ANDを使うと、こんな具合に複数の条件を組み合わせることができます。

Chapter 5

5.3. 「共有メモ」アプリ

「共有メモ」アプリについて

ちょっとしたメモ書きをするアプリというのは、AppSheetユーザーなら一度は作ったことがあるのではないでしょうか。けれど、書いたメモを簡単に他人と共有できるようにすれば、また違った使い方になります。

「共有メモ」は、自分で書いたメモを簡単に共有できるアプリです。アプリではメモのリストが表示されますが、ここには自分で書いたメモだけでなく、他人が共有したメモもすべて表示されます。メモの作成は「＋」ボタンで簡単に行えます。このとき、「共有」の項目を「Y」にすると、そのメモはすべてのメンバーの間で共有されます。

メモのリストから項目をタップすると、そのメモの内容が表示されます。自分のメモは編集や削除が可能です。他人が共有したメモはブラウズするだけで編集はできません。

図5-49：メモのリストには自分の書いたメモと、他人が共有したメモが表示される。メモは「＋」ボタンで作成できる。リストからメモをタップすると内容が表示され、自分のメモは再編集できる。他人が共有したものは編集できない。

Googleスプレッドシートの作業

では、Googleスプレッドシートから作成していきましょう。新しいスプレッドシートを開いてください。

❶ファイルが開かれたら、ファイル名を「共有メモ」に変更します。そして、シートの名前を「メモ」にしておきます。

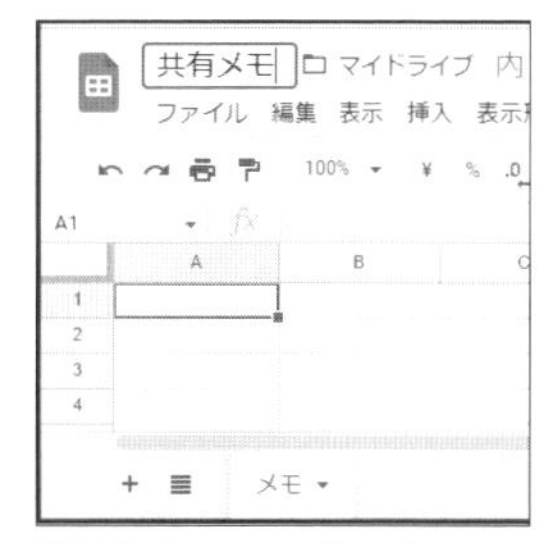

図5-50：Googleスプレッドシートのファイルとシート名を設定する。

❷データを作成しましょう。一番上の行に、次のように項目名を記入してください。

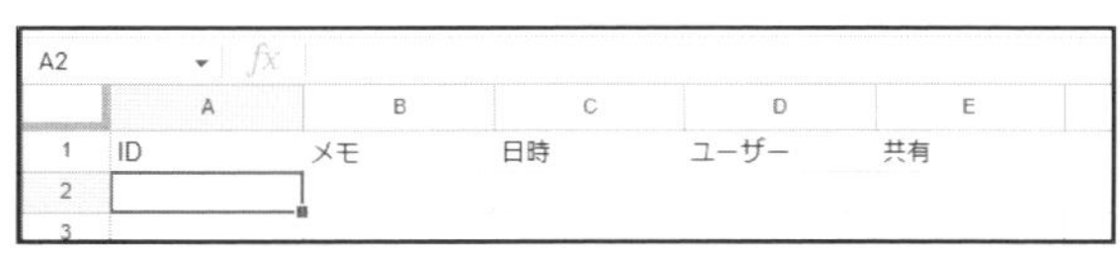

図5-51：シートに項目名を記述する。

ID	メモ	日時	ユーザー	共有

❸アプリを作ります。「拡張機能」メニューから「AppSheet」内にある「アプリを作成」メニューを選びましょう。これで、アプリケーションが作成されます。

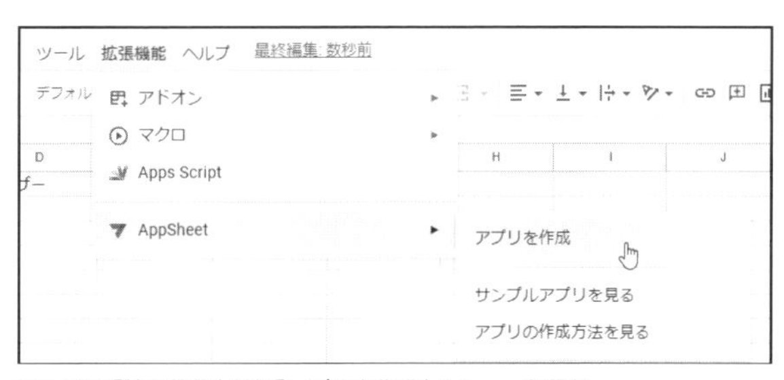

図5-52：「拡張機能」から「アプリを作成」メニューを選ぶ。

DataのColumns設定

AppSheet側の作業に移ります。まずはデータ関連の設定からですね。ページ左側の「Data」をクリックし、上部の「Columns」リンクをクリックします。

❶初期状態では、「メモ」というテーブルが1つだけ作成されています。これをクリックして設定画面を開きます。

図5-53：「メモ」テーブルをクリックする。

❷「メモ」テーブルの列を設定します。それぞれ次のように設定を行ってください。

NAME	TYPE	KEY?	LABEL?	FORMULA	SHOW?	EDITABLE?	REQUIRE?
_RowNumber	Number	☐	☐	=	☐	☐	☐
ID	Text	☑	☑	=	☑	☑	☑
メモ	LongText	☐	☐	=	☑	☑	☐
日時	DateTime	☐	☐	=	☑	☑	☑
ユーザー	Email	☐	☐	=	☑	☑	☑
共有	Yes/No	☐	☐	=	☑	☑	☑

図5-54：「メモ」テーブルの列を設定する。

_Row_Number	TYPEは「Number」。「KEY?」「LABEL?」「SHOW?」「EDITABLE?」「REQUIRE?」のチェックをすべてOFFにする。
ID	TYPEは「Text」。「KEY?」「LABEL?」「SHOW?」「EDITABLE?」「REQUIRE?」 のチェックをすべてONにする。
メモ	TYPEは「LongText」。「KEY?」「LABEL?」「REQUIRE?」 のチェックをOFFに、「SHOW?」「EDITABLE?」のチェックをONにする。
日時	TYPEは「DateTime」。「KEY?」「LABEL?」のチェックをOFFに、「SHOW?」「EDITABLE?」「REQUIRE?」のチェックをONにする。
ユーザー	TYPEは「Email」。「KEY?」「LABEL?」のチェックをOFFに、「SHOW?」「EDITABLE?」「REQUIRE?」のチェックをONにする。
共有	TYPEは「Yes/No」。「KEY?」「LABEL?」のチェックをOFFに、「SHOW?」「EDITABLE?」「REQUIRE?」のチェックをONにする。

❸INITIAL VALUEに値を設定していきます。以下の項目について、値をクリックして式を入力してください。

ID	UNIQUEID()（デフォルトで設定済）
日時	NOW()
ユーザー	USEREMAIL()
共有	false

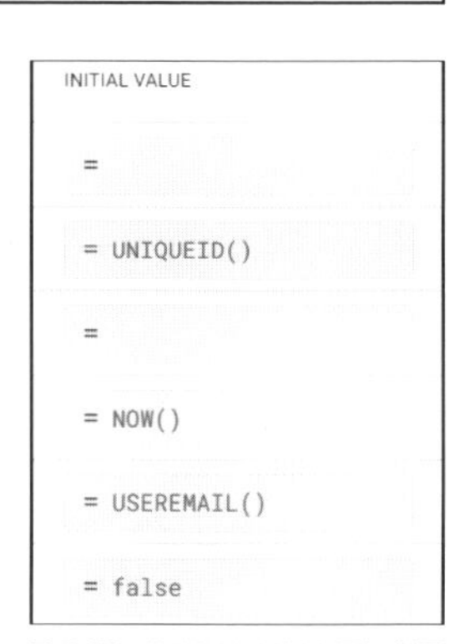

図5-55：INITIAL VALUEに必要な値を設定していく。

❹日時の値が編集時に更新されるようにしておきます。「日時」列の冒頭にある鉛筆アイコンをクリックし、設定パネルを呼び出してください。その中に「Reset on edit?」という項目があります。これをONに変更し、「Done」ボタンでパネルを閉じます。

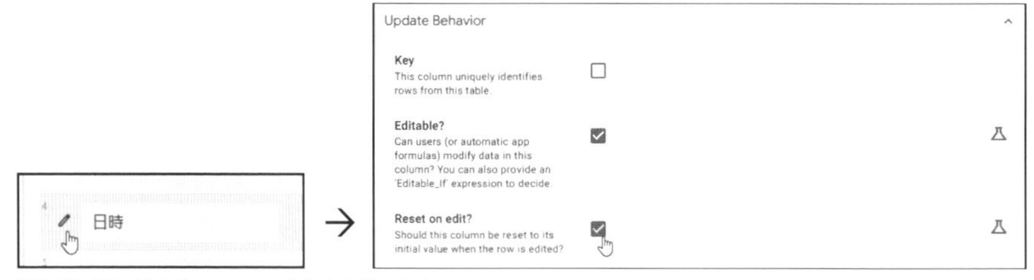

図5-56：「日時」のReset on edit?をONにする。

スライスの作成

自分が投稿したメモと共有したメモが表示されるスライスを作成しましょう。上部の「Slices」リンクをクリックしてください。

❶上部にある「New Slice」ボタンをクリックし、ダイアログから「Create a new slice」ボタンをクリックして新しいスライスを作成します。

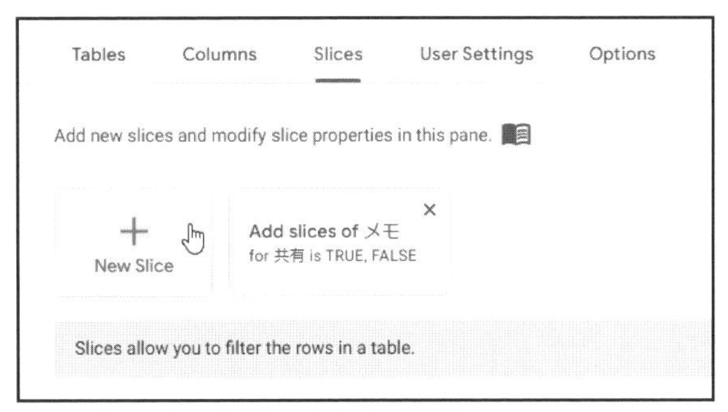

図5-57：「New Slice」ボタンでスライスを作る。

❷作成されたスライスで以下の項目を設定します。

Slice Name	自分のメモ
Source Table	メモ

「Row filter condition」の値部分をクリックし、プルダウンして現れたメニューから「Create a custom expression」を選んで式アシスタントを呼び出します。

図5-58：名前とソースを指定し、「Create a custom expression」メニューを選ぶ。

❸式アシスタントが現れたら以下の式を入力し、「Save」ボタンで保存をしてください。

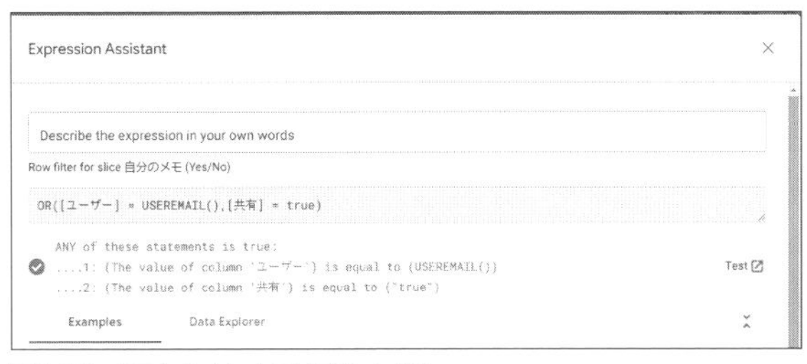

図5-59：式アシスタントで式を入力する。

```
OR([ユーザー] = USEREMAIL(),[共有] = true)
```

Viewを用意する

続いて、ユーザーインターフェイスの設定を行います。ページ左側の「App」をクリックし、上部の「Views」リンクをクリックして表示を切り替えてください。

❶初期状態では全部で5つのビューが用意されています。次のようなものです。

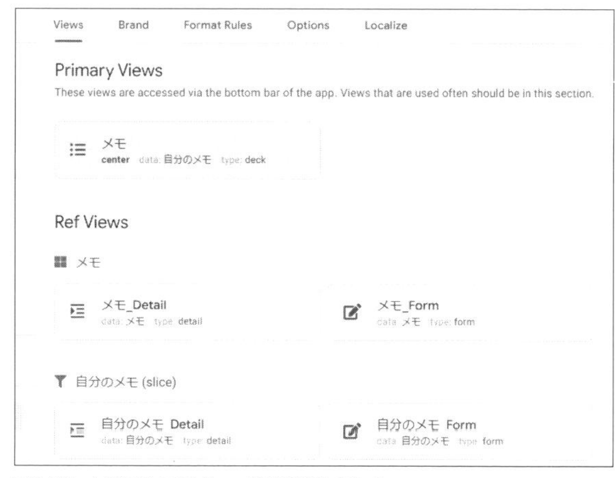

図5-60：全部で5つのビューが用意されている。

Primary Views	メモ
Ref Views	メモ_Detail、メモ_Form、自分のメモ_Detail、自分のメモ_Form

❷「メモ」ビューをクリックして設定を開きます。そして、基本的な設定を次のように行います。

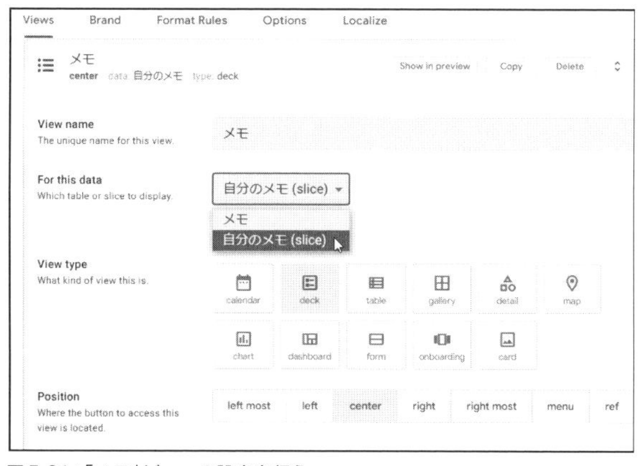

図5-61：「メモ」ビューの設定を行う。

View name	メモ
For this data	自分のメモ (slice)
View type	deck
Position	center

❸「View Options」の設定を行います。「Sort by」の「Add」ボタンをクリックし、項目を追加してください。値は「日時」「Descending」としておきます。そして、以下の項目を設定します。

Primary header	メモ
Secondary header	ユーザー
Summary column	日時

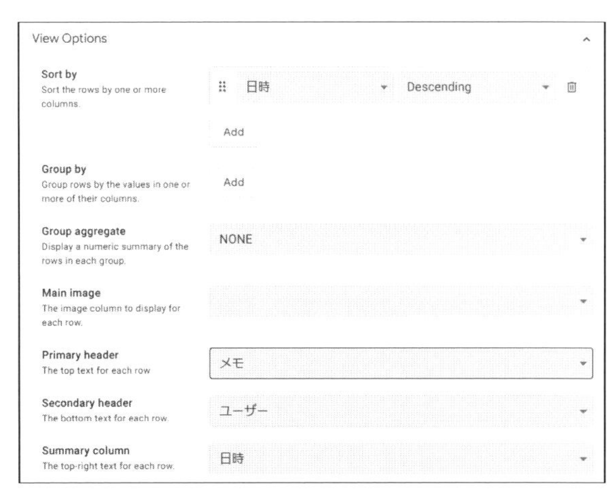

図5-62：Sort byでソートを用意し、表示の内容を設定する。

❹「自分のメモ_Detail」ビューの設定を変更します。これは「自分のメモ」スライスの詳細表示ビューですね。これを開き、「Column order」のところにある「Add」ボタンで以下の項目を追加します。

- 日時、メモ、ユーザー

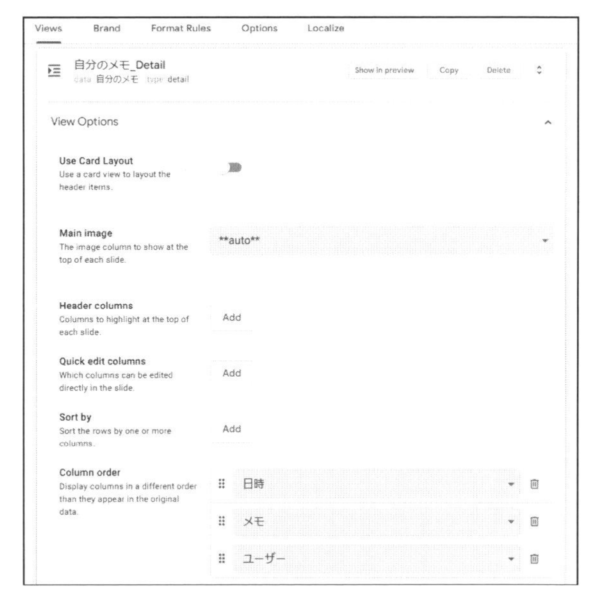

図5-63：「自分のメモ_Detail」のColumn orderを設定する。

❺「自分のメモ_Form」ビューの設定を変更します。「Column order」に「Add」ボタンで以下の項目を追加します。

- メモ、共有

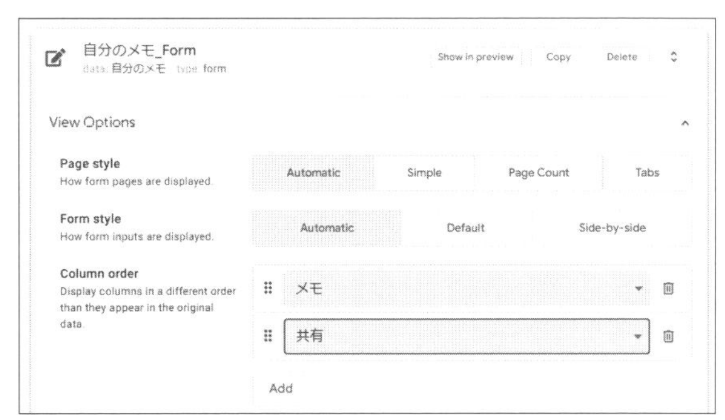

図5-64：「自分のメモ_Form」のColumn orderを設定する。

オプション設定とフォーマットルール

表示を整えるための設定を行いましょう。これはオプション設定とフォーマットルールで行います。

❶まずは見やすいように表示フォントを全体的に少し大きくします。上部の「Options」リンクをクリックし、現れた画面にある「Fonts」の「Text size」を22前後に調整しましょう。これでテキストが全体的に少し大きくなります。

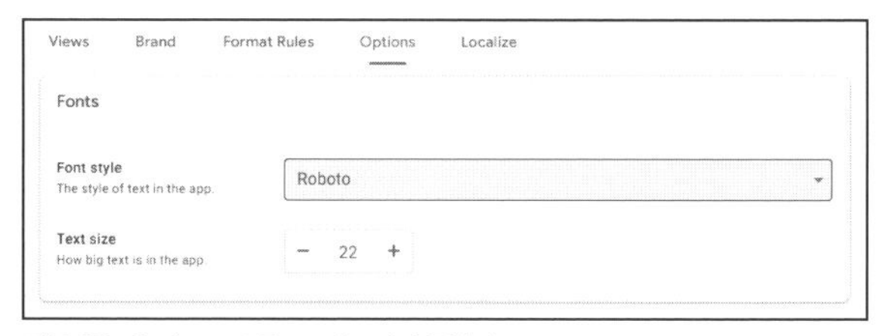

図5-65：OptionsのText sizeを変更する。

❷続いてフォーマットルールを作ります。上部の「Format Rules」リンクをクリックし、現れた表示にある「New Format Rule」ボタンをクリックして新しいファーマットルールを作りましょう。

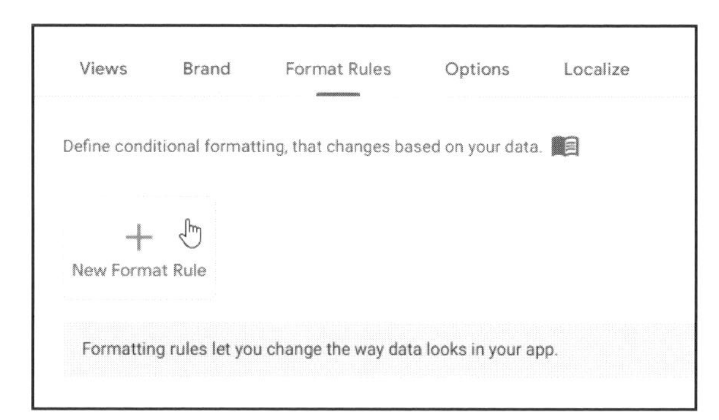

図5-66：「New Format Rule」ボタンをクリックする。

❸作成されたフォーマットルールの設定を行います。今回はユーザーのメールアドレスの表示スタイルを変更します。以下の項目を設定してください。

Rule name	ユーザー
For this data	メモ
Format these columns and actions	ユーザー

そして、「If this condition is true」の値部分をクリックして式アシスタントを呼び出し、次のように式を入力しておきます。これで利用者以外のメンバーの投稿のみ、このルールが適用されるようになります。

```
NOT([ユーザー] = USEREMAIL())
```

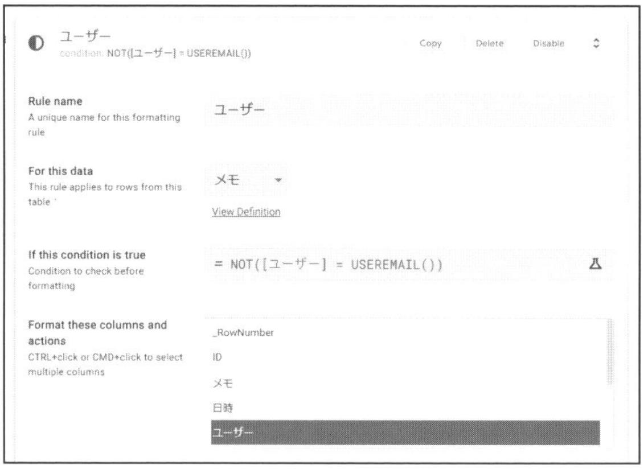

図5-67：フォーマットルールの設定を行う。

❹フォーマットルールのカラーとテキストスタイルを設定します。Text colorで色を選択し、Text Formatで表示するメールアドレスのスタイルを適当に変更しておきましょう。

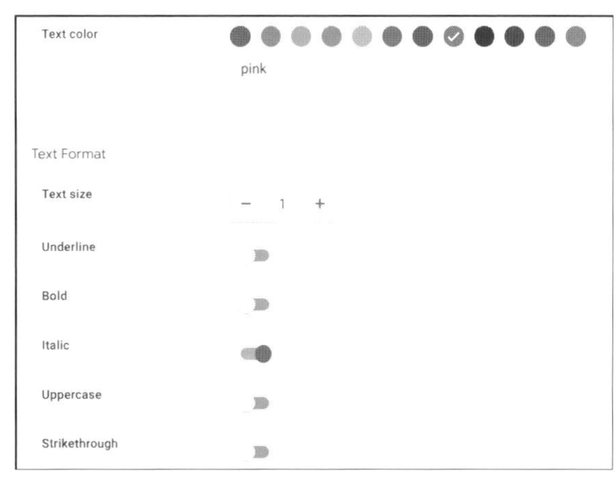

図5-68：カラーとテキストスタイルを設定する。

アクションの設定

自分の投稿のみ編集と削除が行えるようにアクションを設定しましょう。ページ左側の「Actions」を選択してください。

❶「Actions」では、「メモ」というところに4つのアクションが作成されているのが確認できます。これらがシステムにより自動生成されたアクションです。これらの設定を変更します。

図5-69：デフォルトで作られているアクション。

❷「Edit」アクションの設定を開き、「Behavior」のところにある「Only if this condition is true」の値に以下の式を入力します。

```
[ユーザー] = USEREMAIL()
```

図5-70：「Edit」アクションのOnly if this condition is trueに式を入力する。

❸「Delete」アクションの設定を開き、同様に「Only if this condition is　true」の値に以下の式を入力します。

```
[ユーザー] = USEREMAIL()
```

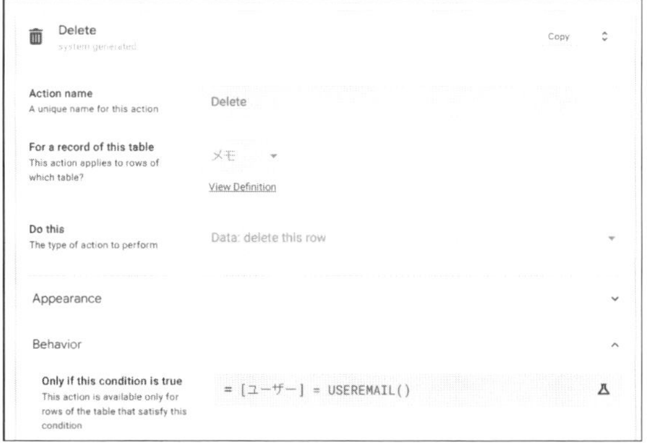

図5-71:「Delete」アクションのOnly if this condition is　trueに式を入力する。

❹「Compose Email (ユーザー)」アクションの設定を開き、「Only if this condition is　true」の値に以下の式を入力します。

図5-72 :「Compose Email (ユーザー)」アクションのOnly if this condition is　trueに式を入力する。

```
AND(NOT(ISBLANK([ユーザー])), NOT([ユーザー]=USEREMAIL()))
```

アプリのポイント

今回のアプリも、これまで作った共有アプリのアレンジです。ただし今回は「基本は自分の投稿したものだけが表示され、設定することで全員に共有される」という形になっています。

ここでは共有のためのYes/No型の列を用意しておき、その値がYes (true) なら共有、No (false) なら共有しないようにしています。それを行っているのは、「自分の共有」スライスです。ここでRow filter conditionに次のような式を設定しています。

```
OR([ユーザー] = USEREMAIL(), [共有] = true)
```

このRow filter conditionという項目は、スライスに表示する列の条件を指定するものです。ここではORという関数を使っていますね。これはこういうものです。

```
OR( 条件1, 条件2 )
```

ORは、先に使ったANDと同じく複数の条件をチェックするものです。こちらは引数に指定した条件のうち、1つでも成立すればYesと判断します。Noになるのは、用意した条件が全部Noだった場合のみです。

今回は、[ユーザー] = USEREMAIL()と[共有] = trueという2つの条件のどちらかが成立すればスライスに追加するようにしていますね。こうしてスライスに「自分の投稿と、共有した投稿」がひとまとめにして表示されるようにしていたのです。

Chapter 5

5.4. 「今、どこ?」アプリ

「今、どこ?」アプリについて

知人友人の間で情報共有できると便利なものとして「位置情報」が挙げられるでしょう。現在、どこにいるのかを簡単に共有できれば、みんなで集合するときなどに便利ですね。

「今、どこ？」アプリは、メンバー同士の居場所を簡単に確認するツールです。「どこ？」アイコンをタップするとリストが表示され、そこに投稿したメンバーのメッセージが表示されます。項目をタップすると、そのメンバーの現在位置、コメント、名前などが表示されます。リストの自分の項目にある編集ボタンをタップするとコメントを入力するフォームが現れ、ここにコメントを書いて送信すれば現在位置とコメント、日時といった情報が更新されます。「マップ」アイコンをタップすると、各メンバーの現在位置がマーカーで表示されます。

図5-73:リストにコメントが一覧表示される。メンバーの項目をタップすると詳細情報が表示される。自分の項目は編集でき、コメントを書いて送信すると現在地が更新される。「マップ」では全員の居場所がマップで確認できる。

Googleスプレッドシートの作業

では、Googleスプレッドシートを作成しましょう。新しいスプレッドシートを開いてください。

❶ファイルが開かれたら、ファイル名を「今、どこ？」に変更します。シートの名前は「どこ？」にしておきます。

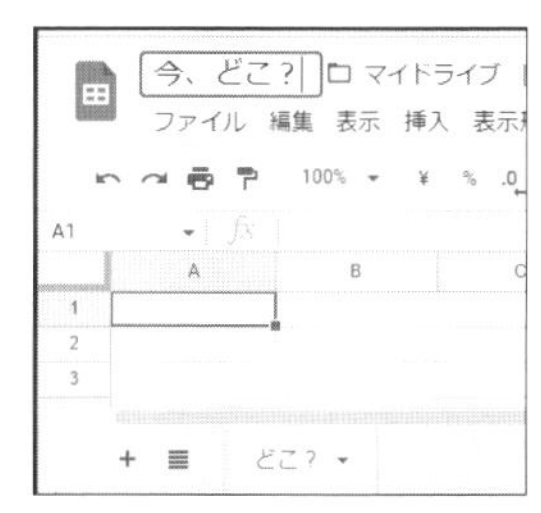

図5-74：Googleスプレッドシートのファイルとシート名を設定する。

❷シートにデータを作成しましょう。一番上の行に、次のように項目名を記入してください。

図5-75：シートに項目名を記述する。

ユーザー	名前	場所	日時	コメント

❸「ユーザー」列に利用するアカウントのメールアドレスを、「名前」列に表示される名前をそれぞれ記述します。ここに記述したアカウントだけがアプリで表示されます。

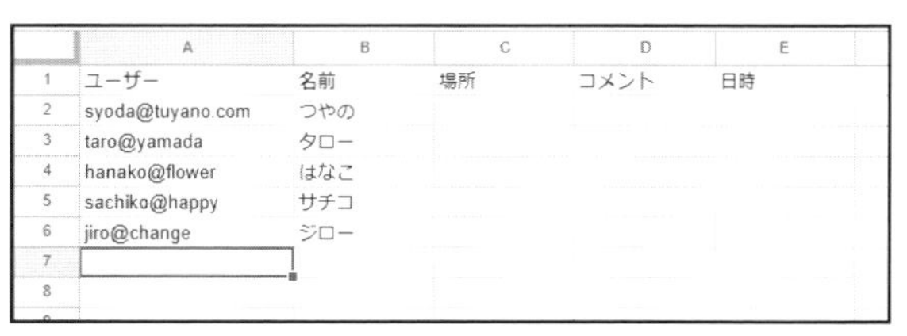

	A	B	C	D	E
1	ユーザー	名前	場所	コメント	日時
2	syoda@tuyano.com	つやの			
3	taro@yamada	タロー			
4	hanako@flower	はなこ			
5	sachiko@happy	サチコ			
6	jiro@change	ジロー			
7					
8					

図5-76：ユーザーのメールアドレスと名前を入力する。

❹アプリを作ります。「拡張機能」メニューから「AppSheet」内にある「アプリを作成」メニューを選びましょう。これでアプリケーションが作成されます。

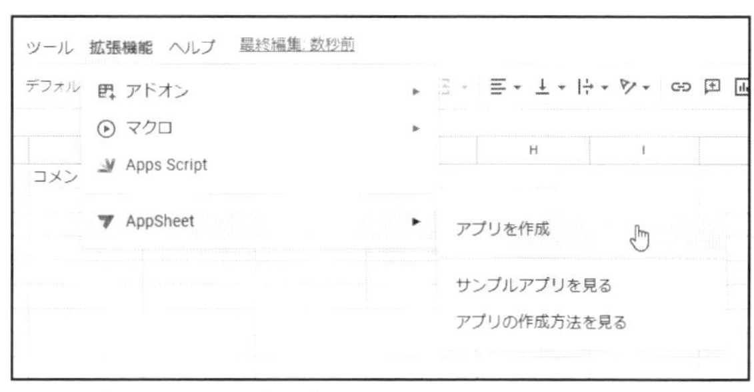

図5-77：「拡張機能」から「アプリを作成」メニューを選ぶ。

DataのColumns設定

続いてAppSheet側の作業に進みましょう。最初はデータ関連の設定です。ページ左側の「Data」をクリックし、上部の「Tables」リンクをクリックしてください。

❶初期状態では「どこ？」というテーブルが1つだけ作成されています。これをクリックして設定画面を開き、以下の設定をします。

Table name	どこ？
Are updates allowed?	「Updates」のみを選択、他はすべて未選択

図5-78：「メモ」テーブルをクリックする。

❷上部の「Columns」リンクを選択し、「どこ？」テーブルの列を設定します。それぞれ次のように設定を行ってください。

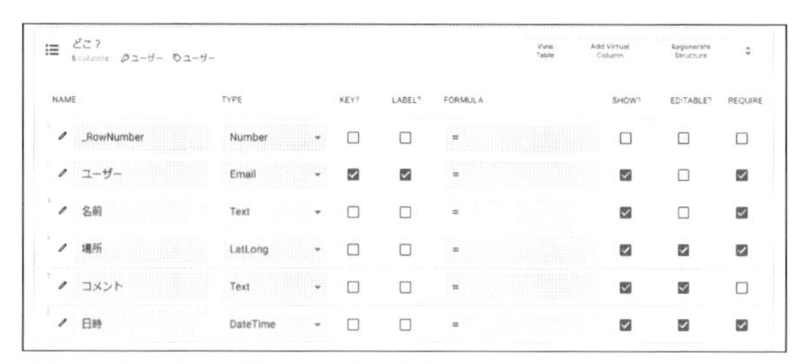

図5-79：「メモ」テーブルの列を設定する。

_Row_Number	TYPEは「Number」。「KEY?」「LABEL?」「SHOW?」「EDITABLE?」「REQUIRE?」のチェックをすべてOFFにする。
ユーザー	TYPEは「Email」。「KEY?」「LABEL?」「SHOW?」「REQUIRE?」のチェックをONに、「EDITABLE?」のチェックをOFFにする。
名前	TYPEは「Text」。「KEY?」「LABEL?」「EDITABLE?」のチェックをOFFに、「SHOW?」「REQUIRE?」のチェックをONにする。
場所	TYPEは「LongText」。「KEY?」「LABEL?」のチェックをOFFに、「SHOW?」「EDITABLE?」「REQUIRE?」のチェックをONにする。
コメント	TYPEは「Text」。「KEY?」「LABEL?」「REQUIRE?」のチェックをOFFに、「SHOW?」「EDITABLE?」のチェックをONにする。
日時	TYPEは「DateTime」。「KEY?」「LABEL?」のチェックをOFFに、「SHOW?」「EDITABLE?」「REQUIRE?」のチェックをONにする。

❸INITIAL VALUEに値を設定していきます。以下の項目について、値をクリックして式を入力してください。

ユーザー	USEREMAIL()
場所	HERE()
日時	NOW()

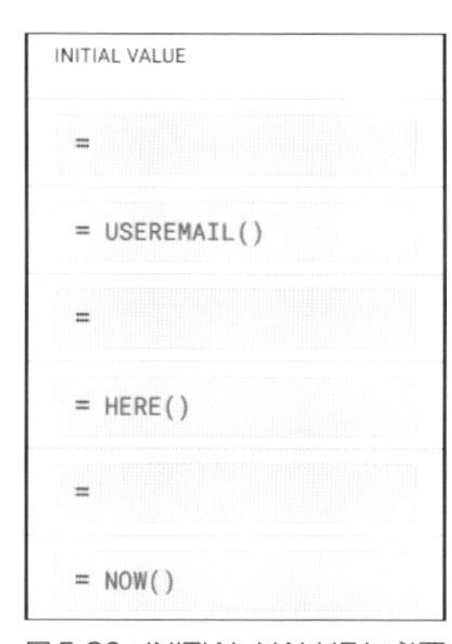

図5-80：INITIAL VALUEに必要な値を設定していく。

❹列の設定を変更します。「場所」の冒頭にある鉛筆アイコンをクリックして設定パネルを呼び出します。そして、「Reset on edit?」のチェックをONに変更して「Done」ボタンでパネルを閉じます。同様に、「日時」のReset on edit?もONに変更しておきましょう。

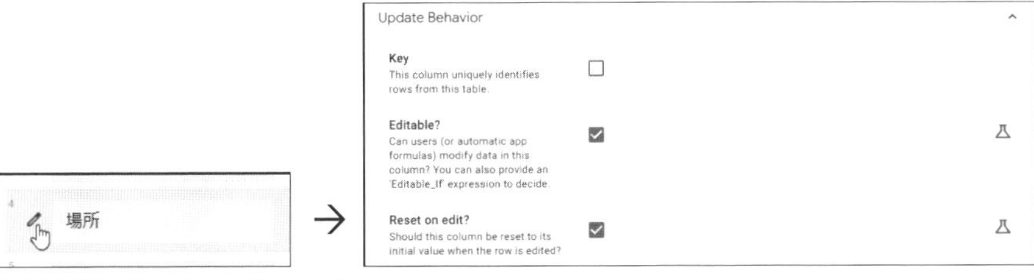

図5-81：場所のReset on edit?をONにする。

Viewを用意する

続いてユーザーインターフェイスの設定を行いましょう。ページ左側の「App」を選択し、上部の「Views」をクリックしてビューの編集画面に切り替えます。

❶Primary Viewsにある「どこ？」ビューを展開し、設定を次のようにしておきましょう。

View name	どこ？
For this data	どこ？
View type	deck
Position	center

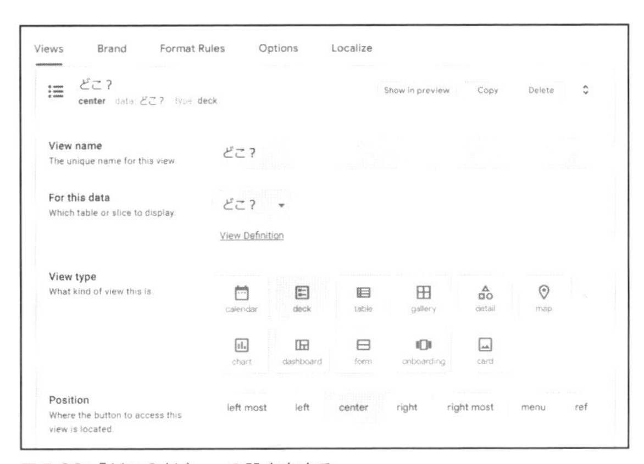

図5-82：「どこ？」ビューの設定をする。

❷「View Options」のところにある項目を設定します。以下のものを変更してください。その他はデフォルトのままにしておきます。

図5-83：View Otionsの設定を行う。

Sort by	「Add」ボタンで追加し「日時」「Descending」を選択
Primary header	コメント
Secondary header	名前
Summary column	**none**

❸マップ表示用のビューを追加します。上部に「Add Map View for どこ？」というボタンが追加されているので、これをクリックしてください。ビューが作成されます。ボタンがない人は「New View」ボタンで作成し、設定をしてください。

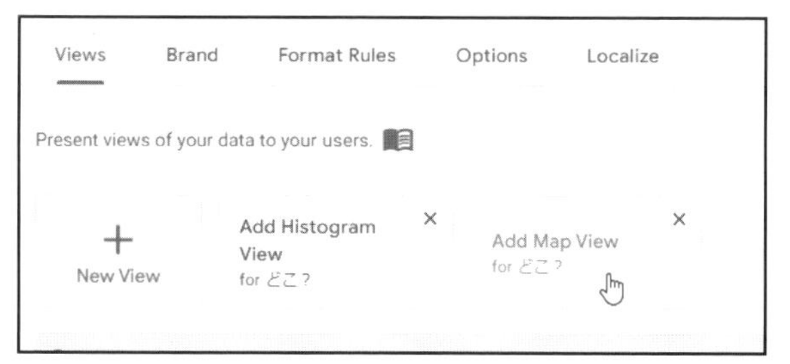

図5-84：「Add Map View for どこ？」ボタンをクリックする。

❹作成されたビューの設定をします。次のように設定を行ってください。

View name	マップ
For this data	どこ？
View type	map
Position	center

図5-85：「マップ」ビューの設定をする。

❺Ref Viewsにある「どこ？_Detail」ビューをクリックし、設定を行います。「Column order」の「Add」ボタンで以下の項目を追加してください。

- 場所、名前、コメント

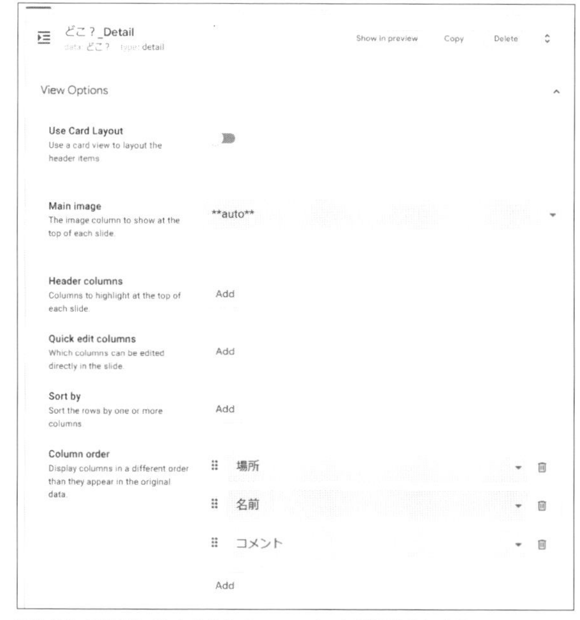

図5-86：「どこ？_DetailのColumn orderに項目を追加する。

❻「どこ？ _Form」ビューの設定を行います。「Column order」の「Add」ボタンを使い、「コメント」を追加してください。

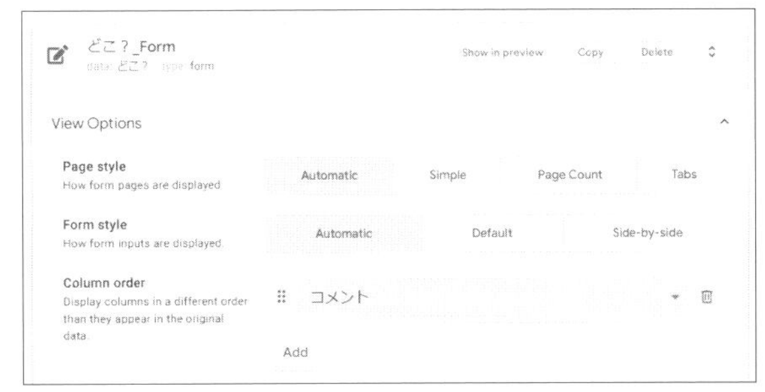

図5-87：「どこ？ _Form」のColumn orderに「コメント」を追加する。

フォーマットルールの作成

続いて、表示を整えるためのフォーマットルールを作成します。上部のリンクから「Format Rules」をクリックしてください。

❶上部に「Change Font Color of どこ？」というボタンが追加されています。これをクリックしてフォーマットルールを作成します。ない場合は「New Format Rule」ボタンを使ってください。

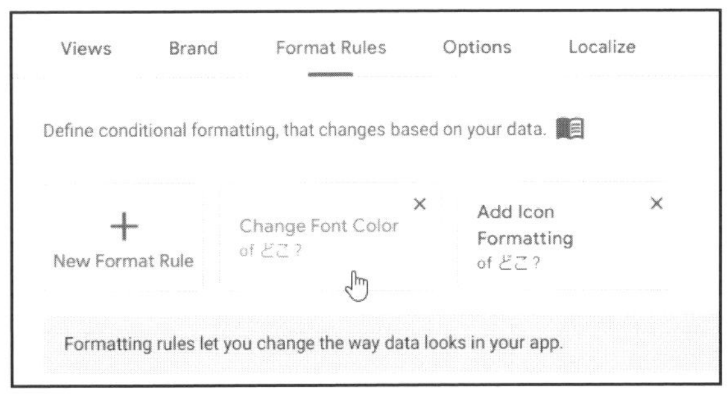

図5-88：「Change Font Color of どこ？」ボタンをクリックする。

❷作成されたフォーマットルールを次のように設定します。

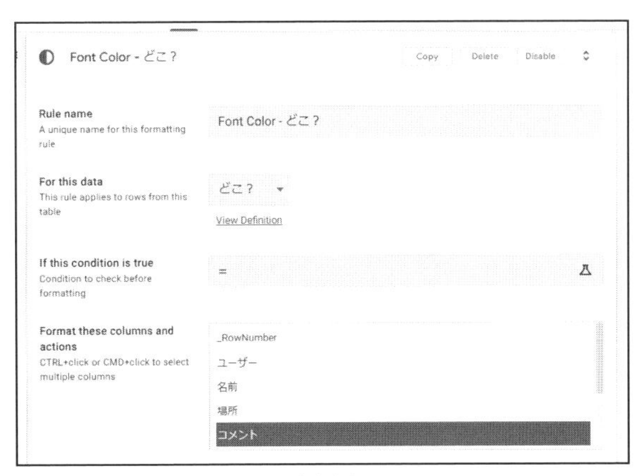

図5-89：フォーマットルールの設定を行う。

Rule name	Font Color - どこ？
For this data	どこ？
Format these columns and actions	「コメント」を選択

❸Visul FormatにあるText colorとText Formatのスタイル設定で、見やすいようにテキストの色とスタイルを設定します。

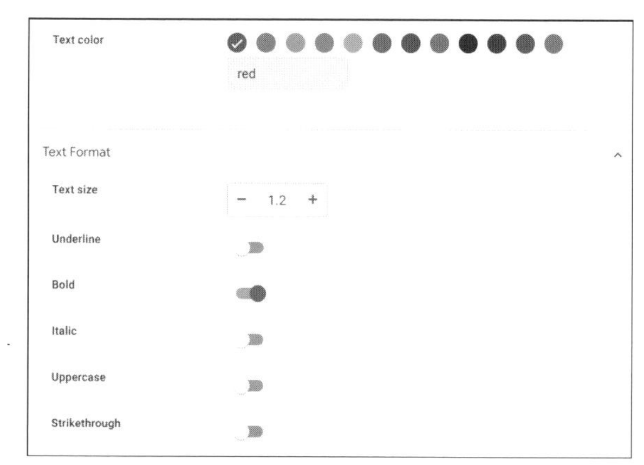

図5-90：テキストの色とスタイルを設定する。

❹もう1つフォーマットルールを作成します。上部に「Add Icon Formatting of どこ？」というボタンが追加されているのでこれをクリックしてください。ない場合は「New Format Rule」ボタンを使いましょう。

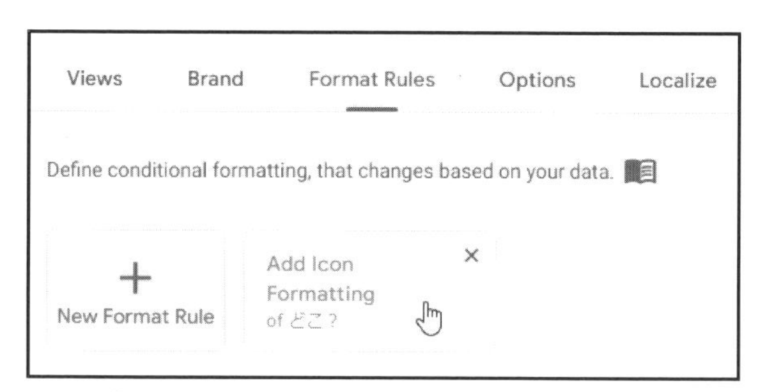

図5-91：「Add Icon Formatting of どこ？」ボタンをクリックする。

❺作成されたフォーマットルールを次のように設定します。

図5-92：フォーマットルールの設定を行う。

Rule name	Format Icon - どこ？
For this data	どこ？
Format these columns and actions	「場所」を選択

❻Visual FormatにあるアイコンとHighlight colorを選択し、マーカーの表示を変更してください。使うアイコンと色は好みで選んでOKです。

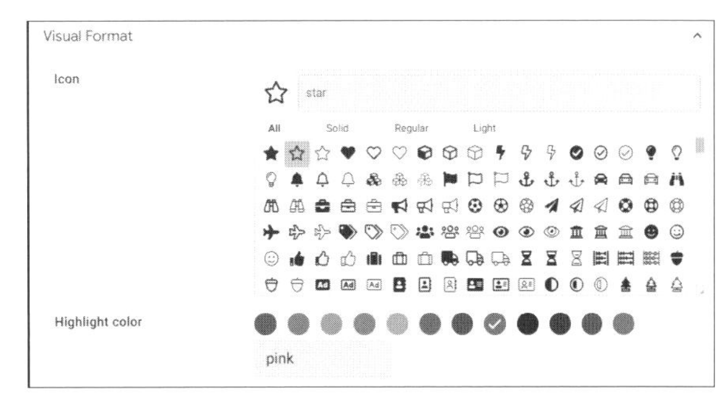

図5-93：Visual Formatの設定を行う。

アクションの設定

最後に、アクションの設定を行います。投稿されたレコードのうち、自分のレコードだけが編集できるようにしておきましょう。ページ左側の「Actions」を選択してください。

❶システムによって、作成されているアクションが「どこ？」というところに3つ表示されます。

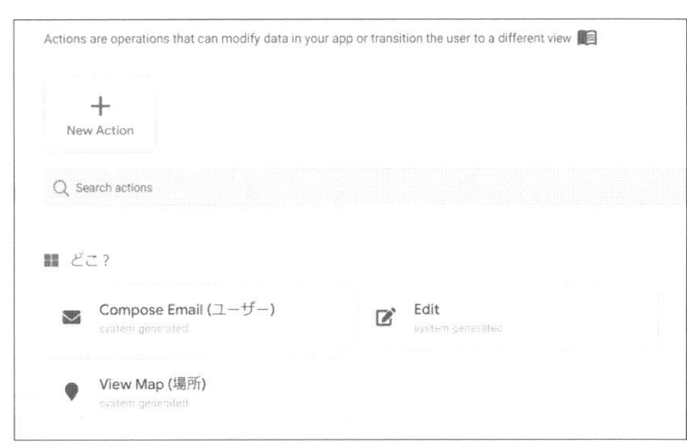

図5-94：「Actions」に3つのアクションが用意されている。

❷「Edit」アクションの設定を開き、Behaviorの「Only if this condition is true」という項目に以下の式を設定します。

```
[ユーザー] = USEREMAIL()
```

図5-95：「Only if this condition is true」に式を入力する。

アプリのポイント

今回は、Chapter 4で使った「スプレッドシートにデータを用意しておき、更新だけ使う」テクニックと、共有のテクニックを組み合わせています。すでに基本部分は何度も作ってきたものとほとんど同じですから、よく説明を読めばだいたい内容はわかることでしょう。

Column orderは何のため?

これまで何度となく行ってきた作業で、まだ特に触れていなかったものがあります。それは「○○_Detail」「○○_Form」のビューで、Column orderを設定する、というものです。これはいったい、何のためにやっているのだろう？　と思った人もいるかもしれません。

これは、表示される項目とその並び順を明示的に指定するためのものです。デフォルトでは、○○_DetailにはSHOW?がONのものすべてが表示され、○○_FormではEDITABLE?がONのものすべてが入力可能となっています。

しかし、利用者に見せたくない情報や、入力してほしくない項目というのもあります。例えば、利用者のメールアドレスや現在の場所、日時などは自動入力するため、ユーザーに入力してほしくありません。こうした場合、フォームのColumn orderで表示する項目を指定すれば、それ以外のものが表示されなくなります。

Chapter 5

5.5.「プロジェクト連絡」アプリ

「プロジェクト連絡」アプリについて

特定のプロジェクトごとにメンバーを決め、その中で情報を共有する、ということはよくあります。こうしたプロジェクトごとの連絡用のアプリを作ってみます。

このアプリは、プロジェクトの一覧リストが表示され、ここに自分がメンバーになっているプロジェクトが表示されます。このリストから項目をクリックするとプロジェクトの詳細が表示されます。この画面の下部にはコメントが表示されるようになっており、「Add」リンクをクリックしていつでもコメントを投稿できます。

プロジェクトの作成は管理者のみが行えます。管理者だけはリストに「＋」ボタンが追加表示され、これをタップするとプロジェクトの作成フォームが現れます。

図5-96：プロジェクトの連絡アプリ。リストには、自分がメンバーになっているプロジェクトが表示される。項目をクリックするとその内容が表示され、「Add」リンクをタップするとコメントが投稿できる。管理者はプロジェクトを新たに作成できる。

Googleスプレッドシートの作業

Googleスプレッドシートの作業からはじめましょう。新しいスプレッドシートのファイルを用意してください。

❶ファイル名を「プロジェクト連絡」に、またシート名を「ユーザー」に変更します。

図5-97：ファイル名とシート名を設定する。

❷シートに項目名を入力します。A1 ～ A2セルに以下の2つの項目を記入してください。

メンバー	管理者

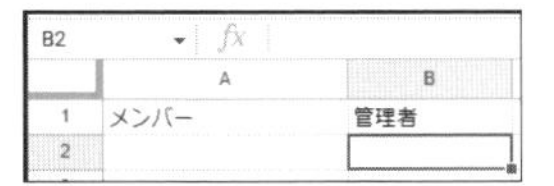

図5-98：ユーザーの項目名を入力する。

❸左下の「＋」ボタンをクリックして新しいシートを追加します。名前は「プロジェクト」としておきましょう。

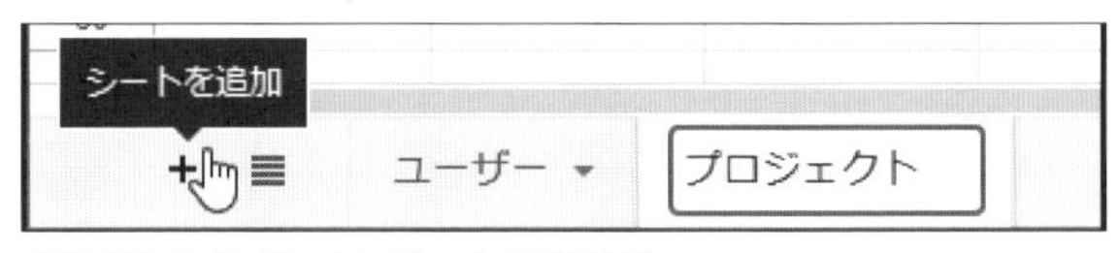

図5-99：「プロジェクト」シートを追加する。

❹シートの1行目に項目名を入力します。以下の4項目を入力してください。

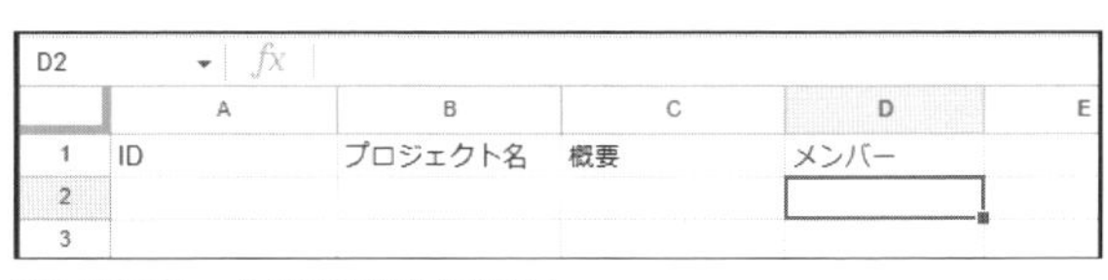

図5-100：シートに項目名を入力する。

ID	プロジェクト名	概要	メンバー

❺左下の「＋」ボタンで新しいシートを追加します。名前は「メッセージ」としておきます。

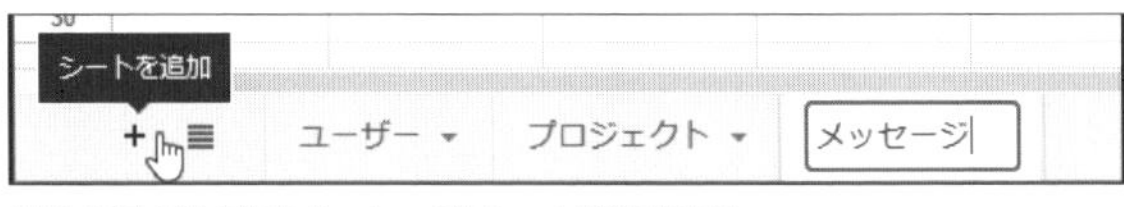

図5-101：新たに「メッセージ」シートを追加する。

❻シートの1行目に項目名を入力しましょう。今回は以下の5項目を用意します。

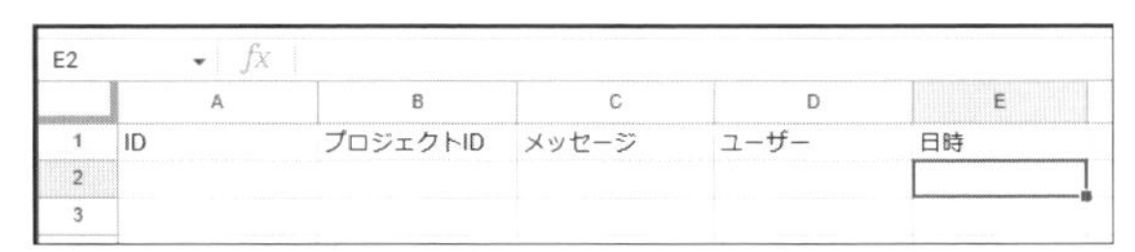

図5-102：シートに項目名を入力する。

ID	プロジェクトID	メッセージ	ユーザー	日時

❼アプリを作成しましょう。「機能拡張」メニューの「AppSheet」から「アプリを作成」メニューを選択し、アプリを作成します。

図5-103：「アプリを作成」メニューを選んでアプリを作る。

テーブルの作成と設定

AppSheetに移り、データ関連の作業から行っていきましょう。ページ左側の「Data」を選択し、上部の「Tables」リンクをクリックします。

❶デフォルトでは、「ユーザー」というテーブルが1つだけ作成されています。今回は全部で3つのシートを用意したので、残る2つのシートについてもテーブルを作成しましょう。上部にあるボタンで行えます。

図5-104：デフォルトで「ユーザー」テーブルが1つ作成されている。他、テーブルを追加するためのボタンが用意されている。

❷では、上部にある「Add Table "プロジェクト"」「Add Table "メッセージ"」というボタンをクリックしてください。「プロジェクト」と「メッセージ」のテーブルが作成されます。

図5-105：全部で3つのテーブルが用意された。

❸上部の「Columns」リンクをクリックして列の設定画面に切り替えましょう。まずは「ユーザー」テーブルからです。それぞれの列を次のように設定してください。

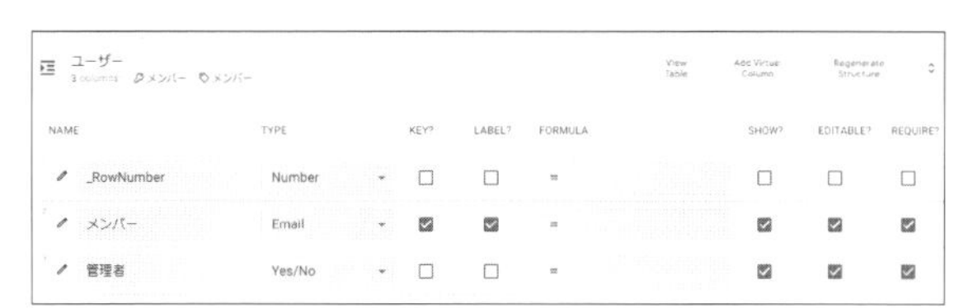

図5-106：「ユーザー」テーブルの列を設定する。

_Row_Number	TYPEは「Number」。「KEY?」「LABEL?」「SHOW?」「EDITABLE?」「REQUIRE?」のチェックをすべてOFFにする。
メンバー	TYPEは「Email」。「KEY?」「LABEL?」「SHOW?」「EDITABLE?」「REQUIRE?」 のチェックをすべてONにする。
管理者	TYPEは「Yes/No」。「KEY?」「LABEL?」のチェックをOFFに、「SHOW?」「EDITABLE?」「REQUIRE?」のチェックをONにする。

❹「プロジェクト」テーブルの設定を行います。用意されている列をそれぞれ次のように設定してください。

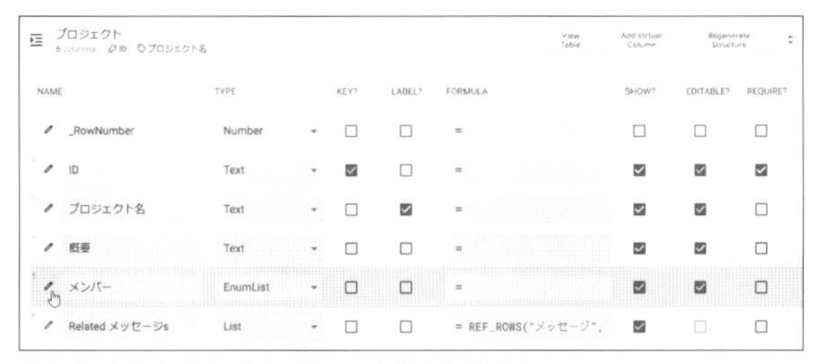

図5-107：「プロジェクト」テーブルの設定を行う。

_Row_Number	TYPEは「Number」。「KEY?」「LABEL?」「SHOW?」「EDITABLE?」「REQUIRE?」のチェックをすべてOFFにする。
ID	TYPEは「Text」。「KEY?」「SHOW?」「EDITABLE?」「REQUIRE?」のチェックをONに、「LABEL?」のチェックをOFFにする。
プロジェクト名	TYPEは「Text」。「KEY?」「REQUIRE?」のチェックをOFFに、「LABEL?」「SHOW?」「EDITABLE?」のチェックをONにする。
概要	TYPEは「Text」。「KEY?」「LABEL?」「REQUIRE?」のチェックをOFFに、「SHOW?」「EDITABLE?」のチェックをONにする。
メンバー	TYPEは「EnumList」。「KEY?」「LABEL?」「REQUIRE?」のチェックをOFFに、「SHOW?」「EDITABLE?」のチェックをONにする。
Related メッセージs	※システムにより自動的に追加されたもの。変更しないでください。

❺「プロジェクト」テーブルの「メンバー」の設定を行います。「メンバー」列の冒頭にある鉛筆アイコンをクリックして設定パネルを開いてください。そのパネル内のType detailsというところにある「Base type」の値を「Ref」に変更します。下部に「Base type details」という設定が表示されるので、そこにある「Referenced table name」の値を「ユーザー」に変更してください。

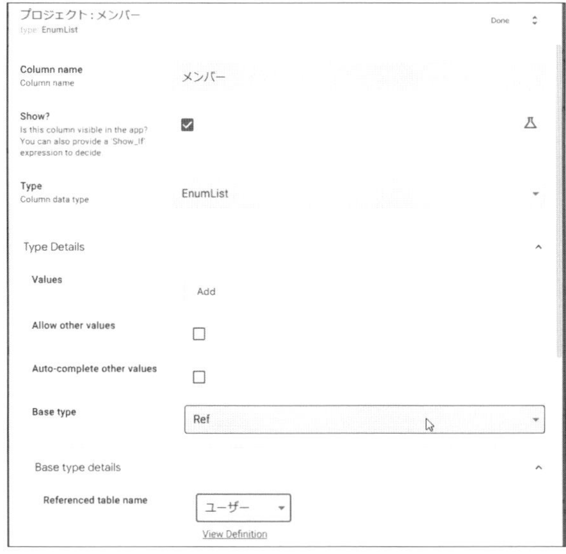

図5-108：「メンバー」列の設定を変更する。

❻「メッセージ」テーブルの設定を行います。各列を次のように設定してください。

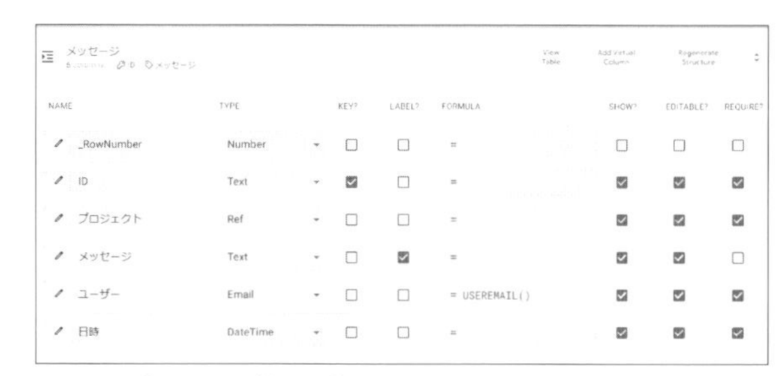

図5-109：「メッセージ」テーブルを設定する。

_Row_Number	TYPEは「Number」。「KEY?」「LABEL?」「SHOW?」「EDITABLE?」「REQUIRE?」のチェックをすべてOFFにする。
ID	TYPEは「Text」。「KEY?」「SHOW?」「EDITABLE?」「REQUIRE?」のチェックをONに、「LABEL?」のチェックをOFFにする。
プロジェクト	TYPEは「Ref」。「KEY?」「LABEL?」のチェックをOFFに、「SHOW?」「EDITABLE?」「REQUIRE?」のチェックをONにする。
メッセージ	TYPEは「Text」。「KEY?」「REQUIRE?」のチェックをOFFに、「LABEL?」「SHOW?」「EDITABLE?」のチェックをONにする。
ユーザー	TYPEは「Email」。「KEY?」「LABEL?」のチェックをOFFに、「SHOW?」「EDITABLE?」「REQUIRE?」のチェックをONにする。INITIAL VALUEには「USERMAIL()」と式を入力しておく。
日時	TYPEは「DateTime」。「KEY?」「LABEL?」のチェックをOFFに、「SHOW?」「EDITABLE?」「REQUIRE?」のチェックをONにする。

スライスの作成

続いて、自分がメンバーになっているプロジェクト名だけを表示するスライスを作ります。上部の「Slices」リンクをクリックして表示を切り替えてください。

❶表示の上部にある「New Slice」ボタンをクリックし、ダイアログから「Create a new slice」ボタンをクリックして新しいスライスを作成します。

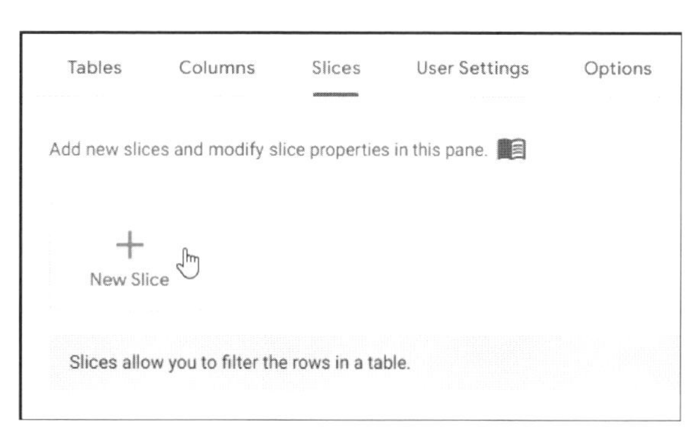

図5-110：「New Slice」ボタンをクリックする。

❷作成されたスライスの設定を行います。次のように入力をしてください。

Slice Name	自分のプロジェクト
Source Table	プロジェクト

「Row filter condition」の値をクリックし、プルダウンして現れたメニューから「Create a custom expression」を選択します。

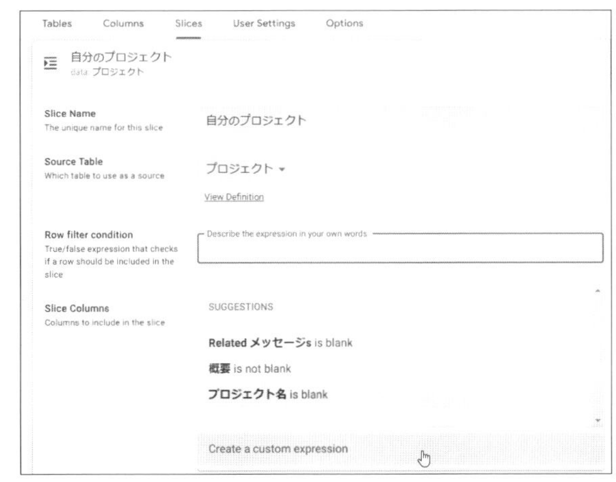

図5-111：スライスの設定を行う。

❸式アシスタントのパネルが現れます。ここで以下の式を入力し、「Save」ボタンで保存しましょう。

```
IN(USEREMAIL(), [メンバー])
```

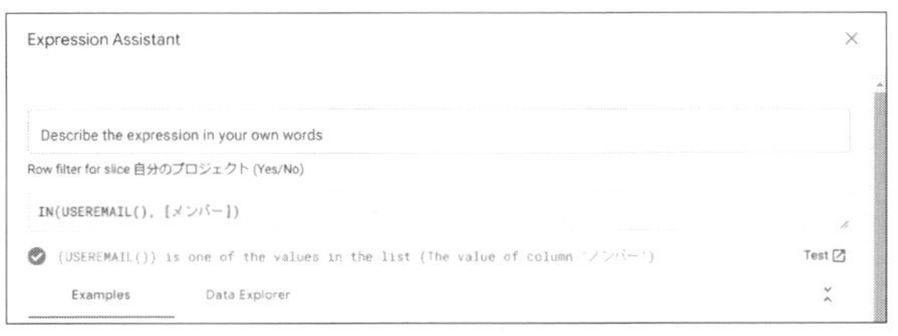

図5-112：式アシスタントで入力をする。

Viewを用意する

ユーザーインターフェイスを設定します。ページ左側の「App」を選択し、上部にある「Views」リンクをクリックしてください。

❶デフォルトでは多数のビューが用意されているのがわかります。ただし、Primary Viewsにあるのは「ユーザー」のみで、他は自動生成されたRef Viewsです。

図5-113：用意されているビュー。

❷「ユーザー」ビューをクリックして開き、設定を変更しましょう。次のように変えてください。これでプロジェクトのスライスを表示するビューになります。

View name	プロジェクト
For this data	自分のプロジェクト (slice)
View type	deck
Position	center

図5-114:「ユーザー」ビューをプロジェクト用に書き換える。

❸「View Options」の設定を行います。まず「Sort by」の「Add」ボタンをクリックし、項目を追加してください。そして、「_RowNumber」「Descending」を選択します。さらに、以下の項目の設定を変更してください。

Primary header	プロジェクト名
Secondary header	概要

図5-115:View Optionsの設定を行う。

❹「ユーザー_Form」ビューの設定を変更します。「Column order」の「Add」ボタンを使い、以下の2つの項目を追加してください。

- メンバー、管理者

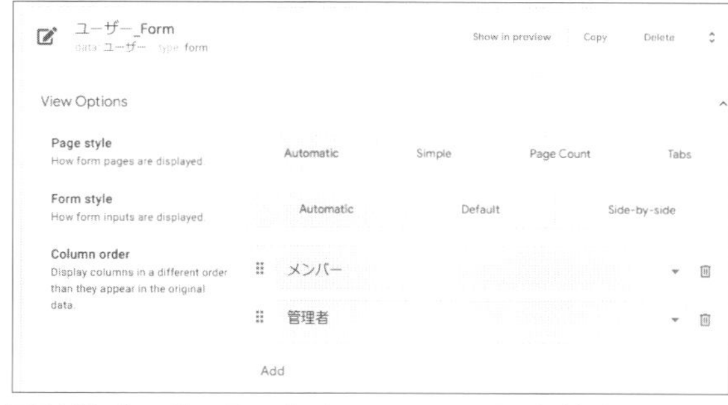

図5-116:「ユーザー_Form」のColumn orderに項目を追加する。

❺「自分のプロジェクト_Form」ビューでも同様の設定をします。「Column order」に以下の項目を追加してください。

- プロジェクト名、概要、メンバー

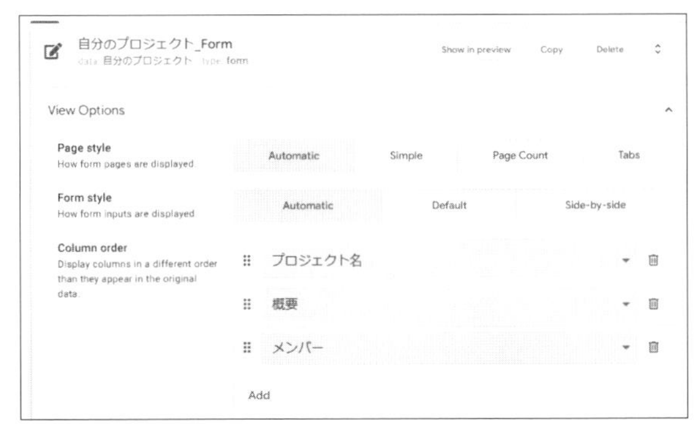

図5-117:「自分のプロジェクト_Form」のColumn orderに項目を追加する。

❻「メッセージ_Form」ビューの「Column order」には、「メッセージ」を1つだけ追加してください。

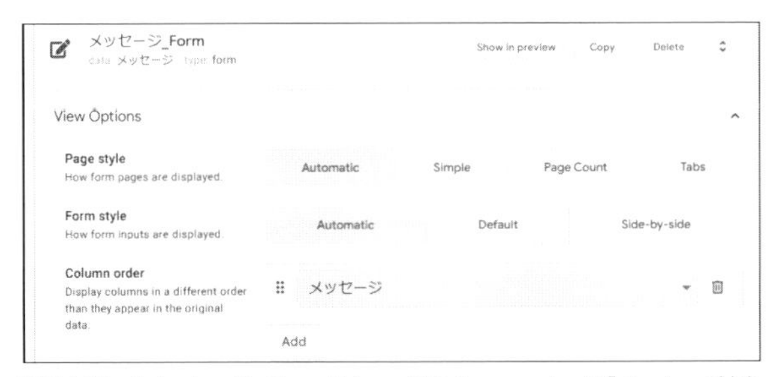

図5-118：「メッセージ_Form」ビューのColumn orderに「メッセージ」を追加する。

❼「ユーザー_Detail」ビューの「Column order」に以下の2つの項目を追加しましょう。

- メンバー、管理者

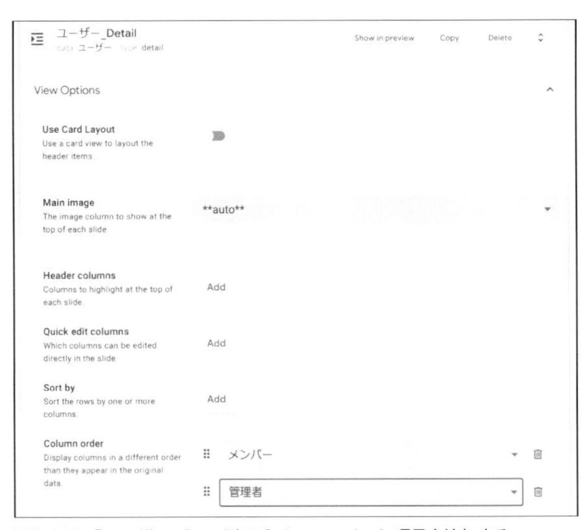

図5-119:「ユーザー_Detail」のColumn orderに項目を追加する。

❽「メッセージ_Inline」ビューの設定を開き、以下の項目を設定してください。

図5-120：「メッセージ_Inline」ビューの設定を変更する。

View type	deck
Sort by	「Add」ボタンで追加し、「日時」「Descending」を選択
Primary header	メッセージ
Secondary header	ユーザー

サンプルプロジェクトを作成する

アクションの設定を行います。ただし、その前にアプリでデータを作成しておく必要があります。右側のアプリのプレビュー画面で作業してください。

❶右下にある「＋」ボタンをクリックし、プロジェクトの作成フォームを呼び出してください。そして、フォームにある「メンバー」のフィールドをクリックします。

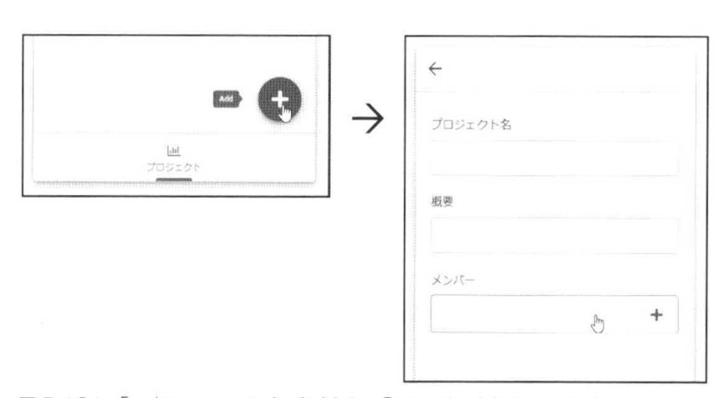

図5-121：「＋」でフォームを呼び出し、「メンバー」をクリックする。

❷メンバー追加のパネルが現れます。ここにある「New」リンクをクリックしてください。

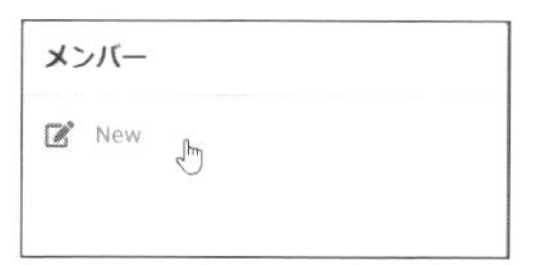

図5-122：メンバーの設定パネルにある「New」をクリックする。

❸新しいメンバーを作成するフォームが現れます。ここで自分のアカウントのメールアドレスを入力し、管理者を「Y」にして保存します。

図5-123：自分のメールアドレスを管理者で登録する。

❹プロジェクトの作成フォームに戻ります。メンバーに自分の名前が追加されていますね。これで作業は完了です。プロジェクトは作成する必要はないのでキャンセルしてください。

図5-124：自分のメールアドレスがメンバーに表示されればOKだ。

アクションを設定する

アクションの設定をしましょう。ページ左側の「Actions」を選びます。

❶「Actions」には、デフォルトで多数のアクションが表示されます。「プロジェクト」「ユーザー」「メッセージ」には、それぞれ「Add」「Edit」「Delete」といったアクションが用意されているのがわかるでしょう。それぞれレコードの新規作成・編集・削除を行うためのものになります。これらについて設定を行います。

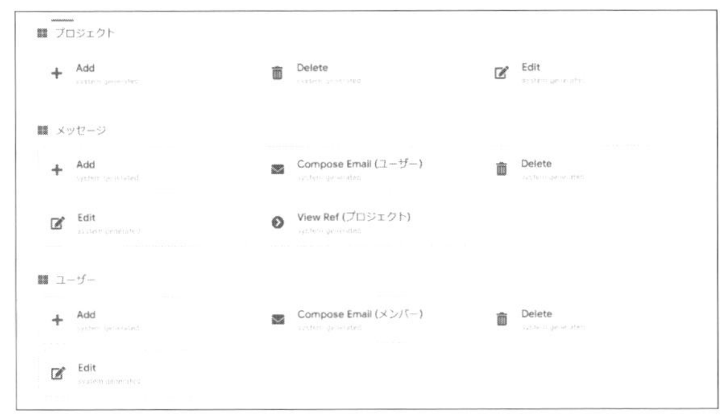

図5-125：「Actions」には多数のアクションが用意されている。

❷まず、プロジェクトの「Add」アクションを開いてください。そして、「Behavior」というところから「Only if this condition is true」の値部分をクリックします。

図5-126：「Add」アクションの「Only if this condition is true」をクリックする。

❸式アシスタントのパネルが開かれます。ここで、次のように式を入力して保存します。

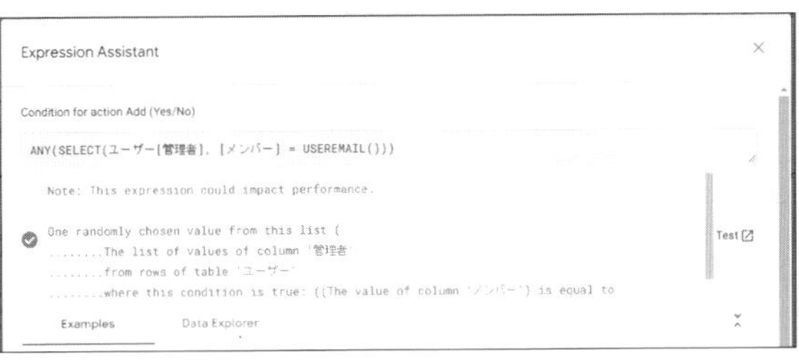

図5-127：式アシスタントで入力する。

```
ANY(SELECT(ユーザー[管理者], [メンバー] = USEREMAIL()))
```

❹これで「Only if this condition is true」の設定の仕方はわかりましたね。では同じやり方で、以下のアクションの「Only if this condition is true」にすべて同じ式を設定してください。

「プロジェクト」	Add、Edit、Delete
「ユーザー」	Add、Edit、Delete

図5-128：プロジェクトとユーザーのAdd Edit, DeleteにすべてOnly if this condition is trueを設定する。

❺「ユーザー」のところにある「Edit」を開き、「Only if this condition is true」の値に以下の式を設定してください。

```
[ユーザー] = USEREMAIL()
```

同様に、「Delete」アクションにも同じ設定をしておきましょう。

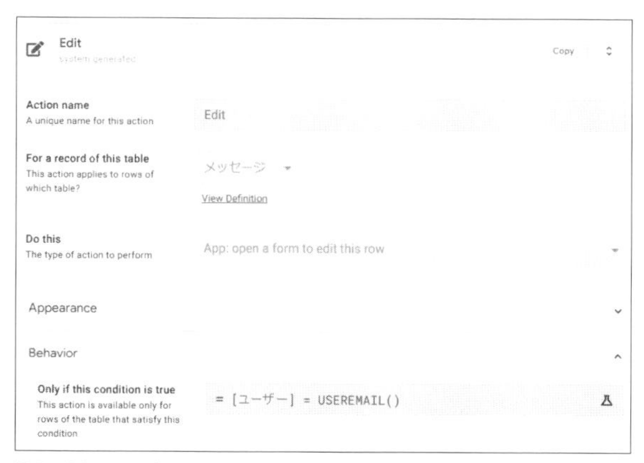

図5-129：ユーザーのEditにOnly if this condition is trueを設定する。

フォーマットルールを用意する

最後に、表示を整えるためにフォーマットルールを作っておきましょう。今回は、2つのフォーマットルールを用意しました。

「New Format Rule」ボタンで作成し、次のように設定します。そして、Text ColorとText Formatのスタイルを見やすいように調整しましょう。

▼1つ目

Rule name	Font Color - プロジェクト
For this data	プロジェクト
Format these columns and actions	プロジェクト名

図5-130：フォーマットルールを作成する（1つ目）。

▼2つ目

Rule name	Font Color - メッセージ
For this data	メッセージ
Format these columns and actions	メッセージ

図5-131：フォーマットルールを作成する（2つ目）。

ここでは2つだけ用意しましたが、実際にアプリを使ってみて見づらい項目があったらフォーマットルールを使って表示サイズやスタイルを調整しておくとよいでしょう。

アプリのポイント

今回のアプリのポイントは、複数テーブルの連携でしょう。Chapter 4で問い合わせフォームのアプリを作成する際に2つのテーブルの連携を行いましたが、今回は3つのテーブルを組み合わせて作っています。

ただし、3つのテーブルとはいっても「ユーザー」はただ登録されたユーザーをまとめておくだけのものなので、実質的な連携を行っているのは「プロジェクト」と「メッセージ」の2つといっていいでしょう。

「メッセージ」テーブルの列設定では、「プロジェクト」という項目が「Ref」に設定されていました。これは、「メッセージ」テーブルに「プロジェクト」という項目が用意されているのを知ってシステムが自動的に同名のテーブルへの参照を設定していたのです。このように、連携するテーブルと同じ名前の列を用意しておくことで両者の参照設定が自動的に作成されます。

メンバーに含まれているプロジェクトだけ表示する

今回は、プロジェクトごとに参加メンバーが設定できます。このため、プロジェクトのリストでは1つ1つのプロジェクトについて「これは参加している」「これはしていない」というのを確認しながらスライスに追加していかなければいけません。

これを行っているのが、「自分のプロジェクト」スライスのRow filter conditionです。ここでは以下の式を入力していました。

```
IN(USEREMAIL(), [メンバー])
```

「IN」という関数は、リストに値が含まれているかどうかを調べるものです。第1引数に値を、第2引数にリストを指定すると、リスト内に第1引数の値が含まれていればYes（TRUE）、含まれていなければNo（FALSE）になります。

ここでは「プロジェクト」テーブルの「メンバー」列を使い、メンバーの中に自身のアカウントが含まれていれば画面に表示されるようになります。

管理者かメンバーのみ表示する

アクションでは、プロジェクトやユーザーのAdd、Edit、DeleteといったアクションのRow filter conditionに次のような式を設定していました。

```
ANY(SELECT(ユーザー[管理者], [メンバー] = USEREMAIL()))
```

SELECT関数を使い、ユーザーの[メンバー]の値がアカウントのメールアドレスと同じ「ユーザー」テーブルのレコードを取り出し、その「管理者」の値を返しています。これで、「ユーザー」に登録されている自分のアカウントの管理者の値がRow filter conditionに設定されるようになります。管理者がtrueならばアクションが使えるようになり、そうでなければ使えない、というわけです。

Chapter 6

外部APIとの連携

AppSheetには外部のWebサイトやAPIと連携するための仕組みが用意されています。
Googleスプレッドシートの関数を利用したり、
Google Apps Scriptによるスクリプトを利用したりする方法です。
こうした「外部のAPIと連携して動くアプリ」を作りましょう。

Chapter 6

6.1.

「今日の名言」アプリ

外部のWebサイトからデータを得るには？

AppSheetでは、データはGoogleスプレッドシートなどのスプレッドシートやGoogleフォーム、Googleカレンダーといった対応するサービスからデータを取得します。対応サービスは着実に増えていますが、それらは基本的にWebベースでのビジネススイートが中心です。ExcelやAirtableといったスプレッドシートやCloud Databaseのようなデータベースサービスなど、テーブルの形でデータが用意されているサービスならば外部から取り込むことができます。それ以外のものは直接AppSheetに取り込むことはできません。

しかしWebの世界では、さまざまなデータを提供するサイトが無数に存在します。そうしたものがまったく使えないのは非常に残念だと思いませんか。なんとかしてこうした外部のサイトからデータを取り出し利用できたなら、AppSheetで作れるアプリの範囲もぐっと広がるはずです。

データの取得方法は2つある

外部からデータを取得する方法は、実は2つあります。2つともスプレッドシートの機能を使います。

1つは、スプレッドシートに用意されている関数を利用するものです。例えばGoogleスプレッドシートには、指定したURLにアクセスして結果を取得しセルに出力する関数がいくつか用意されています。こうした関数を使うことで、外部サイトから直接スプレッドシートにデータを取り込むことができます。

もう1つの方法は、マクロを利用するものです。GoogleスプレッドシートにはGoogle Apps Script(GAS)というスクリプト言語が用意されており、これを利用して処理を記述し実行することができます。スクリプトを使って外部にアクセスしてデータを取得し、そこから必要な情報を抜き出してスプレッドシートのセルに値を書き出せば、どんなデータでも利用できるようになります。

関数を使った方法は簡単にデータを取り出せますが、取得したデータから必要な部分をうまく抜き出すのに苦労することはあるでしょう。得られるデータがすぐに使えるように比較的加工しやすいものの場合、この方式が役に立ちます。

後者のGASを利用する方法は、スクリプトを組んで実行しないといけないため、かなりハードルが高いでしょう(そもそも「AppSheetはノーコードだから使ってるのに……」と思う人は多いはずですね)。ただし、この方式を極めれば、ほとんどどんなデータでも自由に取り出し利用できるようになります。

ここではまず関数を利用してデータを取得するアプリを作成し、それからGASを利用してデータを取り出す方法に進むことにしましょう。

「今日の名言」アプリについて

外部からデータを取得するもっともシンプルなサンプルアプリです。アプリを起動すると名言が表示されます。前の日と同じものが表示された場合は、下にスワイプして更新すると今日の名言が表示されます。機能は、これだけ。ただアプリを開いて名言を見る、それだけのものです。

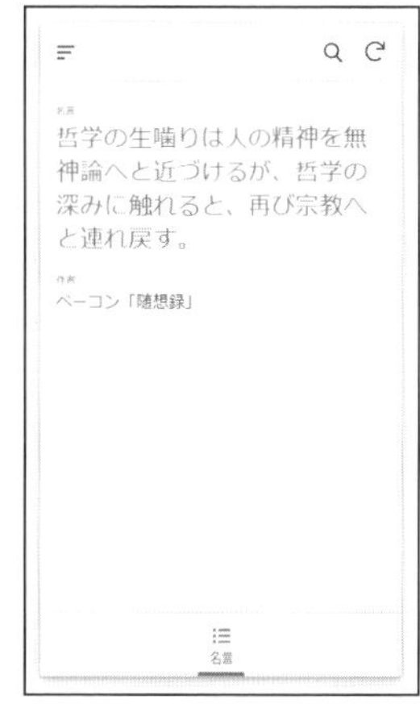

図6-1：名言が表示される。

「名言教えるよ！」サイトについて

ここでは「名言教えるよ！」というWebサイトが提供するAPIを利用しています。このサイトは、文字通り名言をランダムに表示するサイトで、ランダムに名言を得るAPIを提供しています。このAPIを使えば、アプリで名言を表示できるようになります。

http://meigen.doodlenote.net

図6-2：「名言教えるよ！」サイト。

このサイトが公開しているAPIを利用しているため、APIの公開が終了したりサイト自体が閉じられたりすると、当然ですが動作しなくなります。これは2022年秋の時点で公開されているAPIを元にして作られている、という点を了解ください。

Googleスプレッドシートの作業

では、スプレッドシートの作業からはじめましょう。新しいスプレッドシートを開いてください。

❶ファイル名を「今日の名言」にします。シート名は「名言」としておきましょう。

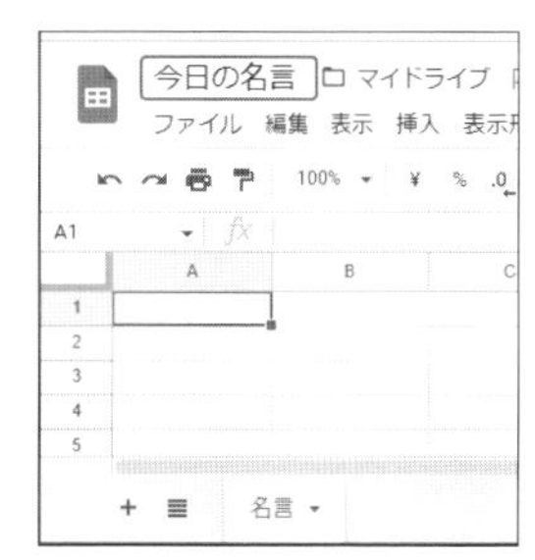

図6-3：スプレッドシートのファイル名とシート名を設定する。

❷シートの1行目に項目名を記述します。今回は以下の2つをA1, B1セルに記述しましょう。

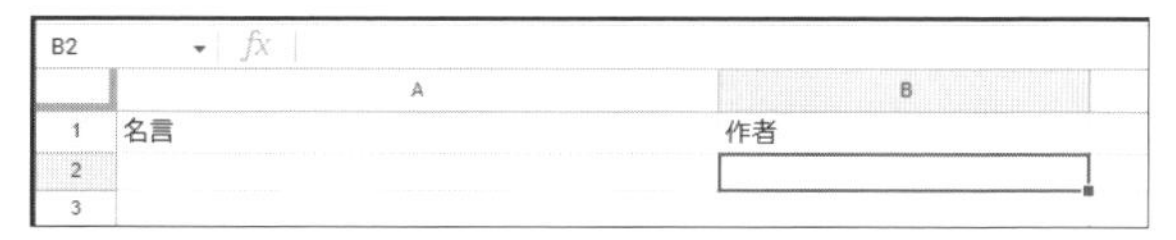

図6-4：1行目に項目名を記述する。

名言	作者

❸A2セルを選択し、以下の式を入力します。

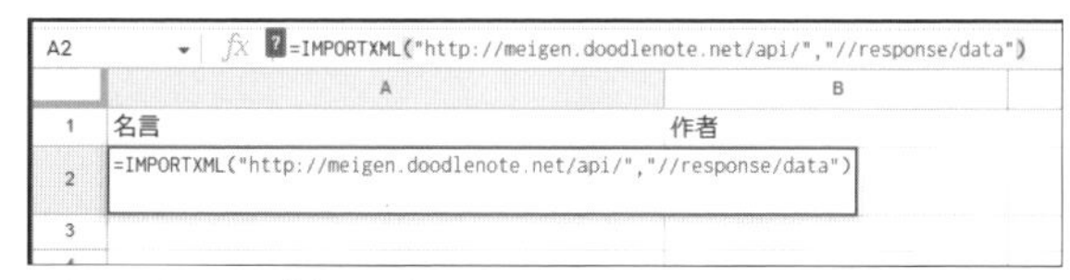

図6-5：A2セルに式を記入する。

```
=IMPORTXML("http://meigen.doodlenote.net/api/","//response/data")
```

❹式を入力後、Enterキーを押して値を確定すると、A2セルに名言が、B2セルに作者あるいは出典名が表示されます。無事、名言が取り出せているのが確認できます。

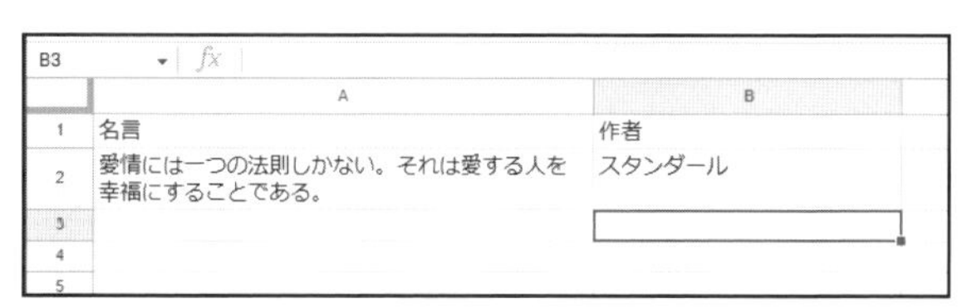

図6-6：名言と作者がセルに表示される。

❺これでスプレッドシート側の作業は終了です。アプリの作成を行いましょう。「機能拡張」メニューから「AppSheet」内にある「アプリを作成」メニューを選んでください。

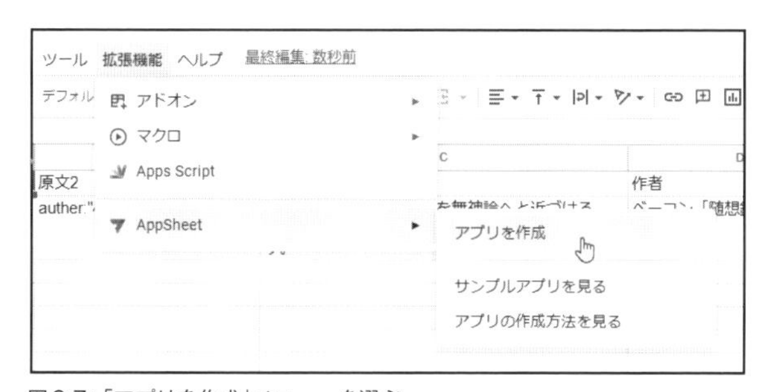

図6-7：「アプリを作成」メニューを選ぶ。

DataのTables設定

では、AppSheetでデータの設定を行いましょう。そして、上部の「Tables」リンクをクリックします。

デフォルトでは「名言」テーブルが1つだけ作成されています。これをクリックして設定画面を開き、次のように設定をしてください。

Table name	名言
Are updates allowed?	「Read-Only」を選択

図6-8：「名言」テーブルの設定を行う。

Viewを用意する

続いて、ユーザーインターフェイスの設定です。ページ左側の「App」を選択し、上部から「Views」リンクをクリックして表示を切り替えましょう。

❶ビューの設定を行います。デフォルトではPrimary Viewsに「名言」ビューが作成されています。これをクリックして開いてください。そして、次のように設定をします。

View name	名言
For this data	名言
View type	detail
Position	center

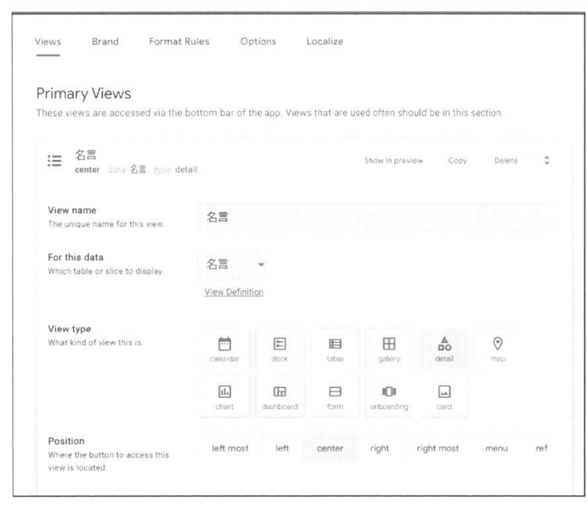

図6-9：「名言」ビューの設定を行う。

❷View Optionsのところにある「Column order」で、「Add」ボタンを使い以下の2つの項目を追加します。

- 名言、作者

図6-10：Column orderに項目を追加する。

フォーマットルールを作る

名言が見やすいようにフォーマットルールを作成しておきましょう。上部の「Format Rules」リンクをクリックして表示を切り替えてください。

❶「New Format Rule」ボタンで新しいフォーマットルールを作成し、次のように項目を設定します。

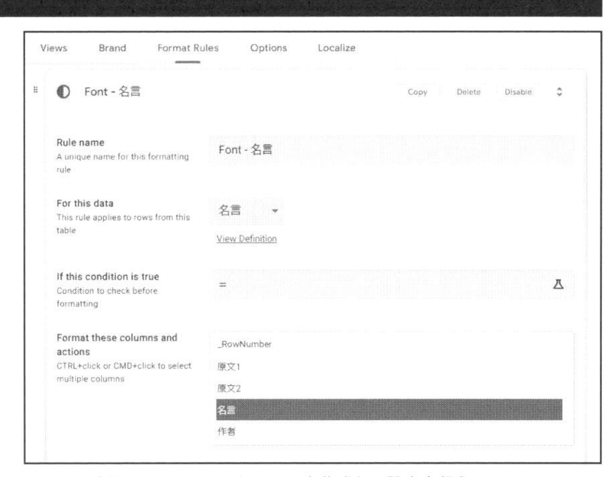

図6-11：新しいフォーマットルールを作成し、設定を行う。

Rule name	Font - 名言
For this data	名言
Format these columns and actions	名言

❷Visual FormatとText Formatのところで、Text colorとText sizeを見やすくなるように適当に調整します。テキストのスタイルは、それぞれで必要ならば利用してください。

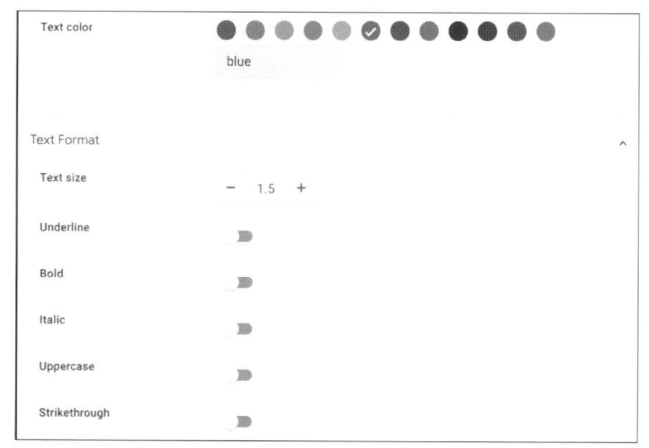

図6-12：テキストカラーとスタイルを設定する。

アプリのポイント

今回のポイントは、Googleスプレッドシート側で利用した関数でしょう。ここでは「IMPORTXML」という関数を利用しています。この関数は指定したアドレスにアクセスしてXMLデータを取得し、その中から特定の値をセルに書き出します。

この関数は次のような形で呼び出します。

```
IMPORTXML( アドレス, XPathクエリ )
```

第1引数には、アクセスするURLをテキストで指定します。第2引数には、取得されたXMLデータから取り出す項目をXPathクエリと呼ばれる形式で指定をします。例えば、ここでは"//response/data"という値が指定されていましたね。これはXMLのルートにある<response>内の<data>の値を取り出すものです。この中の値が指定のセルに書き出されるのです。

名言APIでは、アクセスすると次のようなXMLデータが得られます。

```
<response>
  <data>
    <meigen>名言</meigen>
    <auther>作者</auther>
  </data>
</response>
```

<response>内の<data>内には、<meigen>と<auther>という2つの値があります。これらがIMPORTXMLを記述したセルとその右隣のセルに書き出されていたのです。後は、これらをAppSheetから利用するだけ、というわけです。

IMPORTXMLの更新について

IMPORTXMLは一定時間ごとにURLに再アクセスしてデータを更新します。Googleスプレッドシートには、このIMPORTXMLと同様に外部からデータを取得する「IMPORT○○」という名前の関数がいくつか用意されています。これらはすべて1時間毎に再アクセスし、データを更新します。

したがって、「今日の名言」としていますが、1時間毎に名言は更新され、新しい名言を読むことができます。

Chapter 6

6.2. 「郵便番号検索」アプリ

「zipcloud」サイトについて

Web APIで簡単に利用でき、しかも便利なものとして「郵便番号検索」アプリを作ってみましょう。このアプリは、起動すると郵便番号と住所だけが表示されるシンプルなものです。

検索するときは、編集のボタンをタップすると郵便番号を入力するフォームが現れるので、ここで番号を入れて「郵便番号検索」ボタンをタップするだけ。フォームが閉じられ、入力した番号と住所が表示されます。

スプレッドシートに郵便番号を保存するとAPIにアクセスし、結果を受け取って表示する、という仕組みのため、ボタンをタップしてから実際に住所が表示されるまで少し時間がかかります。

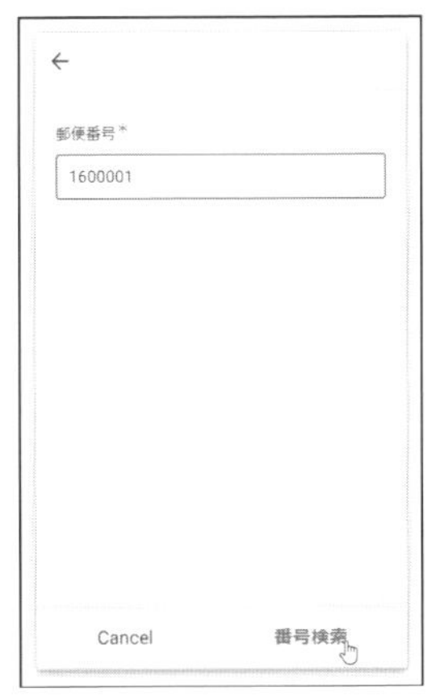

図6-13：郵便番号検索アプリ。編集ボタンをタップし、フォームに番号を記入して「郵便番号検索」ボタンをタップすると、その番号の住所が検索され表示される。

今回利用しているのは、「zipcloud」というサイトが公開しているAPIです。このサイトは以下のURLで公開されています。

https://zipcloud.ibsnet.co.jp

なお、ここではzipcloudのAPIを使っていますが、APIから得られた情報の中から必要な部分を抜き出して使っているため、APIの仕様が変わると動作しなくなる、という点は理解してください。その場合は、スプレッドシートに用意する関数を自分で書き換えるなどして対応しなければならないでしょう。

また、当然ですがAPIの公開がされなくなったりサイトが閉じられることもないとは限りません。あくまで2022年秋の時点で利用できる形で作成している、ということを頭に入れておいてください。

図6-14：zipcloudのWebサイト。

Googleスプレッドシートの作業

Googleスプレッドシートの作業を行いましょう。新しいスプレッドシートファイルを用意してください。

❶ファイル名を「郵便番号検索」、シート名を「郵便番号」と設定します。

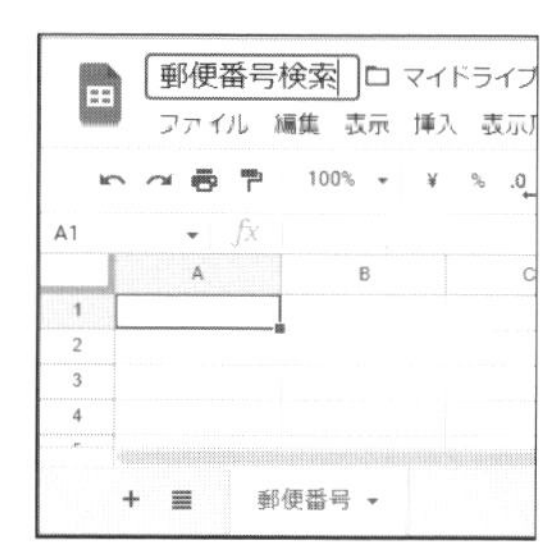

図6-15：ファイル名とシート名を設定する。

❷最初の行に項目名を記入します。次のように記述してください。

図6-16：1行目に項目名を入力する。

郵便番号	データ	データ2	住所

❸次の行に値と式を入力します。まずA2セルにダミーとして「1000000」と値を記入してください。そして、右側のB2セルに以下の式を記入します。

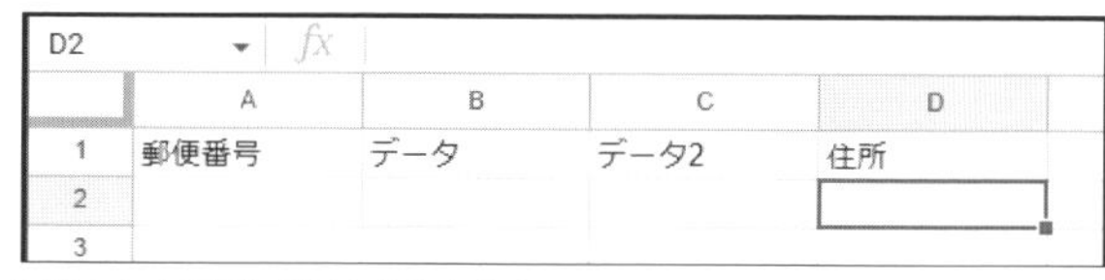

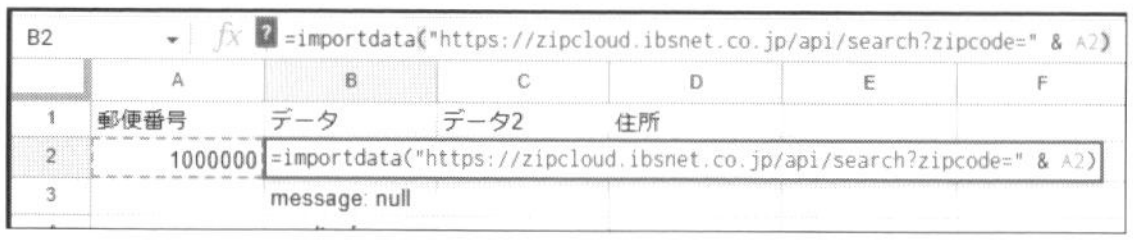

図6-17：A2に値を記入し、B2に式を入力する。

```
=importdata("https://zipcloud.ibsnet.co.jp/api/search?zipcode=" & A2)
```

❹「住所」の下（D2セル）を選択し、以下の式を入力します。

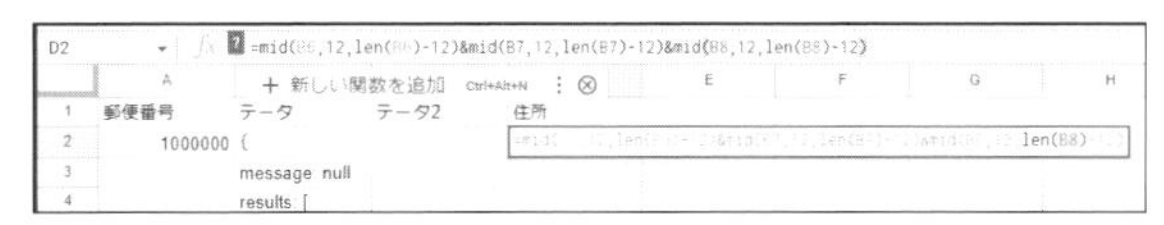

図6-18：D2セルに式を記入する。

```
=mid(B6,12,len(B6)-12)&mid(B7,12,len(B7)-12)&mid(B8,12,len(B8)-12)
```

❺記入した式が正しく動作していると、D2セルにダミーの郵便番号の住所（東京都千代田区）が表示されます。これが表示されていれば正常に動作しています。うまく表示されない場合は式を書き間違っているか、あるいはAPIの仕様が変更されている可能性があります。

	A	B	C	D
1	郵便番号	データ	データ2	住所
2	1000000	{		東京都千代田区
3		message: null		
4		results: [		
5		{		
6		address1: "東京都"		
7		address2: "千代田区"		
8		address3: ""		
9		kana1: "ﾄｳｷｮｳﾄ"		
10		kana2: "ﾁﾖﾀﾞｸ"		
11		kana3: ""		
12		prefcode: "13"		
13		zipcode: "1000000"		
14		}		
15		]		
16		status: 200		
17		}		

図6-19：正しく動いているとD2セルに住所が表示される。

❻これでGoogleスプレッドシートでの作業は終わりです。「機能拡張」メニューの「AppSheet」から「アプリを作成」メニューを選んでアプリを作りましょう。

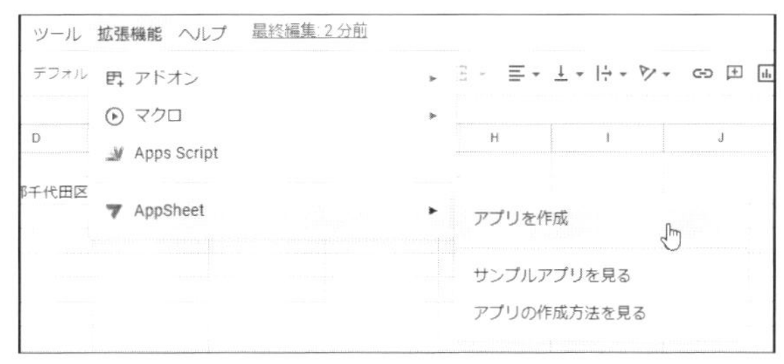

図6-20：「アプリを作成」メニューでアプリを作る。

「郵便番号」テーブルの設定

AppSheet側の作業に移りましょう。まずはデータの設定からです。ページ左側の「Data」を選択し、上部の「Tables」リンクをクリックしてください。

❶デフォルトで「郵便番号」というテーブルが作成されています。クリックして設定を表示し、次のように設定をしてください。

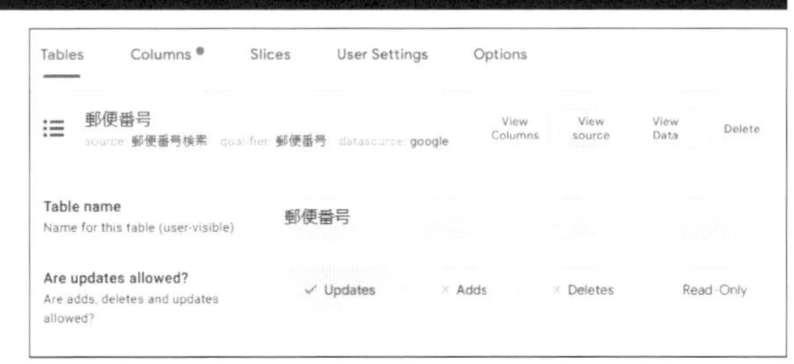

図6-21：「郵便番号」テーブルの設定を行う。

Table name	郵便番号
Are updates allowed?	「Updates」のみ選択、他はすべて未選択に

❷続いて列の設定を行います。上部にある「Columns」リンクをクリックして表示を切り替えてください。そして、「郵便番号」テーブルの設定を開き、次のように列を設定しましょう。

図6-22:「郵便番号」テーブルの列を設定する。

_Row_Number	TYPEは「Number」。「KEY?」「REQUIRE?」のチェックをONに、「LABEL?」「SHOW?」「EDITABLE?」のチェックをOFFにする。
郵便番号	TYPEは「Text」。「KEY?」のチェックをOFFに、「LABEL?」「SHOW?」「EDITABLE?」「REQUIRE?」のチェックをすべてONにする。
データ、データ2	TYPEは「Text」。「KEY?」「LABEL?」「SHOW?」「EDITABLE?」「REQUIRE?」のチェックをすべてOFFにする。
住所	TYPEは「Text」。「KEY?」「LABEL?」「EDITABLE?」「REQUIRE?」のチェックをすべてOFFに、「SHOW?」のチェックをONにする。

❸テーブルの「郵便番号」の冒頭にある鉛筆アイコンをクリックして設定パネルを呼び出します。そして、Update Behaviorにある「Reset on edit?」のチェックをONに変更します。これで、更新時に値が初期状態(空の状態)に戻ります。

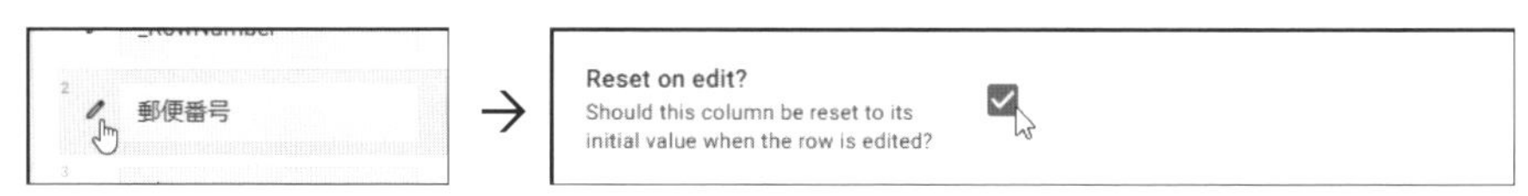

図6-23:郵便番号のReset on edit?をONにする。

Viewを用意する

次は、ユーザーインターフェイスを設定していきましょう。ページ左側の「App」を選択し、上部の「Tables」リンクをクリックしてビューを表示してください。

❶デフォルトではPrimary Viewsに「郵便番号」ビューが1つだけ用意されています。これをクリックして設定を開き、「View type」の値を「detail」に変更します。

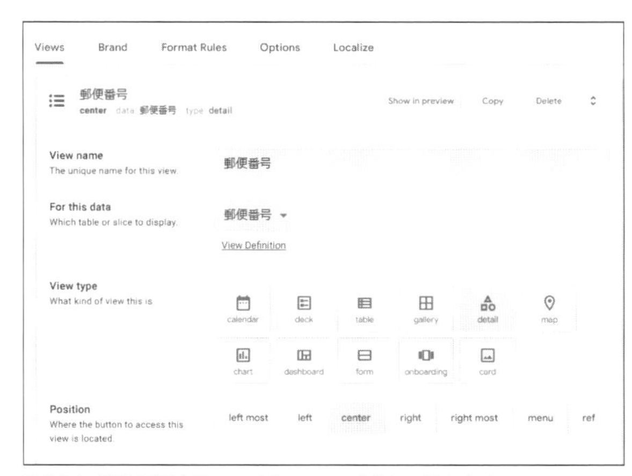

図6-24:「郵便番号」ビューのView typeを「detail」にする。

❷「郵便番号_Form」ビューを開き、「Column order」の「Add」ボタンをクリックして項目を追加し、「郵便番号」を選択します。

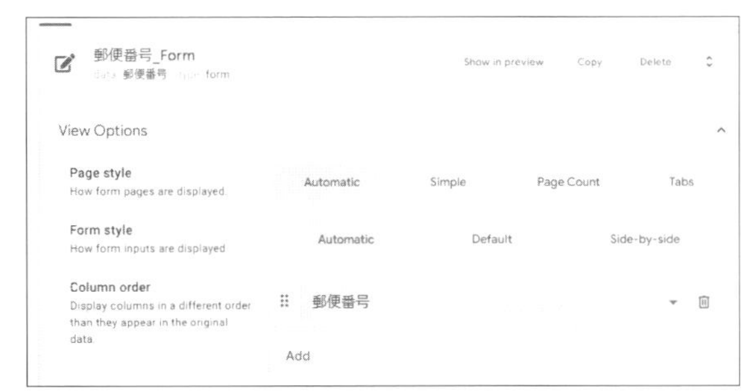

図6-25：「郵便番号_Form」ビューのColumn orderを設定する。

フォーマットルールとローカライズ

表示を整えるためのフォーマットルールを作成しましょう。上部の「Format Rules」リンクをクリックしてください。

❶「New Format Rule」ボタンでフォーマットルールを作成します。そして、次のように設定をします。

図6-26：フォーマットルールを作り、設定を行う。

Rule name	Font - 郵便番号
For this data	郵便番号
Format these columns and actions	郵便番号、住所

❷Visual FormatとText Formatにあるカラーとフォントサイズ、スタイルの設定を見やすいように調整します。多少サイズを大きめにしたほうが読みやすくなるでしょう。

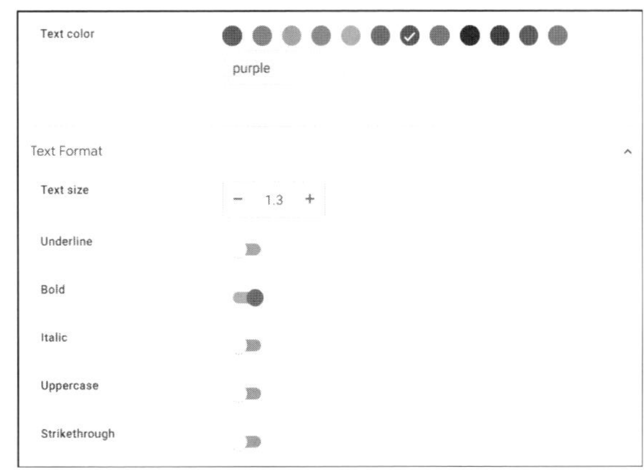

図6-27：テキストカラーとスタイルを設定する。

❸左側から「Settings」アイコンを選んでください。そして「Views」内の「Localization」から「Save」という項目を探し、「番号検索」に変更します。

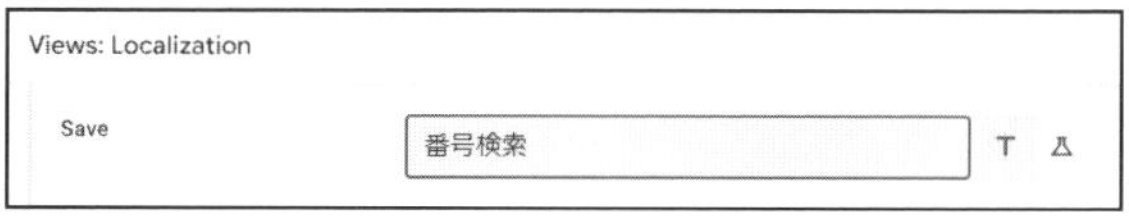

Views: Localization

Save　番号検索

図6-28：Localizationの「Save」の値を変更する。

アプリのポイント

今回は、Googleスプレッドシートの「IMPORTDATA」という関数を使っています。これは、CSVなどカンマで区切って記述されたデータを読み込むためのもので、次のように利用します。

```
IMPORTDATA( アドレス )
```

今回は、次のような形で呼び出しています。

```
=importdata("https://zipcloud.ibsnet.co.jp/api/search?zipcode=" & A2)
```

https://zipcloud.ibsnet.co.jp/api/searchというアドレスがcloudzipのAPIのURLです。これにzipcode=番号というクエリーパラメータを付けて呼び出せば、その番号の情報が得られます。

テキストの一部を抜き出して使う

得られる値はJSON形式のテキストになっています。IMPORTDATAはカンマと改行で区切られたデータとして扱うため、得られたデータは細かく切られてセルに書き出されます。その中から住所の情報を集めてセルに書き出しています。

```
=mid(B6,12,len(B6)-12)&mid(B7,12,len(B7)-12)&mid(B8,12,len(B8)-12)
```

「MID」という関数は、テキストの一部分を取り出す関数です。これは次のように利用します。

```
MID( テキスト , 開始位置 , 長さ )
```

ここでは住所のセルの12文字目から最後の1つて前までのテキストを取り出し、それを1つにつなげています。テキストの長さは「LEN」関数で得られます。こうしてセルに出力されたテキストから必要な部分だけを抜き出して利用していたのですね。

このようなやり方では、APIから返されるデータの形式が少し変わっただけで途端に正しく値を取り出せなくなることがわかるでしょう。JSON形式のデータを扱えればいいのですが、現時点ではGoogleスプレッドシートにそのような関数はありません。したがって、IMPORTDATAなどを使って無理やり取り出しているわけです。

もっと確実に値を取り出すには、Google Apps Scriptのスクリプトで処理をするしかないでしょう。JSONデータをGASで処理する手法は「6.5. 今日の天気」アプリで使っていますので、そちらを参照してください。

Chapter 6

6.3. 「今日のニュース」アプリ

「今日のニュース」アプリについて

データを広く配布しているサイトで多用されているのが「RSS」というフォーマットです。これはXMLをベースにしており、配信する情報の項目などの仕様が決まっているため、どのサイトのデータもすべて同じ形で処理することができます。

RSSでデータを配布しているサイトの情報をブラウズするアプリの例として、Googleニュースの概要を表示するサンプルを作ってみましょう。起動すると、最新のGoogleニュースのヘッドラインが最大10個まで表示されます。タップすれば詳細情報が見られます。

下部の「検索」アイコンをタップすると検索テキストが表示され、編集フォームでテキストを入力し送信すれば、そのテキストで検索されたニュースが表示されます。検索テキストはデータとして保管されているので、いつでも「検索結果」アイコンをタップすれば最新の検索結果が見られます。

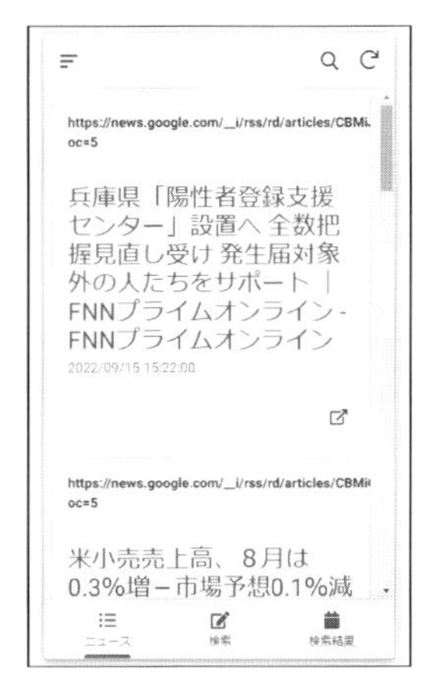

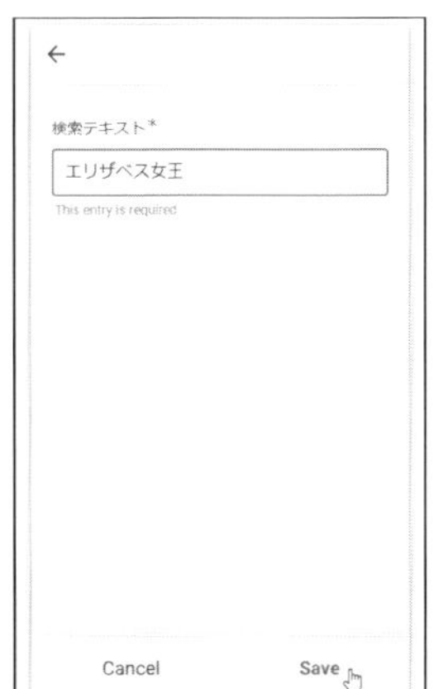

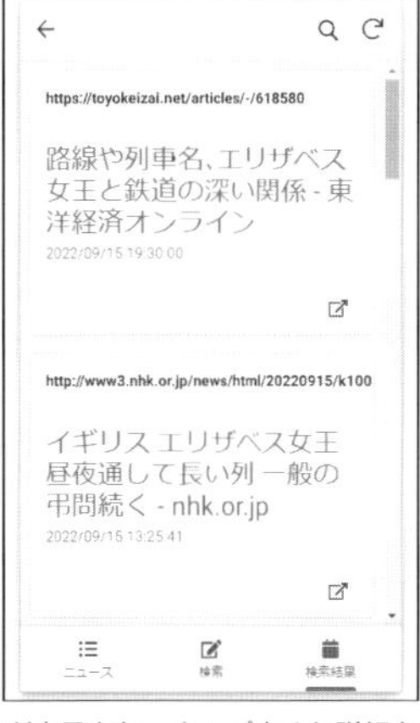

図6-29：Googleニュースのヘッドラインが表示され、タップすると詳細な内容が表示される。「検索」アイコンをタップし、編集フォームでテキストを送信すれば、そのテキストで検索されたニュースの結果が表示される。

Googleスプレッドシートの作業

Googleスプレッドシートの作業からはじめましょう。新しいスプレッドシートのファイルを開いてください。

❶まずスプレッドシートのファイル名を「今日のニュース」に、シート名を「ニュース」にそれぞれ変更しましょう。

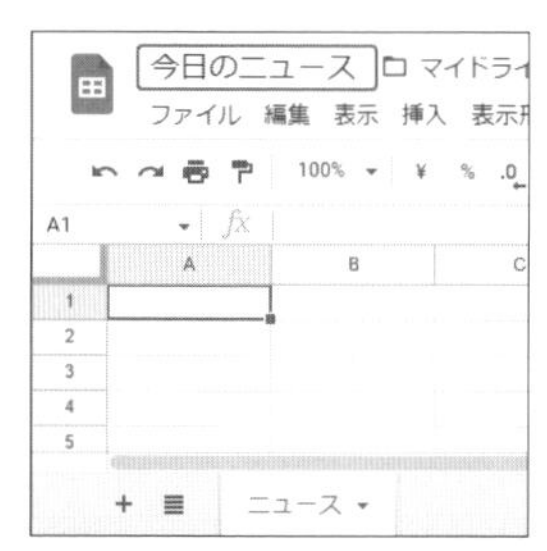

図6-30：ファイル名とシート名を入力する。

❷シートに式を入力します。A1セルに以下の式を記入してください。

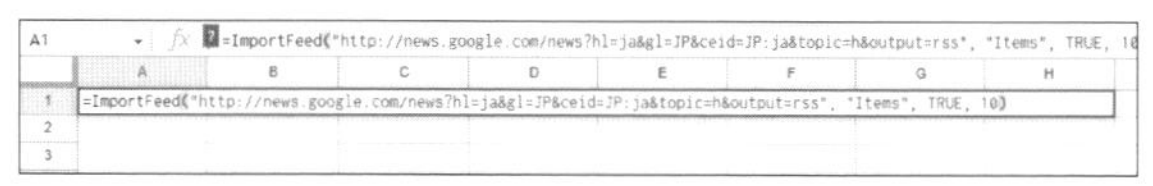
図6-31：A1セルに式を記入する。

```
=ImportFeed("http://news.google.com/news?hl=ja&gl=JP&ceid=JP:ja&topic=h&output=rss",
    "Items", TRUE, 10)
```

❸シート上部に「Title」「URL」「Date Created」「Summary」といった項目が自動挿入され、その下にニュースの情報が出力されます。もうこれだけでニュースのテーブルが完成してしまいました！

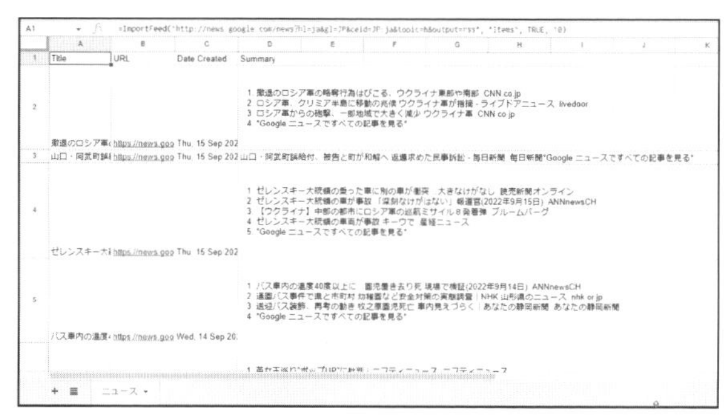
図6-32：ニュースの内容が出力される。

❹続いて検索テキストを保管するシートを作成します。左下の「+」ボタンをクリックし、新しいシートを追加してください。名前は「検索」とします。

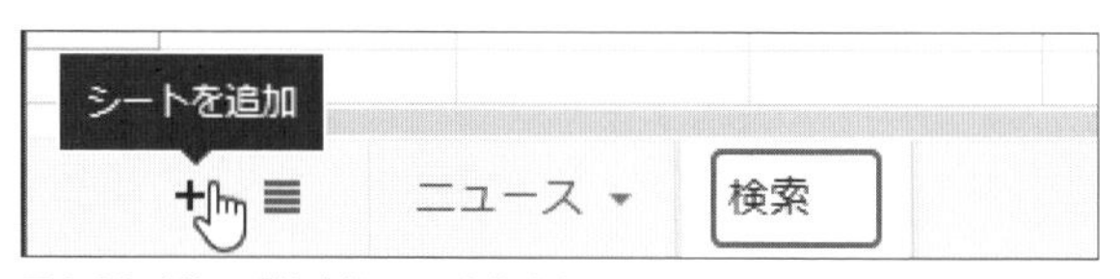

図6-33：新しい「検索」シートを作成する。

❺シートに値を記入します。A1セルに「検索テキスト」と入力してください。その下のA2セルに、初期状態で設定される検索テキストを適当に記入しておきましょう。

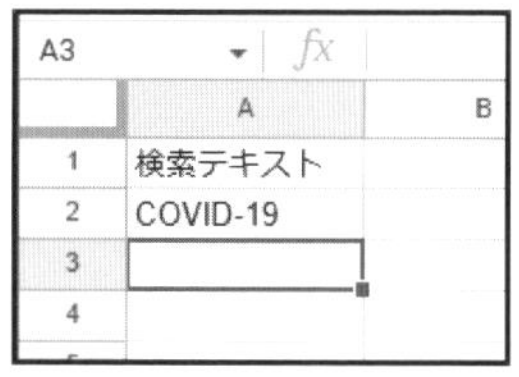

図6-34：A1セルに項目名、A2セルに値を記入する。

❻もう1つシートを作ります。名前は「検索結果」としておきましょう。

図6-35：もう1つ「検索結果」シートを追加する。

❼作成されたシートのA1セルに以下の式を入力します。これで検索結果のニュースがシートに書き出されます。

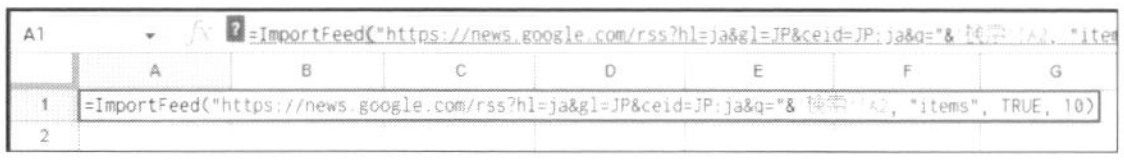

図6-36：A1セルに式を入力する。

```
=ImportFeed("https://news.google.com/rss?hl=ja&gl=JP&ceid=JP:ja&q="&'検索'!A2,
    "items", TRUE, 10)
```

❽これでスプレッドシートの作業は終わりです。「機能拡張」メニューの「AppSheet」内にある「アプリを作成」メニューを選んでアプリを作りましょう。

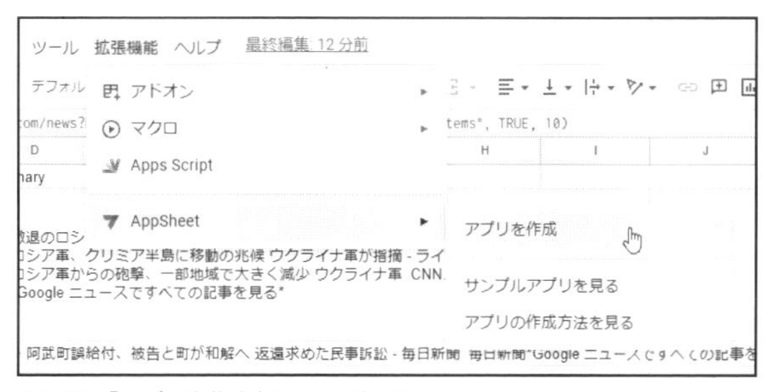

図6-37：「アプリを作成」メニューを選ぶ。

テーブルの作成と設定

では、AppSheetの作業を行いましょう。ページ左側の「Data」を選択し、上部にある「Tables」リンクをクリックします。

❶初期状態では、「ニュース」テーブルが1つだけ作成されています。今回は3つのシートを作りましたから、残る2つのシートもテーブルを作っておきましょう。「New Table」ボタンの横にある「Add Table "検索"」「Add Table "検索結果"」ボタンをクリックしてください。

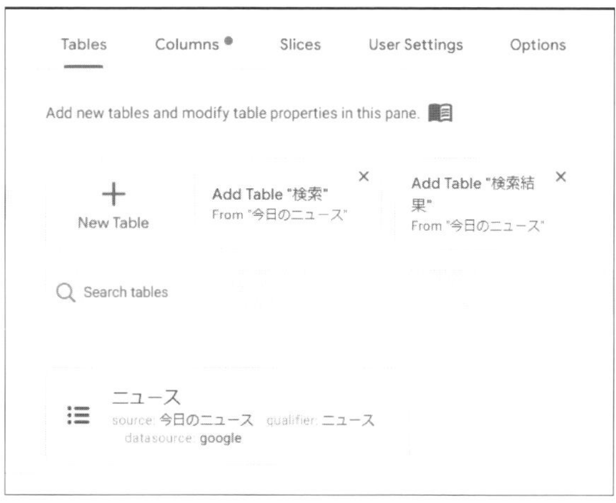

図6-38：デフォルトでは「ニュース」テーブルだけがある。

❷これで計3つのテーブルが用意できました。ボタンがない場合は「New Table」ボタンを使い、「今日のニュース」スプレッドシートから「検索」「検索結果」のシートを選択してテーブルを作ってください。

図6-39：全部で3つのテーブルが用意された。

❸次にテーブルの設定をしていきます。まずは「ニュース」テーブルです。クリックして設定を開き、「Are updates allowed?」を「Read-Only」に変更します。

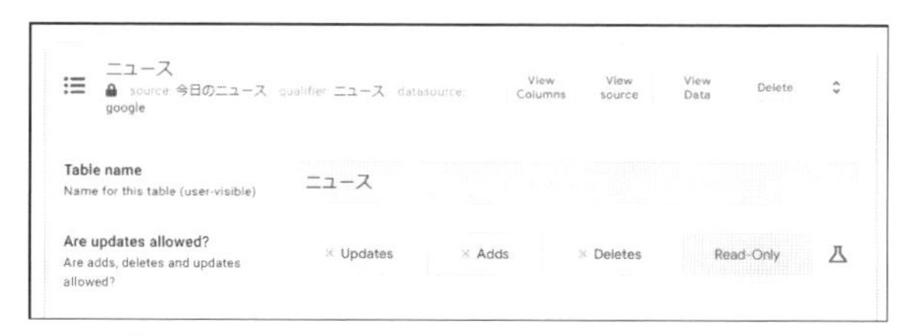

図6-40：「ニュース」のAre updates allowed?をRead-Onlyにする。

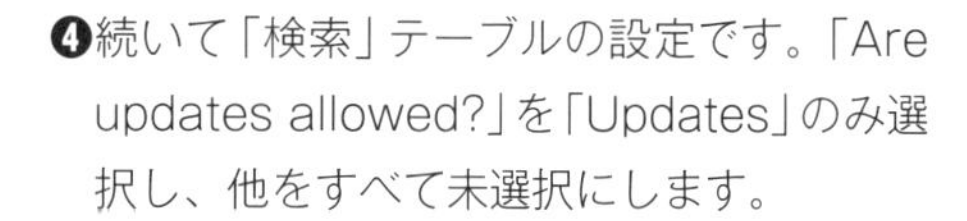

❹続いて「検索」テーブルの設定です。「Are updates allowed?」を「Updates」のみ選択し、他をすべて未選択にします。

図6-41：「検索」テーブルのAre updates allowed?を設定する。

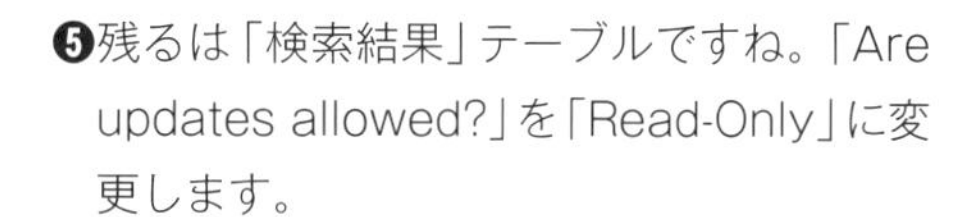

❺残るは「検索結果」テーブルですね。「Are updates allowed?」を「Read-Only」に変更します。

図6-42：「検索結果」テーブルのAre updates allowed?をRead-Onlyにする。

テーブルのColumn設定

続いて列の設定を行いましょう。上部の「Columns」リンクをクリックし、表示を切り替えてください。

❶まずは「ニュース」テーブルからです。次のように設定してください。

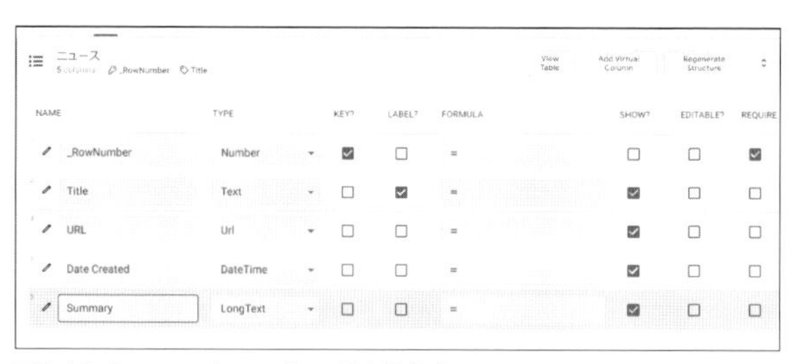

図6-43：「ニュース」テーブルの列を設定する。

_Row_Number	TYPEは「Number」。「KEY?」「REQUIRE?」のチェックをONに、「LABEL?」「SHOW?」「EDITABLE?」のチェックをOFFにする。
Title	TYPEは「Text」。「KEY?」「EDITABLE?」「REQUIRE?」のチェックをOFFに、「LABEL?」「SHOW?」のチェックをONにする。
URL	TYPEは「Url」。「KEY?」「LABEL?」「EDITABLE?」「REQUIRE?」のチェックをOFFに、「SHOW?」のチェックをONにする。
Date Created	TYPEは「DateTime」。「KEY?」「LABEL?」「EDITABLE?」「REQUIRE?」のチェックをOFFに、「SHOW?」のチェックをONにする。
Summary	TYPEは「LongText」。「KEY?」「LABEL?」「EDITABLE?」「REQUIRE?」のチェックをOFFに、「SHOW?」のチェックをONにする。

❷「検索」テーブルの列を設定します。次のようになっているか確認しましょう。

図6-44：「検索」テーブルの列を設定する。

_Row_Number	TYPEは「Number」。「KEY?」「REQUIRE?」のチェックをONに、「LABEL?」「SHOW?」「EDITABLE?」のチェックをOFFにする。
検索テキスト	TYPEは「Text」。「KEY?」のチェックをOFFに、「LABEL?」「SHOW?」「EDITABLE?」「REQUIRE?」のチェックをすべてONにする。

❸「検索テキスト」列の冒頭にある鉛筆アイコンをクリックし、設定パネルを呼び出して「Update Behavior」のところにある「Reset on edit?」のチェックをONに変更し、「Done」ボタンで閉じます。

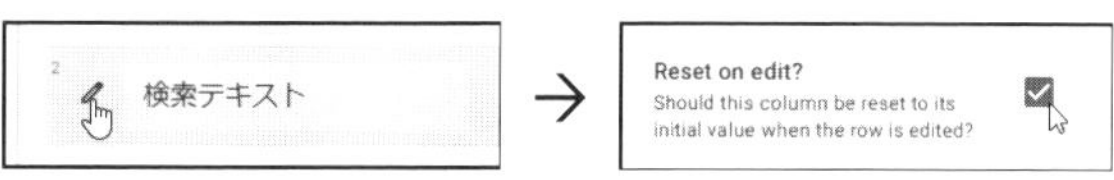

図6-45：「検索テキスト」のReset on edit?をONにする。

❹「検索結果」テーブルの列を設定します。基本的には「ニュース」テーブルと同じ設定になります。

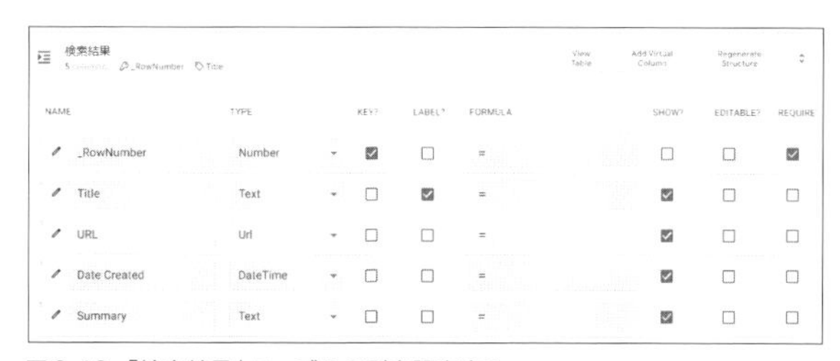

図6-46：「検索結果」テーブルの列を設定する。

_Row_Number	TYPEは「Number」。「KEY?」「REQUIRE?」のチェックをONに、「LABEL?」「SHOW?」「EDITABLE?」のチェックをOFFにする。
Title	TYPEは「Text」。「KEY?」「EDITABLE?」「REQUIRE?」のチェックをOFFに、「LABEL?」「SHOW?」のチェックをONにする。
URL	TYPEは「Url」。「KEY?」「LABEL?」「EDITABLE?」「REQUIRE?」のチェックをOFFに、「SHOW?」のチェックをONにする。
Date Created	TYPEは「DateTime」。「KEY?」「LABEL?」「EDITABLE?」「REQUIRE?」のチェックをOFFに、「SHOW?」のチェックをONにする。
Summary	TYPEは「Text」。「KEY?」「LABEL?」「EDITABLE?」「REQUIRE?」のチェックをOFFに、「SHOW?」のチェックをONにする。

Viewを用意する

次は、ユーザーインターフェイスです。ページ左側の「App」を選択し、上部にある「Views」リンクをクリックしてください。

❶デフォルトでは、Primary Viewsに「ニュース」が用意されています。またRef Viewsにニュース、検索、検索結果のDetail、そして検索のFormのビューが用意されています。

図6-47：デフォルトで用意されているビュー。

❷ビューの設定をしていきます。まずPrimary Viewsにある「ニュース」を開き、次のように設定をしましょう。

View name	ニュース
For this data	ニュース
View type	card
Position	center

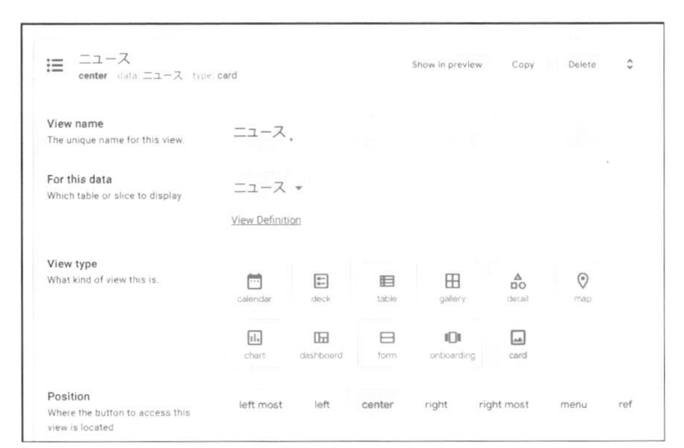

図6-48：「ニュース」ビューの設定を行う。

❸View Optionsのところに「Layout」という項目が用意されます。ここでカードのレイアウトを設定します。デフォルトではカードの一番下（ACTION1などのボタンの上）にSummaryが表示されていますが、これを「none」に変更し、表示されないようにしておきます。

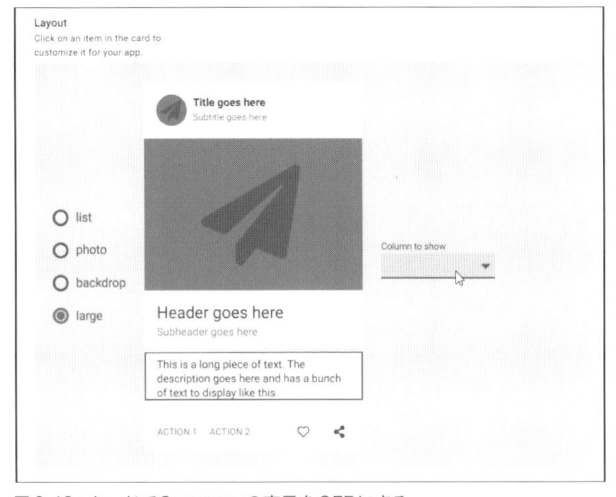

図6-49：カードでSummaryの表示をOFFにする。

❹「ニュース」以外のテーブルのビューを用意しましょう。まずは「検索結果」テーブルです。「New view」ボタンをクリックし、ビューを作成してください。設定は次のようにします。

View name	検索結果
For this data	検索結果
View type	card
Position	right most

図6-50：「検索結果」ビューの設定を行う。

❺View Optionsにある「Layout」で表示の設定をしておきます。基本的には「ニュース」テーブルのLayoutと同じように表示されるように設定を行ってください。

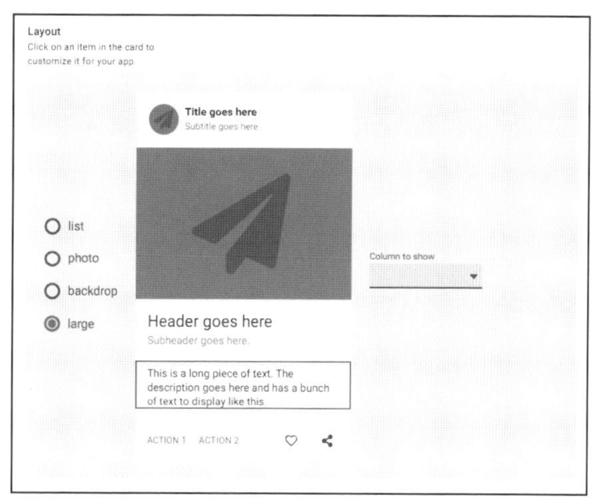

図6-51：Layoutの設定を「ニュース」テーブルと揃える。

❻続いて「検索」テーブルのビューを「New View」ボタンで作ります。設定は次のようにしておきましょう。

View name	検索
For this data	検索
View type	detail
Position	right

図6-52：「検索」ビューの設定を行う。

❼「検索_Form」ビューの設定を行います。ここにはView Optionsにいくつかの設定が用意されています。その中で、以下の2つの項目を設定してください。

Column order	「Add」ボタンで項目を追加し、「検索テキスト」を選択
Finish view	「検索結果」を選択

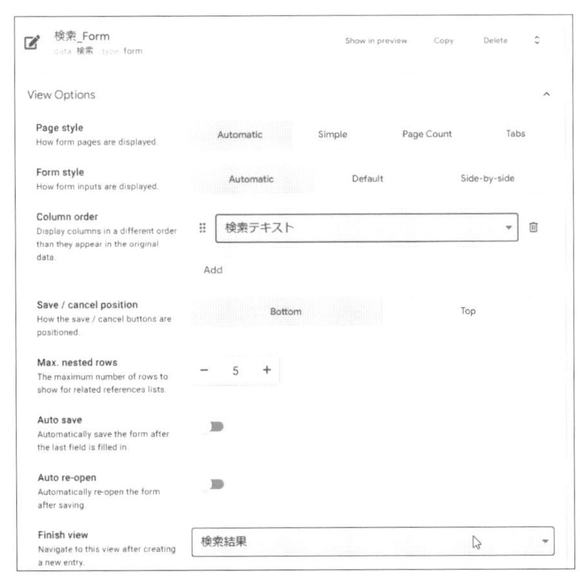

図6-53：「検索_Form」ビューの設定を行う。

フォーマットルールの作成

最後に、表示を整えるフォーマットルールを作成します。上部の「Format Rules」リンクをクリックして表示を切り替えてください。

❶では、「New Format Rule」ボタンで新しいフォーマットルールを作成しましょう。

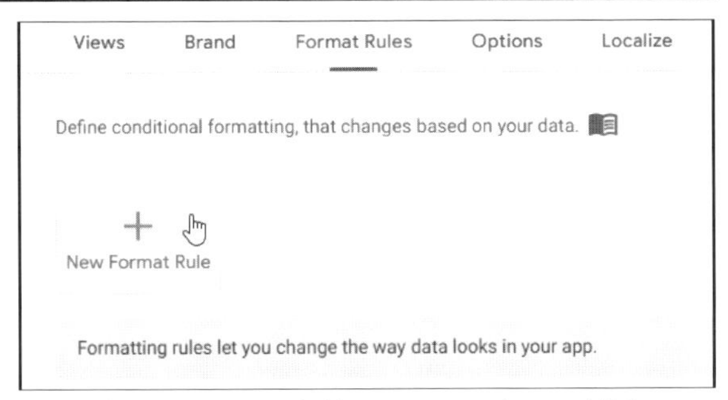

図6-54：「New Format Rule」ボタンでフォーマットルールを作る。

❷作成したフォーマットルールを次のように設定をします。

Rule name	Font - ニュース
For this data	ニュース
Format these columns and actions	Title

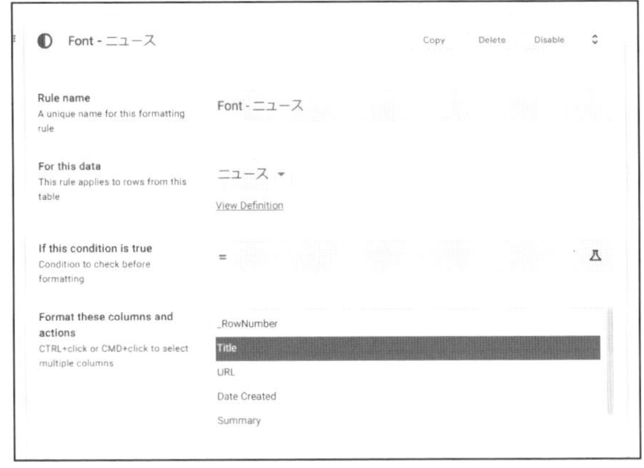

図6-55：フォーマットルールの設定をする。

❸Visual FormatのText colorと、Text FormatのText sizeでテキストカラーとテキストサイズを見やすいように調整します。他、テキストスタイルはそれぞれで必要に応じて利用してください。

図6-56：テキストカラーとサイズを設定する。

❹2つ目のフォーマットルールを作成します。そして、次のように設定をしてください。テキストのカラーとサイズ、スタイルはそれぞれで見やすいように設定しておきましょう。

Rule name	Font - 検索結果
For this data	検索結果
Format these columns and actions	Title

図6-57：検索結果で使うフォーマットルールを作る。

❺3つ目のフォーマットルールを作成します。これは次のように設定をしましょう。またテキストのカラー、サイズスタイルはそれぞれで見やすくなるように考えて設定してください。

Rule name	Font - 検索
For this data	検索
Format these columns and actions	検索テキスト

図6-58：検索で使うフォーマットルールを作る。

アプリのポイント

今回のポイントは、なんといってもGoogleスプレッドシートの式です。これがすべてと言ってもいいでしょう。「ニュース」シートでは、次のように式を用意していました。

```
=ImportFeed("http://news.google.com/news?hl=ja&gl=JP&ceid=JP:ja&topic=h&output⏎
    =rss", "Items", TRUE, 10)
```

IMPORTFEEDという関数は、指定したURLからRSSデータを取得しセルに書き出す関数です。これは次のように使います。

```
IMPORTFEED( アドレス , クエリ , 真偽値 , 個数 )
```

第1引数に、アクセスするURLをテキストで指定します。第2引数には、取得したフィード情報から取り出すデータを指定します。ここでは"Items"と指定していますが、これでRSSから得られる個々のデータをまとめて取り出せます。第3引数はヘッダー（各項目のタイトル）を出力するかどうかを指定するもので、trueにすれば出力します。第4引数は取り出すデータ数で、ここでは10個にしてあります。

RSSフィードの情報は複雑なデータの構造をしており、普通なら取得したXMLデータを解析して、そこから必要な値を探して書き出していく作業が必要です。しかしIMPORTFEED関数を使うと、取得したデータが関数を実行したセル以降にすべて書き出されます。ヘッダーまで用意してくれるので、AppSheetで利用するなら他に何も必要ありません。ただA1セルに関数を書くだけでいいのです。

RSSはGoogleニュースに限らずさまざまなところで使われています。どんなRSSがあってどういうデータが取り出せるのか、それぞれで調べてみてください。面白いデータ、使えそうなデータがあったら、すかさずGoogleスプレッドシートに書き出してアプリ化しましょう！

Chapter 6

6.4. 「図書館、どこ?」アプリ

「図書館、どこ?」について

公開されているWeb APIを利用する例として、近くにある図書館の場所を調べるアプリを作ってみましょう。このアプリは、今、自分がいる場所の近くにある図書館を検索します。アプリには、下部のバーに「Map」「図書館」「検索」という3つのアイコンが用意されています。

「Map」には、最後に検索した図書館の位置がマップ内にマーカーで表示されます。「図書館」には、最後に検索された図書館がリスト表示され、項目をタップすると住所や電話番号、WebサイトのURLなどがすべて表示されます。今いるところの近くにある図書館を調べたいときは、「検索」ボタンをタップします。これで最後に検索した位置が表示されるので、そのまま編集アイコンをタップし、何も入力せずに「SAVE」ボタンをタップすれば最新の位置情報が保存され、そこから近い図書館が最大10ヶ所検索されます。

このアプリでは、APIの実行とスプレッドシートの更新にGoogle Apps Scriptのスクリプトを使っており、それらが完了してからでないと更新されないため、検索を開始してから図書館やMapの表示が更新されるまで少し時間がかかります。また、GASでシートが更新されてもそれがアプリ側に伝達されない場合があることも確認しています。

しばらくしても表示が変わらないときは(スプレッドシートは更新されているがアプリが更新されていないかもしれないので)、右上の更新アイコンをタップして手動で更新してみてください。

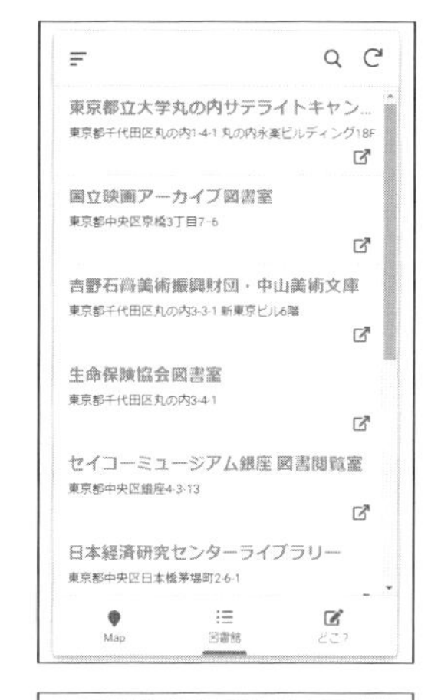

図6-59:「Map」では検索した図書館の場所がマーカーで表示される。「図書館」には検索した図書館のリストが表示され、タップすると詳細情報が表示される。「検索」は最後に検索した場所が表示されるので、更新ボタンで更新すると現在位置にデータが更新される。

今回は、全国図書館検索サービス「カーリル」のAPIを利用しています。カーリルは以下のURLで公開されています。

https://calil.jp

図6-60：カーリルのWebサイト。APIも提供している。

カーリルAPIを利用する

では、カーリルのAPIを利用しましょう。APIはカーリルにログインし、必要な情報を登録しなければいけません。

❶まず、API利用の管理などを行う「APIダッシュボード」にアクセスをしましょう。URLは以下の通りです。ここにある「ログイン画面に進む」ボタンをクリックします。

https://calil.jp/api/dashboard/

図6-61：APIダッシュボードにアクセスする。

❷ログインのページに移動します。右側にソーシャルログインのためのボタンがあるので、ここからログインに使用するサービスを選びます。「Googleでログイン」ボタンでAppSheetを利用しているのと同じGoogleアカウントを選んでおけばいいでしょう。

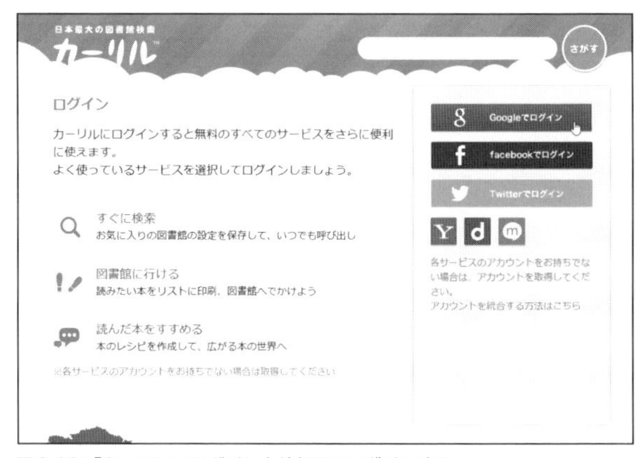

図6-62：「Googleでログイン」ボタンでログインする。

❸ログインに必要なアカウントやアクセス権の許可などを問題なく行えたら、「APIダッシュボード」のページが現れます。ここで、まず「開発者プロフィールの登録」ボタンを押してプロフィールを登録します。

図6-63：「開発者プロフィールの登録」ボタンをクリックする。

❹プロフィールの登録フォームが現れます。名前とメールアドレスを入力し、利用規約に目を通して「同意して利用する」ボタンをクリックしてください。

図6-64：プロフィールを記入し、「同意して利用する」ボタンをクリックする。

❺「APIダッシュボード」に戻り、「新しいアプリケーションの追加」というボタンが表示されるようになります。これをクリックし、アプリケーションを追加します。

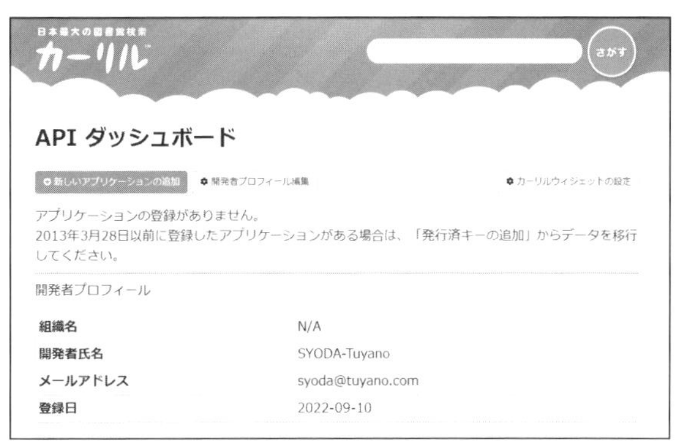

図6-65：「新しいアプリケーションの追加」ボタンをクリックする。

❻アプリの登録フォームが現れます。アプリ名とURLを入力します。URLはAppSheetアプリの公開URLをそのままペーストすればいいでしょう。記入し、「登録する」ボタンをクリックして登録を完了します。

図6-66：アプリ名とURLを記入し登録する。

❼APIダッシュボードにアプリが登録されました。ここに「アプリケーションキー」というランダムなテキストの値が表示されます。これは実際にAPIにアクセスする際に必要となるので、どこかに保存しておいてください。

図6-67：アプリが登録されたら、アプリケーションキーを保存しておく。

Googleスプレッドシートの作業

では、アプリの作成を行いましょう。まずはGoogleスプレッドシートでの作業です。新しいスプレッドシートを開いてください。

❶ファイル名を「図書館どこ？」に、またシート名を「図書館」に設定しておきます。

図6-68：ファイル名とシート名を設定する。

❷シートに項目名を入力していきます。今回は次のように記入してください。

図6-69：シートに項目名を記入する。

名称	住所	電話番号	URL	場所

❸左下の「+」ボタンで新しいシートを追加します。シート名は「どこ？」としておきます。

図6-70：新しいシートを作成し、「どこ？」と名前を付ける。

❹シートの上部に、項目名と初期値となる値を記入しておきます。今回は次のようにしておきましょう。

緯度	経度
35.6807876	139.7680843

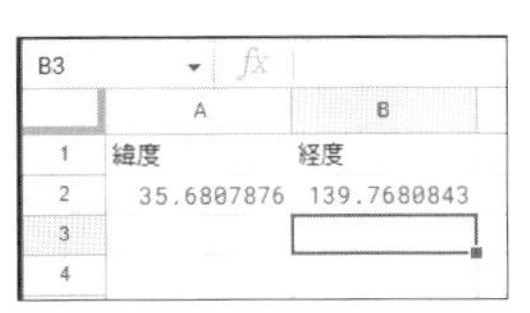

図6-71：項目名と値を入力する。

ちなみに、この値は東京駅の位置を示すものです。最初に使われる値ですぐに変更されるものなので、他の場所（自分の住んでいるところなど）にしておいても問題ありません。

Google Apps Scriptを作成する

続いて、Google Apps Script（GAS）のスクリプトを作成しましょう。そのままGoogleスプレッドシートからスクリプトエディタを開いて作業します。

❶「拡張機能」メニューから「Apps Script」を選んでください。

図6-72：「Apps Script」メニューを選ぶ。

❷GASのスクリプトエディタが開きます。画面に「function myFunction()……」といったテキストが表示されているでしょう。ここにスクリプトを書いて編集します。

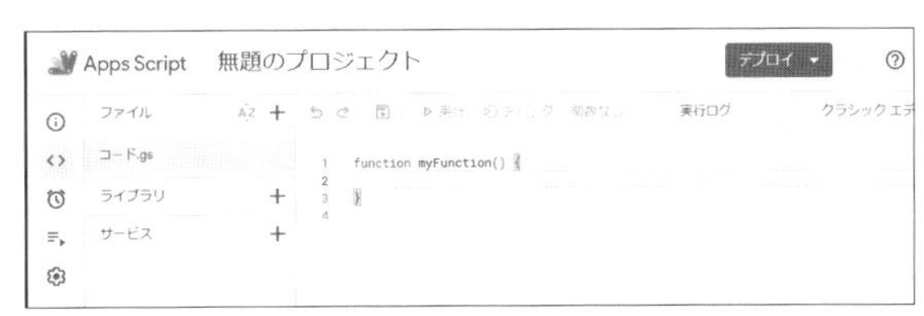

図6-73：開かれたスクリプトエディタ。

❸GASのスクリプトを記述するこのファイルは「プロジェクト」と呼ばれます。まずプロジェクトに名前を付けて保存しておきましょう。上部にある「無題のプロジェクト」という部分をクリックし、現れたパネルで「図書館どこ？プロジェクト」と名前を変更します。

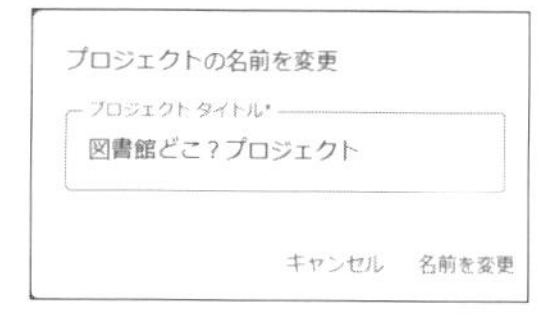

図6-74：プロジェクト名を設定する。

❹では、GASのスクリプトを記述しましょう。以下のスクリプトを記述してください。なお、☆マークの"……API Key……"という部分には、先にカーリルAPIにアプリ登録した際に表示されたアプリケーションキーを記述してください。

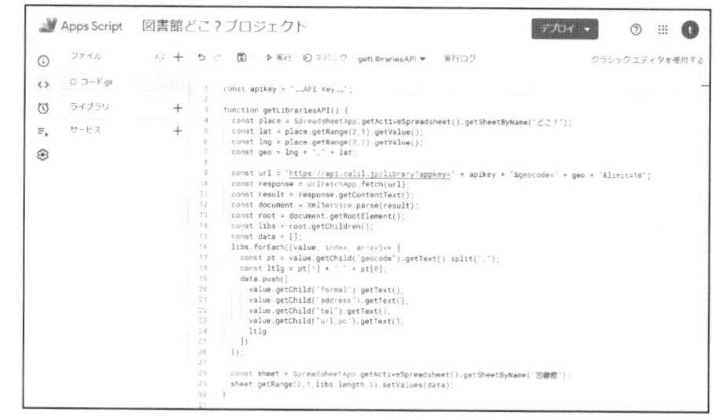

図6-75：エディタにスクリプトを記述する。

▼リスト6-1

```
const apikey = "……API Key……"; //☆

function getLibrariesAPI() {
  const place = SpreadsheetApp.getActiveSpreadsheet().getSheetByName("どこ？");
  const lat = place.getRange(2,1).getValue();
  const lng = place.getRange(2,2).getValue();
  const geo = lng + "," + lat;
  const url = "https://api.calil.jp/library?appkey=" + apikey + "&geocode=" + ↵
    geo + "&limit=10";
  const response = UrlFetchApp.fetch(url);
  const result = response.getContentText();
  const document = XmlService.parse(result);
  const root = document.getRootElement();
  const libs = root.getChildren();
  const data = [];
  libs.forEach((value, index, array)=> {
    const pt = value.getChild("geocode").getText().split(",");
    const ltlg = pt[1] + "," + pt[0];
    data.push([
      value.getChild("formal").getText(),
      value.getChild("address").getText(),
      value.getChild("tel").getText(),
      value.getChild("url_pc").getText(),
      ltlg
    ])
  });
  const sheet = SpreadsheetApp.getActiveSpreadsheet().getSheetByName("図書館");
  sheet.getRange(2,1,libs.length,5).setValues(data);
}
```

スクリプトを実行する

記述したスクリプトを実行し、問題なく動作するか確認しましょう。

❶編集画面の上にあるツールバーから「実行」というボタンをクリックしてください。なお、その隣りの「デバッグ」の右側には「getLibrariesAPI」と表示されているはずですが、もし表示されていない場合はクリックしてメニューから「getLibrariesAPI」を選んでください。

図6-76:「実行」ボタンをクリックする。

❷「承認が必要です」というアラートが現れます。「権限を確認」ボタンをクリックしてください。

承認が必要です

このプロジェクトがあなたのデータへのアクセス権限を必要としています。

キャンセル　権限を確認

図6-77:アラートが出たら「権限を確認」ボタンをクリックする。

❸Googleアカウントの選択ウィンドウが開かれます。ここで、使用しているGoogleスプレッドシートと同じGoogleアカウントを選択します。

図6-78:使用するGoogleアカウントを選択する。

❹場合によっては、ここで「このアプリはGoogleで承認されていません」という警告が現れるかもしれません。その場合は、下部にある「詳細」リンクをクリックすると「○○（安全ではないページ）に移動」というリンクが現れるので、これをクリックします。

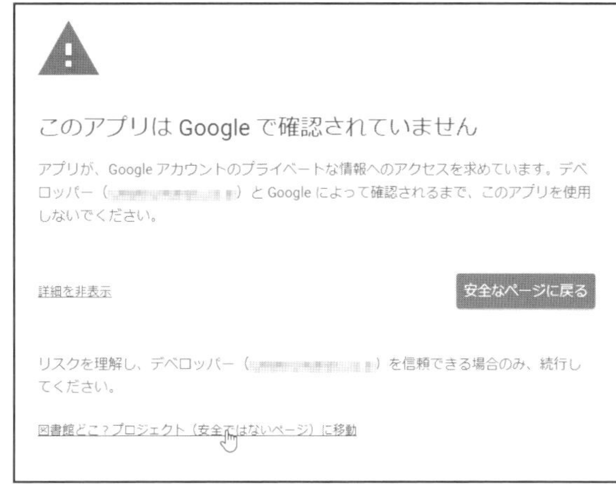

図6-79:「このアプリはGoogleで確認されていません」という表示が現れることがある。

❺アカウントに許可を求めるアクセスの内容が表示されます。この下部にある「許可」ボタンをクリックするとアクセスが許可されます。

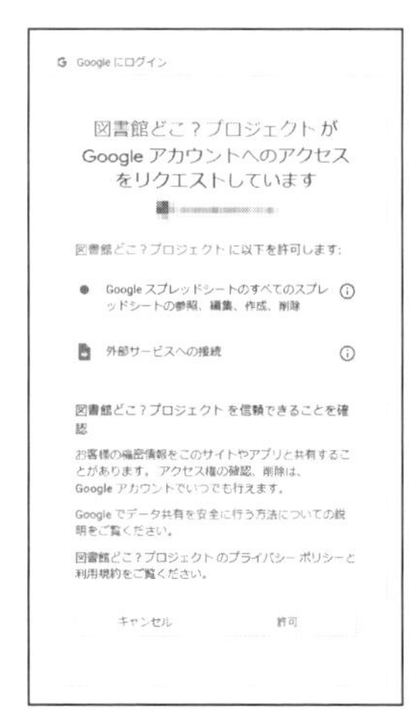

図6-80：アクセスの許可を求めてきたら「許可」ボタンをクリックする。

❻これでスクリプトが実行できるようになります。Googleスプレッドシートの「図書館」シートに戻ってみましょう。図書館の情報が書き出されています。もし実行されていないようなら、再度「実行」ボタンで実行してください。

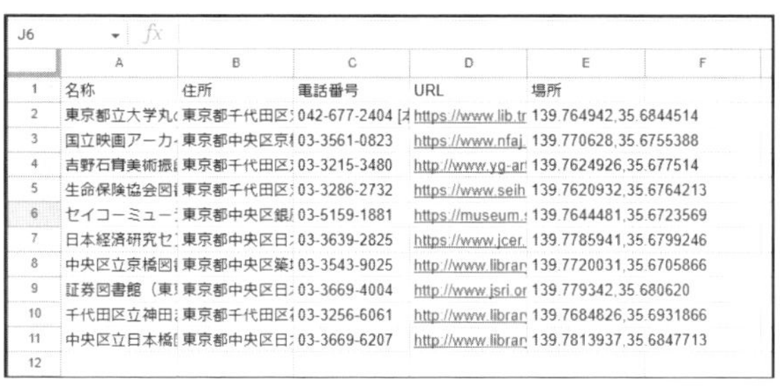

J6

	A	B	C	D	E	F
1	名称	住所	電話番号	URL	場所	
2	東京都立大学丸	東京都千代田区	042-677-2404 [	https://www.lib.tr	139.764942,35.6844514	
3	国立映画アーカ	東京都中央区京	03-3561-0823	https://www.nfaj.	139.770628,35.6755388	
4	吉野石膏美術振	東京都千代田区	03-3215-3480	http://www.yg-ar	139.7624926,35.677514	
5	生命保険協会図	東京都千代田区	03-3286-2732	https://www.seih	139.7620932,35.6764213	
6	セイコーミュー	東京都中央区銀	03-5159-1881	https://museum.	139.7644481,35.6723569	
7	日本経済研究セ	東京都中央区日	03-3639-2825	https://www.jcer.	139.7785941,35.6799246	
8	中央区立京橋図	東京都中央区築	03-3543-9025	http://www.librar	139.7720031,35.6705866	
9	証券図書館（東	東京都中央区日	03-3669-4004	http://www.jsri.or	139.779342,35.680620	
10	千代田区立神田	東京都千代田区	03-3256-6061	http://www.librar	139.7684826,35.6931866	
11	中央区立日本橋	東京都中央区日	03-3669-6207	http://www.librar	139.7813937,35.6847713	
12						

図6-81：検索された図書館の情報が書き出されている。

トリガーを作成する

スクリプトが動作するのがわかったら、スプレッドシートが更新されたときにこの処理が自動実行されるように「トリガー」というものを追加します。トリガーは、特定の条件に従ってスクリプトを自動実行する仕組みです。

❶画面の左側にポップアップして表示されるリストから「トリガー」をクリックします。

図6-82：「トリガー」を選択する。

❷トリガーの管理画面に切り替わります。ここでトリガーを作成します。右下にある「トリガーを追加」ボタンをクリックしてください。

図6-83：「トリガーを追加」ボタンをクリックする。

❸トリガーを設定するパネルが現れます。ここで次のように項目を設定していきます。

実行する関数を選択	getLibrariesAPI
実行するデプロイを選択	Head
イベントのソースを選択	スプレッドシートから
イベントの種類を選択	変更時
エラー通知	毎日通知を受け取る

これらを選択したら、「保存」ボタンをクリックして保存します。

図6-84：トリガーの設定を行う。

❹トリガーに項目が追加されます。これが作成したトリガーです。これでGAS側の作業は完了です。

図6-85：トリガーが追加された。

AppSheetアプリの作成

では、アプリケーションを作成しましょう。Googleスプレッドシートに戻ってください。そして、「機能拡張」メニューから「AppSheet」内の「アプリを作成」メニューを選びます。これで新しいアプリが作成されます。

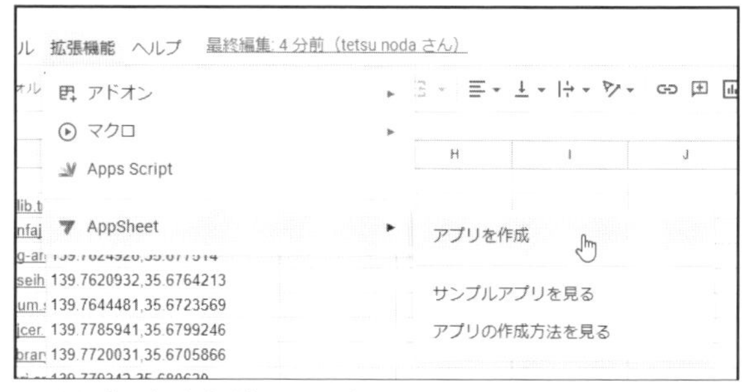

図6-86：「アプリを作成」メニューを選ぶ。

テーブルの設定

作成されたアプリの作業に進みます。まずデータのテーブル設定からです。ページ左側の「Data」を選択してください。

❶上部の「Tables」リンクをクリックし、テーブルの管理画面を表示します。デフォルトでは「図書館」テーブルが1つだけ用意されています。

図6-87：デフォルトでは「図書館」テーブルが作成されている。

❷上部の「New Table」の横に、「Add Table "どこ？" From " 図書館どこ？ "」というボタンが追加されています。これをクリックしてテーブルを作成してください。ボタンが見当たらない場合は、「New Table」ボタンをクリックし、「図書館どこ？」スプレッドシートの「どこ？」を選んでテーブルを作ります。これで、「どこ？」テーブルが追加されました。

図6-88：「Add Table "どこ？" From " 図書館どこ？ "」をクリックしてテーブルを作る。

❸テーブルの設定をします。まず「図書館」テーブルをクリックし設定を開いてください。そして、「Are updates allowed?」の項目を「Read-Only」に変更します。

図6-89：「図書館」テーブルのAre updates allowed?を「Read-Only」にする。

❹続いて「どこ？」テーブルです。これは「Are updates allowed?」の項目を「Updates」のみ選択し、他をすべて未選択にしておきます。

図6-90：「どこ？」テーブルのAre updates allowed?を変更する。

テーブルのColumn設定

続いて、テーブルの列の設定を行います。上部の「Columns」リンクをクリックして表示を切り替えてください。

❶「図書館」テーブルをクリックして設定を開き、列を次のように設定します。

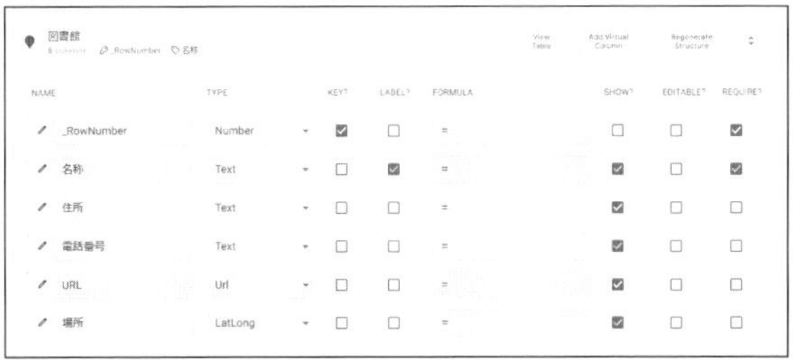

図6-91：「図書館」テーブルの列を設定する。

_Row_Number	TYPEは「Number」。「KEY?」「REQUIRE?」のチェックをONに、「LABEL?」「SHOW?」「EDITABLE?」のチェックをOFFにする。
名称	TYPEは「Text」。「KEY?」「EDITABLE?」のチェックをOFFに、「LABEL?」「SHOW?」「REQUIRE?」のチェックをONにする。
住所、電話番号	TYPEは「Text」。「KEY?」「LABEL?」「EDITABLE?」「REQUIRE?」のチェックをOFFに、「SHOW?」のチェックをONにする。
URL	TYPEは「Url」。「KEY?」「LABEL?」「EDITABLE?」「REQUIRE?」のチェックをOFFに、「SHOW?」のチェックをONにする。
場所	TYPEは「LatLong」。「KEY?」「LABEL?」「EDITABLE?」「REQUIRE?」のチェックをOFFに、「SHOW?」のチェックをONにする。

❷「どこ？」テーブルの設定をします。次のように列の設定を行ってください。

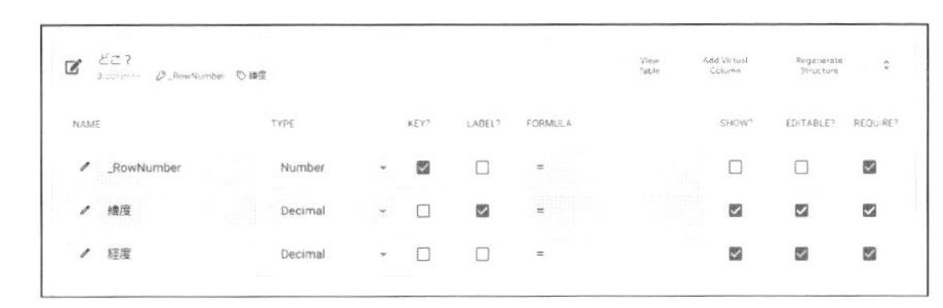

図6-92：「どこ？」テーブルの設定をする。

_Row_Number	TYPEは「Number」。「KEY?」「REQUIRE?」のチェックをONに、「LABEL?」「SHOW?」「EDITABLE?」のチェックをOFFにする。
緯度	TYPEは「Decimal」。「KEY?」のチェックをOFFに、「LABEL?」「SHOW?」「EDITABLE?」「REQUIRE?」のチェックをONにする。
経度	TYPEは「Decimal」。「KEY?」「LABEL?」のチェックをOFFに、「SHOW?」「EDITABLE?」「REQUIRE?」のチェックをONにする。

❸「どこ？」テーブルのINITIAL VALUEを設定します。次のように式を入力してください。

緯度	LAT(HERE())
経度	LONG(HERE())

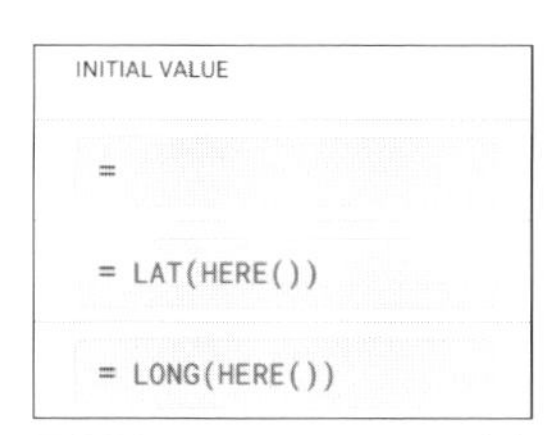

図6-93：INITIAL VALUEに式を設定する。

❹列の設定を変更します。「緯度」の冒頭にある鉛筆アイコンをクリックし、現れたパネルにある「Reset on edit?」のチェックをONに変更して「Done」ボタンをクリックしてパネルを閉じてください。同様にして「経度」列についても、Reset on edit?をONに変更してください。

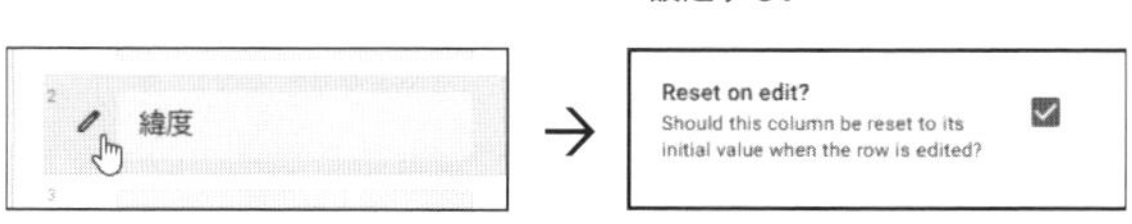

図6-94：鉛筆アイコンをクリックし、Reset on edit?をONに変更する。

データ関連の設定ができたら、ユーザーインターフェイスを作りましょう。ページ左側の「App」をクリックし、上部の「Views」リンクをクリックして表示を切り替えます。

❺初期状態では、Primary Viewsに「Map」「図書館」という2つのビューが作成されています。これらのどちらかがない場合は、「New View」ボタンで次のように作成しましょう。

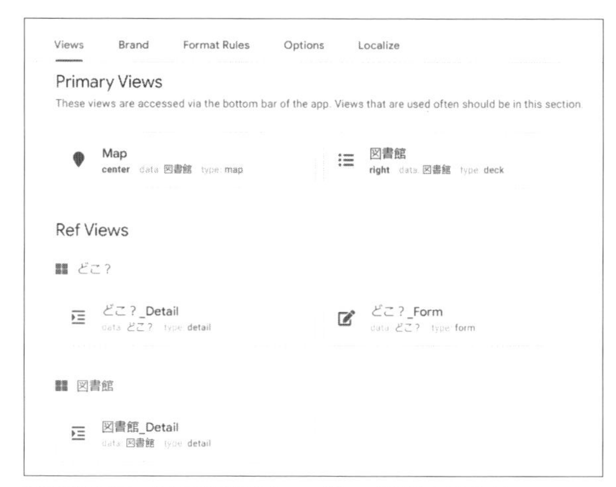

図6-95：デフォルトで2つのPrimary Viewが用意されている。

▼「Map」ビュー

For this data	図書館
View type	map

▼「図書館」ビュー

For this data	図書館
View type	deck

❻新しいビューを作ります。「New View」ボタンをクリックしてビューを作成し、次のように設定をしてください。

View name	どこ？
For this data	どこ？
View type	detail
Position	right most

図6-96：新しいビューを作成する。

❼「どこ？ _Form」ビューを開き、以下の項目を設定します。他はデフォルトのままにしておきます。

Column order	「Add」ボタンで項目を追加し、「_RowNumber」を選択
Finish view	図書館

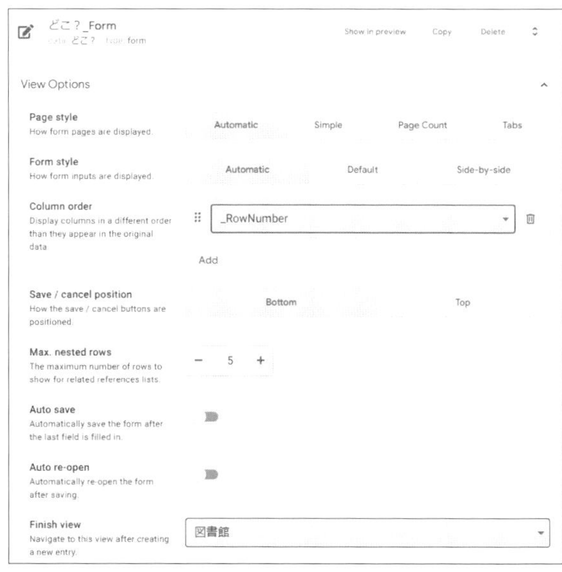

図6-97：「どこ？ _Form」の設定を変更する。

フォーマットルールの作成

今回はデータの表示が中心なので、フォーマットルールで表示を整えておきましょう。上部の「Format Rule」リンクをクリックしてください。

❶「New Format Rule」ボタンで新しいフォーマットルールを作ります。全部で4つ作成します。

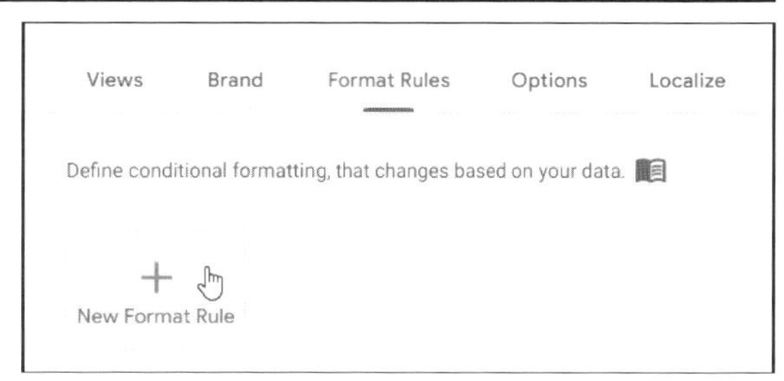

図6-98：「New Format Rule」ボタンでフォーマットルールを作る。

❷まず、マップのマーカー表示です。次のように設定をしてください。

Rule name	Marker - Map
For this data	図書館
Format these columns and actions	場所

図6-99：マーカー用のフォーマットルールを設定する。

❸Visual Formatでアイコンと Highlight colorを設定します。それぞれわかりやすいマーカー表示になるように選択しましょう。

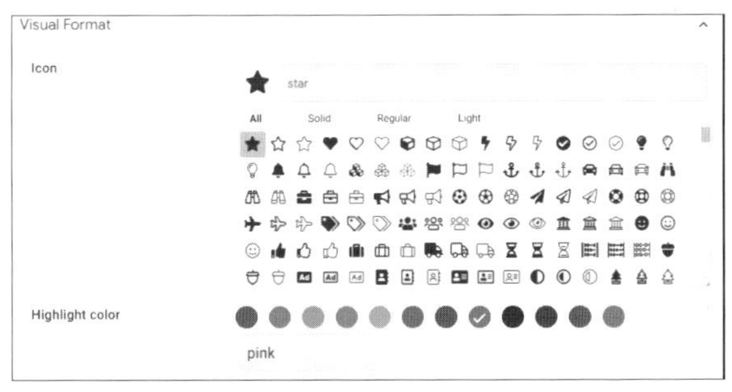

図6-100：アイコンと色を選択する。

❹図書館名のフォーマットルールを作成します。次のように項目を設定し、色とフォントサイズ、スタイルを設定しましょう。

図6-101：図書館名用のフォーマットルールを作成する。

Rule name	Font - 図書館
For this data	図書館
Format these columns and actions	名称

❺続いて、URL表示用のフォーマットルールです。次のように設定し、色とテキストのフォーマットを設定します。

図6-102：URL用のフォーマットルールを作成する。

Rule name	Font - URL
For this data	図書館
Format these columns and actions	URL

❻「どこ？」テーブル用のフォーマットルールを作ります。次のように設定し、色とテキストフォーマットを設定しましょう。

図6-103：「どこ？」テーブルの表示用フォーマットルールを作成する。

Rule name	Font - 位置
For this data	どこ？
Format these columns and actions	緯度、経度

アプリのポイント

今回は、GASのスクリプトを使ってスプレッドシートのデータを更新しています。これはUrlFetchAppというオブジェクトの「fetch」メソッドを使います。ここでは次のように実行していますね。

```
const response = UrlFetchApp.fetch(url);
const result = response.getContentText();
```

このUrlFetchApp.fetchは引数に指定したURLからコンテンツを取得する働きをします。返されたresponseの中に取得したコンテンツがあり、これはgetContentTextというメソッドでテキストとして取り出せます。

XMLデータの処理

今回は、取り出したテキストはXMLフォーマットになっているため、これを解析してオブジェクトとして取り出しています。これには「XmlService」という物を使います。

```
const document = XmlService.parse(result);
```

このXmlService.parseで、引数に指定したXMLのテキストをオブジェクトに変換します。そこから必要な値を取り出していきます。

```
const root = document.getRootElement();
const libs = root.getChildren();
```

XMLのデータは、まずgetRootElementでルートオブジェクトを取り出し、そこからgetChildrenで内部にある子ノードをまとめて取り出します。これでXMLのノードの配列が取り出されるので、後は繰り返し値を取り出して処理をしていきます。

```
libs.forEach((value, index, array)=> {
  const geo = value.getChild("geocode").getText().split(",");
  ......
}
```

forEachは、配列から値を順に取り出して引数の関数を実行するものです。ここでは取り出したオブジェクトからgetChild("geocode")でgetcodeという項目を取り出し、getTextでそのテキスト値を取り出します。これで位置情報のテキストが得られます。split(",")はテキストを","で分割するもので、緯度と経度の2つに分割して作られた配列が取り出されます。後は、この値を利用するだけです。

XMLデータの処理は、データ処理でもけっこう面倒でわかりにくい部分です。ここでの説明だけではよくわからないでしょう。興味がわいた人は、GASのXmlServiceについて調べてみてください。

Chapter 6

6.5. 「今日の天気」アプリ

「今日の天気」アプリについて

「常に外部から最新の情報を取得して表示する必要があるもの」というのはいろいろあります。ニュースもそうですし、「天気予報」などもそうでしょう。ここでは気象庁が提供するAPIを使い、今日の天気概況を表示するアプリを作ります。

このアプリは「天気」と「地域の指定」という2つのアイコンがあるだけのシンプルなものです。「天気」には、気象庁から得た天気概況が表示されます。これは最後に取得した値が表示されるので、変わっていなければ画面を下にスワイプして更新してください。これで、最新の天気概況が表示されます。

どこの天気を表示するかは「地域の指定」で指定します。アイコンをタップすると地域が表示されるので、編集アイコンをタップして表示した地域を選んでください。これで、以後はその地域の天気を取得するようになります。

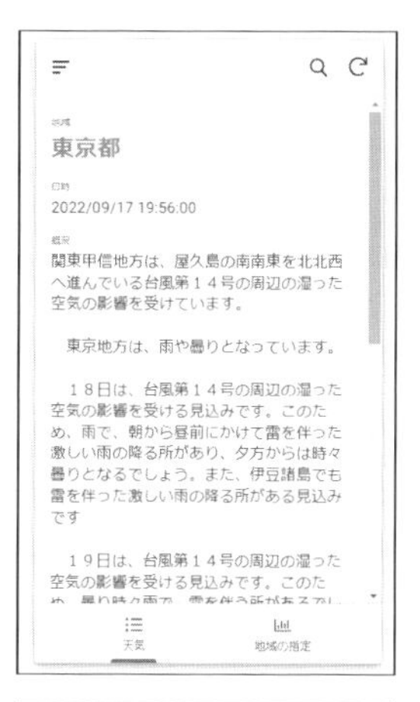

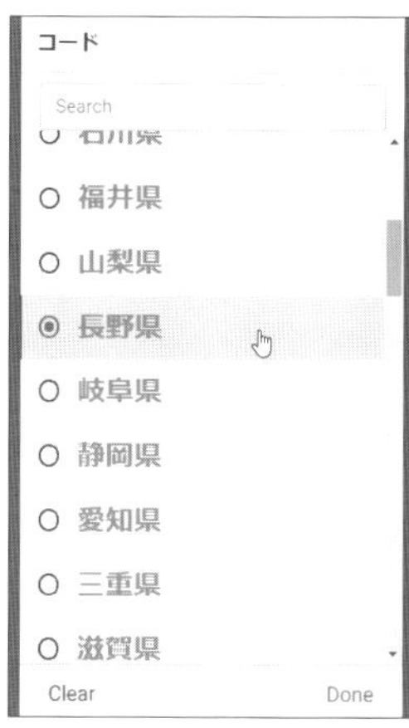

図6-104:「天気」アイコンで天気概況を表示する。「地域の指定」では表示する場所が設定されている。編集アイコンをタップし、現れたフォームからポップアップメニューで表示される地域を選んで保存すると、その地域の天気を表示するようになる。

Googleスプレッドシートの作業

Googleスプレッドシートの作業からはじめましょう。新しいスプレッドシートのファイルを用意してください。

❶ファイル名を「今日の天気」に、シート名を「天気」にそれぞれ変更します。

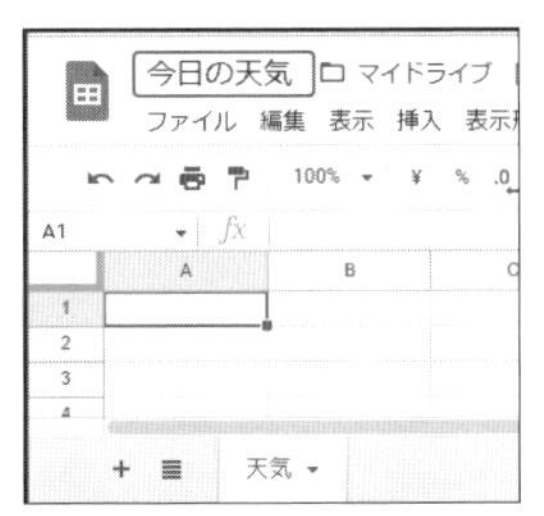

図6-105：ファイル名とシート名を変更する。

❷シートに項目名を記入します。A1セルから次のように記述してください。

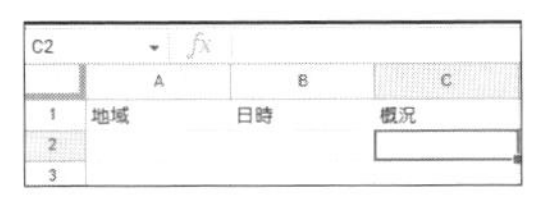

図6-106：列の名前を記入する。

地域	日時	概況

❸新しいシートを追加します。左下の「＋」ボタンをクリックし、シート名を「コード」と設定しておきましょう。

図6-107：新しいシートを作り「コード」と名前を付ける。

❹列の名前と値を記入します。A1セルに「コード」、A2セルに初期値として「130000」と記入しておきましょう。ちなみに130000は東京都を示す地域コードの値です。

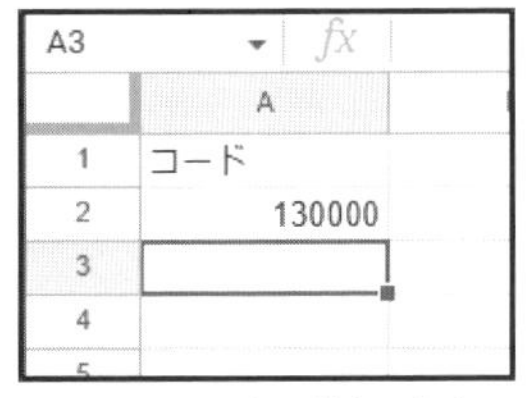

図6-108：項目名と値を入力する。

❺左下の「＋」ボタンをクリックし、もう1つシートを作りましょう。名前は「コードリスト」としておきます。

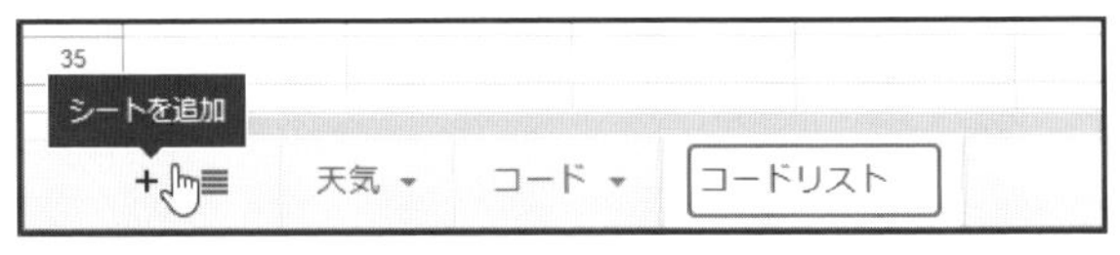

図6-109：新しいシートを作り、「コードリスト」と名前を付ける。

❻シートに項目名を入力します。A1セルから次のように記入してください。

図6-110：項目名を入力する。

エリアコード	地域	管区

Google Apps Scriptの作成

続いて、気象庁のAPIから必要なデータを取り出しシートに書き出すためのGoogle Apps Script (GAS) のスクリプトを作成します。

❶スプレッドシートの「機能拡張」メニューから「Apps Script」メニューを選び、スクリプトエディタを起動します。

図6-111:「Apps Script」メニューを選ぶ。

❷エディタが開かれたら、上部の「無題のプロジェクト」という表示をクリックし、名前を入力します。ここでは「今日の天気プロジェクト」としておきます。

図6-112:プロジェクト名を設定する。

❸エディタにスクリプトを記述しましょう。まず、地域のコードを取得するための処理を作成します。以下のコードをエディタに記述してください。

▼リスト6-2

```
function areacode() {
  const url = "https://www.jma.go.jp/bosai/common/const/area.json";
  const response = UrlFetchApp.fetch(url);
  const result = JSON.parse(response.getContentText());
  const data = [];
  for (var item of Object.keys(result.offices)){
    data.push([item, result.offices[item].name, result.offices[item].officeName]);
  }
  const sheet = SpreadsheetApp.getActiveSpreadsheet().getSheetByName("コードリスト");
  sheet.getRange(2,1,data.length,3).setValues(data);
}
```

❹記述できたら、ツールバーの「実行」ボタンをクリックしてareacodeを実行します。

図6-113:「実行」ボタンで実行する。

❺「承認が必要です」とアラートが現れるので、アクセスを許可しましょう。「権限を承認」ボタンをクリックし、Googleアカウントを選択してアクセスを許可する一連の作業を行ってください。許可するアカウントは、現在スプレッドシートとAppSheetで利用しているものを使いましょう。

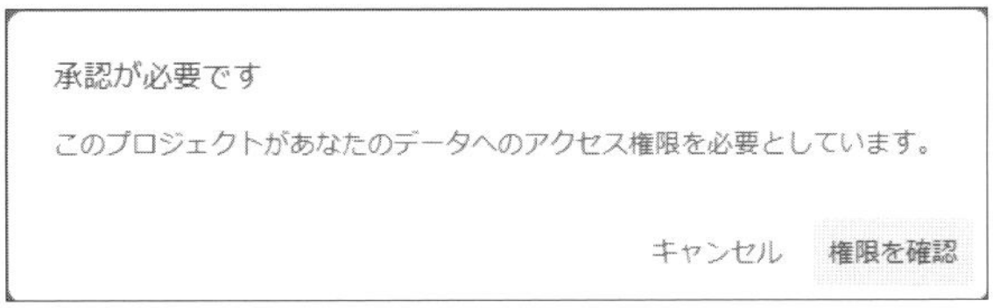

承認が必要です

このプロジェクトがあなたのデータへのアクセス権限を必要としています。

キャンセル　権限を確認

図6-114:「権限を承認」ボタンをクリックし、指定アカウントからのアクセスを許可する。

❻「コードリスト」シートにエリアコードと地域名、管区名といったデータが出力されます。

A1　fx　エリアコード

	A	B	C
1	エリアコード	地域	管区
2	100000	群馬県	前橋地方気象台
3	110000	埼玉県	熊谷地方気象台
4	120000	千葉県	銚子地方気象台
5	130000	東京都	気象庁
6	140000	神奈川県	横浜地方気象台
7	150000	新潟県	新潟地方気象台
8	160000	富山県	富山地方気象台
9	170000	石川県	金沢地方気象台
10	180000	福井県	福井地方気象台
11	190000	山梨県	甲府地方気象台
12	200000	長野県	長野地方気象台

図6-115：エリアコードと地域名、管区名が書き出される。

❼続いて、気象概況データを取得するスクリプトを作成しましょう。以下のスクリプトをエディタに記述してください。

▼リスト6-3

```
function Getweather() {
  const codesheet = SpreadsheetApp.getActiveSpreadsheet().getSheetByName("コード");
  const code = codesheet.getRange(2,1).getValue();
  const weathersheet = SpreadsheetApp.getActiveSpreadsheet().getSheetByName("天気");

  const url = "https://www.jma.go.jp/bosai/forecast/data/overview_forecast/" + ↵
      code + ".json";
  const response = UrlFetchApp.fetch(url);
  const result = JSON.parse(response.getContentText());

  weathersheet.getRange(2,1).setValue(result.targetArea);
  weathersheet.getRange(2,2).setValue(new Date(result.reportDatetime).↵
      toLocaleString());
  weathersheet.getRange(2,3).setValue(result.text);
}
```

❽記述したら、ツールバーの「デバッグ」右側にあるメニューから「GetWeather」を選択し、「実行」ボタンをクリックして実行します。

図6-116：GetWeatherを実行する。

❾「天気」シートに、デフォルトで指定したエリアコード（130000 ＝ 東京都）の気象概況データが書き出されます。ここまで問題なく動いていればスクリプトは完成です。

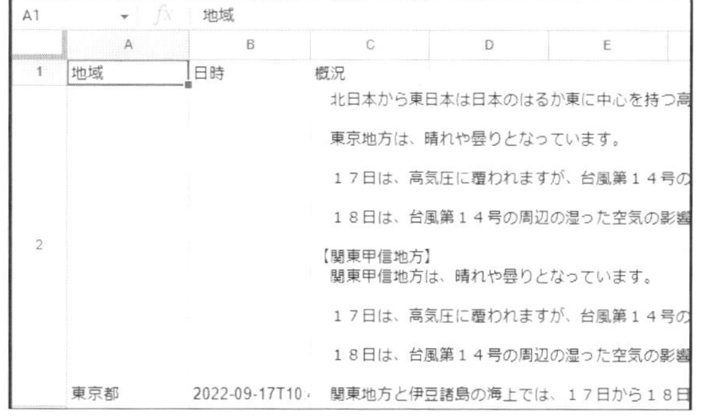

図6-117：「天気」シートに気象概況が出力される。

トリガーの作成

では、作成したスクリプトが自動的に実行されるようにトリガーを作成しましょう。

❶ページ左側のリストから「トリガー」を選択します。トリガーの管理画面が現れたら、「トリガーを追加」ボタンをクリックしてトリガーを作りましょう。

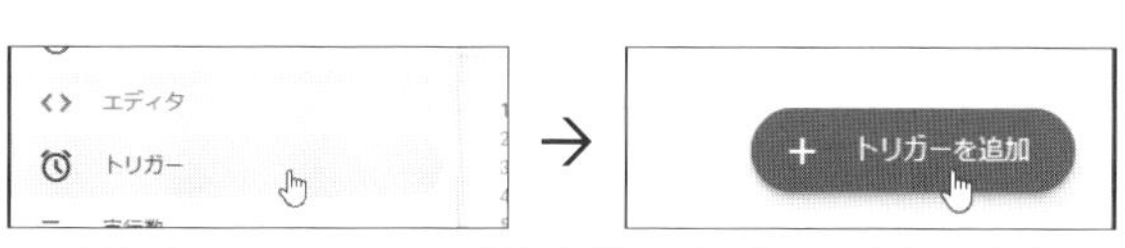

図6-118：「トリガー」メニューを選び、「トリガーを追加」ボタンをクリックする。

❷トリガーの設定パネルが現れたら、次のように設定をして保存してください。

実行する関数を選択	GetWeather
実行するデプロイを選択	Head
イベントのソースを選択	スプレッドシートから
イベントの種類を選択	変更時
エラー通知	毎日通知を受け取る

図6-119：トリガーの設定をする。

❸もう1つトリガーを作ります。「トリガーを追加」ボタンで作成し、次のように設定をしてください。

図6-120：2つ目のトリガーを設定する。

実行する関数を選択	GetWeather
実行するデプロイを選択	Head
イベントのソースを選択	時間主導型
時間ベースのトリガーのタイプを選択	時間ベースのタイマー
時間の間隔を選択	4時間おき
エラー通知	毎日通知を受け取る

❹2つのトリガーが作成されました。1つ目はシートが更新されたときにスクリプトを実行するもので、2つ目は一定時間ごとに実行するためのものです。これでトリガーは完成で、GASエディタ側の作業は完了です。

図6-121：2つのトリガーが作成された。

AppSheetアプリの作成

では、アプリを作成しましょう。スプレッドシートの表示に戻り、「機能拡張」メニューから「AppSheet」内にある「アプリを作成」メニューを選んでください。「今日の天気」アプリが作られます。

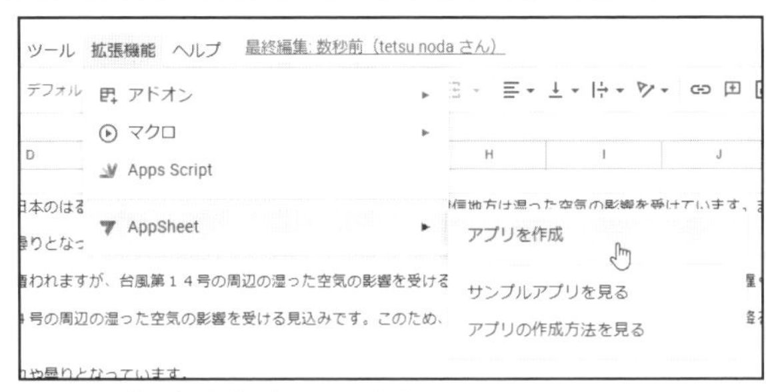

図6-122：「アプリを作成」メニューを選ぶ。

テーブルの作成と設定

AppSheet側の作業に入りましょう。まずはデータ関連の設定からです。ページ左側の「Data」をクリックし、上部の「Tables」リンクをクリックして表示を切り替えてください。

❶デフォルトでは「天気」というテーブルだけが用意されています。残る2つのシート用のテーブルを作りましょう。上部に見える「Add Table "コード" From "今日の天気"」「Add Table "コードリスト" From "今日の天気"」のボタンをクリックして2つのテーブルを作成してください。ボタンが見あたらない場合は「New Table」ボタンを使い、「今日の天気」スプレッドシートの「コード」と「コードリスト」シートをそれぞれ選んでテーブルを用意しましょう。

図6-123：デフォルトでは「天気」テーブルのみがある。上部のボタンでテーブルを追加する。

❷全部で3つのテーブルが用意できました。これらの設定をしていきます。

図6-124：3つのテーブルが用意できた。

❸「天気」テーブルをクリックし、設定を開きます。「Are updates allowed?」の項目を「Read-Only」に変更してください。

図6-125：「天気」テーブルのAre updates allowed?を「Read-Only」にする。

❹「コード」テーブルの設定を開き、「Are updates allowed?」の項目を「Updates」のみ選択し、他をすべて非選択に変更します。

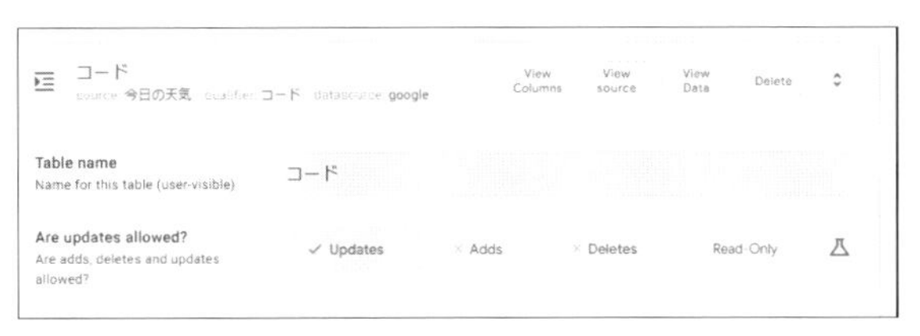

図6-126：「コード」テーブルのAre updates allowed?をUpdatesにする。

❺「コードリスト」テーブルの設定を開き、「Are updates allowed?」の項目を「Read-Only」のみにします。これで「Views」の設定は完了です。

図6-127：「コードリスト」テーブルのAre updates allowed?を「Read-Only」にする。

テーブルのColumn設定

次はテーブルの列設定です。上部の「Columns」リンクをクリックして表示を切り替えてください。

❶まずは「天気」テーブルからです。次のように列を設定してください。

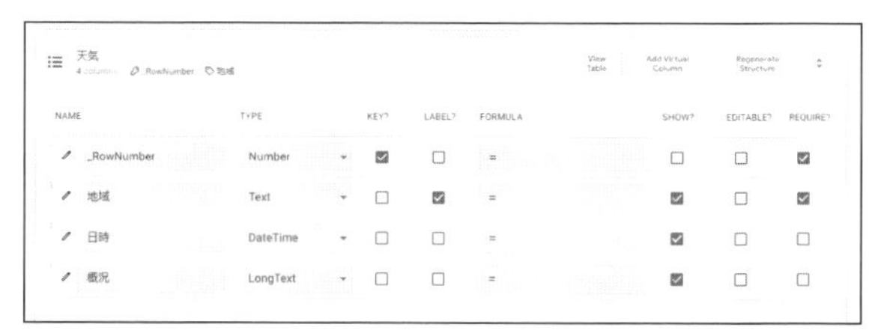

図6-128：「天気」テーブルの列を設定する。

_Row_Number	TYPEは「Number」。「KEY?」「REQUIRE?」のチェックをONに、「LABEL?」「SHOW?」「EDITABLE?」のチェックをOFFにする。
地域	TYPEは「Text」。「KEY?」「EDITABLE?」のチェックをOFFに、「LABEL?」「SHOW?」「REQUIRE?」のチェックをONにする。
日時	TYPEは「DateTime」。「SHOW?」のみチェックをONに、「KEY?」「LABEL?」「EDITABLE?」「REQUIRE?」のチェックをすべてOFFにする。
地域	TYPEは「LongText」。「SHOW?」のみチェックをONに、「KEY?」「LABEL?」「EDITABLE?」「REQUIRE?」のチェックをすべてOFFにする。

❷次は「コード」テーブルです。次のように列を設定してください。

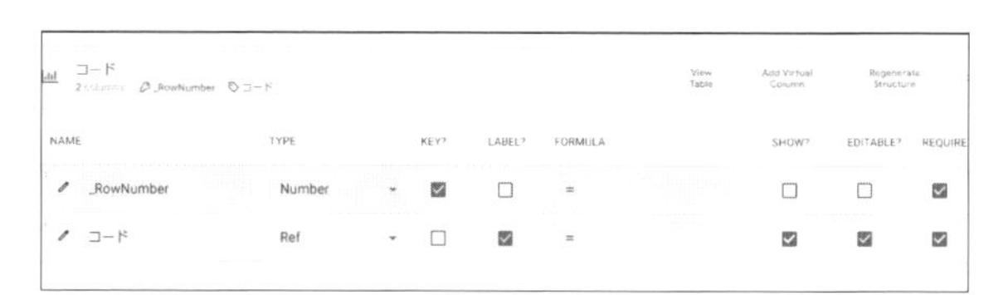

図6-129：「コード」テーブルの列を設定する。

_Row_Number	TYPEは「Number」。「KEY?」「REQUIRE?」のチェックをONに、「LABEL?」「SHOW?」「EDITABLE?」のチェックをOFFにする。
コード	TYPEは「Ref」を選択。「KEY?」のチェックをOFFに、「LABEL?」「SHOW?」「EDITABLE?」「REQUIRE?」のチェックをONにする。

❸「コード」テーブルの「地域」のTYPEを「Ref」に変更すると、画面に設定パネルが現れます。ここでType Detailsにある「Source table」の値を「コードリスト」に設定し、「Done」ボタンでパネルを閉じます。

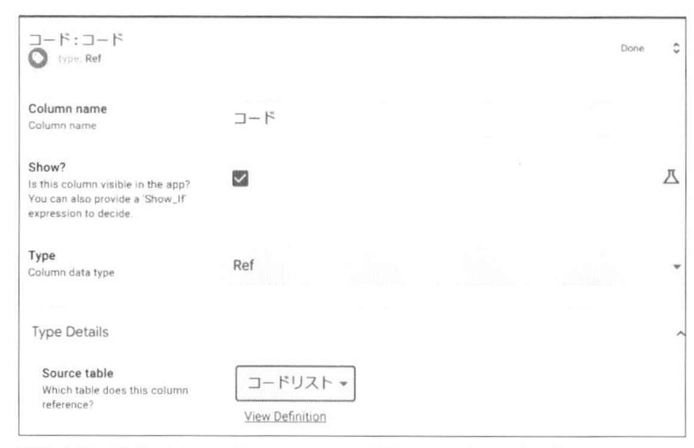

図6-130：設定パネルでSource tableを「コードリスト」にする。

❹「コードリスト」テーブルの列を設定します。次のように設定を行ってください。

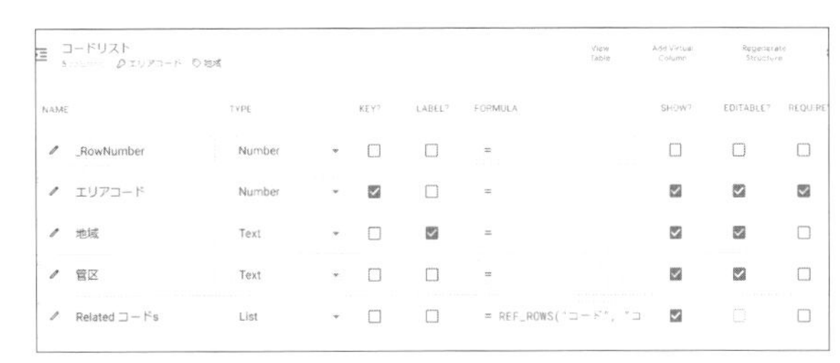

図6-131：「コードリスト」テーブルの列を設定する。

_Row_Number	TYPEは「Number」。「KEY?」「REQUIRE?」「LABEL?」「SHOW?」「EDITABLE?」のチェックをすべてOFFにする。
エリアコード	TYPEは「Number」。「KEY?」「SHOW?」「EDITABLE?」「REQUIRE?」のチェックをONに、「LABEL?」のみチェックをOFFにする。
地域	TYPEは「Text」。「KEY?」「REQUIRE?」のチェックをOFFに、「LABEL?」「SHOW?」「EDITABLE?」のチェックをONにする。
管区	TYPEは「Text」。「KEY?」「LABEL?」「REQUIRE?」のチェックをOFFに、「SHOW?」「EDITABLE?」のチェックをONにする。
Related コードs	※自動生成される項目のため何も変更しないでください。

Viewを用意する

ユーザーインターフェイスの作成に進みましょう。ページ左側にある「App」を選択し、上部の「Views」リンクで表示を切り替えます。

❶デフォルトではPrimary Viewsに「天気」ビューのみが用意されており、その他、Ref Viewsにいくつかのビューが用意されています。まずは「天気」ビューの設定をしましょう。

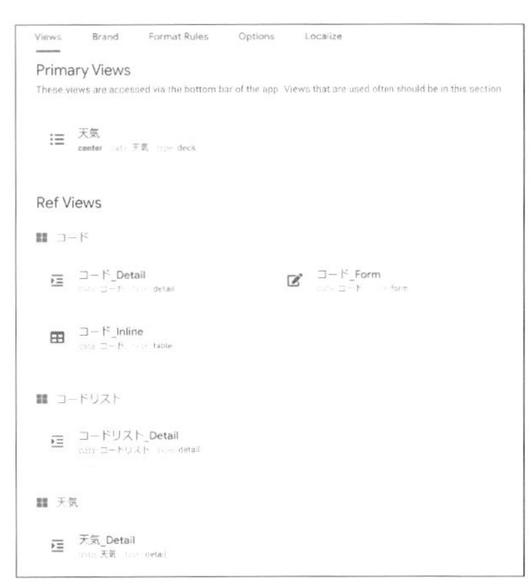

図6-132：Primary Viewsには「天気」ビューが1つだけある。

❷「天気」ビューの設定を開き、次のように項目を設定してください。

View name	天気
For this data	天気
View type	detail
Position	center

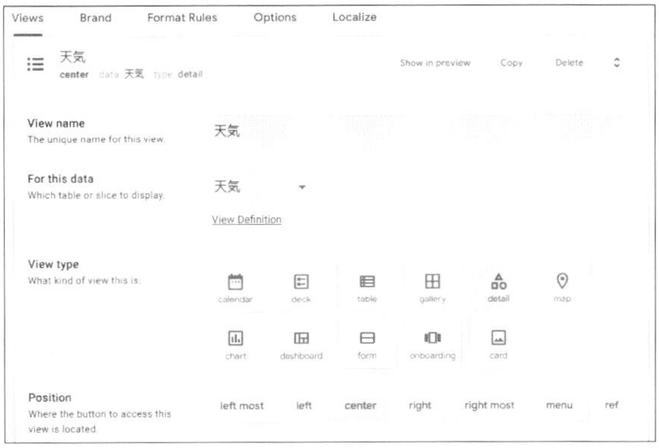

図6-133：「天気」ビューの設定を行う。

❸「New View」ボタンで新しいビューを作成しましょう。そして、次のように設定を行います。

View name	地域の指定
For this data	コード
View type	detail
Position	right

図6-134：「New View」ボタンで新しいビューを作り設定をする。

❹Ref Viewsにある「コード_Form」ビューの設定を変更します。以下の変更を行ってください。他の項目はデフォルトのままにしておきます。

Column order	「Add」ボタンで2つの項目を追加し、それぞれ「_Row Number」「コード」を選択する
Finish view	「天気」を選択する

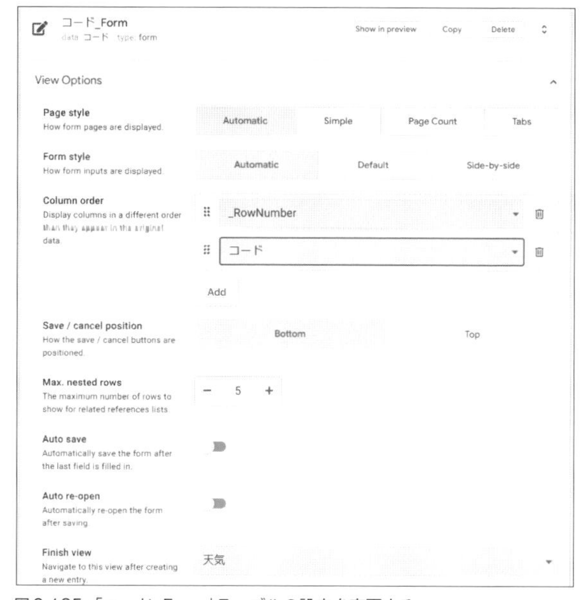

図6-135：「コード_Form」テーブルの設定を変更する。

フォーマットルールの作成

最後に、表示を整えるためフォーマットルールをいくつか作っておきましょう。上部にある「Format Rules」リンクをクリックしてください。

❶「New Format Rule」ボタンをクリックし、新しいフォーマットルールを作成します。そして、次のように設定をしましょう。

図6-136：新しいフォーマットルールを作り設定する。

Rule name	Font - 地域
For this data	天気
Format these columns and actions	地域

❷Visual FormatとTex Formatにあるカラーとテキストサイズ、スタイルの設定を行って見やすいように表示を調整してください。

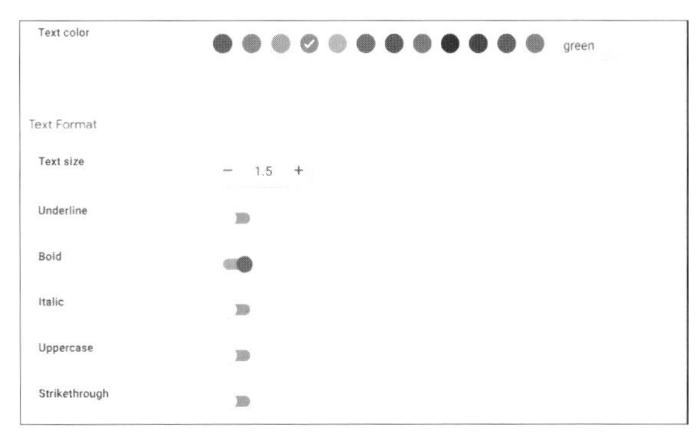

図6-137：テキストのカラーとサイズ、スタイルを設定する。

❸もう1つフォーマットルールを作成します。次のように設定を行い、先ほどと同様にテキストのカラーとサイズ、スタイルを設定しましょう。

図6-138：2つ目のフォーマットルールを設定する。

Rule name	Font - 地域2
For this data	コード
Format these columns and actions	コード

アプリのポイント

今回は、地域を設定するのに「コードリスト」テーブルの値を元に選択リストを表示するようにしています。多数の項目から値を選ぶ場合、そして、その項目をスプレッドシート側で管理するような場合、このやり方がベストです。

「コード」テーブルの「コード」列ではTYPEを「Ref」に設定し、設定パネルでSource tableを「コードリスト」にしていました。こうすることで、「コードリスト」テーブルから値を選択するようになります。

このとき重要なのは、「コードリスト」テーブルの「KEY?」と「LABEL?」の設定です。コードの値を選択するときに「コードリスト」テーブルの値がポップアップリストとして現れますが、ここに表示される値は「LABEL?」が指定された列の値です。項目を選択したときには、「KEY?」列が値として利用されます。つまり、リストに表示されるテキストと選択時に得られる値はそれぞれ別に設定できるのです。

JSONデータを取得するには?

もう1つのポイントは、Google Apps Scriptで外部サイトからJSONデータを取得し、利用する手順でしょう。Googleスプレッドシートには JSONデータを直接シートに出力する関数がないため、データを本格的に利用しようと思ったならGASの手を借りる必要があります。

ここではJSONデータの取得を次のように行っています。

```
const response = UrlFetchApp.fetch(url);
```

UrlFetchApp.fetchはすでに使いましたね。引数のURLにアクセスしてコンテンツを取得するものでした。結果としてレスポンス情報を管理するオブジェクトが返されます。ここからコンテンツを取り出し、利用するわけです。

```
const result = JSON.parse(response.getContentText());
```

コンテンツのテキストは、「getContentText」というメソッドで取り出せます。そして、取り出したテキストをJSON.parseでJavaScriptオブジェクトに変換します。後は、オブジェクトから必要なプロパティを取り出し利用すればいいのです。

JSONの利用は、このように「UrlFetchApp.fetchでアクセス」「getContentTexしたコンテンツをJSON.parseで変換」という作業だけで使えるようになります。XMLよりもはるかに簡単に扱えることがわかるでしょう。

Chapter 6

6.6. 「QRコード」アプリ

「QRコード」アプリについて

外部のAPIを利用するというとき、常にスクリプトを書いて処理しないといけないわけではありません。例えばイメージを外部から取得して表示する場合、URLを指定するだけでイメージを表示させることができます。

このアプリは、外部のAPIを利用してテキストからQRコードを作成するものです。「作成」アイコンをタップすると、作成したQRコードのリストが表示されます。「+」ボタンをクリックし、コンテンツにテキストを記入して保存をすれば、そのテキストからQRコードが生成されレコードに表示されます。

逆に、「QRコードを読み取ってテキストにする」機能も付けました。「読取」アイコンでは読み取ったテキストのリストが表示されます。読み取りを行うには「+」ボタンをタップし、現れたフォームのフィールド右端にあるスキャンアイコンをタップします。これでカメラが起動するので、QRコードを写せば自動的にテキストがフィールドに読み込まれます。

図6-139：「作成」アイコンには作成されたQRコードのリストが表示される。「+」のフォームにテキストを入力し保存すればテキストを元にQRコードが作成される。「読取」には読み取ったテキストのリストが表示され、「+」でフォームのフィールドにあるスキャンアイコンをタップするとカメラでQRコードをスキャンする。

QR Code Generatorについて

ここでは、QRコードのイメージ生成に「QR Code Generator」というサイトが提供するAPIを利用しています。このサイトは以下のアドレスで公開されています。

https://goqr.me/api/doc/

QR Code Generatorではテキストから QRコードを生成したり、QRコードを読み取ってテキストを返したりするAPIが用意されています。今回のアプリではこの機能を利用してQRコードのイメージを作成します。

> ※なお、QRコードを読み取ってテキストにするのは、AppSheetの標準機能で行えます。

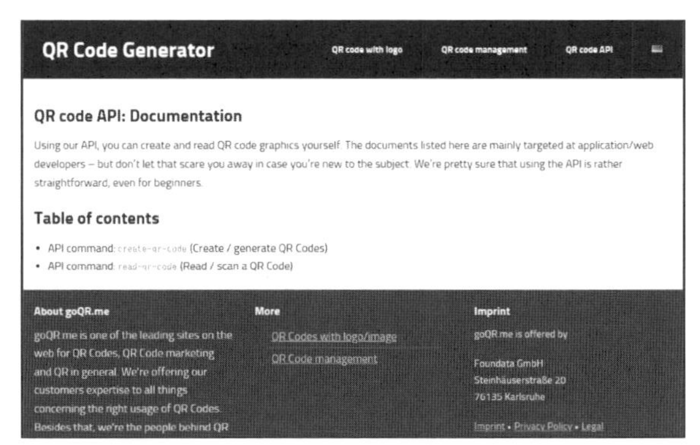

図6-140：QR Code Generatorのサイト。

Googleスプレッドシートの作業

では、Googleスプレッドシートでの作業を行いましょう。新しいスプレッドシートを開いてください。

❶ファイル名を「QRコード」とします。また、シート名は「作成」としておきましょう。

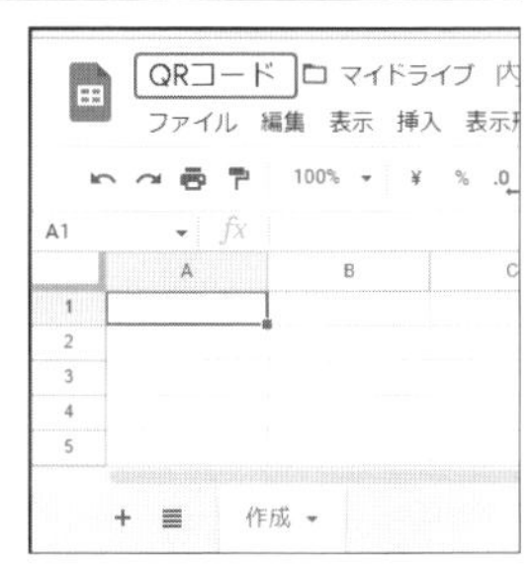

図6-141：ファイル名とシート名を設定する。

❷A1セルから横に項目名を記入します。以下の3項目を記述しておきましょう。

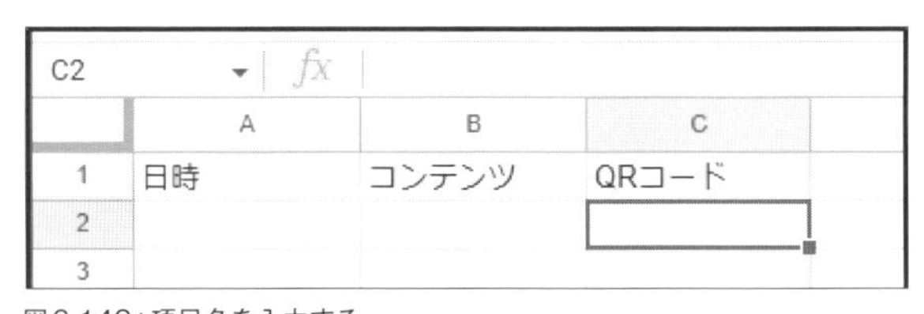

図6-142：項目名を入力する。

日時	コンテンツ	QRコード

❸もう1つシートを作成しましょう。左下の「＋」ボタンをクリックし、「読取」という名前でシートを追加してください。

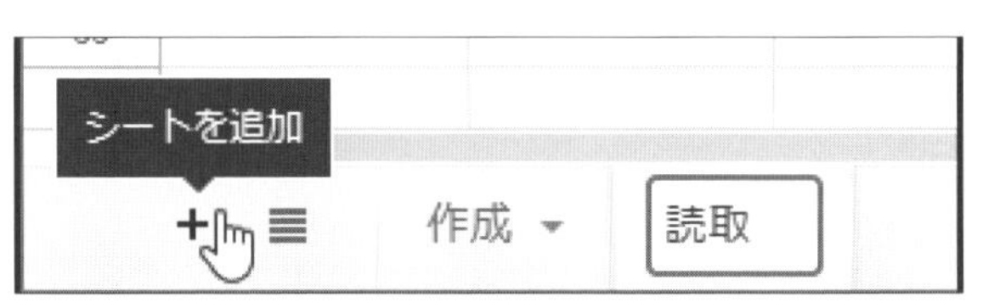

図6-143：新たに「読取」シートを作る。

❹A1, B1セルに項目名を「日時」「コンテンツ」と記入します。スプレッドシートでの作業はこれで終わりです。

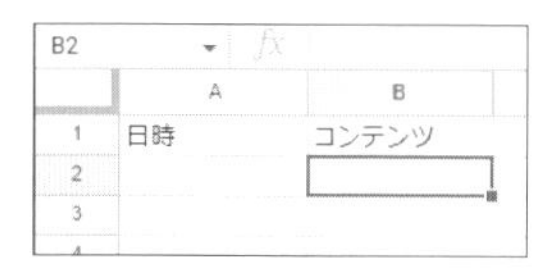

図6-144：項目名を入力する。

❺では、アプリを作りましょう。「機能拡張」メニューの「AppSheet」内から「アプリを作成」メニューを選んでください。

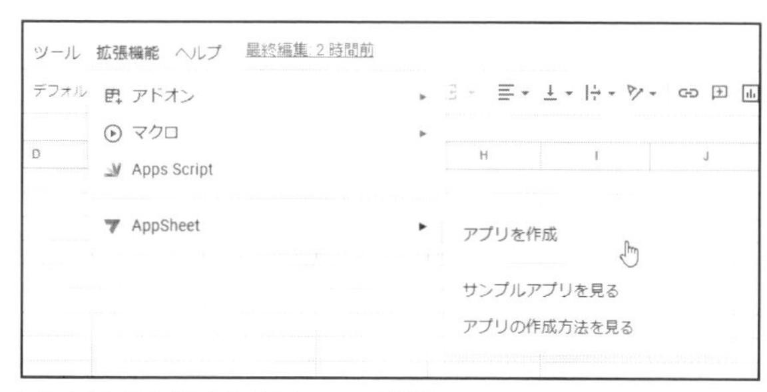

図6-145：「アプリを作成」メニューを選ぶ。

テーブルの作成と設定

では、AppSheetでの作業を行いましょう。まずはデータ関連からです。ページ左側の「Data」を選択し、上部にある「Views」リンクをクリックしてください。

❶デフォルトでは、「作成」テーブルが1つだけ用意されています。上部にある「Add Table "読取" From "QRコード"」ボタンをクリックして「読取」テーブルを追加しましょう。

図6-146：「Add Table "読取" From "QRコード"」ボタンでテーブルを追加する。

❷これで「作成」「読取」の2つのテーブルが作成されました。ボタンがない場合は「New Table」ボタンを使い、「QRコード」スプレッドシートの「読取」シートを選択してテーブルを作成してください。

図6-147：2つのテーブルが用意された。

❸上部の「Columns」リンクをクリックし、列の設定を行います。まず、「作成」テーブルからです。次のように列を設定してください。

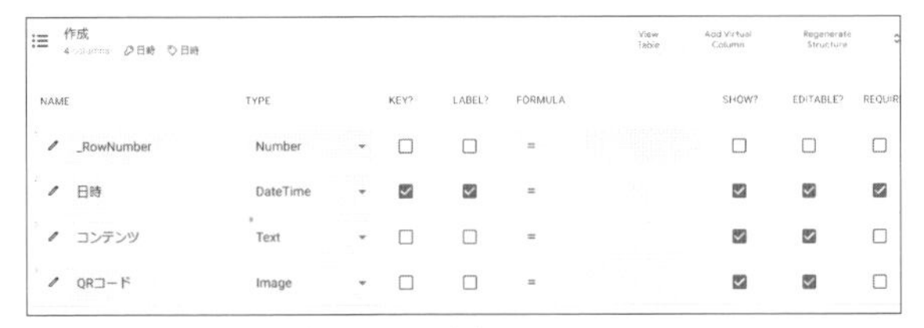

図6-148：「作成」テーブルの列を設定する。

_Row_Number	TYPEは「Number」。「KEY?」「LABEL?」「SHOW?」「EDITABLE?」「REQUIRE?」のチェックをすべてOFFにする。
日時	TYPEは「DateTime」。「KEY?」「LABEL?」「SHOW?」「EDITABLE?」「REQUIRE?」のチェックをすべてONにする。
コンテンツ	TYPEは「Text」。「KEY?」「LABEL?」「REQUIRE?」のチェックをOFFに、「SHOW?」「EDITABLE?」のチェックをONにする。
QRコード	TYPEは「Image」。「KEY?」「LABEL?」「REQUIRE?」のチェックをOFFに、「SHOW?」「EDITABLE?」のチェックをONにする。

❹「日時」列の「INITIAL VALUE」をクリックし、「NOW()」と値を入力してください。これで、現在の日時が初期値として設定されるようになります。

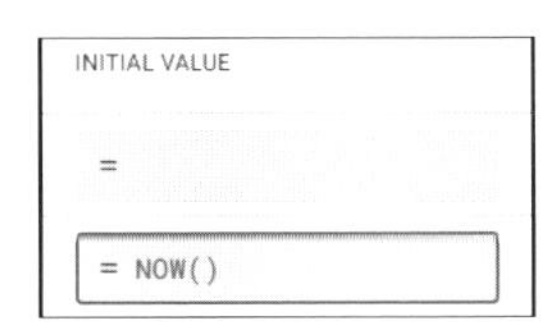

図6-149：日時のINITIAL VALUEにNOW()を設定する。

❺「QRコード」列の「FORMULA」の値をクリックし、式アシスタントを呼び出してください。そして、以下の式を入力します。

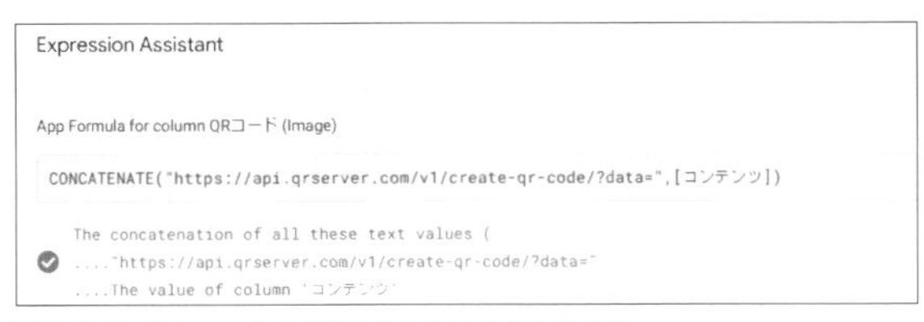

図6-150：QRコードのFORMULAに式を入力する。

```
CONCATENATE("https://api.qrserver.com/v1/create-qr-code/?data=",[コンテンツ])
```

❻続いて、「読取」テーブルの列を設定します。次のように設定を行ってください。

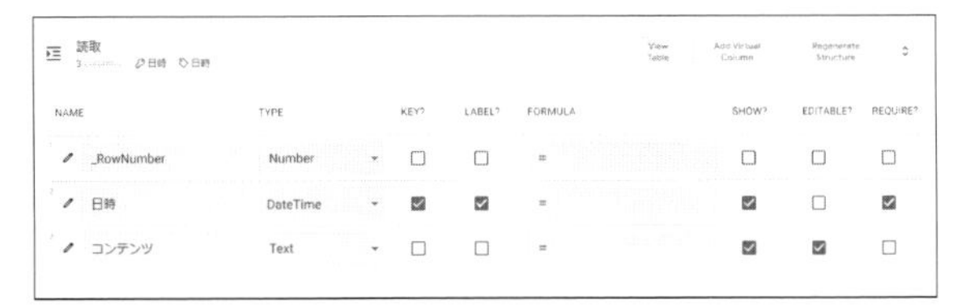

図6-151：「読取」テーブルの列を設定する。

_Row_Number	TYPEは「Number」。「KEY?」「REQUIRE?」「LABEL?」「SHOW?」「EDITABLE?」のチェックをすべてOFFにする。
日時	TYPEは「DateTime」。「KEY?」「LABEL?」「SHOW?」「REQUIRE?」のチェックをONに、「EDITABLE?」をOFFにする。
コンテンツ	TYPEは「Text」。「KEY?」「LABEL?」「REQUIRE?」のチェックをOFFに、「SHOW?」「EDITABLE?」のチェックをONにする。

❼「日時」列の「INITIAL VALUE」の値をクリックし、「NOW()」と入力しておきます。これで、現在の日時が初期値に設定されます。

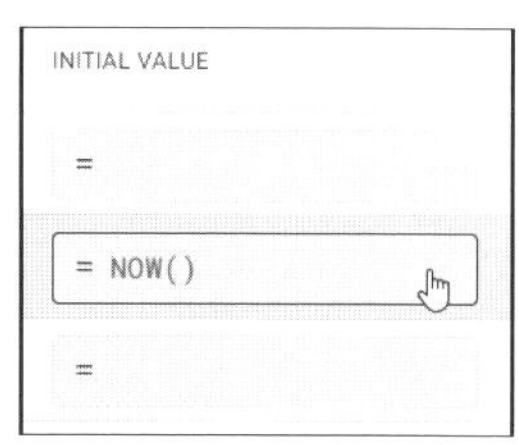

図6-152：日時のINITIAL VALUEを設定する。

❽「読取」テーブルの「コンテンツ」列の右端のほうにある「SCAN?」というチェックをONにしてください。これで、QRコードから値がスキャンされるようになります。

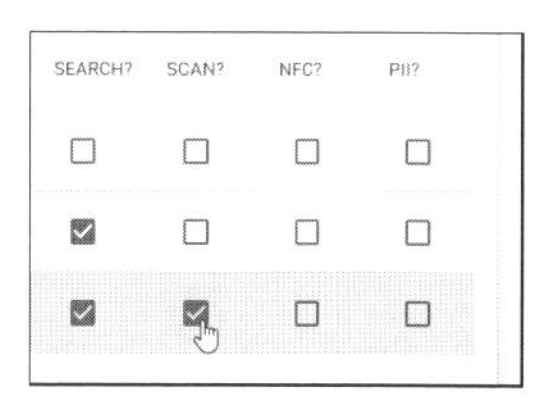

図6-153：コンテンツのSCAN?をONにする。

Viewを用意する

次は、ユーザーインターフェイスの作成に進みましょう。ページ左側の「App」を選択し、上部の「Views」リンクをクリックしてください。

❶デフォルトではPrimary Viewsに「作成」ビューが1つだけ用意されています。Ref Viewsには「作成」「読取」に、それぞれ2つずつビューが用意されています。

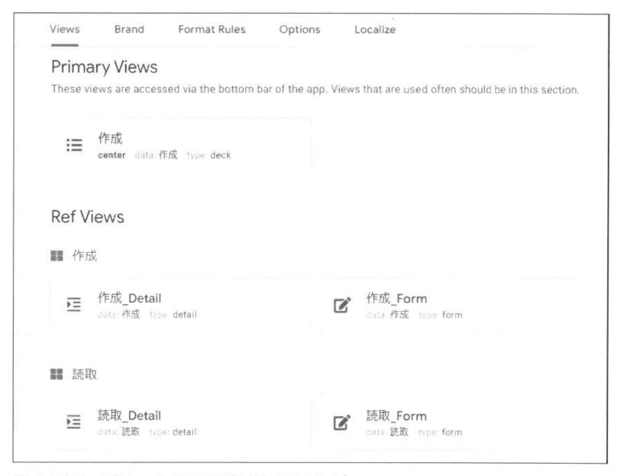

図6-154：デフォルトで用意されているビュー。

❷「作成」ビューをクリックして設定を開き、次のように設定を行います。

View name	作成
For this data	作成
View type	deck
Potision	center

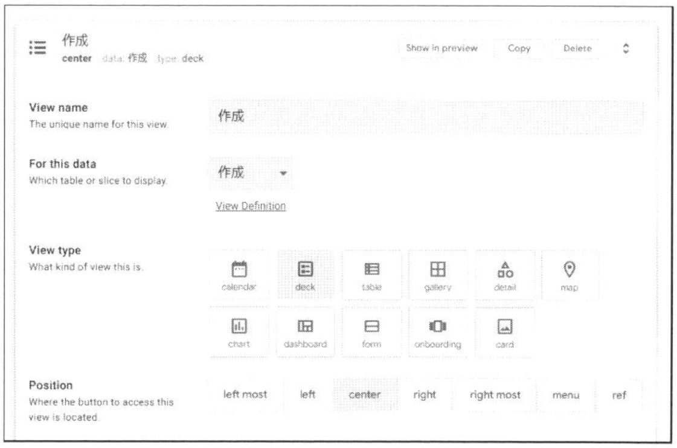

図6-155：「作成」ビューの設定を行う。

❸下にある「View Options」の設定を行います。以下の項目を設定してください。その他のものはデフォルトのままにしておきます。

図6-156：View Optionsの設定を行う。

Sort by	「Add」ボタンで項目を追加し、「日時」「Descending」を選択
Main image	QRコード
Primary header	日時
Secondary header	コンテンツ
Summary column	**nome**

❹「New View」ボタンで新しいビューを追加します。そして、次のように設定を行いましょう。

View name	読取
For this data	読取
View type	deck
Potision	center

図6-157：新しいビューを作り、設定をする。

❺作成した「読取」ビューのView Optionsを設定し、次の項目を設定してください。

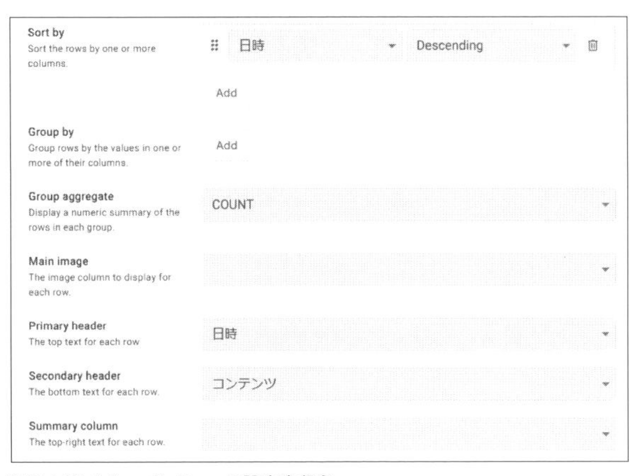

図6-158：View Optionsの設定を行う。

Sort by	「Add」ボタンで項目を追加し、「日時」「Descending」を選択
Primary header	日時
Secondary header	コンテンツ

❻「作成_Form」ビューの設定を修正します。「Column order」にある「Add」をクリックし、「_RowNumber」「コンテンツ」の2つを追加してください。

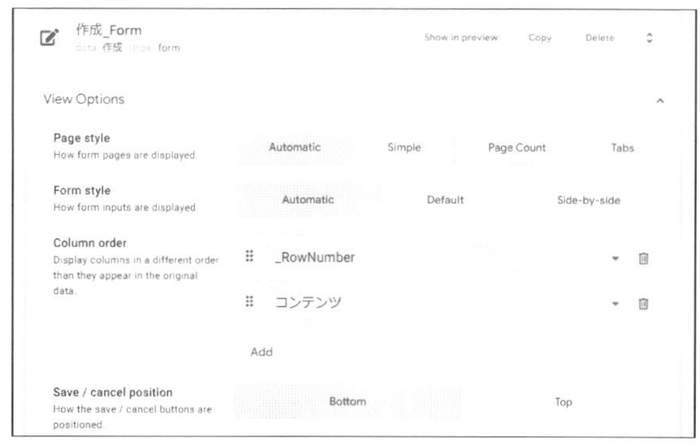

図6-159:「作成_Form」のColumn orderを設定する。

❼その下のほうにある「Finish view」の値をクリックし、プルダウンメニューから「作成_Detail」を選択します。これでフォーム送信後、詳細表示に戻ります。

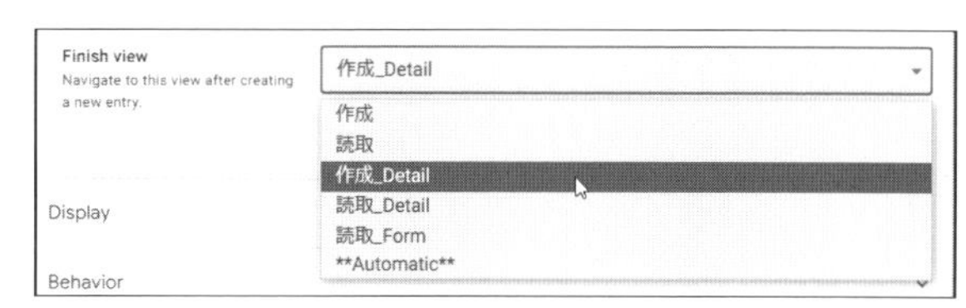

図6-160:Finish viewの値を変更する。

❽「読取_Form」ビューの設定にある「Column order」の「Add」をクリックしてください。そして、「_RowNumber」「コンテンツ」の2つを追加します。

図6-161:「読取_Form」のColumn orderを設定する。

アプリのポイント

今回のポイントは、QRコードのイメージ表示でしょう。QR Code GeneratorではAPIとして、次のような形でURLにアクセスするとQRコードのイメージを返します。

```
https://api.qrserver.com/v1/create-qr-code/?data=テキスト
```

?data=のところにテキストを指定すれば、そのテキストのQRコードのイメージが表示されるわけですね。このテキストは、URLエンコード(URLで利用できる形に変換されたテキスト)されたものを指定します。

FORMULAへのURL設定

では､QRコードを表示している｢作成｣テーブルの｢QRコード｣列がどのようになっているか見てみましょう。この列では｢FORMULA｣というところに次のような式が設定されていました。

```
CONCATENATE("https://api.qrserver.com/v1/create-qr-code/?data=",[コンテンツ])
```

FORMULAは、この列に設定される処理です。ここに式を用意すると、その式の結果が常に値として設定されるようになります(つまり、普通に値を入力して設定できなくなります)。

ここではCONCATENATEという関数を使い、URLと[コンテンツ]の値をつなげたものを指定しています。CONCATENATE関数は、引数に用意した値を1つのテキストにつなげたものを返します。

```
CONCATENATE(値1, 値2, ……)
```

実を言えばAppSheetの式では、テキストは&演算子でつなげることもできます。関数を使わず、次のような形でも同じように設定できるのです。

```
"https://api.qrserver.com/v1/create-qr-code/?data="&[コンテンツ]
```

この&演算子は、内部的にCONCATENATE関数に変換されます。つまり、まったく同じものなので、どちらを使っても問題ありません。

Image型によるイメージの表示は、このようにFORMULAにURLを指定することで、そのURLからダウンロードしたイメージを表示するようにできます。この「URLによるイメージ表示」はQRコードに限らずさまざまな利用ができるので、ぜひここで覚えておきましょう。

Chapter 7

実用アプリを作る

データを役立てる実用アプリは業務や作業の内容に応じて無数に考えられます。
ここでは比較的汎用性のあるものとして、
「成績集計」「会議室予約」「ショップ（管理、注文）」「時間割」といったものを作ってみましょう。

Chapter 7

7.1. 「成績集計」アプリ

業務のデータをアプリ化する

ここまでさまざまなアプリを作成してきましたが、「アプリを作りたい」と思っている人の多くは日常的な業務のアプリ化でしょう。仕事などで日常的に使っているデータをアプリにして、スマホからすばやく作成や更新をしたいということではないでしょうか。そこで最後に、こうした実用アプリの例をいくつか挙げておくことにします。細かな業務というのは、会社や部署によってデータのフォーマットも管理の仕組みもまったく異なっていることが多いでしょう。したがって、自分の環境にぴったりなものは自分で作るしかないのです。

ここではいくつかのアプリを作りますが、それがそのまま自分の業務で使える、というケースは少ないはずです。何らかのアレンジをしなければ使えない、そういう人が大半でしょう。しかし、基本的な作り方、考え方がわかっていれば、自分なりにアレンジすることは決して難しくはありません。ここでのアプリはそのまま作るのではなく、作りながら「どこをどうアレンジしたら自分の業務でも使えるアプリになるか」ということを考えながら作成してみてください。

「成績集計」アプリについて

クラスの成績を集計管理するアプリです。試験の成績のようなものは、アプリで入力することはまずないでしょう。データの入力はスプレッドシートなどを使って行っているはずです。ならば、そのスプレッドシートをそのままアプリ化し、プラスアルファで平均や偏差値なども計算するようにしてみましょう。

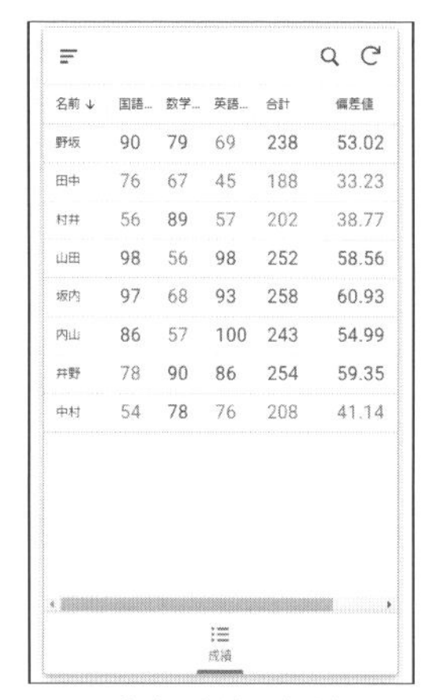

図7-1：生徒の成績一覧が表示される。項目をタップすると詳細が表示され、編集アイコンで点数を修正できる。

ここでは、スプレッドシートに登録された生徒について国語数学英語の３教科の成績と合計・偏差値が一覧表示されます。また一覧リストから項目をタップすれば、その生徒の成績の他、教科ごとと合計の平均なども表示されます。編集アイコンをタップすれば、各教科の点数をその場で修正もできます。

Googleスプレッドシートの作業

では、Googleスプレッドシートで作業を行いましょう。新しいスプレッドシートを用意してください。

❶ファイル名を「成績集計」とします。シート名は「成績」にしておきます。

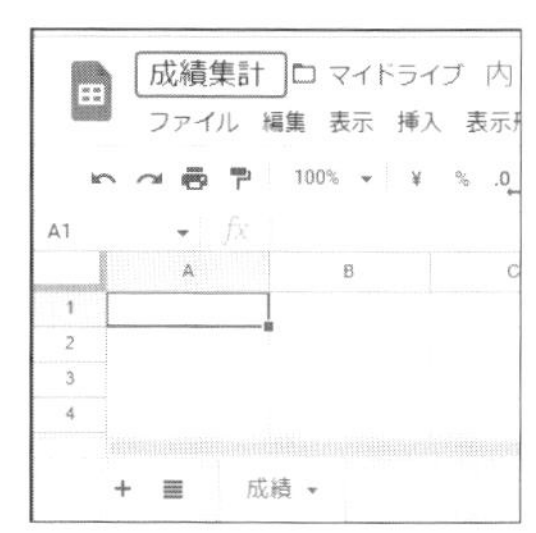

図7-2：ファイル名とシート名を設定する。

❷シートのA1から項目名を入力しましょう。ここでは以下の項目を用意します。

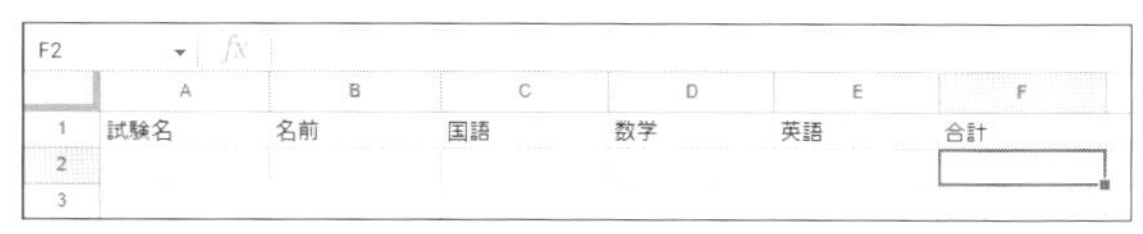

	A	B	C	D	E	F
1	試験名	名前	国語	数学	英語	合計
2						
3						

図7-3：シートに項目名を入力する。

試験名	名前	国語	数学	英語	合計

今回は国語数学英語の３教科を集計しますが、それぞれの状況に応じて科目数を増減してかまいません。

❸A列（「試験名」列）に試験名を入力します。１つ記入したら、そのセルの右下をドラッグして同じ値を縦に書き出していけばいいでしょう。

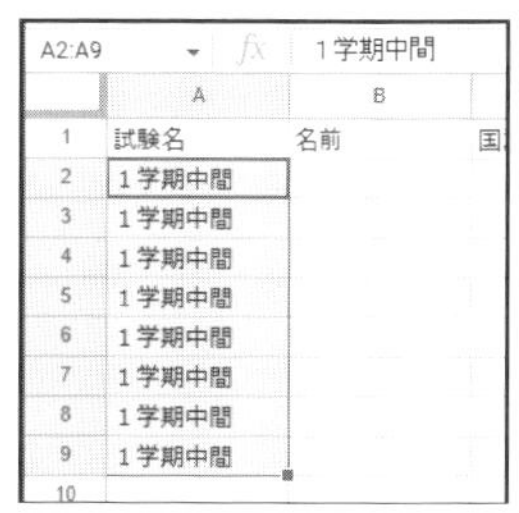

	A	B
1	試験名	名前
2	1学期中間	
3	1学期中間	
4	1学期中間	
5	1学期中間	
6	1学期中間	
7	1学期中間	
8	1学期中間	
9	1学期中間	
10		

図7-4：A列に試験名を入力する。

❹B列（「名前」列）に生徒の名前を入力していき、試験の点数を入力していきます。サンプルではダミーで適当に名前と点数を入力してあります。

	A	B	C	D	E	F
1	試験名	名前	国語	数学	英語	合計
2	1学期中間	山田	98	56	98	
3	1学期中間	田中	76	67	45	
4	1学期中間	中村	54	78	76	
5	1学期中間	村井	56	89	57	
6	1学期中間	井野	78	90	86	
7	1学期中間	野坂	90	79	69	
8	1学期中間	坂内	97	68	93	
9	1学期中間	内山	86	57	100	
10						
11						

図7-5：名前と点数を入力する。

❺合計の計算をします。一番上の合計のセル（F2）を選択し、以下の式を入力してください。

```
=SUM(C2:E2)
```

これは、C2 ～ E2の範囲のセルの合計を計算する式です。教科数を増減している場合は、()内のC2:E2の部分をそれぞれのデータに合わせて変更してください。

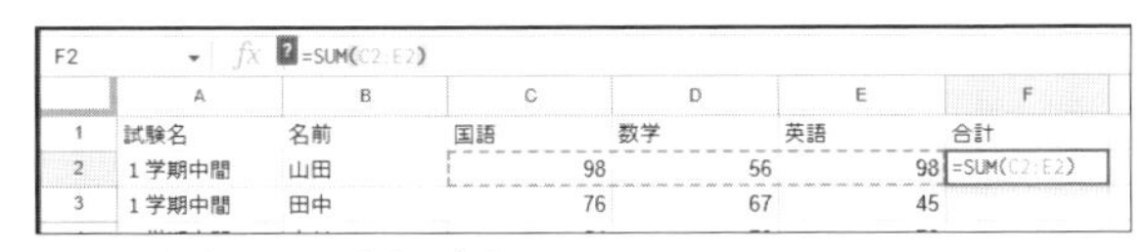

図7-6：合計のセルに式を入力する。

❻式を記入したセルを選択し、その右下を下にドラッグして、点数を記入してある行の一番下の行まで式を適用します。

	F
	合計
98	252
45	188
76	208
57	202
86	254
69	238
93	258
100	243

図7-7：式を下まで適用する。

❼これが完成したデータです。サンプルとして1回分のテストの結果を入力していますが、同様にして下に次のテストの結果をどんどん追記していけます。

	A	B	C	D	E	F
1	試験名	名前	国語	数学	英語	合計
2	1学期中間	山田	98	56	98	252
3	1学期中間	田中	76	67	45	188
4	1学期中間	中村	54	78	76	208
5	1学期中間	村井	56	89	57	202
6	1学期中間	井野	78	90	86	254
7	1学期中間	野坂	90	79	69	238
8	1学期中間	坂内	97	68	93	258
9	1学期中間	内山	86	57	100	243

図7-8：完成したデータ。

❽左下の「＋」ボタンをクリックし、シートを追加します。シート名は「試験名」としておきます。

シートを追加
成績
試験名

図7-9：新しい「試験名」シートを追加する。

❾試験名のデータをシートに記入します。A1セルに項目名として「試験名」と入力し、2行目以降に試験の名前を記入していきます。先ほど「成績」シートでデータ入力したときに使った試験名を最初に記述しておきましょう。

	A
1	試験名
2	1学期中間
3	1学期期末
4	2学期中間
5	2学期期末
6	3学期
7	模試1回目
8	模試2回目
9	

図7-10：項目名と試験名を入力する。

⓾もう1つシートを追加します。シート名は「試験」としておきます。

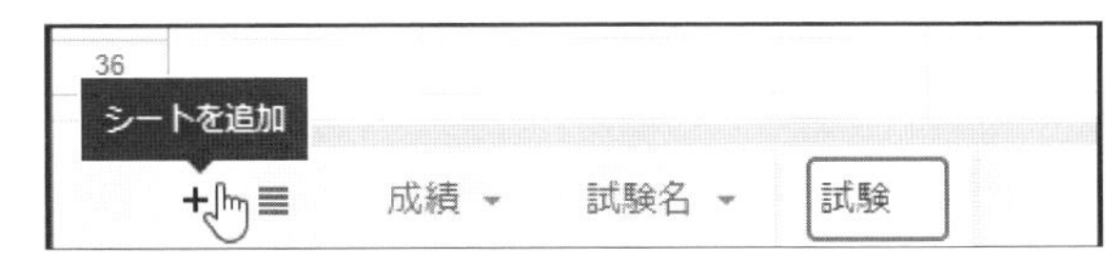

図7-11：さらに「試験」シートを追加する。

⓫データを記入しましょう。A1セルに「試験名」と入力し、A2セルには「成績」シートで試験名に入力した名前を記入しておきます。

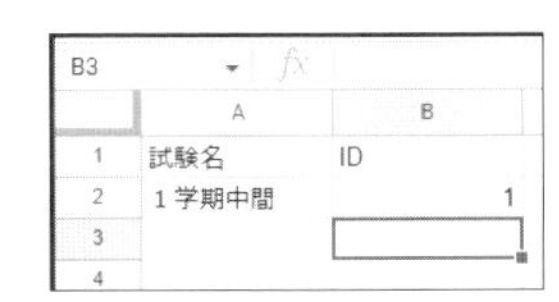

図7-12：項目名と値を記入する。

⓬これでデータは完成しました。「機能拡張」メニューの「AppSheet」内にある「アプリを作成」メニューを選んで、アプリを作成しましょう。

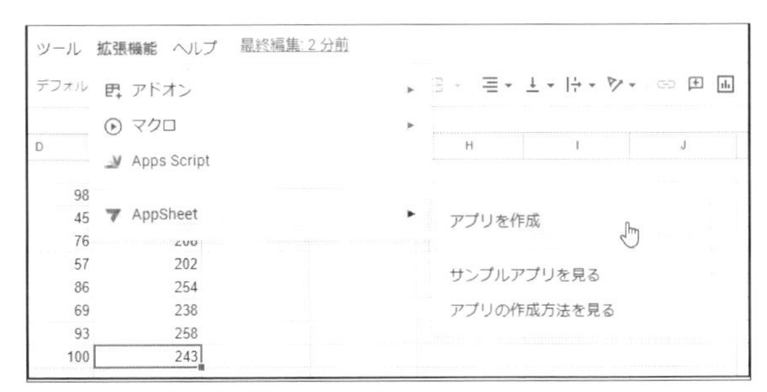

図7-13：「アプリを作成」メニューを選ぶ。

DataのTables設定

AppSheetの作業を行いましょう。まずはデータのテーブル設定からです。ページ左側の「Data」を選択し、上部の「Tables」リンクをクリックしてください。

❶デフォルトでは、「成績」テーブルが1つだけ用意されています。残る2つのシートを利用するテーブルも作成しておきましょう。「New Table」ボタンの横に「Add Table "試験名" From "成績集計"」「Add Table "試験" From "成績集計"」というボタンが追加されているのでこれらをクリックし、テーブルを生成してください。

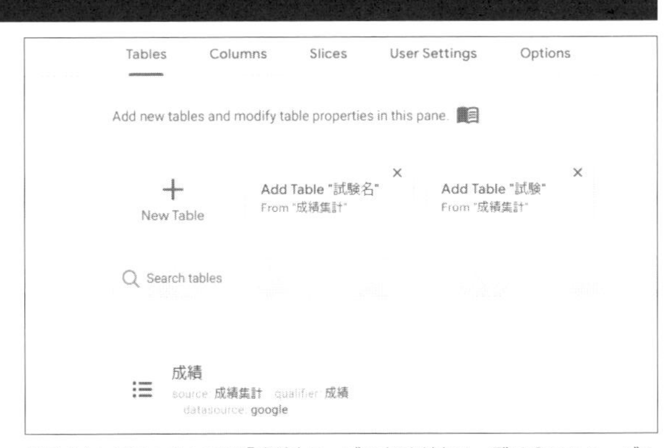

図7-14：デフォルトでは「成績」テーブルだけがある。残る2つのテーブルを作成する。

❷「Add Table …」ボタンで3つのテーブルが用意できました。もし「Add Table …」ボタンがなかった場合は「New Table」ボタンを使い、「成績集計」スプレッドシートの「成績表」「成績」シートをそれぞれ選択して作成してください。

図7-15：全部で3つのテーブルが用意された。

❸「成績」テーブルを展開し、設定を変更します。「Are updates allowed?」の項目を「Updates」のみ選択し、他をすべて未選択にします。

図7-16:「成績」テーブルのAre updates allowed?を選択する。

❹「試験名」テーブルを開き、「Are updates allowed?」を「Read-Only」に変更します。

図7-17:「試験名」テーブルのAre updates allowed?を「Read-Only」にする。

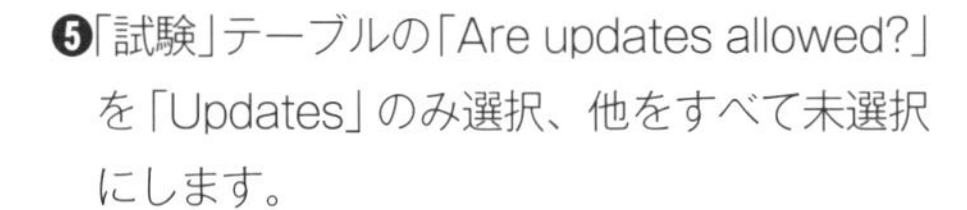

❺「試験」テーブルの「Are updates allowed?」を「Updates」のみ選択、他をすべて未選択にします。

図7-18:「試験」テーブルのAre updates allowed?を「Updates」のみ選択する。

columnの設定

続いて、作成したテーブルの列を設定していきます。上部の「Columns」リンクをクリックし、表示を切り替えてください。

❶「成績」テーブルをクリックして展開し、設定を行いましょう。次のように設定をしてください。

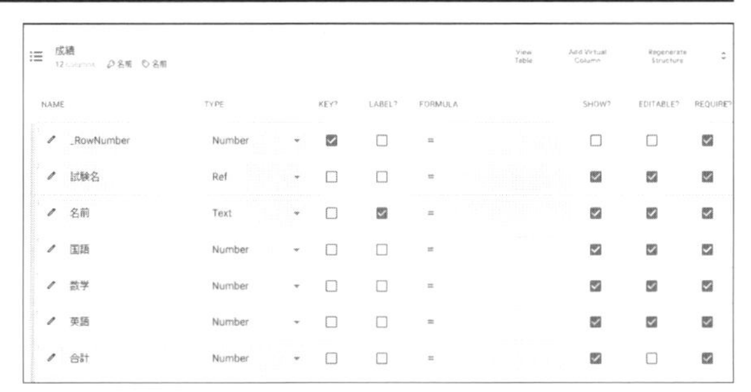

図7-19:「成績」テーブルの列を設定する。

_Row_Number	TYPEは「Number」。「KEY?」「REQUIRE?」のチェックをONに、「LABEL?」「SHOW?」「EDITABLE?」のチェックをOFFにする。
試験名	TYPEは「Ref」。「KEY?」「LABEL?」のチェックをOFFに、「SHOW?」「EDITABLE?」「REQUIRE?」のチェックをONにする。
名前	TYPEは「Text」。「KEY?」のチェックをOFFに、「LABEL?」「SHOW?」「EDITABLE?」「REQUIRE?」のチェックをONにする。
国語、数学、英語	TYPEは「Number」。「KEY?」「LABEL?」のチェックをOFFに、「SHOW?」「EDITABLE?」「REQUIRE?」のチェックをONにする。
合計	TYPEは「Number」。「KEY?」「LABEL?」「EDITABLE?」のチェックをOFFに、「SHOW?」「REQUIRE?」のチェックをONにする。

❷仮想列を追加します。列設定のパネルの右上にある「Add Virtual Column」ボタンをクリックし、現れたパネルで次のように設定をします。

Column name	平均(国語)
App formula	AVERAGE(成績[国語])
Show?	ON
Type	Decimal

「App formula」は、値のフィールド部分をクリックすると式アシスタントが作成されるので、そこに式を入力して保存します。これでApp formulaに式が設定されます。

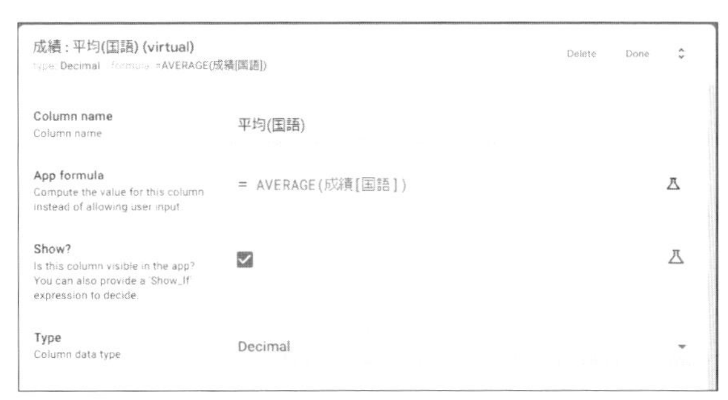

図7-20：「平均(国語)」仮想列を作成する。

❸同様にして、仮想列を3つ作成しましょう。それぞれ、Column nameとApp formulaを次のように設定していきます。いずれもTypeはDecimalになります。

▼1つ目

Column name	平均(数学)
App formula	AVERAGE(成績[数学])

▼2つ目

Column name	平均(英語)
App formula	AVERAGE(成績[英語])

▼3つ目

Column name	平均(合計)
App formula	AVERAGE(成績[合計])

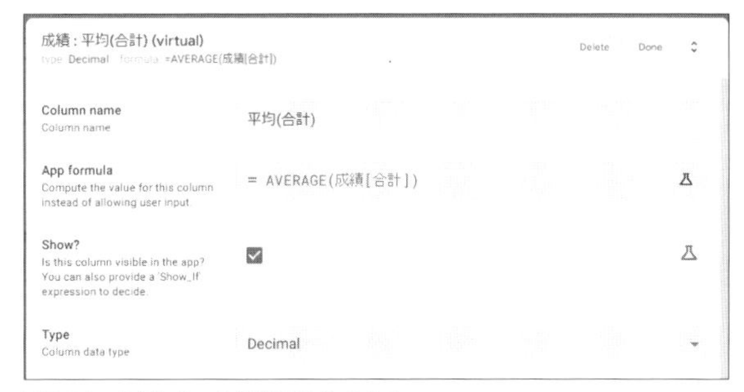

図7-21：さらに3つの仮想列を作成する。

❹最後に偏差値の仮想列を作ります。Column nameとApp formulaを次のように設定してください。これらもTypeはDecimalです。

図7-22：偏差値の仮想列を作成する。

Column name	偏差値
App formula	([合計] - [平均(合計)]) / STDEVP(成績[合計]) * 10 + 50

❺列の設定を行いましょう。「試験名」列の冒頭にある鉛筆アイコンをクリックして設定パネルを呼び出してください。そして、「Source table」の値を「試験名」に設定します。

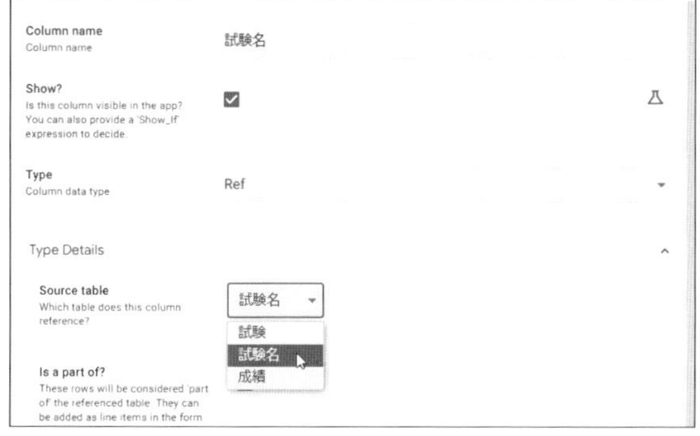

図7-23：「試験名」列のSource tableを「試験名」にする。

❻続いて「試験」テーブルに進みましょう。これも展開して各列を次のように設定します。

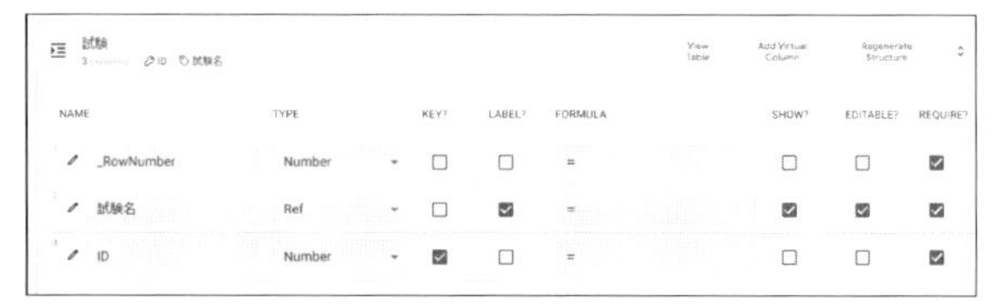

図7-24：「試験名」の各列の設定を確認する。

_Row_Number	TYPEは「Number」。「KEY?」「LABEL?」「SHOW?」「EDITABLE?」のチェックをOFFに、「REQUIRE?」のみONにする。
試験名	TYPEは「Ref」。「KEY?」のチェックをOFFに、「LABEL?」「SHOW?」「EDITABLE?」「REQUIRE?」のチェックをONにする。
ID	TYPEは「Number」。「KEY?」「REQUIRE?」のチェックをONに、「LABEL?」「SHOW?」「EDITABLE?」のチェックをOFFにする。

❼「試験」テーブルの「試験名」列の冒頭にある鉛筆アイコンをクリックし、設定パネルを開きます。そして、「Suorce table」の値を「試験名」に設定します。

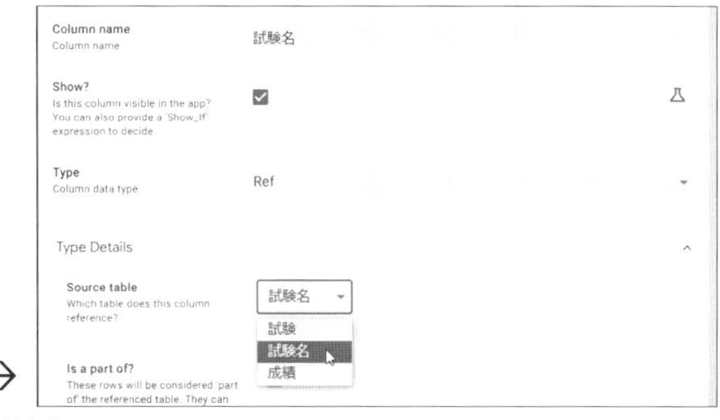

図7-25：試験名のSource tableを設定する。

❽「試験名」テーブルを開き、列の設定を行います。次のように設定してください。

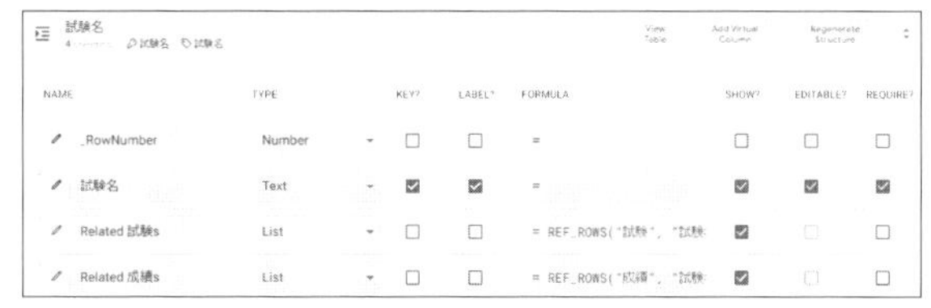

図7-26：「試験名」テーブルの設定を行う。

_Row_Number	TYPEは「Number」。「KEY?」「LABEL?」「SHOW?」「EDITABLE?」「REQUIRE?」のチェックをすべてOFFにする。
試験名	TYPEは「Text」。「KEY?」「LABEL?」「SHOW?」「EDITABLE?」「REQUIRE?」のチェックをすべてONにする。
Related 試験s Related 成績s	※自動生成されるもののため、設定は変更しないでください。

スライスの作成

特定の試験の結果のみを表示するためのスライスを作成します。上部にある「Slice」リンクをクリックして表示を切り替えてください。

❶「New Slice」ボタンをクリックして新しいスライスを作成しましょう。そして、次のように項目を設定します。

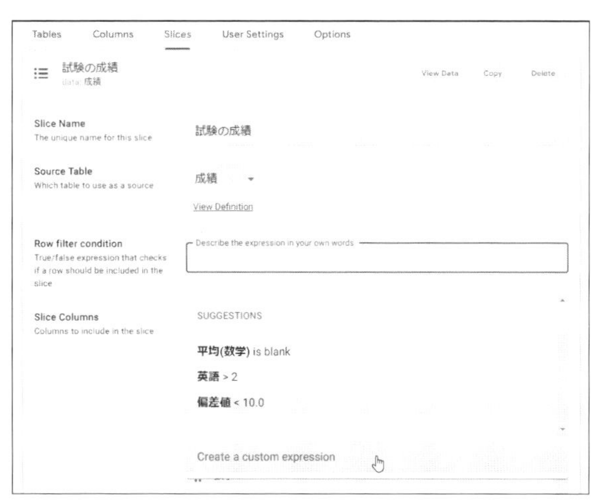

図7-27：新しいスライスを作成し、設定する。

Slice Name	試験の成績
Source Table	成績
Row filter condition	プルダウンメニューから「Create a custom expression」を選択

❷「Row filter condition」から「Create a custom expression」を選ぶと、画面に式アシスタントが現れます。ここで、次のように式を記入してください。

```
ANY ( 試験 [ 試験名 ] ) = [ 試験名 ]
```

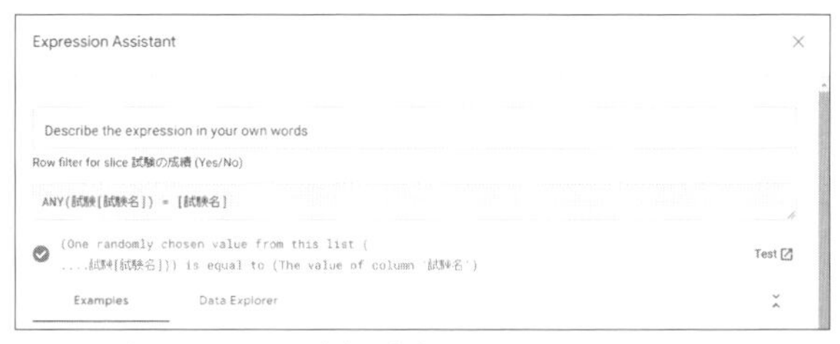

図7-28：式アシスタントで式を入力する。

Viewを用意する

ユーザーインターフェイスを作成しましょう。ページ左側の「App」を選択し、上部の「Views」リンクをクリックしてください。

❶デフォルトでは、Primary Viewのところには「成績」というビューが1つだけ用意されています。

図7-29：デフォルトで「試験」ビューが1つだけ用意されている。

❷「成績」ビューを開き、次のように設定を行いましょう。

View name	成績
For this data	試験の成績(slice)
View type	table
Position	center

図7-30：「試験」ビューの設定を行う。

❸「New View」ボタンをクリックして新しくビューを作成しましょう。そして、次のように設定を行います。

View name	試験
For this data	試験
View type	detail
Position	center

図7-31：新しいビューを作成し「試験」という名前で設定する。

❹「試験の成績_Form」ビューを開いて設定を変更します。「Column order」の「Add」ボタンをクリックして以下の項目を順に追加してください。

- _RowNumber、試験名、名前、国語、数学、英語

図7-32：「試験の成績_Form」のColumn orderに項目を追加する。

❺「試験の成績_Detail」ビューを開き、「Column order」に以下の項目を順に追加しましょう。

- 名前、国語、数学、英語、合計、偏差値、平均(国語)、平均(数学)、平均(英語)、平均(合計)

図7-33：「試験の成績_Detail」のColumn orderに項目を追加する。

フォーマットルールの作成

表示を整えるフォーマットルールを作成しましょう。上部の「Format Rule」リンクをクリックして表示を切り替えてください。

❶「New Format Rule」ボタンで新しいフォーマットルールを作成し、次のように設定をします。

Rule name	Font － 成績
For this data	成績
If this condition is true	未入力のまま
Format these columns and actions	国語、数学、英語、合計、偏差値

フォーマットルールの表示は、Text sizeでテキストを少し大きくしておきましょう。カラーやスタイルを使ってもかまいませんが、その場合、設定した項目はこの後のフォーマットルールで使えなくなることを頭に入れておいてください。

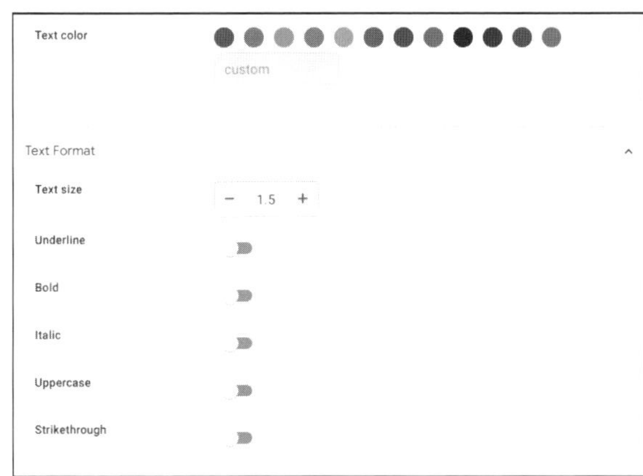

図7-34：フォーマットルールを作成する。

❷同様にして、各項目向けのフォーマットルールを5つ作成していきます。それぞれ次のように項目を設定してください。

▼1つ目

Rule name	Font ー 国語
For this data	成績
If this condition is true	[国語]＜[平均(国語)]
Format these columns and actions	国語

▼2つ目

Rule name	Font ー 数学
For this data	成績
If this condition is true	[数学]＜[平均(数学)]
Format these columns and actions	数学

▼3つ目

Rule name	Font ー英語
For this data	成績
If this condition is true	[英語]＜[平均(英語)]
Format these columns and actions	英語

▼4つ目

Rule name	Font － 合計
For this data	成績
If this condition is true	[合計]＜[平均(合計)]
Format these columns and actions	合計

▼5つ目

Rule name	Font － 偏差値
For this data	成績
If this condition is true	[偏差値]＜50
Format these columns and actions	偏差値

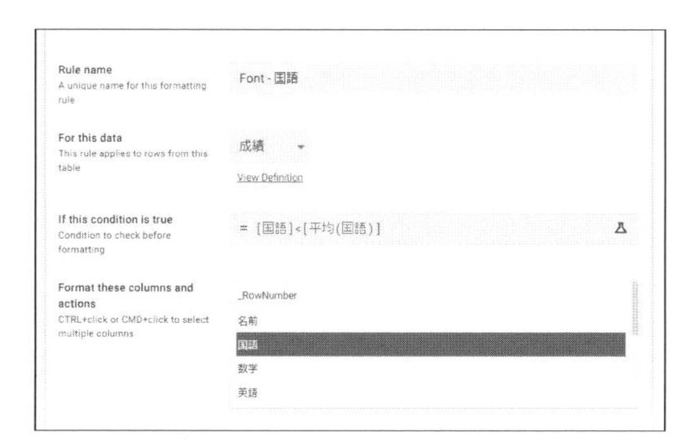

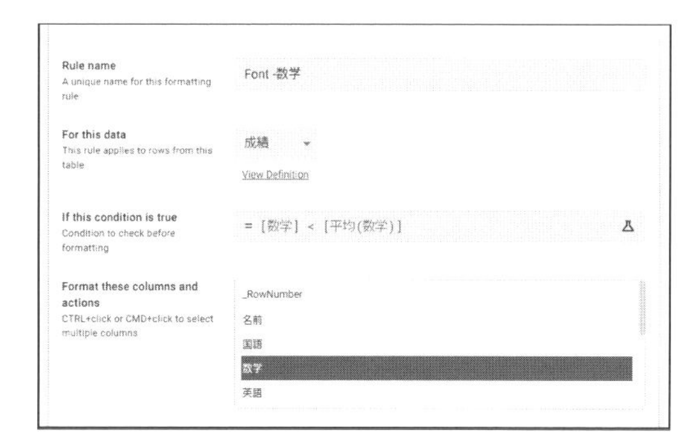

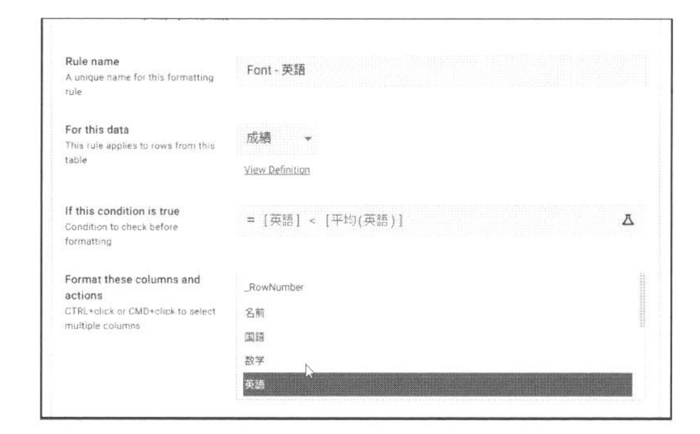

図7-35：各項目用のフォーマットルールを全部で5つ用意する。

アプリのポイント

今回は、「成績」テーブルの中から指定した試験の結果だけを抜き出して表示するスライスを作成しています。このように、必要に応じて特定のものだけを表示することはよくあります。この考え方を簡単に整理しておきましょう。

ここでは試験名のリストとなるテーブルと、その中から選んだ試験名を保管するテーブルを用意しています。そしてスライスでは、選択した試験名と同じ試験名のレコードだけを取り出すようにしています。

このように、データ全体をいくつかの種類に分類して扱うような場合は、「どのような種類があるのかを列記したリストのテーブル」と「選択したリストを保管するテーブル」を用意し、これらを元にスライスを作成します。

このときのポイントは、「レコードの種類を示す値のTYPEには、種類のリストのRefを使う」という点です。サンプルでは選択した試験名を示す「試験」テーブルの「試験名」列と、成績のデータをまとめた「成績」テーブルの「試験名」列は、いずれも「試験名」テーブルを参照するRefになっています。実際、「試験」や「成績」のレコードを編集すると、「試験名」は試験名の一覧リストから選択して入力するようになっていることがわかるでしょう。こうすることで、誤って用意された値以外のものを入力してしまうことを予防できます。

Chapter 7

7.2. 「会議室予約」アプリ

「会議室予約」アプリについて

Googleカレンダーと連動して予定を管理するアプリを作成したい、と思う人は多いでしょう。ここでは会議室の予約を行うアプリを作成します。サンプルとして、「会議室A」「会議室B」という2つの会議室の予定を管理するようになっています。アプリ下部には2つのアイコンがあり、それぞれカレンダーで予約状況が表示されます。予約をしたい場合は「+」ボタンをタップし、予約の内容と日時を入力します。ここでは長時間の予約などがされないよう、常に開始から1時間のみを予約するようにしてあります。

今回はカレンダーで予定を管理するため、例えば複数の予定がブッキングするのを回避するような機能はありません。カレンダーを見て、手動で予定を調整してください。

図7-36:会議室ごとにカレンダーが表示され、予約状況が確認できる。「+」ボタンをタップすると、会議室の予約フォームが表示される。予約内容は、カレンダーから項目をタップすると表示される。

Googleカレンダーの作業

Googleカレンダーでの作業をしましょう。今回のアプリでは会議室ごとにカレンダーを用意します。では、Googleカレンダーを開いてください。

❶カレンダーを作成しましょう。「他のカレンダー」のところにある「+」をクリックし、現れたメニューから「新しいカレンダーを作成」を選びます。

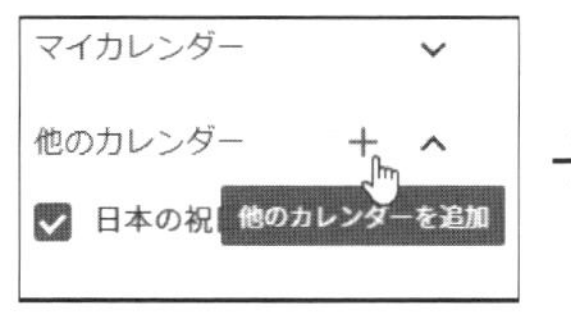

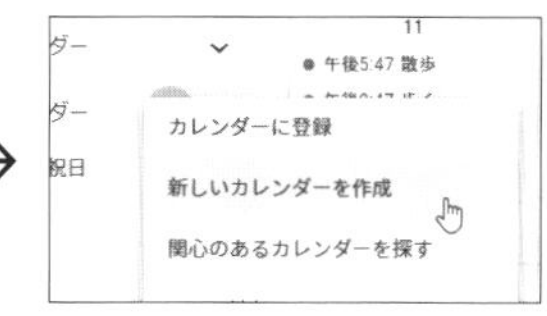

図7-37:「+」をクリックし、「新しいカレンダーを作成」メニューを選ぶ。

❷「新しいカレンダーを作成」という表示が現れます。ここで次のように入力し、「カレンダーを作成」ボタンでカレンダーを作ります。カレンダーは連続して複数作ることができます。

▼1つ目

名前	会議室A

▼2つ目

名前	会議室B

ここでは2つのカレンダーを用意しましたが、必要な会議室の数だけ用意しておけばいいでしょう。

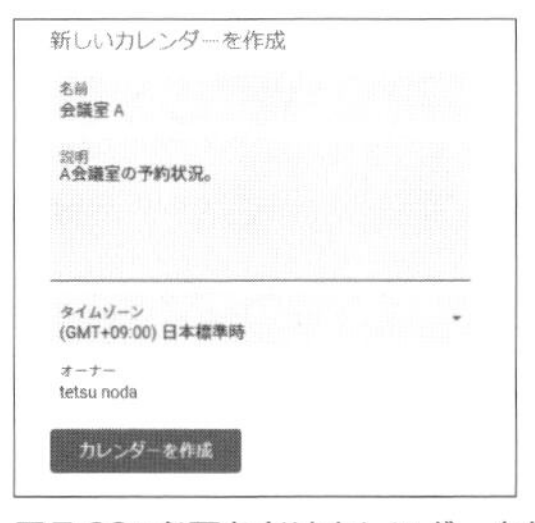

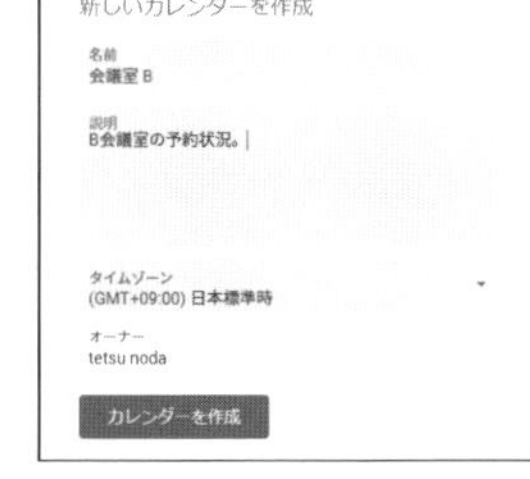

図7-38：必要なだけカレンダーを作成する。

❸カレンダーを作成したら、左上の「←」でカレンダーの画面に戻りましょう。「マイカレンダー」のところに、作成したカレンダーが表示されます。

図7-39：「マイカレンダー」に作ったカレンダーが追加されている。

AppSheetアプリの作成

では、AppSheetのアプリを作りましょう。今回はAppSheetでアプリの作成を行います。

❶AppSheetの「My Apps」画面で左上の「Create」ボタンをクリックし、プルダウンして現れたメニューから「Start with existing data」を選びます。

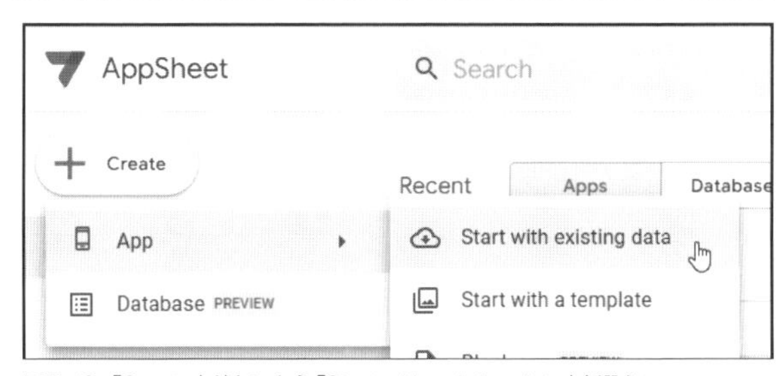

図7-40：「Create」ボタンから「Start with existing data」を選ぶ。

❷「Create new app」パネルが現れるので、App nameに「会議室の予約」と入力し、「Choose your data」ボタンをクリックします。

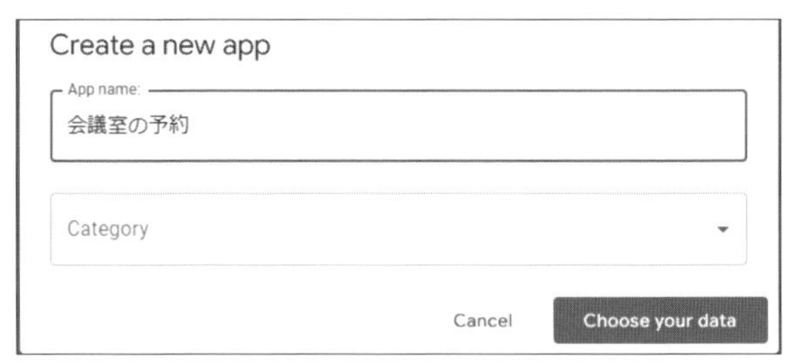

図7-41：アプリ名を入力し、「Choose your data」ボタンを選択する。

❸「Select data source」パネルが現れます。ここで「Google calendar」を選択します。

図7-42：Select data sourceでGoogle calendarを選択する。

※なお、ここではChapter 3でGoogleカレンダーをデータソースに追加済みであるものとして説明しています。まだデータソースに追加していない場合は、Chapter 3の「3.5. ウォーキングノート」アプリの説明を参照ください。

❹「Choose a Sheet/Table」パネルが現れます。ここで、先ほど作成したカレンダー（サンプルでは「会議室A」）を選択します。これでアプリが作成されます。

図7-43：Choose a Sheet/Tableでカレンダーを選択する。

テーブルの作成と設定

作成されたAppSheetアプリの作業に進みましょう。まずはデータ関連です。ページ左側の「Data」を選択し、上部の「Tables」リンクをクリックしてください。

❶デフォルトでは、アプリ作成時に選択したカレンダーのテーブル（ここでは「会議室A」）が用意されています。その他のカレンダーのテーブルも追加しておきましょう。「New Table」ボタンをクリックしてください。

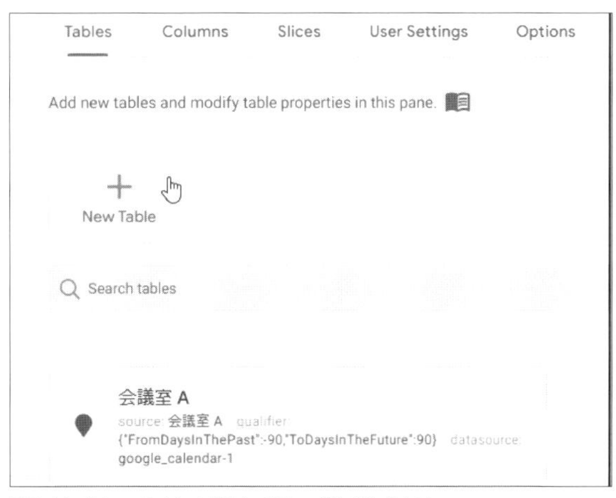

図7-44：「New Table」ボタンでテーブルを作成する。

❷「Add data」とパネルが現れたら、「Google calendar」を選択します。続いて「Choose a Sheet/Table」パネルで、追加するカレンダーを選択します。

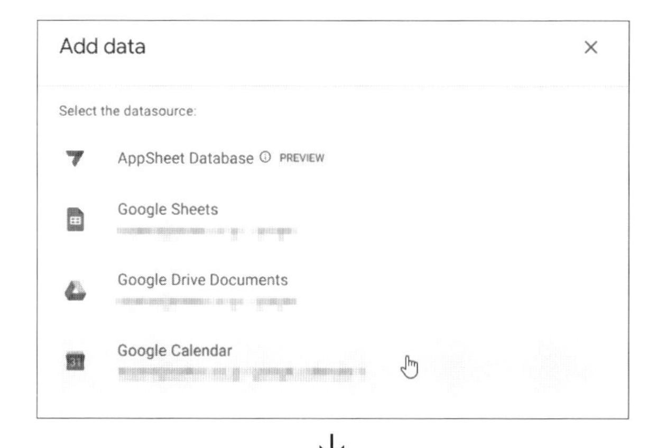

図7-45：Add data、Choose a Sheet/Tableを選択していく。

❸「Create a new table」パネルが現れます。ここで「Source id」で利用するカレンダーを選択します。「Are updates allowed?」はデフォルトのまま（「Updates」「Adds」「Deletes」が選択されている状態）にしておき、「Add This Table」ボタンをクリックします。

図7-46：Source idでカレンダーを選択し、「Add This Table」ボタンをクリックする。

❹これで、カレンダーのテーブルが一通り用意されました。

図7-47：カレンダーのテーブルが作成された。

❺列の設定を行います。上部の「Columns」リンクをクリックして表示を切り替えましょう。作成されたテーブルを開き、「End」の「INITIAL VALUE」をクリックして式アシスタンを開いてください。そして、次のように入力します。

```
[Start] + "001:00:00"
```

複数のカレンダー用テーブルがある場合は、それらすべてについてEndのINITIAL VALUEを設定しておきましょう。

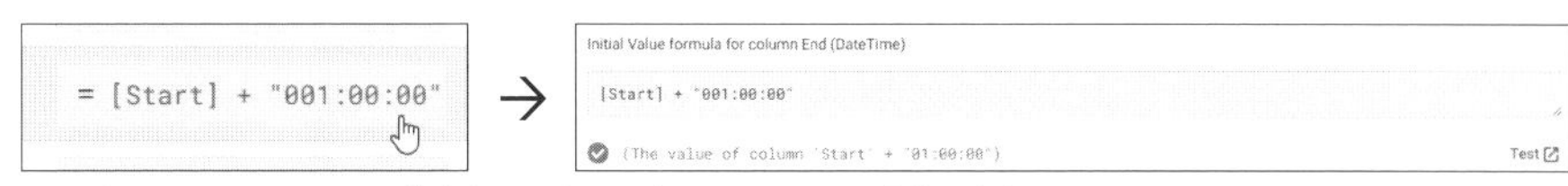

図7-48：INITIAL VALUEの値をクリックし、式アシスタントで式を入力する。

Viewを用意する

次はユーザーインターフェイスです。ページ左側の「App」を選択し、上部にある「Views」リンクをクリックしてください。

❶デフォルトでは、Primary Viewsに「Map」「Map 2」「会議室A（カレンダーのテーブル名）」といったビューが作成されています。カレンダーだけでなく、マップのビューも作成されているのですね。

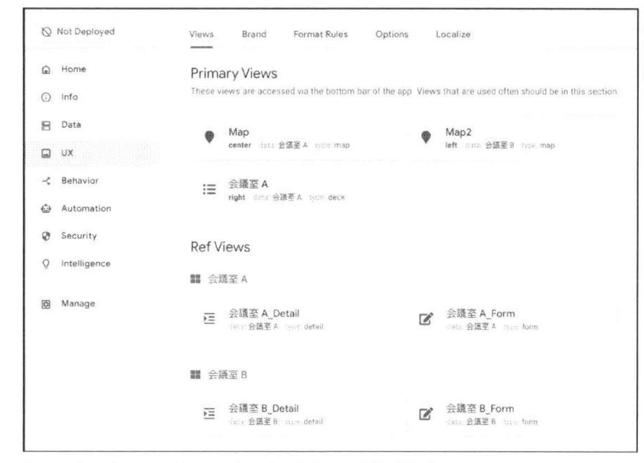

図7-49：デフォルトでいくつかのビューが作成されている。

❷今回はマップは使わないので、削除しましょう。マップのビューを開き、右上にある「Delete」ボタンをクリックしてビューを削除してください。

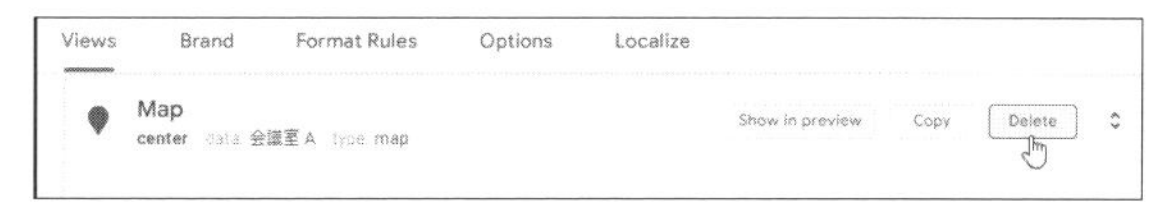

図7-50：不要なマップビューを削除する。

❸カレンダー用テーブルのビューを作成していきます。デフォルトでは1つだけカレンダー用テーブルのビューが作成されているはずですね。複数のカレンダー用テーブルがある場合は、「New View」でそれぞれのテーブル用ビューを作成しましょう。設定は次のように行います。

View name	テーブル名をそのまま指定
For this data	使用するテーブルを選択
View type	calendar
Position	center

▼View Options

Start date	Start
Start time	Start
End date	End
End time	End
Description	Title

各テーブルごとに、このように設定されたビューを用意してください。

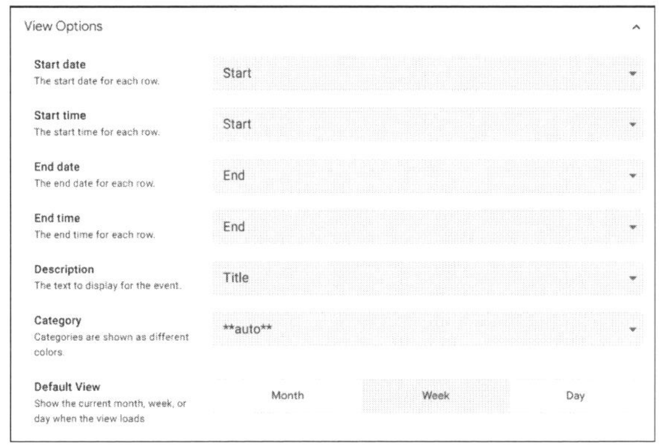

図7-51：テーブルごとにビューを作成する。

❹テーブル用のフォームを修正します。各テーブルごとに、「○○_Form」という名前のビューが作成されています。これを開き、「Column order」に「Add」ボタンを使って以下の項目を追加してください。

- _RowNumber、Title、Start、Description

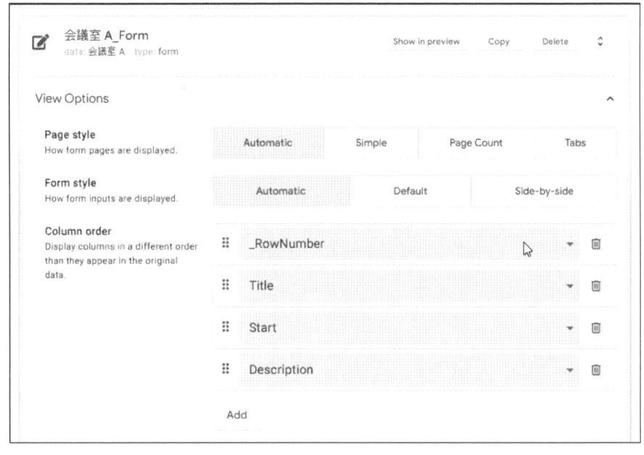

図7-52：テーブル用のフォームビューでColumn orderを設定する。

❺テーブル用の詳細ビューを修正します。各テーブルごとに、「○○_Detail」という名前のビューが用意されています。これを開いて以下の項目を設定してください。

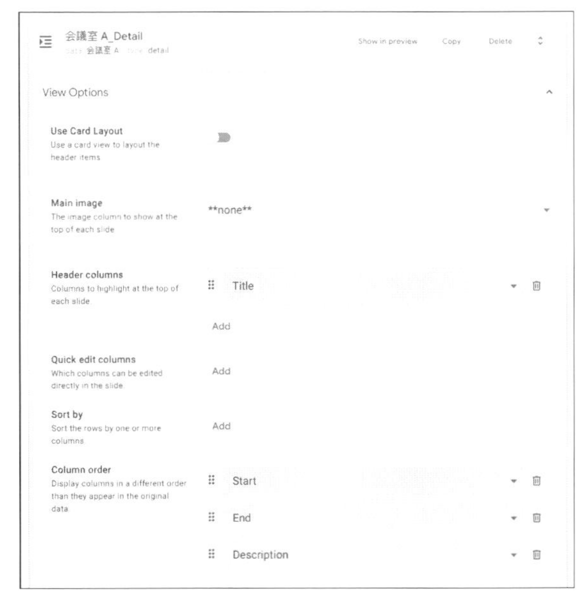

図7-53：詳細ビューのHeader columnとColumn orderを設定する。

Header column	Tiitle
Column order	「Add」ボタンを使い、「Start」「End」「Descrition」を追加

アプリのポイント

今回は、Googleカレンダーを使ったアプリを作りました。Googleカレンダーを利用する場合、テーブルの列をカスタマイズできないのでいろいろ注意が必要です。会議室の予約のように、予定を追加していくだけのものは、Googleカレンダーでも比較的作りやすいでしょう。

ただし、Googleカレンダーを利用する場合、用意されるテーブルの列が決まっているため、それらをうまく活用して値を保管しなければいけません。今回のようにスケジュールが中心のデータならば、Googleカレンダーでうまくデータ管理できるでしょう。

Chapter 7

7.3. 「ショップ(管理)」アプリ

「ショップ(管理)」アプリについて

オンラインでの商品販売を行うミニ・ネットショップのアプリを考えてみます。といっても、本格的なものは規模的にも機能的にもかなり難しいため、ごく小規模な「注文を送信すると手作業で発送作業をして注文済みの処理をする」といったシンプルなものを作ってみます。在庫数の管理などの機能は持っていないため、注文を受けたら商品ページからメーカーに連絡して手作業で発注する、といった運営の仕方を考えて作ってあります。

まずは、運営する側（管理者側）のアプリからです。このアプリでは「商品」「ユーザー」「注文」といったものについて管理します。「商品」アイコンをタップすると登録された商品のリストが現れ、項目をタップすれば詳細情報が表示されます。また、「+」ボタンで商品を追加することもできます。

「ユーザー」アイコンでは、ユーザーの登録を行います。あらかじめ管理者側で登録すると利用できるようになる形にしています。これも「+」ボタンでユーザー登録を行えます。

注文管理は「注文」と「注文✓」のアイコンがあります。「注文」はすべての注文を新しいものから表示し、「注文✓」は発送作業が済んでいない注文だけをまとめて表示します。商品を発送したら、これらのリストにある「済」アイコンをタップすると、その項目を発送済みに変更します。常に「注文✓」のリストを見ながら商品発送をしていけばいいわけです。

図7-54：ミニショップの管理アプリ。「商品」「ユーザー」「注文」「注文✓」のアイコンがある。商品やユーザーは項目をタップすると詳細ページに移動する。注文のリストでは、発送が完了したら「済」アイコンをタップすればレコードが発送済みに変更される。

Googleスプレッドシートの作業

では、Googleスプレッドシートの作業から行いましょう。新しいスプレッドシートを開いてください。

❶ファイル名を「ショップ」に、シート名を「商品」にそれぞれ変更します。

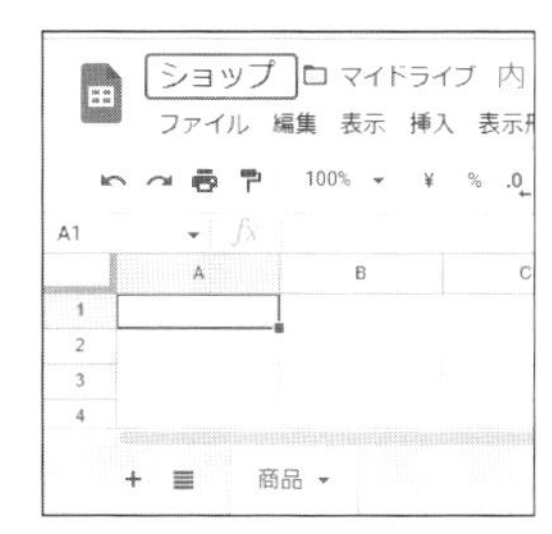

図7-55：ファイル名とシート名を変更する。

❷シートに項目名を入力していきます。A1セルから次のように記入してください。

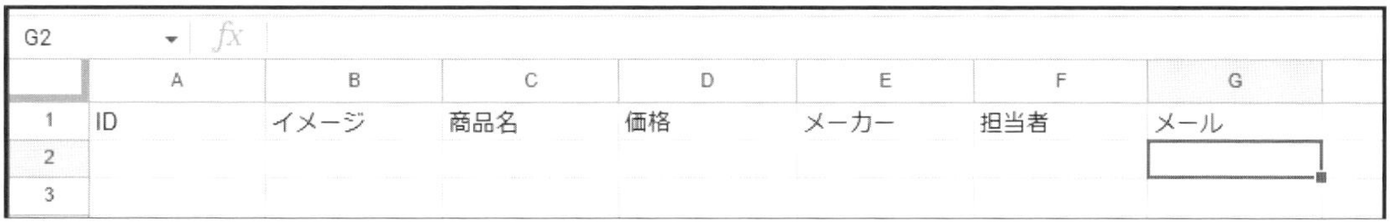

	A	B	C	D	E	F	G
1	ID	イメージ	商品名	価格	メーカー	担当者	メール
2							
3							

図7-56：項目名を入力する。

ID	イメージ	商品名	価格	メーカー	担当者	メール

❸左下の「＋」ボタンで新しいシートを追加します。名前は「ユーザー」としておきます。

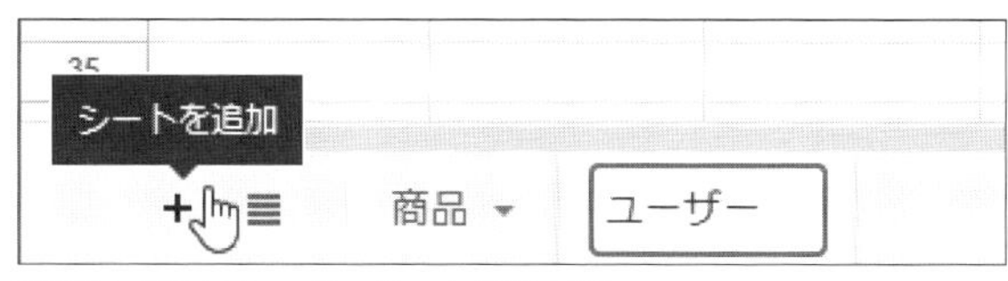

図7-57：新たに「ユーザー」シートを追加する。

❹「ユーザー」シートに項目名を入力します。次のように記述しましょう。

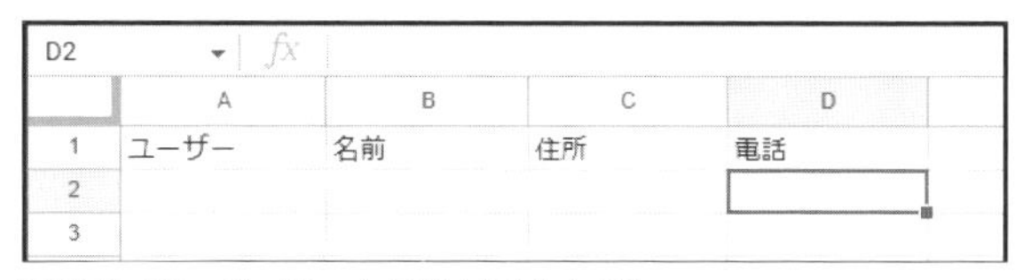

図7-58：「ユーザー」シートに項目名を入力する。

ユーザー	名前	住所	電話

❺左下の「＋」ボタンでもう1つシートを作ります。名前は「注文」としておきます。

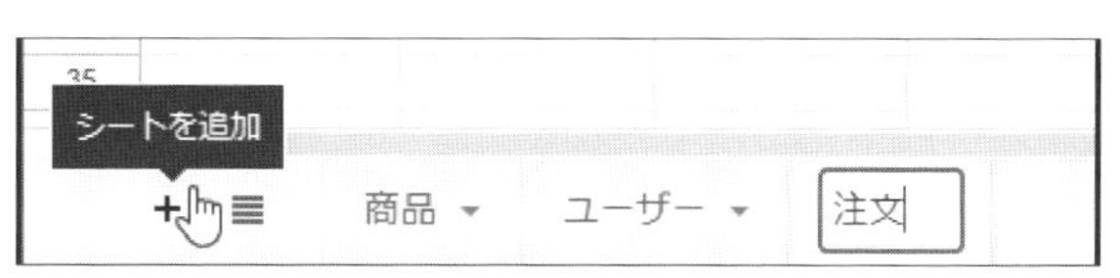

図7-59：「注文」シートを作成する。

❻「注文」シートに項目名を記入します。以下の項目を用意しましょう。

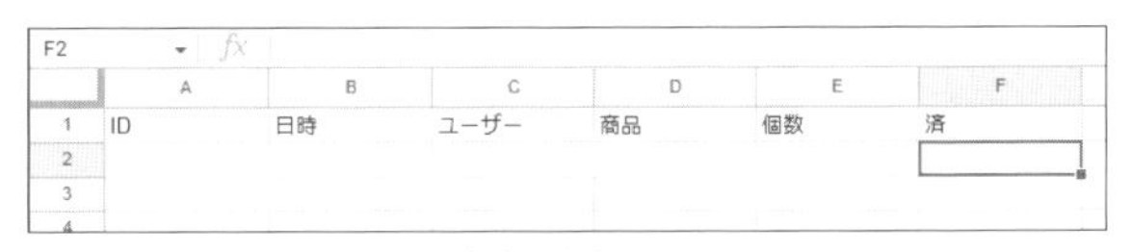

図7-60：「注文」シートに項目名を入力する。

ID	日時	ユーザー	商品	個数	済

❼これでスプレッドシートでの作業は終了です。「機能拡張」メニューの「AppSheet」から「アプリを作成」メニューを選んでアプリを作りましょう。

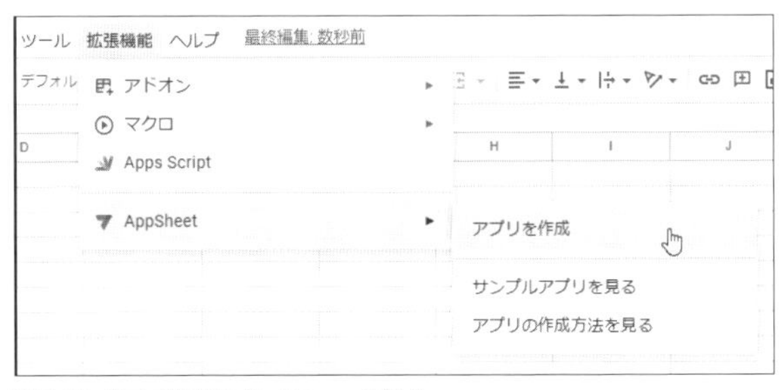

図7-61：「アプリを作成」メニューを選ぶ。

テーブルの作成と設定

AppSheet側の作業に移りましょう。まずはデータ関連からです。ページ左側の「Data」を選択し、上部にある「Tables」リンクをクリックします。

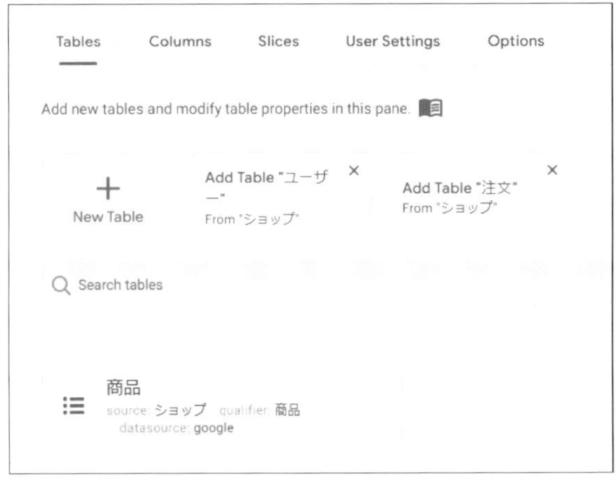

図7-62：「Add Table ～」ボタンで2つのテーブルを作る。

❶デフォルトでは「商品」テーブルが1つだけ用意されています。「New Table」ボタンの横には、「Add Table "ユーザー" From "ショップ"」「Add Table "注文" From "ショップ"」という2つのボタンが追加されているでしょう。これらをクリックし、2つのテーブルを作成してください。

❷これで、「ユーザー」「商品」「注文」という3つのテーブルが用意できました。「Add Table ～」ボタンが見つからなかった場合は「New Table」ボタンを使い、「ショップ」スプレッドシートの「ユーザー」シートと「注文」シートをそれぞれ選択してテーブルを作成してください。

図7-63：3つのテーブルが用意された。

❸テーブルに許可する操作（Are updates allowd?）を設定します。「商品」と「ユーザー」は、いずれも「Updates」「Adds」「Deletes」が選択された状態（デフォルトの状態）のままにしておきましょう。そして、「注文」テーブルの「Are updates allowed?」を「Updates」のみ選択し、他はすべて未選択の状態に変更しておきます。

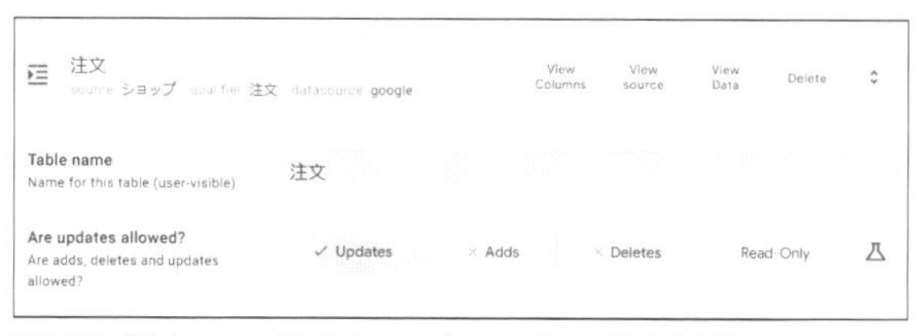

図7-64：「注文」テーブルのAre updates allowed?を変更する。

テーブルのColumns設定

続いて、テーブルの列を設定します。上部にある「Columns」リンクをクリックし選択してください。

❶では「注文」テーブルから列の設定を行いましょう。次のように項目を設定してください。

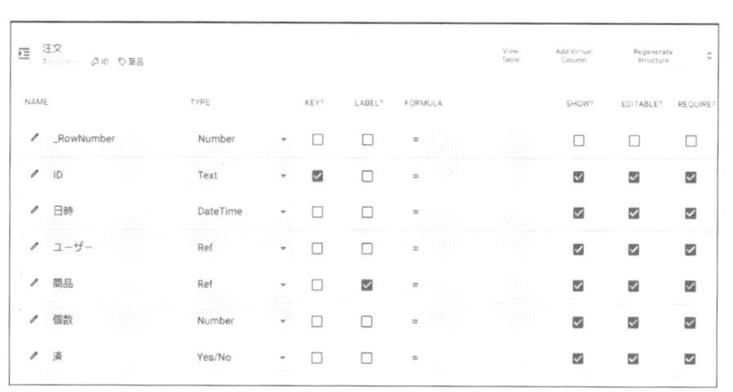
図7-65：「注文」テーブルの列を設定する。

_Row_Number	TYPEは「Number」。「KEY?」「LABEL?」「SHOW?」「EDITABLE?」「REQUIRE?」のすべてのチェックをOFFにする。
ID	TYPEは「Text」。「LABEL?」のチェックをOFFに、「KEY?」「SHOW?」「EDITABLE?」「REQUIRE?」のチェックをONにする。
日時	TYPEは「DateTime」。「KEY?」「LABEL?」のチェックをOFFに、「SHOW?」「EDITABLE?」「REQUIRE?」のチェックをONにする。
ユーザー	TYPEは「Ref」。「KEY?」「LABEL?」のチェックをOFFに、「SHOW?」「EDITABLE?」「REQUIRE?」のチェックをONにする。
商品	TYPEは「Ref」。「KEY?」のチェックをOFFに、「LABEL?」「SHOW?」「EDITABLE?」「REQUIRE?」のチェックをONにする。
個数	TYPEは「Number」。「KEY?」「LABEL?」のチェックをOFFに、「SHOW?」「EDITABLE?」「REQUIRE?」のチェックをONにする。
済	TYPEは「Yes/No」。「KEY?」「LABEL?」のチェックをOFFに、「SHOW?」「EDITABLE?」「REQUIRE?」のチェックをONにする。

❷「ユーザー」と「商品」は「Ref」に設定されています。これらの参照テーブルを確認しておきましょう。列の冒頭にある鉛筆アイコンをクリックし、「Source table」がそれぞれ「ユーザー」「商品」テーブルに設定されていることを確認します。

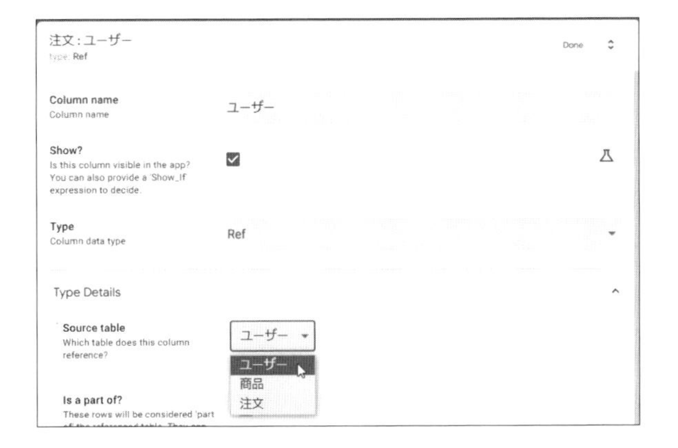

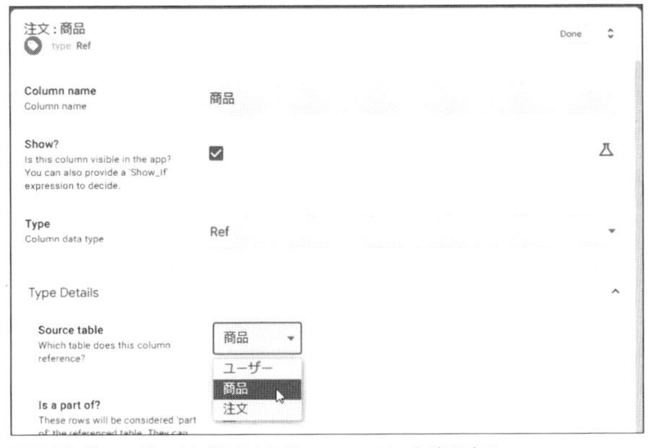

図7-66：「ユーザー」と「商品」のSource tableを確認する。

❸仮想列を作成します。「Add Virtual Column」ボタンをクリックし、次のように内容を設定します。

Column name	YMD（Year、Month、Dayの頭文字）
Show?	ONにする
Type	TEXT（App formula設定後に表示）

App formulaは値部分をクリックして式アシスタントを呼び出し、以下の式を入力しておきます。

```
CONCATENATE(YEAR([日時]), "-", MONTH([日時]), "-", DAY([日時]))
```

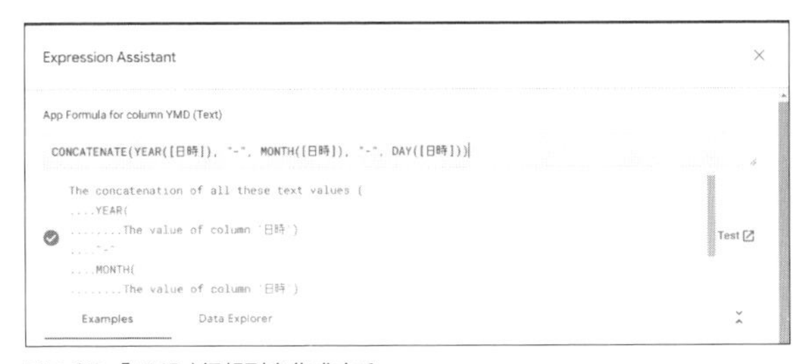

図7-67：「YMD」仮想列を作成する。

❹続いて「ユーザー」テーブルの列を設定します。次のように項目を用意してください。

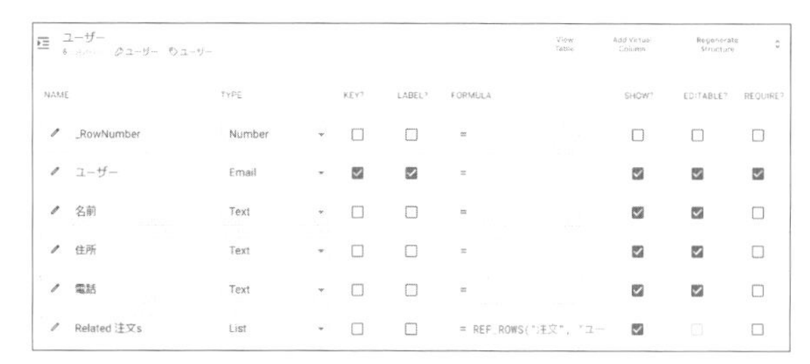

図7-68：「ユーザー」テーブルの列を設定する。

_Row_Number	TYPEは「Number」。「KEY?」「LABEL?」「SHOW?」「EDITABLE?」「REQUIRE?」のすべてのチェックをOFFにする。
ユーザー	TYPEは「Email」。「KEY?」「LABEL?」「SHOW?」「EDITABLE?」「REQUIRE?」のチェックをすべてONにする。
名前	TYPEは「Text」。「KEY?」「LABEL?」「REQUIRE?」のチェックをOFFに、「SHOW?」「EDITABLE?」のチェックをONにする。
住所	TYPEは「Text」。「KEY?」「LABEL?」「REQUIRE?」のチェックをOFFに、「SHOW?」「EDITABLE?」のチェックをONにする。
電話	TYPEは「Text」。「KEY?」「LABEL?」「REQUIRE?」のチェックをOFFに、「SHOW?」「EDITABLE?」のチェックをONにする。
Related 注文s	※自動生成される項目なので変更しないでください。

❺「商品」テーブルの列を設定します。次のように項目を設定してください。

図7-69：「商品」テーブルの列を設定する。

_Row_Number	TYPEは「Number」。「KEY?」「LABEL?」「SHOW?」「EDITABLE?」「REQUIRE?」のすべてのチェックをOFFにする。
ID	TYPEは「Text」。「LABEL?」のチェックをOFFに、「KEY?」「SHOW?」「EDITABLE?」「REQUIRE?」のチェックをONにする。
イメージ	TYPEは「Image」。「KEY?」「REQUIRE?」のチェックをOFFに、「LABEL?」「SHOW?」「EDITABLE?」のチェックをONにする。
商品名	TYPEは「Text」。「KEY?」「REQUIRE?」のチェックをOFFに、「LABEL?」「SHOW?」「EDITABLE?」のチェックをONにする。
価格	TYPEは「Number」。「KEY?」「LABEL?」「REQUIRE?」のチェックをOFFに、「SHOW?」「EDITABLE?」のチェックをONにする。
メーカー	TYPEは「Text」。「KEY?」「LABEL?」「REQUIRE?」のチェックをOFFに、「SHOW?」「EDITABLE?」のチェックをONにする。
担当者	TYPEは「Text」。「KEY?」「LABEL?」「REQUIRE?」のチェックをOFFに、「SHOW?」「EDITABLE?」のチェックをONにする。
メール	TYPEは「Email」。「KEY?」「LABEL?」「REQUIRE?」のチェックをOFFに、「SHOW?」「EDITABLE?」のチェックをONにする。
Related 注文s	※自動生成される項目なので変更しないでください。

スライスの作成

スライスを作成します。上部の「Slices」リンクをクリックして表示を切り替えてください。

❶「New Slice」ボタンの右側に「Add slice of 注文 for 済 is TRUE,FALSE」というボタンが用意されている場合は、これをクリックしてください。

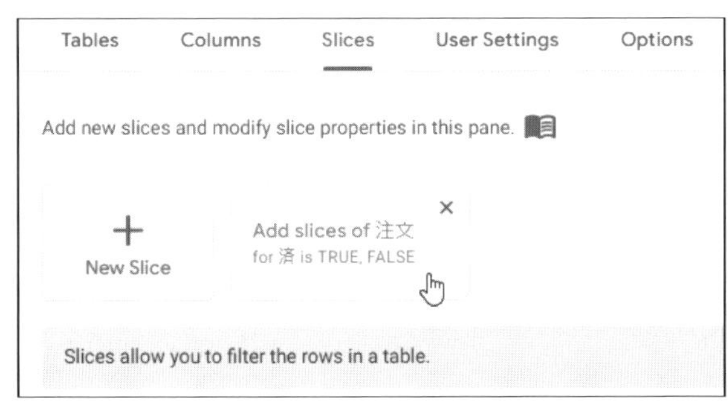

図7-70:「Add slice of 注文 for 済 is TRUE,FALSE」ボタンをクリックする。

❷これで2つのスライスが自動生成されます。「Add slice ～」ボタンが見つからない場合はこの後の説明を参考に、「New slice」ボタンで作成してください。

図7-71:2つのスライスが作成された。

❸スライスの設定を確認しましょう。まず、「注文: 済 is FALSE」スライスです。これは次のように設定されています。

Slice Name	注文: 済 is FALSE
Source Table	注文
Row filter condition	NOT([済])

図7-72:「注文: 済 is FALSE」スライスの設定を確認する。

❹続いて「注文: 済 is TRUE」スライスです。これは次のように設定されています。Row filter conditionの値が2つのスライスで異なっていることをよく確認してください。

Slice Name	注文: 済 is TRUE
Source Table	注文
Row filter condition	[済]

図7-73:「注文: 済 is TRUE」スライスの設定を確認する。

Viewを用意する

ユーザーインターフェイスの作成に進みましょう。ページ左側の「App」を選択し、上部にある「Views」リンクをクリックします。

❶デフォルトでは、Primary Viewには「商品」というビューが1つだけ用意されています。まずはこれを設定し、それから必要なビューを追加していきます。

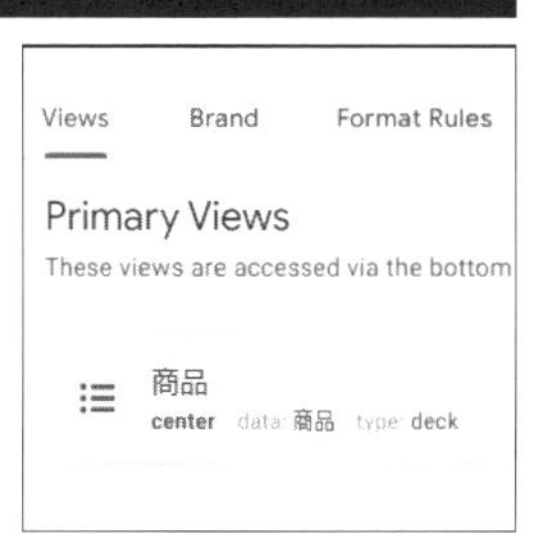

図7-74：デフォルトでは「商品」ビューが1つだけある。

❷「商品」ビューをクリックして開き、設定を行いましょう。次のように項目を設定してください。

View name	商品
For this data	商品
View type	deck
Potision	center

図7-75：「商品」ビューの設定を行う。

❸下部にある「View Options」の設定を行います。以下の項目を設定してください。それ以外のものはデフォルトのままにしておきます。

View Options
Sort by
Sort the rows by one or more columns.
商品名
Ascending
Add
Group by
Group rows by the values in one or more of their columns
メーカー
Ascending
Add
Group aggregate
Display a numeric summary of the rows in each group.
NONE
Main image
The image column to display for each row
イメージ
Primary header
The top text for each row
商品名
Secondary header
The bottom text for each row
価格
Summary column
The top-right text for each row

図7-76：View Optionsの設定を行う。

Sort by	「Add」ボタンで追加し、「商品名」「Ascending」を選択
Group by	「Add」ボタンで追加し、「メーカー」「Ascending」を選択
Main image	イメージ
Primary header	商品名
Secondary header	価格

❹「New View」ボタンで新しいビューを作成しましょう。これは「ユーザー」テーブル用のビューです。次のように設定を行ってください。

View name	ユーザー
For this data	ユーザー
View type	deck
Potision	center

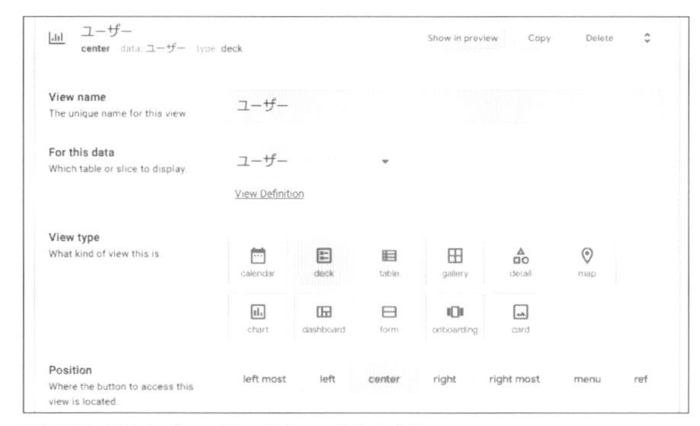

図7-77：新たに「ユーザー」ビューを作成する。

❺作成した「ユーザー」ビューのView Optionsを設定します。次のように項目を用意してください。その他のものはデフォルトのままでOKです。

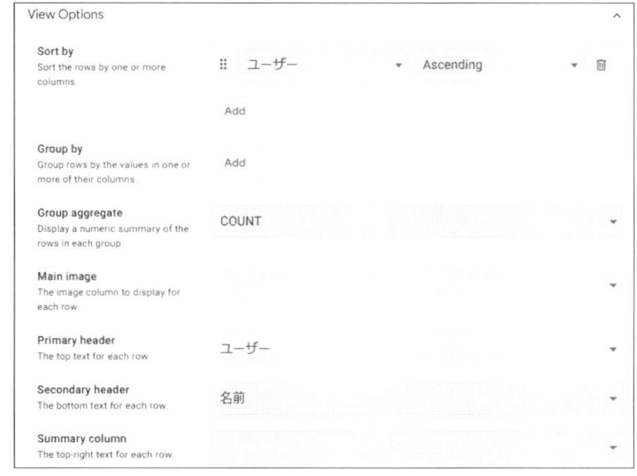

図7-78：「ユーザー」ビューのView Optionsを設定する。

Sort by	「Add」ボタンで追加し、「ユーザー」「Ascending」を選択
Primary header	ユーザー
Secondary header	名前

❻「New View」ボタンでもう1つビューを作成しましょう。これは「注文」テーブル用のものです。次のように設定をしてください。

View name	注文
For this data	注文
View type	deck
Potision	right

図7-79：新たに「注文」ビューを作成する。

❼「注文」ビューのView Optionsを設定します。以下の項目を変更してください。それ以外のものはデフォルトのままにしておきます。

Sort by	「Add」ボタンで追加し、「日時」「Descending」を選択
Group by	「Add」ボタンで追加し、「YMD」「Descending」を選択
Group aggregate	COUNT
Primary header	商品
Secondary header	ユーザー

Sort by
Sort the rows by one or more columns
日時 Descending
Add
Group by
Group rows by the values in one or more of their columns
YMD Descending
Add
Group aggregate
Display a numeric summary of the rows in each group
COUNT
Main image
The image column to display for each row
Primary header
The top text for each row
商品
Secondary header
The bottom text for each row
ユーザー
Summary column
The top-right text for each row

図7-80：「注文」ビューのView Optionsを設定する。

❽「New View」ボタンでもう1つビューを作成しましょう。これも「注文」テーブルを利用します。次のように設定をしてください。

View name	注文✓
For this data	注文: 済 is FALSE(slice)
View type	deck
Potision	right

図7-81：新たに「注文✓」ビューを作成する。

❾「注文✓」ビューのView Optionsを設定します。以下の項目を変更してください。それ以外のものはデフォルトのままにしておきます。

Sort by	「Add」ボタンで追加し、「日時」「Descending」を選択
Group by	「Add」ボタンで追加し、「YMD」「Descending」を選択
Group aggregate	COUNT
Primary header	商品
Secondary header	ユーザー

View Options
Sort by
Sort the rows by one or more columns
日時 Descending
Add
Group by
Group rows by the values in one or more of their columns
YMD Descending
Add
Group aggregate
Display a numeric summary of the rows in each group
COUNT
Main image
The image column to display for each row
auto
Primary header
The top text for each row
商品
Secondary header
The bottom text for each row
ユーザー
Summary column
The top-right text for each row.
none

図7-82：「注文✓」ビューのView Optionsを設定する。

アクションの作成と設定

次は、アクションの作成と設定を行います。ページ左側にある「Actions」を選択してください。

❶「New Action」ボタンの横に、「Add an action set "済" with buttons...」というボタンが追加されています。これをクリックしてください（ボタンがない場合はこの後の説明を参考に、「New Action」ボタンで作成してください）。

図7-83：「Add an action ～」ボタンをクリックする。

❷「Set 済to True」「Set 済 to False」という2つのアクションが作成されます（「注文」というところにあります）。この設定を行いましょう。2つのアクションには次のように設定がされています。

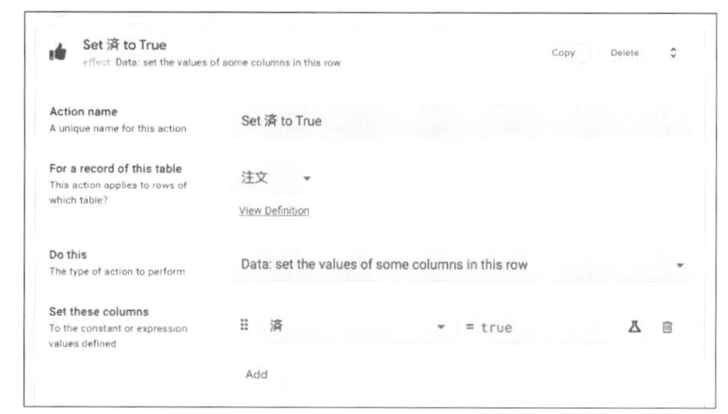

図7-84：「Set 済to True」アクションの設定を確認する。

Action name	Set 済 to True、Set 済 to False
For a record of this table	注文
Do this	Data: set this values of some columns in this row
Set these colums	「済」「=True」または「済」「=False」

❸アクションの「Appearance」で、Display nameとAction iconを指定します。これは実際に画面に表示されるものなので、わかりやすい名前とアイコンを選びましょう。また、下にある「Prominence」では「Display overlay」を選んでおくと、フローティングアクションボタンとしてアクションを追加するようになります。

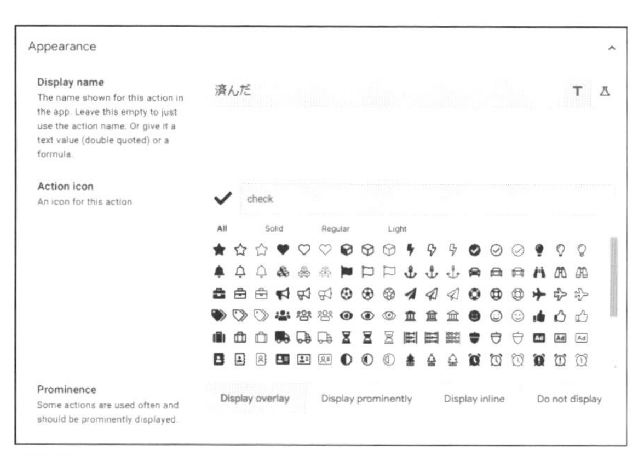

図7-85：Display nameとAction icon、Prominenceを選択する。

❹「Behavior」にある「Only if condition is true」には「[済] <> true」または「[済]」と式が設定されていますね。では、その下にある「Needs confirmation?」をONに変更し、「Confirmation Message」に納品済みにするアクションを実行する際の確認アラートのメッセージを入力しましょう。「納品は完了しましたか？」といったテキストにしておけばいいでしょう。

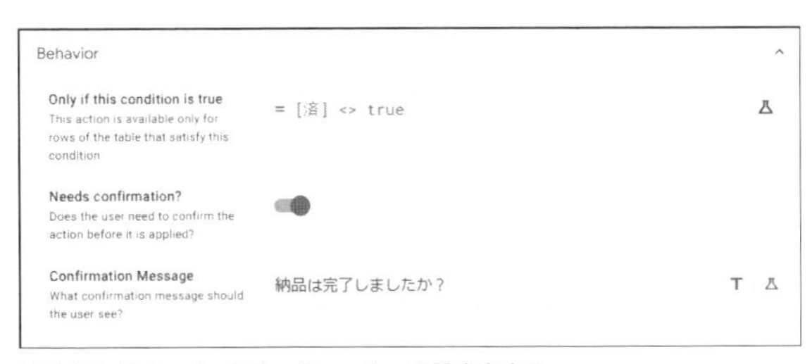

図7-86：BehaviorでConfirmationの設定をする。

❺設定した「Set 済to True」アクションがスライスでも使えるようにします。ページ左側の「Data」を選択し、上部の「Slices」リンクをクリックして表示を切り替えてください。そして、「注文: 済 is FALSE」スライスの「Slice actions」という項目にある「Add」ボタンを使って、以下の項目を追加しましょう。

「Set 済 is TRUE」「Set 済 is FALSE」

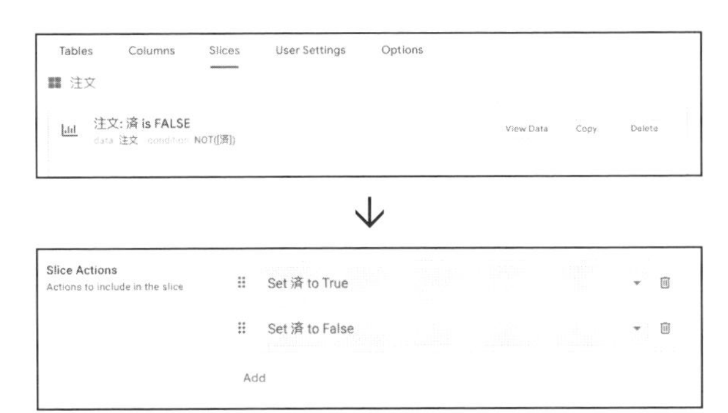

図7-87：「注文: 済 is FALSE」スライスのSlice actionsを設定する。

❻続いて、ビューにアクションを表示するための設定を行います。ページ左側の「App」を選択し、上部の「Views」リンクをクリックして表示を切り替えてください。そして「注文」ビューを開き、「Show action bar」をONにして、下にある「Actions」にある「Add」ボタンを使い、以下の項目を追加します。

「Set 済 is TRUE」「Set 済 is FALSE」

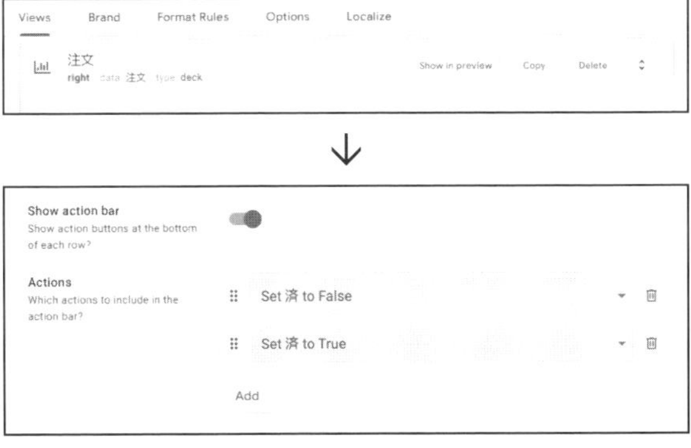

図7-88：「注文」ビューに表示されるアクションの設定を行う。

アプリのポイント

ここでは3つのテーブルを連携して使っています。「商品」と「ユーザー」がベースとなるテーブルで、これらの情報を利用して「注文」テーブルができています。

管理アプリでは、「商品」「ユーザー」「注文」のデータを一通り管理できることが重要です。「商品」と「ユーザー」は管理者が登録するため、「Adds」「Updates」「Deletes」のすべてが行えるようにしてあります。一方、「注文」は利用者が作成するものなので、管理者が勝手に編集すべきではありません。このため、「Updates」のみ使えるようにしています。

なぜ、注文はUpdatesで更新できるようにしているのか？　それは、注文テーブルにある「済」の値を操作するためです。この「済」は、注文の処理が完了したことを示す項目です。つまり、注文の発送作業が終わったらこれをTRUEに変更して、すでに発送済みであることがわかるようにしているのですね。

アクションの利用

この「済をTRUEに変更する」という処理を行っているのが、作成した「Set 済 is TRUE」アクションです。アクションは、レコードの作成や編集などを実行することができます。アクションのDo thisで「Data: set this values of some columns in this row」という項目を選び、変更する列と値を追加すれば、レコードの特定の項目を更新できます。

作成したアクションは、ビューにリンクやアイコンの形で表示することができます。これは、ビューに用意されている「Show action bar」と「Actions」で設定できます。Show action barをONにし、表示させたいアクションをActionsに用意すれば、アクションが利用するテーブル関係のビューで自動的にアクションのリンクやボタンが表示されるようになるのです。

ただし、これはテーブルでの話で、スライスの場合はこれだけでは表示されません。スライスのSlice actionsに、スライスで利用可能なアクションをあらかじめ登録しておかないといけません。「スライスでアクションを使うには、ビューの他にスライス自身への登録が必要だ」ということを忘れないでください。

Chapter 7

7.4. 「ショップ(注文)」アプリ

「ショップ(注文)」アプリについて

続いて、ショップの注文をするアプリを作りましょう。先ほど作った「ショップ(管理)」と同じデータを用い、こちらは利用者ごとの注文の作成と管理のみに特化しています。

アプリには「商品」「注文」「ユーザー情報」というアイコンが用意されています。「商品」アイコンにはショップで扱う商品のリストが表示され、項目をタップすればその詳細情報が表示されます。「注文」アイコンでは自分が送信した注文がリスト表示されます。「ユーザー情報」には自分のアカウントの情報(名前・住所・電話番号など)が表示され、編集できます。

商品の注文は「商品」や「注文」にある「+」ボタンをタップし、商品と個数を入力し送るだけです。非常に単純なアプリなので、ショッピングカードに商品をまとめて送るような機能はありません。注文フォームで送信すればすぐにそれが送られ、「ショップ(管理)」アプリにも表示されます。後は、管理側で送られた注文から商品の発送をしていくだけです。

図7-89:「商品」アイコンでは扱っている商品のリストが表示される。「注文」では注文の履歴が表示される。「+」ボタンをタップするとフォームが現れ商品を注文できる。また、「ユーザー情報」では自分の登録情報を編集できる。

AppSheetアプリの作成

では、アプリを作成しましょう。今回は先の「ショップ」スプレッドシートをそのまま利用します。スプレッドシートにある「機能拡張」メニューでは、2つ目のアプリは作れない（「アプリを作成」メニューを選ぶとすでに作ったアプリが開かれる）ので、AppSheetでアプリを作成します。

❶AppSheetの「My Apps」画面で「Create」ボタンにある「Start with existing data」メニューを選び、現れたパネルでアプリ名を「ショップ注文」と入力して「Choose your data」ボタンをクリックします。

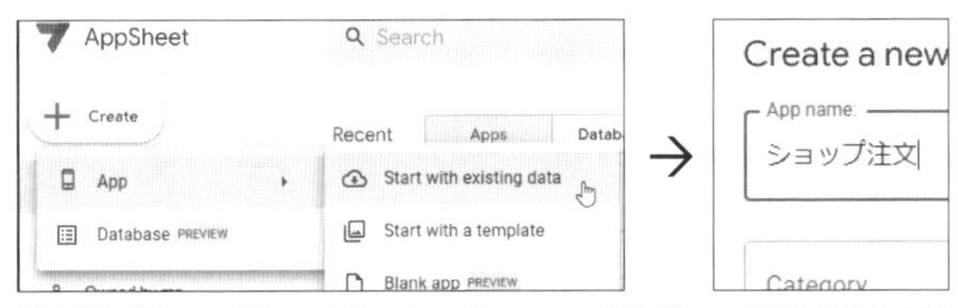

図7-90：「Start with existing data」メニューを選び、アプリ名を入力する。

❷「Select a data source」パネルが現れます。ここで「Google Ssheets」を選択し、「ショップ」スプレッドシートファイルを選択します。

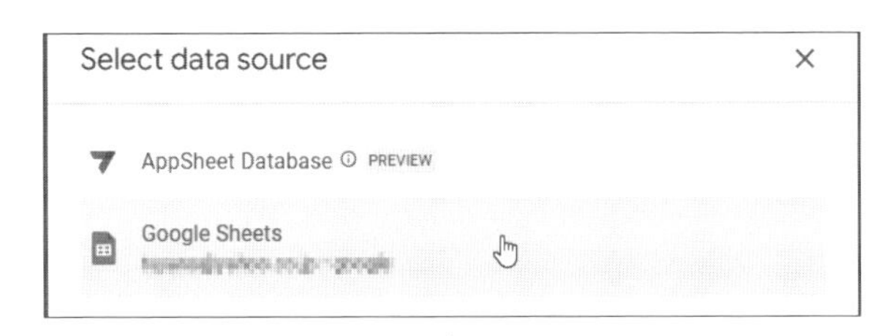

図7-91：Select a data sourceで「Google Sheets」を選び、スプレッドシートファイルを選択する。

テーブルの作成と設定

では、AppSheetでデータの設定を行いましょう。ページ左側の「Data」を選択し、上部にある「Tables」リンクをクリックしてください。

❶デフォルトでは、「商品」というテーブルが1つだけ用意されています。残る2つのテーブルも作成しておきましょう。「New Table」ボタンの横にある「Add Table ～」ボタン2つをクリックしてください。

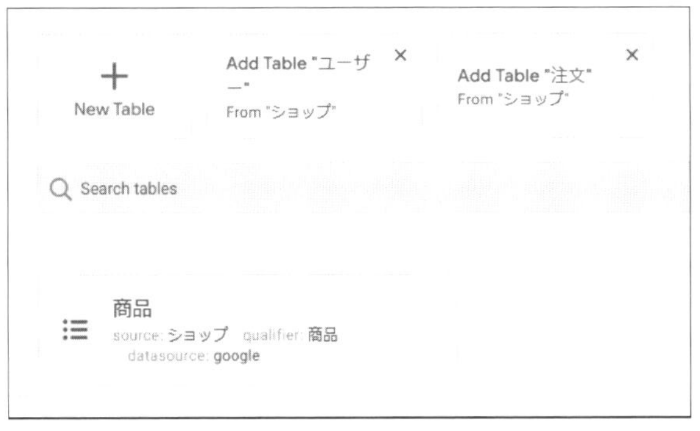

図7-92：「Add Table ～」ボタンで「ユーザー」「注文」テーブルを追加する。

※「Add Table ～」ボタンが見当たらない場合は、先の「ショップ（管理）」を参考に2つのテーブルを追加してください。

❷「ユーザー」「注文」テーブルが作成され、全部で3つのテーブルが用意できました。

図7-93：3つのテーブルが用意できた。

❸テーブルの設定を行いましょう。まずは「商品」テーブルからです。クリックして表示を展開し、「Are updates allowed?」を「Read-Only」に変更してください。

図7-94：「商品」テーブルをRead-Onlyにする。

❹続いて「ユーザー」テーブルです。これは「Are updates allowed?」の「Updates」のみを選択し、他を未選択にしてください。

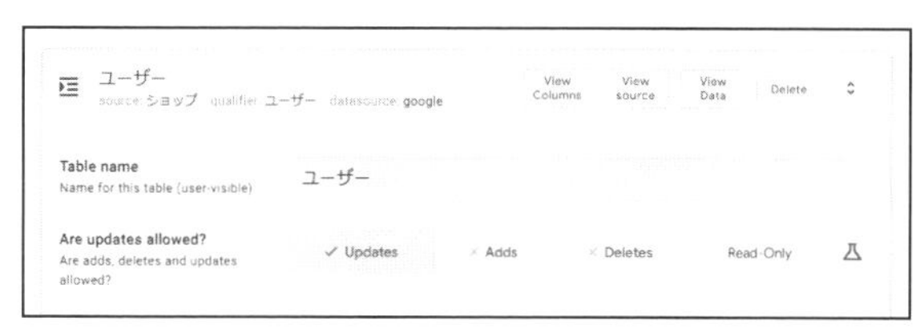

図7-95：「ユーザー」テーブルのAre updates allowed?をUpdatesのみにする。

❺最後に「注文」テーブルです。「Are updates allowed?」を「Adds」のみ選択し、他を未選択にしてください。

図7-96：「注文」テーブルのAre updates allowed?をAddsのみにする。

❻上部の「Columns」をクリックして列の設定をします。各テーブルの列のタイプは、先の「ショップ(管理)」を参考に設定してください。そして「注文」テーブルの「INITIAL VALUE」に、次のように式や値を設定してください。

ID	(※UNIQUEID()がデフォルトで設定されている)
日時	NOW()
ユーザー	USEREMAIL()
個数	1
済	false

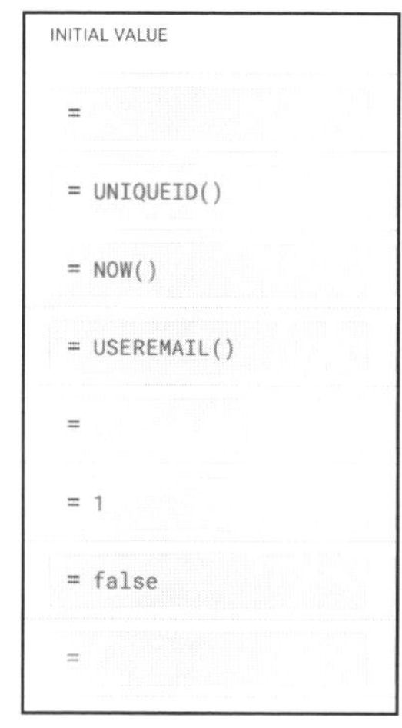

図7-97：「注文」テーブルのINITIAL VALUEを設定する。

❼「注文」テーブルに仮想列を追加します。「Add Virtual Column」ボタンをクリックし、パネルで次のように設定します。なお、Typeは「App formula」を設定すると自動で項目が追加されます。

Column name	商品イメージ
App formula	[商品].[イメージ]
Show?	ON
Type	Image

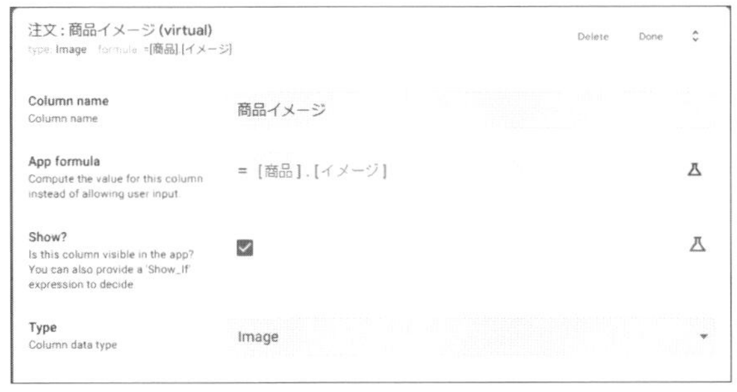

図7-98：仮想列を作成し、設定を行う。

スライスの作成

スライスを作成します。上部の「Slices」リンクをクリックして表示を切り替えてください。

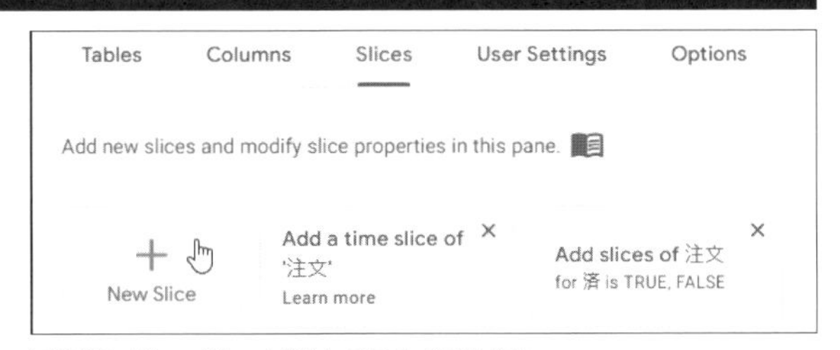

図7-99：「New Slice」ボタンでスライスを作る。

❶デフォルトではまだ何もスライスはありません。「New Slice」ボタンをクリックして新しいスライスを作成しましょう。

❷作成されたスライスの設定を次のように行います。これは「注文」テーブルから利用しているユーザーの注文レコードだけを取り出すものです。

図7-100：スライスの設定を行う。

Slice Name	自分の注文
Source Table	注文
Row filter condition	[ユーザー] = USEREMAIL()

❸もう1つスライスを作成してください。これは自分のユーザー情報を取り出すためのものです。次のように設定しましょう。

図7-101：2つ目のスライスを設定する。

Slice Name	自分のユーザー情報
Source Table	ユーザー
Row filter condition	[ユーザー] = USEREMAIL()

Viewを用意する

次は、ユーザーインターフェイスです。ページ左側の「App」を選択し、上部にある「Views」リンクをクリックしてください。

❶デフォルトでは、Primary Viewsには「商品」というビューのみが用意されています。まずはこれから設定しましょう。

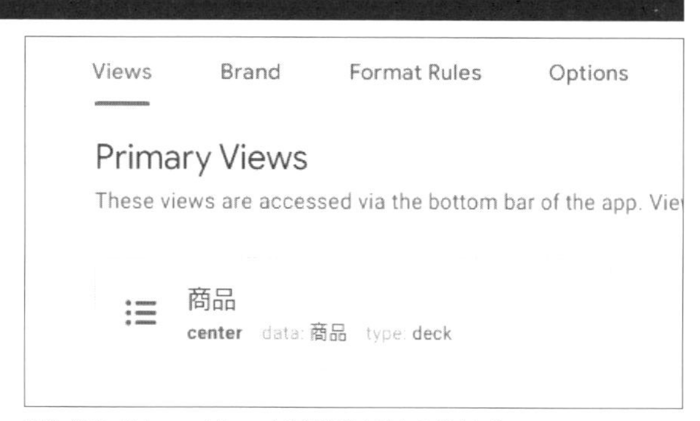

図7-102：Primary Viewsには「商品」が1つだけある。

❷「商品」ビューを開き、次のように設定を行ってください。Show action barは設定の下のほうにあります。

View name	商品
For this data	商品
View type	deck
Position	center
Show action bar	OFF

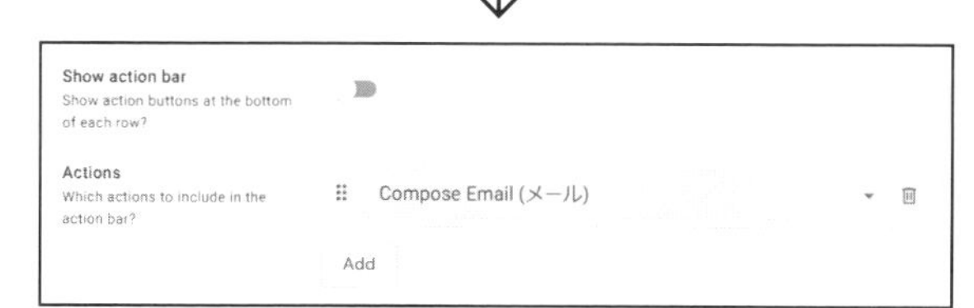

図7-103：「商品」ビューの設定を行う。

❸続いて、注文テーブル用のビューを作ります。「New View」ボタンで新しいビューを作り、次のように設定します。

View name	注文
For this data	自分の注文(slice)
View type	deck
Position	center

図7-104：新たに「注文」ビューを作成する。

❹作成した「注文」ビューのView Optionsの設定をしましょう。次のように設定を行ってください。他の項目はデフォルトのままでOKです。

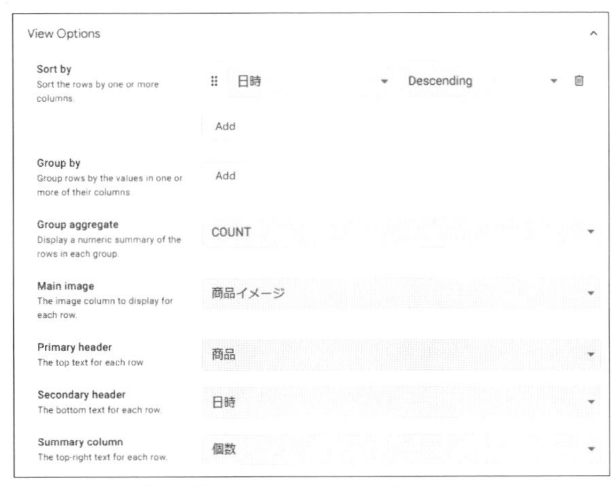

図7-105：テーブルのView Optionsを設定する。

Sort by	「Add」ボタンで追加し「日時」「Descending」を選択
Main image	商品イメージ
Primary header	商品
Secondary header	日時
Summary column	個数

❺もう1つビューを作成しましょう。これはユーザー情報の表示用です。設定は次のように行ってください。

図7-106：ユーザー情報用のビューを作成する。

View name	ユーザー情報
For this data	自分のユーザー情報(slice)
View type	detail
Position	right

❻「注文_Form」ビューを開き、設定を変更します。「Column order」のところにある「Add」ボタンで、項目を次のように追加してください。

- _RowNumber、商品、個数

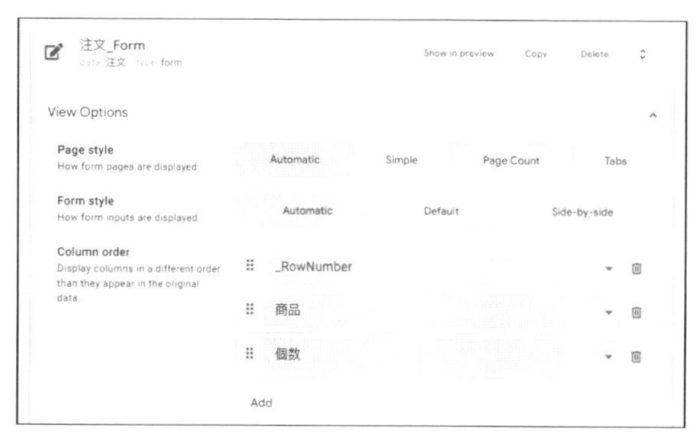

図7-107：Column orderに項目を追加する。

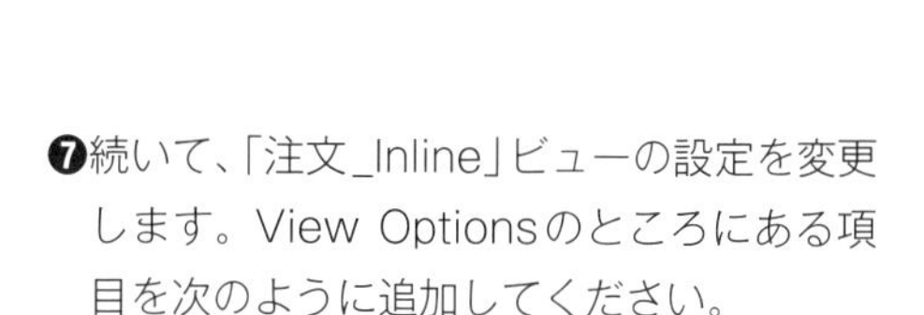

❼続いて、「注文_Inline」ビューの設定を変更します。View Optionsのところにある項目を次のように追加してください。

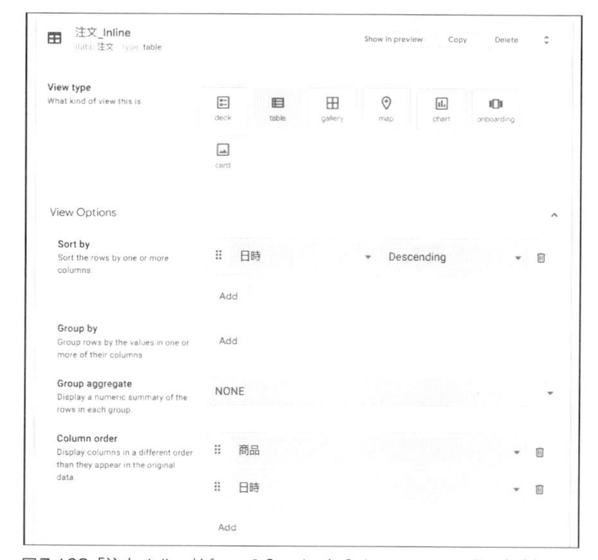

図7-108:「注文_Inline」ビューのSort byとColumn orderに項目を追加する。

Sort by	「Add」ボタンで追加し「日時」「Descending」を選択
Column order	「Add」ボタンで「商品」「日時」を追加

❽「自分の注文_Form」ビューを開き、Column orderに以下の項目を追加してください。

- _RowNumber、商品、個数

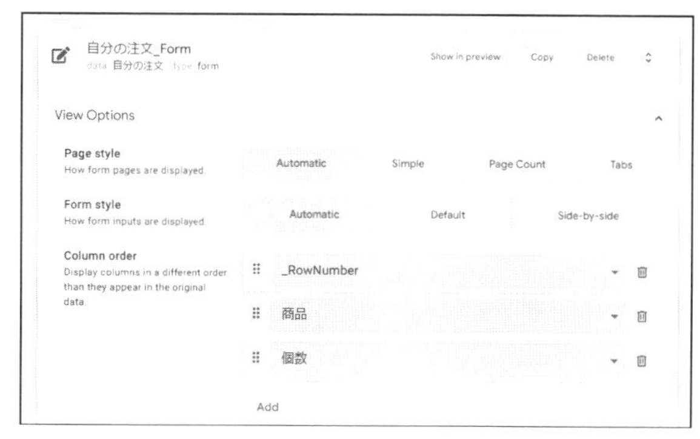

図7-109：「自分の注文_Form」のColumn orderに項目を追加する。

アクションの作成

最後に、アクションを1つ作成しましょう。「商品」アイコンで商品リストを表示している画面からも注文ができるようにするものです。ページ左側の「Actions」を選択してください。

❶新しくアクションを作ります。「New Action」ボタンをクリックしてください。

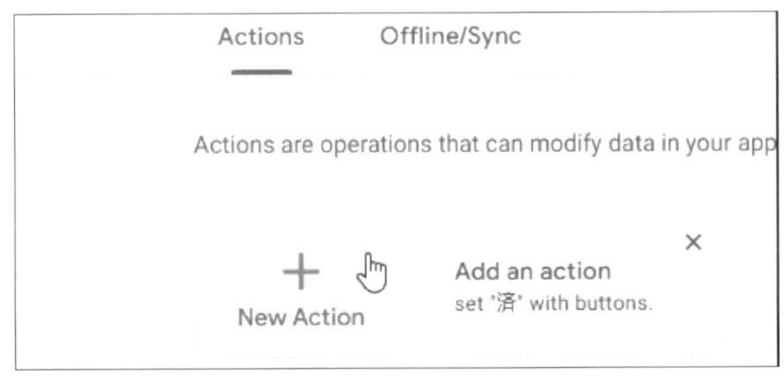

図7-110:「New Action」ボタンをクリックする。

❷作成されたアクションの設定を行いましょう。次のように設定をしてください。これで、タップすると注文のフォームが現れるようになります。

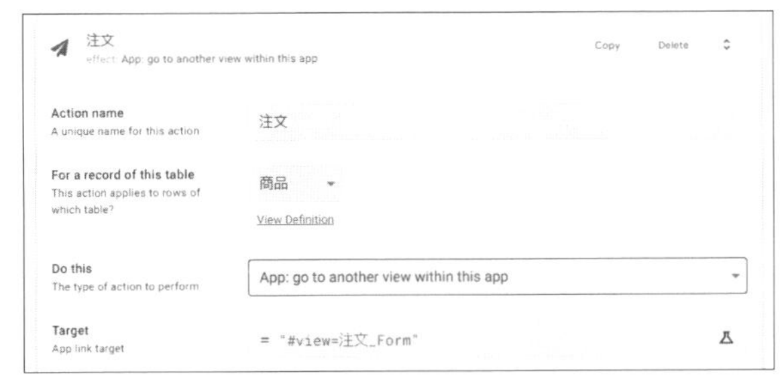

図7-111:アクションの設定を行う。

Action name	注文
For a record of this table	商品
Do this	App: go to another view within this app.
Target	"#view=注文_Form"

❸アクションの「Appearance」の設定を行います。次のように項目を設定してください。これで、「+」のフローティングアクションボタンとしてアクションが表示されるようになります。

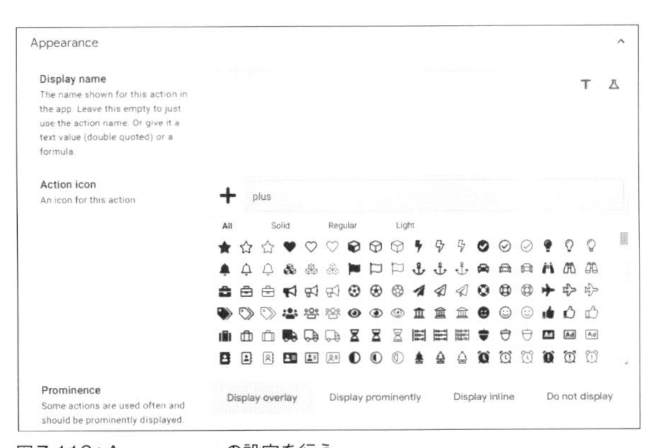

図7-112:Appearanceの設定を行う。

Display name	空のまま(入力しても無視されます)
Action icon	「+」アイコンを検索して選択
Prominence	「Display overlay」を選択

アプリのポイント

今回のアプリは「ショップ（管理）」と同じスプレッドシートを、見せ方とアクセス権だけを変えて提供しています。このように、管理者と一般ユーザーのようにユーザーの種類に応じて異なるアプリを提供することは業務アプリなどではよくあります。

このようなとき、「このユーザーは何を行うのか」「このシートはどういうユーザーが閲覧でき、どのユーザーが編集できるものか」といったことをまずしっかりと整理する必要があります。ここでは管理者とユーザーで、それぞれ次のようにシートの利用権を設定しています。

管理者	「ユーザー」「商品」を編集可、「注文」を閲覧可
ユーザー	「ユーザー」「商品」を閲覧可、「注文」を編集可

編集可と閲覧可が各シートで逆になっていることがわかるでしょう。このように、立場によってデータのアクセス権は変わります。そのことをよく理解し整理すれば、アプリの構成は自ずと見えてくるのです。

商品イメージの表示

今回、ユーザーは自分の注文履歴を「注文」で見られるようにしていますが、このリストでは商品のイメージが表示されるようにしてあります。しかし、「注文」テーブルには商品イメージの列はありませんね。どうやって表示しているのでしょうか。

これは、「商品イメージ」仮想列を使っています。この仮想列には次のような値がFORMULAに設定されていました。

```
[商品].[イメージ]
```

[商品]は、「商品」テーブルのレコードがRefで参照されていました。[商品].[イメージ]とすることで、[商品]で参照している「商品」テーブルのレコードの[イメージ]の値が取り出せます。これで、「注文」に注文した商品のイメージを表示させていたのです。

Refによる別テーブルの参照はこのようにすることで、参照しているレコードの値を取り出すことができます。

Chapter 7

7.5. 「時間割」アプリ

「時間割」アプリについて

身近なところで、「アプリ化していつでも閲覧編集できるとちょっと便利なもの」ということで、「時間割」を作ってみましょう。

時間割は曜日ごとに「1時限は英語、2時限は国語……」というようにスケジュールが決まっています。これらの情報を整理して表示できれば、それだけでもけっこう便利に使えます。

このアプリには「時間割」と「リスト」という2つのアイコンが用意されています。「時間割」は週表示のカレンダーになっており、登録した授業が表示されます。これは現在の週にのみ表示されるようになっており、次の週が始まれば自動的にすべてその週に表示されるようになります。

「リスト」は1週間の授業がリスト表示されるもので、これも曜日ごとに整理されて表示されます。授業の項目をタップすれば、その授業の詳細情報が表示されます。授業を編集したり、あるいは「＋」ボタンで新たに追加する際は、フォームから曜日・時間・教科を選択リストから選ぶだけで内容を入力できます。

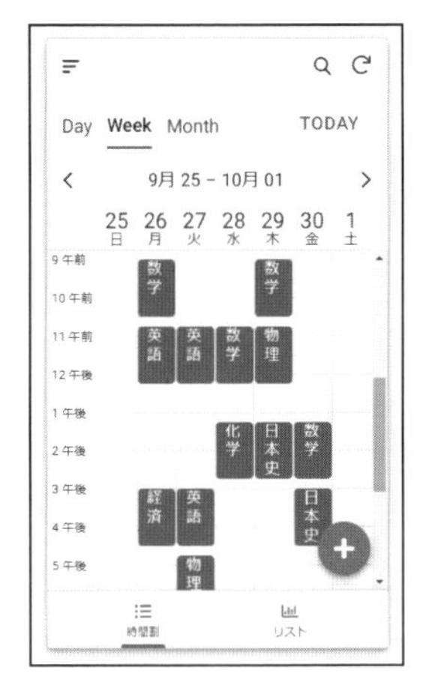

図7-113：「時間割」には今週の授業予定がカレンダーで表示される。「リスト」には1週間の授業予定がリスト表示される。「＋」ボタンをタップすると新しい授業を追加できる。授業の項目をタップすると詳細情報が表示される。

Googleスプレッドシートの作業

では、実際に作成していきましょう。まずGoogleスプレッドシートでの作業です。新しいスプレッドシートを用意してください。

❶ファイル名を「時間割」、シート名も「時間割」に変更します。

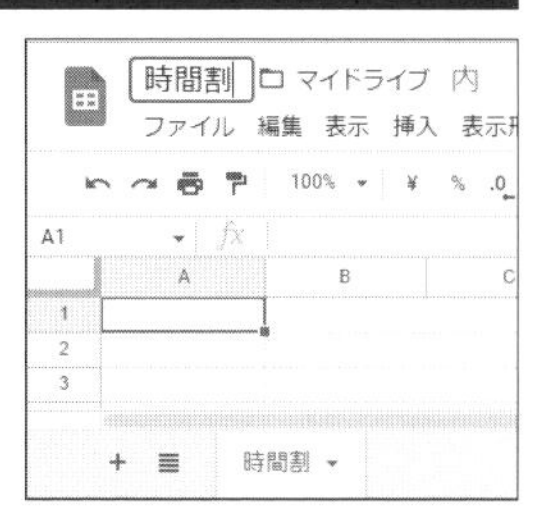

図7-114：ファイル名とシート名を変更する。

❷シートに項目名を入力します。A1セルから次のように記入してください。

ID	曜日	時間	教科	メモ	日付	開始	終了

	A	B	C	D	E	F	G	H
1	ID	曜日	時間	教科	メモ	日付	開始	終了
2								
3								

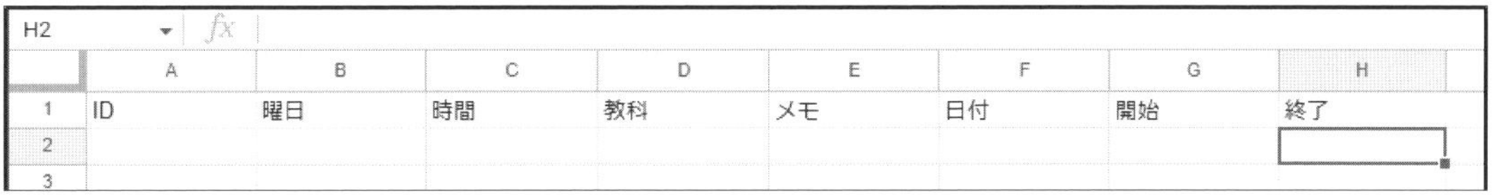

図7-115：項目名を入力する。

❸左下の「＋」ボタンで新しいシートを追加します。名前は「教科」としておきます。

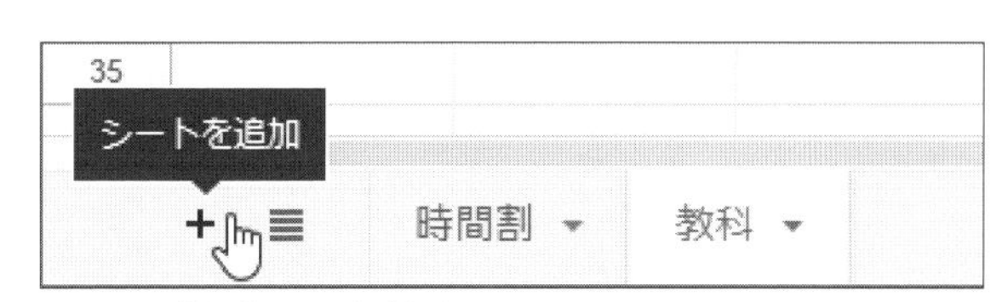

図7-116：「教科」シートを追加する。

❹シートに項目とデータを記入していきます。1行目に次のような項目を用意しましょう。

教科	教員	メモ

2行目以降に教科の情報を入力していきます。ここではダミーとして次のようなものを用意しておきました。データの内容はそれぞれでカスタマイズしてかまいません。

英語	山田
国語	田中
数学	中村
化学	村井
物理	井野
生物	野崎
日本史	崎坂
経済	坂口

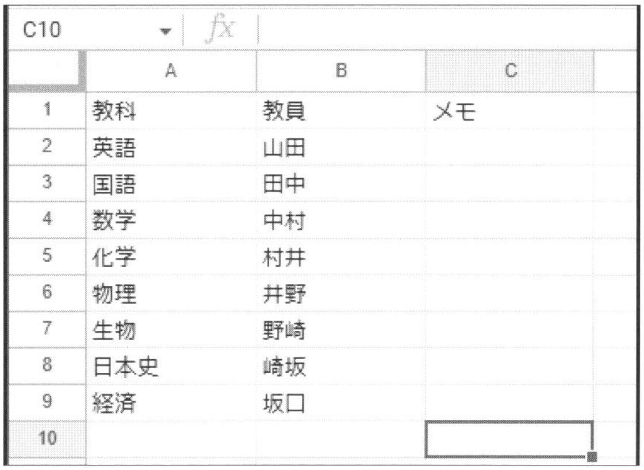

	A	B	C
1	教科	教員	メモ
2	英語	山田	
3	国語	田中	
4	数学	中村	
5	化学	村井	
6	物理	井野	
7	生物	野崎	
8	日本史	崎坂	
9	経済	坂口	
10			

図7-117：教科の項目名とデータを記入していく。

❺左下の「＋」ボタンでシートを追加します。名前は「時間」とします。

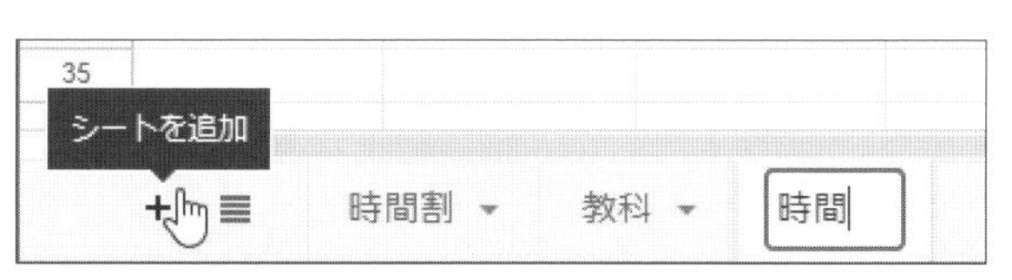

図7-118：「時間」シートを追加する。

❻シートに項目名とデータを記入していきます。時間（時限）、開始時間、終了時間を順に記入してください。ここではダミーデータとして次の値を入力しておきました。

時間	開始	終了
1	9:00	10:30
2	10:45	12:15
3	13:15	14:45
4	15:00	16:30
5	16:45	18:15

C7	A	B	C
1	時間	開始	終了
2	1	9:00	10:30
3	2	10:45	12:15
4	3	13:15	14:45
5	4	15:00	16:30
6	5	16:45	18:15
7			

図7-119：時間の情報を記述する。

❼もう1つシートを追加します。名前は「曜日」としておきましょう。

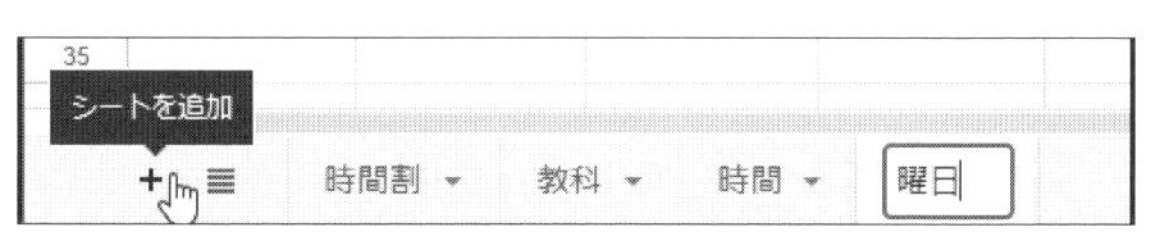

図7-120：「曜日」シートを追加する。

❽シートにデータを記入します。ダミーとして次のようなものを用意しておきました。

ID	曜日
0	[0] 日
1	[1] 月
2	[2] 火
3	[3] 水
4	[4] 木
5	[5] 金
6	[6] 土

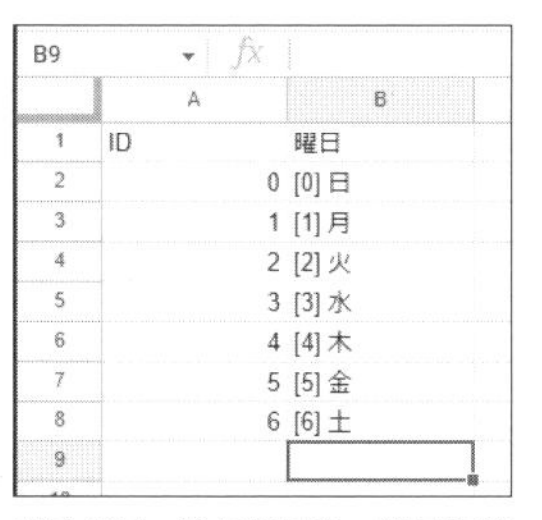

B9	A	B
1	ID	曜日
2	0	[0] 日
3	1	[1] 月
4	2	[2] 火
5	3	[3] 水
6	4	[4] 木
7	5	[5] 金
8	6	[6] 土
9		

図7-121：IDに番号を、曜日に曜日名をそれぞれ記入しておく。

名前付き関数の作成と利用

続いて、Googleスプレッドシートに「名前付き関数」を作成します。これはユーザーが自分で定義した関数です。これを利用することで複雑な処理をオリジナルの関数として呼び出し、実行できるようになります。

❶「データ」メニューから「名前付き関数」を選んでください。

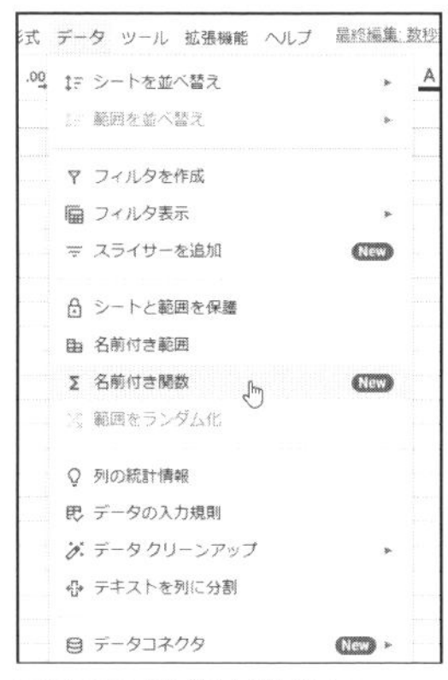

図7-122：「名前付き関数」メニューを選ぶ。

❷ウィンドウの右側に「名前付き関数」と表示されたサイドバーが現れます。ここで、一番下にある「新しい関数を追加」リンクをクリックします。

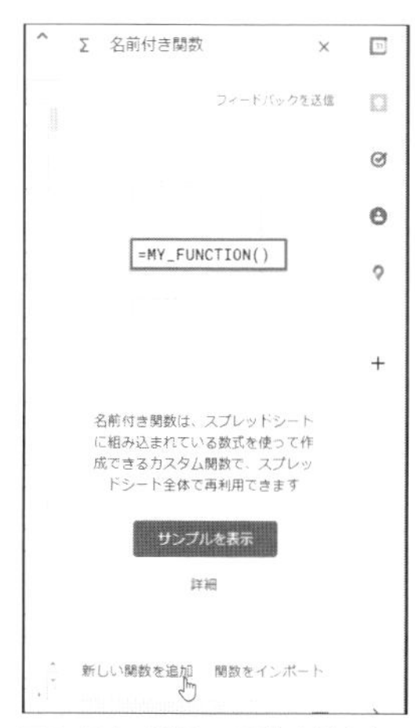

図7-123：「新しい関数を追加」リンクをクリックする。

❸名前付き関数の詳細を入力するフォームが現れます。次のように項目を記入してください。

関数名	DAYOFTHISWEEK
引数のプレースホルダ	「w_num」と書いて Enter する。これで下に「w_num」という項目が追加される
数式の定義	=TODAY() - WEEKDAY(TODAY(),2) + w_num

図7-124：設定を行う。

❹プレビュー表示が現れます。関数名と引数を確認し、問題なければ「作成」ボタンで作成してください。

図7-125：内容を確認し、「作成」ボタンで関数を作る。

❺この関数を使ったダミーデータを用意しておきます。「時間割」シートを開き、2行目（項目名のすぐ下）に以下の値を記入してください。

dummy	1	1	1	（メモはなし）	=DAYOFTHISWEEK(B2)	9:00	10:30

F2 fx =DAYOFTHISWEEK(B2)

	A	B	C	D	E	F	G	H
1	ID	曜日	時間	教科	メモ	日付	開始	終了
2	dymmy	1	1	1		=DAYOFTHISWEEK(B2)	9:00	10:30
3								

図7-126：ダミーデータを「時間割」に追加する。

❻これでスプレッドシート側の準備はできました。「機能拡張」メニューから、「AppSheet」内の「アプリを作成」メニューを選んでください。

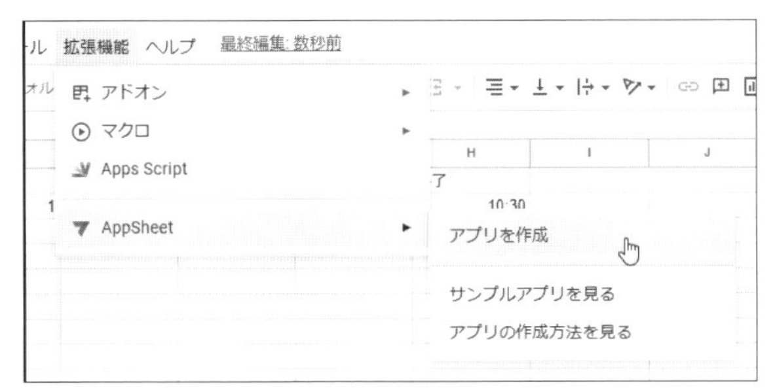

図7-127：「アプリを作成」メニューを選ぶ。

テーブルの作成とColumn設定

では、AppSheetの作業に進みます。まずはデータ関連からです。ページ左側の「Data」を選択し、上部にある「Tables」リンクをクリックします。

❶デフォルトでは、「時間割」テーブルが1つだけ用意されています。この他のテーブルも作成しておきましょう。「New Table」ボタンの横に「Add Table ～」というボタンが3つ並んでいるでしょう。これらを順にクリックしてください。

図7-128：「Add Table ～」ボタンをクリックしてテーブルを作る。

❷これで、全部で4つのテーブルが作成されました。なお、「Add ～」ボタンがない場合は、「New Table」ボタンで「教科」「時間」「曜日」シートのテーブルを作成してください。これらの設定をしていきましょう。

図7-129：全部で4つのテーブルが用意できた。

❸まずは「時間割」テーブルです。クリックして表示を展開し、列の設定を次のようにしておきましょう。

図7-130：「時間割」テーブルの列を設定する。

_Row_Number	TYPEは「Number」。「KEY?」「LABEL?」「SHOW?」「EDITABLE?」「REQUIRE?」のチェックをすべてOFFにする。
ID	TYPEは「Text」。「KEY?」「EDITABLE?」「REQUIRE?」のチェックをONに、「LABEL?」「SHOW?」のチェックをOFFにする。
曜日、時間	TYPEは「Ref」。「KEY?」「LABEL?」のチェックをOFFに、「SHOW?」「EDITABLE?」「REQUIRE?」のチェックをONにする。
教科	TYPEは「Ref」。「KEY?」のチェックをOFFに、「LABEL?」「SHOW?」「EDITABLE?」「REQUIRE?」のチェックをONにする。
メモ	TYPEは「Text」。「KEY?」「LABEL?」「REQUIRE?」のチェックをOFFに、「SHOW?」「EDITABLE?」のチェックをONにする。
日付	TYPEは「Date」。「KEY?」「LABEL?」「EDITABLE?」のチェックをOFFに、「SHOW?」「REQUIRE?」のチェックをONにする。
開始、終了	TYPEは「Time」。「KEY?」「LABEL?」のチェックをOFFに、「SHOW?」「EDITABLE?」「REQUIRE?」のチェックをONにする。

❹「時間割」テーブルでは、いくつかの項目で他のテーブルを参照するRefが使われています。これを選ぶとその瞬間にパネルが開かれ、Refで参照するテーブルの設定を行うようになります。まずは「曜日」列からです。次のように選択しましょう。

Column name	曜日
Show?	ON
Type	Ref
Source table	曜日

図7-131：「時間割」テーブルの「曜日」列の設定。

❺続いて「時間」列の設定です。次のように選択してください。

Column name	時間
Show?	ON
Type	Ref
Source table	時間

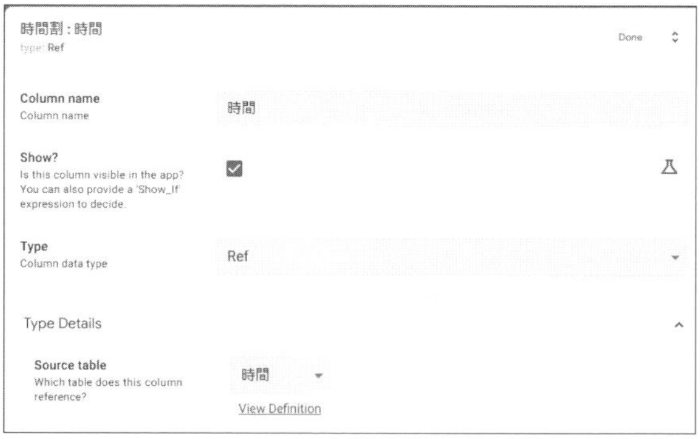

図7-132:「時間」列の設定を行う。

❻残る「教科」列についても設定を行いましょう。次のようにしてください。

Column name	教科
Show?	ON
Type	Ref
Source table	教科

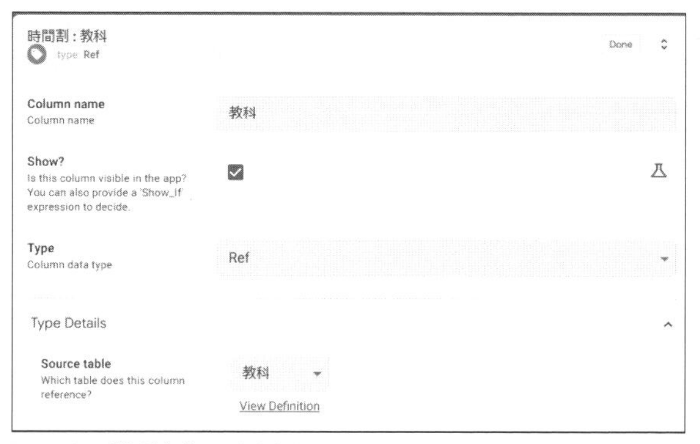

図7-133:「教科」列の設定も行う。

❼「INITIAL VALUE」の設定を行います。以下の列に式を入力してください。

ID	UNIQUEID()（デフォルトで設定されている）
開始	[時間].[開始]
終了	[時間].[終了]

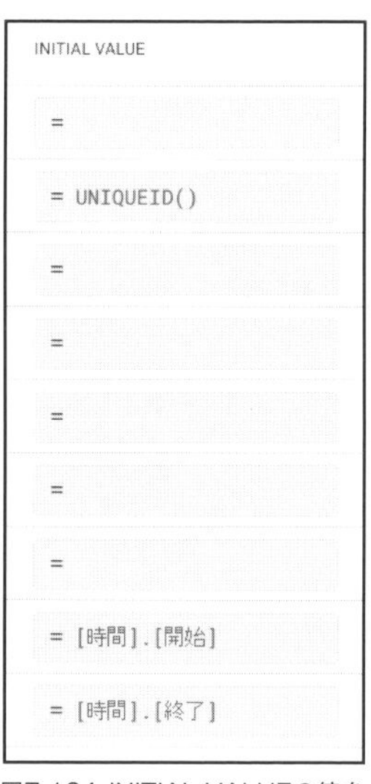

図7-134:INITIAL VALUEの値を入力する。

❽「Add Virtual Column」ボタンをクリックして仮想列を作成します。次のように項目を設定してください。

Column name	教員
App formula	[教科].[教員]
Show?	ON
Type	Text

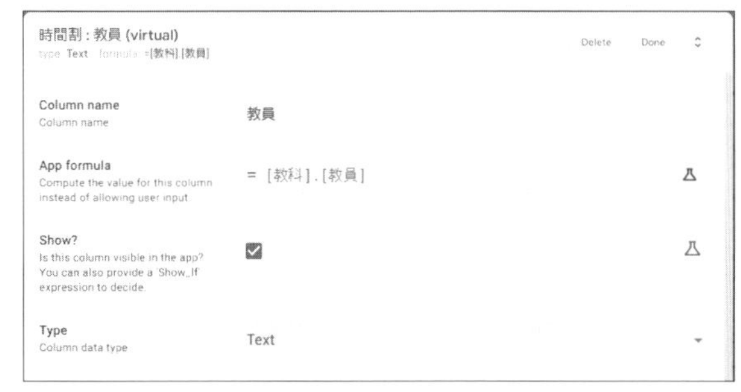

図7-135：仮想列を作成し設定を行う。

❾「教科」テーブルの列を設定します。次のように項目を設定してください。

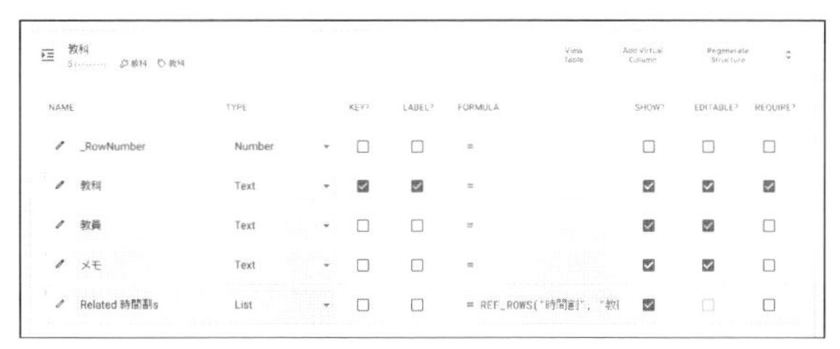

図7-136：「教科」テーブルの列を設定する。

_Row_Number	TYPEは「Number」。「KEY?」「LABEL?」「SHOW?」「EDITABLE?」「REQUIRE?」のチェックをすべてOFFにする。
教科	TYPEは「Text」。「KEY?」「LABEL?」「SHOW?」「EDITABLE?」「REQUIRE?」のチェックをすべてONにする。
教員、メモ	TYPEは「Text」。「KEY?」「LABEL?」「REQUIRE?」のチェックをOFFに、「SHOW?」「EDITABLE?」のチェックをONにする。
Related 時間割s	※自動生成されるため変更しないでください。

❿「時間」テーブルの列を設定します。次のように項目を設定してください。

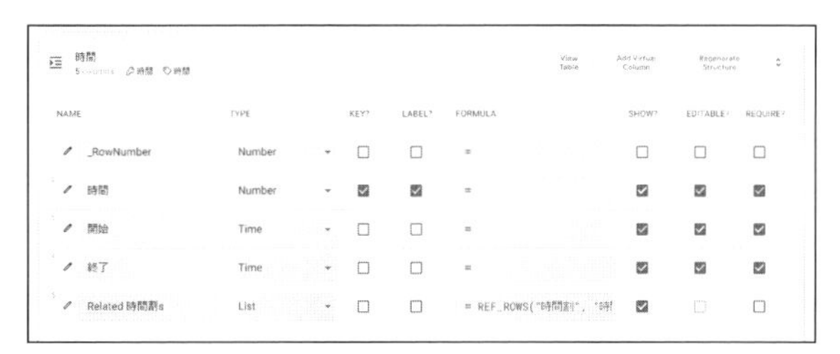

図7-137：「時間」テーブルの列を設定する。

_Row_Number	TYPEは「Number」。「KEY?」「LABEL?」「SHOW?」「EDITABLE?」「REQUIRE?」のチェックをすべてOFFにする。
時間	TYPEは「Number」。「KEY?」「LABEL?」「SHOW?」「EDITABLE?」「REQUIRE?」のチェックをすべてONにする。
開始、終了	TYPEは「Time」。「KEY?」「LABEL?」のチェックをOFFに、「SHOW?」「EDITABLE?」「REQUIRE?」のチェックをONにする。
Related 時間割s	※自動生成されるため変更しないでください。

⓫「曜日」テーブルの列を設定します。次のように項目を設定してください。

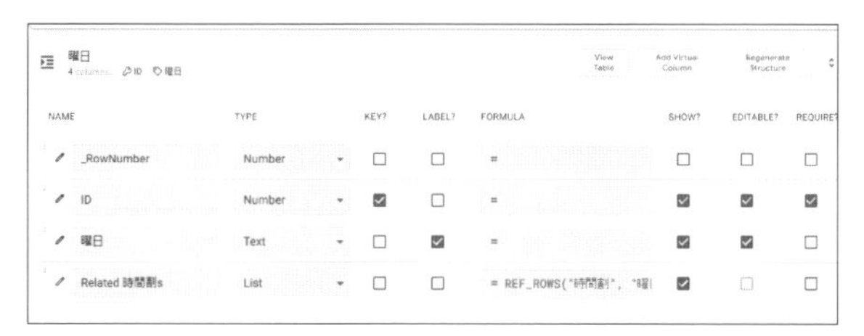

図7-138：「曜日」テーブルの列を設定する。

_Row_Number	TYPEは「Number」。「KEY?」「LABEL?」「SHOW?」「EDITABLE?」「REQUIRE?」のチェックをすべてOFFにする。
ID	TYPEは「Number」。「KEY?」「SHOW?」「EDITABLE?」「REQUIRE?」のチェックをすべてONに、「LABEL?」のみOFFにする。
曜日	TYPEは「Text」。「KEY?」「REQUIRE?」のチェックをOFFに、「LABEL?」「SHOW?」「EDITABLE?」のチェックをONにする。
Related 時間割s	※自動生成されるため変更しないでください。

Viewを用意する

続いてユーザーインターフェイスです。ページ左側の「App」を選択し、上部にある「Views」リンクをクリックします。

❶デフォルトではPrimary Viewsに「時間割」ビューが1つだけあります。これを設定した後、必要なビューの作成や設定を行います。

図7-139：デフォルトで「時間割」ビューが用意されている。

❷では「時間割」ビューを開き、設定をしましょう。次のように設定を行ってください。

View name	時間割
For this data	時間割
View type	calendar
Positon	center

図7-140：「時間割」ビューの設定をする。

❸「時間割」ビューの「View Options」の設定を行います。次のように変更してください。その他のものはデフォルトのままにしておきます。

Start date	日付
Start time	開始
End date	日付
End time	終了
Description	教科
Default view	Week

図7-141:「時間割」ビューのView Optionsを設定する。

❹「New View」ボタンで新しいビューを作成してください。そして、次のように設定を行いましょう。

View name	リスト
For this data	時間割
View type	deck
Positon	center

図7-142:新たに「リスト」ビューを作成する。

❺作成した「リスト」ビューの「View Options」を次のように設定します。その他の項目はデフォルトのままにしておきます。

図7-143:「リスト」ビューのView Optionsを設定する。

Sort by	「曜日」「Ascending」、「時間」「Ascending」を追加
Group by	「曜日」「Ascending」を追加
Primary header	教科
Secondary header	教員
Summary column	開始

❻「時間割_Detail」ビューを開き、Column orderに以下の順で項目を追加していきます。「Display mode」は「Side-by-side」にしておきましょう。

- 日付、曜日、時間、開始、終了、教科、教員、メモ

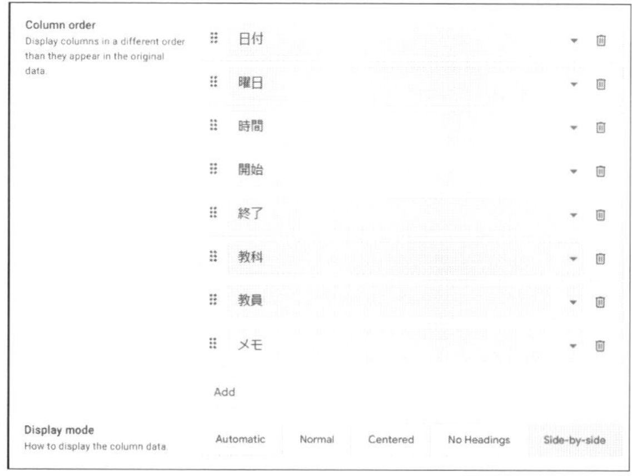

図7-144：「時間割_Detail」のColumn orderとDisplay modeを設定する。

❼上部の「Options」リンクをクリックして表示を切り替えます。「Fonts」というところにある「Text size」を少し増やして表示テキストを見やすい大きさに調整しておきます。

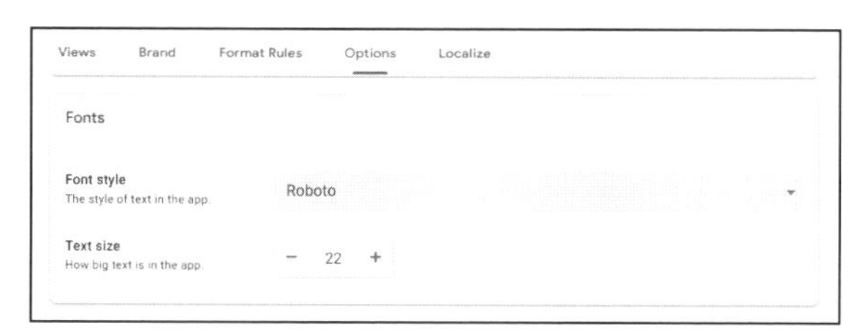

図7-145：OptionsからText sizeを変更する。

アプリのポイント

今回のアプリでは4つのテーブルをRefで参照しながら動いています。それぞれがどのような役割のテーブルなのか、役割をよく考えながら作りましょう。

今回のポイントは、Googleスプレッドシートでの「名前付き関数」の利用でしょう。名前付き関数というのは数式を関数として登録し、いつでも呼び出せるようにするものです。ここではDAYOFTHISWEEKという名前の関数を作成しています。この関数は次のような処理を実行しています。

```
=TODAY() - WEEKDAY(TODAY(),2) + w_num
```

w_numは引数で渡される値です。これは何をしているのかというと、指定した曜日の日付の値を返しています。DAYOFTHISWEEK(0)とすると今週の日曜日の日付が、DAYOFTHISWEEK(1)なら月曜日の日付が……というように、引数に0～6の数字を指定することで、その曜日の日付を取り出せるようにしています。

DAYOFTHISWEEKの利用

この関数は「時間割」にダミーデータとして記述した行の「日付」セルで使われています。こんな式を設定していましたね。

```
=DAYOFTHISWEEK(B2)
```

これで、B2セル（「曜日」の値）を引数にして、その曜日の日付が表示されるようにしていたのです。このDAYOFTHISWEEK関数は今日を元に日付を取り出すため、常に「今週の曜日の日付」が得られます。これを時間割に利用すれば、常に今週のカレンダーに時間割が表示されるようになる、というわけです。

このDAYOFTHISWEEKを使った式を最初にダミーデータとして記述してありましたが、これが実は重要です。最初に式を設定しておくと、AppSheet側で新しいレコードを保存して「時間割」シートにデータが追加された際、「日付」列のセルにはその行に値が更新された式が自動的に割り当てられるようになるのです。例えば3行目なら=DAYOFTHISWEEK(B3)となり、4行目なら=DAYOFTHISWEEK(B4)といった具合に、式が自動的に更新されて設定されるのです。

Googleカレンダーを使わないカレンダー

今回は時間割をカレンダーで表示しています。しかし、Googleカレンダーは使っていません。カレンダーのビューは、日時の列を持つテーブルならば何でも使うことができます。

今回は「日付」「開始」「終了」といった日時の列を持っています。カレンダーでは日付と時間をそれぞれ別々の列で指定することができるため、カレンダーでの表示を考える場合は、このように日付と時間を分けて保存するようにしましょう。もし「まとめて何日の何時かわかるようにしたい」というなら、仮想列でこれらをまとめたものを用意すればいいのです。

例えば、日付と開始時間をまとめてDateTimeとして表示したいのであれば、仮想列で次のように式を設定すればいいでしょう。

```
TEXT([日付]) &" " & TEXT([開始])
```

これでTypeをDateTimeにすれば、日時を表示させることができます。仮想列のタイプをDateTimeにすれば、これで日時の値として扱えるようになります。

Index

掌田津耶乃（しょうだ つやの）
日本初のMac専門月刊誌「Mac+」の頃から主にMac系雑誌に寄稿する。ハイパーカードの登場により「ビギナーのためのプログラミング」に開眼。以後、Mac、Windows、Web、Android、iOSとあらゆるプラットフォームのプログラミングビギナーに向けた書籍を執筆し続ける。

最近の著作本：
「マルチプラットフォーム対応 最新フレームワーク Flutter 3入門」（秀和システム）
「見てわかるUnreal Engine 5 超入門」（秀和システム）
「AWS Amplify Studioではじめるフロントエンド+バックエンド統合開発」（ラトルズ）
「もっと思い通りに使うための Notion データベース・API活用入門」（マイナビ）
「Node.jsフレームワーク超入門」（秀和システム）
「Swift Playgroundsではじめるiプhoneアプリ開発入門」（ラトルズ）
「Power Automate for Desktop RPA開発 超入門」（秀和システム）

著書一覧：
http://www.amazon.co.jp/-/e/B004L5AED8/

ご意見・ご感想：
syoda@tuyano.com

本書のサポートサイト：
http://www.rutles.net/download/533/index.html

装丁　米本　哲
編集　うすや

Google AppSheetで作るアプリサンプルブック

2022年12月25日　初版第1刷発行

著　者　掌田津耶乃
発行者　山本正豊
発行所　株式会社ラトルズ
〒115-0055　東京都北区赤羽西4-52-6
電話 03-5901-0220　FAX 03-5901-0221
http://www.rutles.net

印刷・製本　株式会社ルナテック

ISBN978-4-89977-533-1　